高等院校信息技术系列教材

计算机科学导论

（第4版·微课版）

常晋义　高燕　陈枢茜 ◎ 编著

清华大学出版社
北　京

内容简介

本书全面阐述了计算机科学与技术及相关专业学生需要了解、认识的计算机科学的基本概念、基础知识及相关职业要求，主要内容包括计算机系统、人与计算机的关系、计算机典型应用及技术、计算机学科知识体系及职业相关问题，力求使读者理解计算机科学技术的知识体系，明确专业学习目标，为深入掌握专业知识打好基础。

本书适合作为高等学校计算机科学与技术及相关专业"计算机导论"课程的教材、"计算机基础"课程的教材及计算机入门的普及教材，也可供自学和欲了解计算机科学与技术专业知识的人员学习和参考。

图书在版编目（CIP）数据

计算机科学导论：微课版/常晋义，高燕，陈枢茜编著. -- 4 版. -- 北京：清华大学出版社，2024. 8. --（高等院校信息技术系列教材）. -- ISBN 978-7-302-66955-5

Ⅰ. TP3

中国国家版本馆 CIP 数据核字第 2024Z3R170 号

责任编辑： 白立军 薛 阳
封面设计： 何凤霞
责任校对： 李建庄
责任印制： 杨 艳

出版发行： 清华大学出版社
网　　址： https://www.tup.com.cn，https://www.wqxuetang.com
地　　址： 北京清华大学学研大厦 A 座　　**邮　　编：** 100084
社 总 机： 010-83470000　　**邮　　购：** 010-62786544
投稿与读者服务： 010-62776969，c-service@tup.tsinghua.edu.cn
质量反馈： 010-62772015，zhiliang@tup.tsinghua.edu.cn
课件下载： https://www.tup.com.cn，010-83470236
印 装 者： 三河市铭诚印务有限公司
经　　销： 全国新华书店
开　　本： 185mm×260mm　　**印　　张：** 20.25　　**字　　数：** 465 千字
版　　次： 2011 年 9 月第 1 版　　2024 年 8 月第 4 版　　**印　　次：** 2024 年 8 月第 1 次印刷
定　　价： 69.00 元

产品编号：104789-01

前言 Foreword

计算机科学导论是计算机科学与技术及相关专业的入门课程。本书围绕计算机科学与技术学科的定义、特点、基本问题、学科方法论、历史渊源、发展变化、知识组织结构与分类体系、发展潮流与未来发展方向、学科人才培养与科学素养等内容进行了系统而又深入浅出的论述,全面阐述了计算机科学与技术专业,以及人工智能、数据科学和大数据、软件工程、网络工程等相关专业学生需要了解、认识计算机学科的基本概念、基础知识及相关职业要求。

本书对《计算机科学导论(第 3 版)》进行了修订,对讲授内容进行了精编,增加了各单元涉及的新理论和新进展;调整了计算机的典型应用及对社会产生重大影响的新技术的介绍,对涉及的内容进行了再编;更新了学科体系、法律法规的相关内容;增加了大数据、人工智能、创新与创业的相关内容。

本书编写体系延续了原版的风格,内容包括计算机系统概述,计算机的运算基础,计算机的组成,操作系统,计算机网络,人机交互,算法与数据结构,程序设计,数据管理与大数据,软件与软件工程,信息与信息系统,信息安全,人工智能,计算机学科体系,计算机伦理、道德与法规,产业、职业与创业。每章一个主题,以便使读者能够集中精力研读计算机科学知识结构中每一个节点。但每章并不是孤立的,具有逐步扩展与渐进深入,以及由机器到人再到环境的思维扩展的特征。内容包含了计算机系统、人机环境中人的作用,以及社会环境的要求等知识体系。教材力求为读者建立一个关于计算机科学技术的较全面的概念和框架,使读者理解计算机科学技术的知识体系,明确专业学习目标,为深入掌握专业知识打好基础。

突出学科思维的培养。结合国际国内计算机科学课程大纲体系,以学科思维的培养为主线,从始至终凝练贯穿计算机学科核心概念点,不断引导学生体验和领悟计算思维。

注重经典理论与前沿研究的结合。注重计算机科学发展历史中的经典问题和理论,也注重融合计算机学科的最新研究进展和计算思维在跨学科领域中的最新应用,从不同层次和角度体现计算思维和计算机科学的核心概念和问题。

内容安排注重深入浅出,由浅入深。从与学生易于产生共鸣的主题入手,由浅入深地过渡到较抽象的内容,引导学生在掌握知识的过程中,领会计算思维的本质和理念。

根据上述设计宗旨,作者针对应用型高等院校计算机科学导论教学对教材的需求,结合数十年来课程教学的经验,编写教材力求突出科学性、实用性。

内容翔实。全面介绍计算机科学知识构成与计算机系统的工作原理,展现计算机学科的知识体系与技能结构。

结构新颖。以计算机科学的系统结构为主线组织内容,每一讲安排一个主题,为教与学的灵活性奠定了基础。

循序渐进。对相关知识按照组织层次展开,阐述简明,用通俗的文字、普识的事例来引导和串接内容。读文知意,明意引思。

激发兴趣。兼顾历史和前沿,结合计算机科学的历史脉搏与演变、流行技术与发展,激发探索欲和求知欲。

为了便于教师使用和学生学习,针对部分知识点及学习提高提供了相应的微视频,读者可以直接扫描二维码链接观看。各章后均配备思考与实践,其中问题思考是本章涉及的基本问题;课外讨论则为提高与综合的课题,可以组织学生进行讨论;每章一题的实践活动配合本章的知识学习,帮助读者进行有针对性的实践活动。"在线作业"供读者课后学习与检验知识掌握情况参考。附录的实验可根据教学进程选择使用。本书还为任课教师提供了课程教学大纲、教学课件、实验指导书等教学资源。

本书由常晋义、高燕、陈枢茜编著,邱建林教授审阅了全部书稿。参加编写和资料收集整理的还有张海飞、蔺世杰、周蓓、王小英等。本书编写得到了常熟理工学院、南通理工学院的大力支持和帮助,全国数十所院校的教师对教材的使用与修改提出了建议和意见,并提供了宝贵的教学研究与改革的相关资料,在编写过程中,也参考了国内外相关教材、资料,在此一并表示诚挚的感谢。

由于本书涉及面广,技术新,书中如有不妥之处,敬请读者批评指正。

常晋义

2024年5月

目录 Contents

第1章 chapter 1

计算机系统概述

思政教育

随着社会的进步和科学技术的发展，计算机作为时代的标志，在人们的工作、学习与生活中越来越不可替代，计算机改变了人们的生存方式，已经成为人类工作和生活中不可缺少的一部分。

1.1 计算机的概念

计算机是20世纪最先进的科学技术发明之一，对人类的生产活动和社会活动产生了极其重要的影响，并以强大的生命力飞速发展。它的应用领域从最初的军事科研扩展到社会的各个领域，已形成规模巨大的计算机产业，带动了全球范围的技术进步，引发了深刻的社会变革，计算机已成为信息社会中必不可少的工具。

1.1.1 认识计算机

计算机是一种智力工具，正逐渐增强执行智能任务的能力，因此又称为“电脑”。人类创造了计算机，反过来计算机帮助开发人脑，使人类的智能获得了空前的发展。

1. 无处不在的计算机

计算机的应用已渗透进社会各行各业，进入寻常百姓家，帮助人们做很多事情，如数据计算、学习娱乐、办公自动化、生产控制、网上购物、远程通信……为人们的工作和生活带来了很多便利。

(1) 快速获取信息。在这个信息爆炸的时代，人们每天都有吸收不完的信息和知识，借助计算机及网络，可以更加迅速地搜索到所需的各种信息和知识资料。

(2) 提供有效的学习方式。计算机教学应用多媒体技术后更加形象、生动，更容易吸引学生的注意力、激发学习兴趣；海量存储能力可以将相关知识有效地组织起来，便于师生使用；灵活多样的交流方式有助于学习指导和学习讨论。

(3) 提高工作效率。使用计算机制作文件、存储数据、开视频会议等，可以方便快捷地共享信息和协同工作，有利于节约工作成本，提高工作效率。

(4) 提升产品质量。使用计算机辅助产品的设计、生产、检测和包装过程，可以提升加工速度和生产自动化水平,降低生产成本,提高产品质量。

(5) 创造出全新的商务模式。电子商务让人足不出户就能进行网上交易和网上支付,大幅提高了交易效率,使人们的生活更加舒适、便捷,同时也带来更多的商机和创业机会,使越来越多的人加入互联网创业中,从而体现自己的价值。

(6) 产生了多样化的交流方式。通过收发电子邮件,与朋友聊天,即使远在天边,也能随时联系,缩短了人与人之间的距离,增进了友谊。

(7) 丰富了娱乐生活。通过计算机可以看电影、听音乐、玩游戏,给人们带来更好的视听享受,大幅丰富了人们的业余生活。

综上所述,计算机是信息社会必不可少的工具,它给人类带来的不仅仅是生活方式上的改变,甚至使一些传统行业产生了颠覆性的变革,成为经济增长的重要产业,并带动了全球范围的技术进步,在促进社会发展和改善人们生活水平与提高生活质量等方面做出了巨大的贡献。

无处不在的计算机

2. 计算机是什么

对"计算机是什么"这一问题,人们从不同角度提出了不同的见解。例如,"计算机是一种可以自动进行信息处理的工具""计算机是一种能快速而高效地自动完成信息处理的电子设备""计算机是一种能够高速运算、具有内部存储能力、由程序控制其操作过程的电子装置",等等。从根本上说,计算机是一种能迅速而高效地自动完成信息处理的电子设备,其基本功能包括数学运算、逻辑比较、存储和读取操作。

通常对计算机的描述是:计算机是一种能够按照指令对各种数据和信息进行自动加工和处理的电子设备,擅长完成快速计算、大型数据库的分类和检索等规模较大且重复性较强的任务,能够在现有指令的引导下有条不紊地完成各种各样的工作。

通过上述描述,可以了解计算机具有以下三大特征。

(1) 只有有限的能力。计算机的能力是有限的,只能进行对数据与信息的加工和处理,擅长完成的只是重复性较强的任务。

(2) 只能进行简单的工作。计算机的工作原理决定了计算机的能力只局限在数学运算与逻辑比较,并由此完成存储和读取等操作,其他工作无法进行。

(3) 必须由指令引导它完成工作。这是计算机与其他应用工具的根本区别,"计算机是一台笨拙的机器,具有从事令人难以置信的聪明工作的能力",正是因为聪明的人赋予计算机完成任务的指令(程序),才使计算机可以按照人的要求去完成任务,程序员与计算机的完美配合使计算机成为一种神奇的工具,可以完成各种各样的任务。

3. 计算机的特点

计算机的主要特点表现在以下几方面。

(1) 运算速度快。计算机的运算速度通常用每秒钟执行定点加法的次数或平均每秒钟执行指令的条数衡量。运算速度快是计算机的一个突出特点。计算机的运算速度已由早期的每秒几千次(如 ENIAC 每秒钟仅可完成 5000 次定点加法)发展到现在的最高可达每秒万亿次乃至亿亿次。计算机高速运算的能力极大地提高了工作效率,把人们从浩繁的脑力劳动中解放出来。过去用人工需要花费很长时间才能完成的计算，计算机在“瞬间”即可完成。曾有许多数学问题，由于计算量太大，数学家们终其一生也无法完成，但使用计算机则可轻易地解决。

（2）计算精度高。在科学研究和工程设计中，对计算结果的精度有很高的要求。一般的计算工具只能达到几位有效数字（如过去常用的4位数学用表、8位数学用表等），而计算机对数据的结果精度可达到十几位、几十位有效数字，根据需要甚至可以达到任意的精度。

（3）存储容量大。计算机的存储器可以存储大量数据，这使计算机具有了“记忆”功能。目前计算机的存储容量越来越大，已高达千兆数量级。计算机具有“记忆”功能，是与传统计算工具的一个重要区别。

（4）具有逻辑判断功能。计算机的运算器除了能够完成基本的算术运算外，还具有进行比较、判断等逻辑运算的功能。这种能力是计算机处理逻辑推理问题的前提。

（5）自动化程度高。由于计算机的工作方式是将程序和数据先存放在机内，工作时按程序规定的操作一步一步地自动完成，一般无须人工干预，因而自动化程度高。

（6）通用性强，使用容易。计算机通用性强的特点表现在能求解自然科学和社会科学中几乎一切类型的问题，能广泛地应用于各领域。计算机丰富的高性能软件及智能化的人机接口，大幅方便了人们的使用。借助通信网络，多个计算机能超越地理界限，共享远程信息与软件资源。

4. 计算机的局限性

虽然计算机有多种优点，但作为一种科学计算工具，它还存在一定的局限性。计算机的局限性主要包括如下几方面。

（1）不具备自己的思想。计算机不具备自己的思想，“你看着办吧”这样的问题无法执行。也就是说，要让计算机完成什么工作，必须由人为其编制一步不差的运行程序，错了一个符号，计算机就不能正确工作。现在的计算机还是一个刺激系统，发出一个正确的命令，计算机就有一个正确的反应，否则一定会出错。另外，还必须给计算机的工作“指路”，这就是程序的作用。当前，随着软件技术的发展，有时路径比较模糊，计算机也能认识并走下去，但是要实现革命性的突破，还取决于基本理论和人工智能能否有突破性的进展。

（2）没有很好的直觉和想象能力。一个人可能突发地找到一个问题的答案而不需要计算很多详细过程，但是计算机却只能按已输入的程序运行。计算机没有很好的直觉和想象能力，根据过去经验摸索新知识的能力也有限。出现这些问题都是由于计算机处理的信息的数字化需求，即凡是不能数字化的信息（如人类的思维、触觉、感情等），计算机都不能处理。也就是说，计算机还无法像人一样，提到大海，就想到浩瀚无边、蔚蓝、波涛汹涌等概念，从而对大海产生直接的感性认识。

（3）运算速度和存储容量依然不能满足人们的需要。随着计算机应用范围的迅速扩大，使用计算机解决的问题规模也越来越大，因此对计算机的运算速度和存储容量的要求也越来越高。虽然计算机在短短的70多年内仅运算速度和存储容量两项就提高了

10～20 次方倍,但是仍然不能满足实际需要。如果用计算机模拟人的大脑,据推算人脑能够存储 10 万亿位的信息量,运算速度的数量级为 1 后面跟 27～30 个 0,而目前最大型的并行计算机——我国的“神威·太湖之光”有 40 960 个芯片,峰值性能为 12.5 亿亿次/秒,持续性能为 9.3 亿亿次/秒。计算机仅有两种电路状态(开或关),而脑细胞有很多种,运动起来远比电路复杂得多。因此,尽管电子计算机的才能非凡,神通广大,在某些方面远胜于人,但人脑仍然是世界上最完善的“天然计算机”。

1.1.2 计算机的类型

在计算机的发展过程中出现了各种各样的发展分支,其类型也在不断地发生着变化。目前,一般根据计算机的数据表示方式、计算机的用途、计算机的规模和性能对计算机进行分类。

1. 不同数据表示方式的计算机

根据计算机表示数据的方式不同,可以将计算机分为数字计算机、模拟计算机和数模混合计算机三种类型。

(1) 数字计算机。数字计算机通过电信号的有无表示数据,并利用算术运算和逻辑运算法则进行计算,具有运算速度快、精度高、灵活性强和便于数据存储等优点,因此主要应用于科学计算、信息处理、实时控制和人工智能等领域。人们生活中使用和接触到的计算机都是数字计算机。

(2) 模拟计算机。模拟计算机的问世早于数字计算机,其内部的所有数据信号都是在模拟自然界实际信号的基础上进行处理和显示的,这些数据信号被称为模拟电信号。模拟计算机的基本运算部件是由运算放大器构成的各种模拟电路,其所处理的模拟信号在时间上是连续的模拟量,如电压、电流或温度等。

与数字计算机相比,模拟计算机的通用性较差,其电路结构复杂、抗干扰能力不强、处理问题时的精度较低,但运算速度较快,因此主要用于过程控制和模拟仿真。

(3) 数模混合计算机。数模混合计算机兼有数字和模拟两种计算机的优点,既能接收、输出和处理模拟信号,又能接收、输出和处理数字信号。

2. 不同应用范围的计算机

计算机已被广泛应用于众多领域,在各种行业的发展过程中发挥着重要的作用。不同行业在使用计算机时的功能大都有差异,根据应用范围可以将计算机分为通用计算机与专用计算机两大类型。

(1) 通用计算机。通用计算机是指使用比较普遍的计算机,其特点是功能多、配置全、用途广、通用性强。日常办公和家庭生活中用到的计算机大都属于通用计算机,如图 1-1 所示。

(2) 专用计算机。专用计算机是为适应某种特殊需要而设计的计算机,通常增强了某些特定功能,忽略了一些次要要求,所以专用计算机能高速度、高效率、高可靠性地解决特定问题,具有功能单纯、结构简单、使用面窄,甚至专机专用的特点,如控制轧钢过程

图 1-1 通用计算机

的轧钢控制计算机、计算导弹弹道的专用计算机等。

3. 不同规模和性能的计算机

通用计算机又可分为超级计算机、大型计算机、服务器、工作站、微型计算机和单片机 6 类，它们的区别在于体积、复杂度、功耗、性能指标、数据存储容量、指令系统规模和价格，如图 1-2 所示。

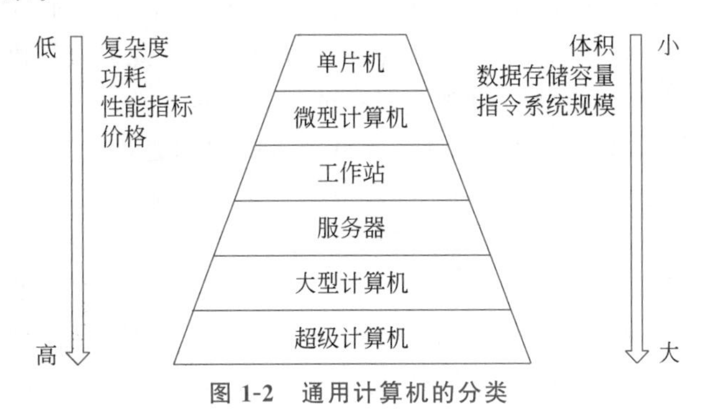

图 1-2 通用计算机的分类

一般而言，超级计算机主要用于科学计算，其运算速度远远超过其他计算机，数据存储容量很大，结构复杂，价格昂贵。单片机是只用单片集成电路（Integrated Circuit，IC）做成的计算机，体积小，结构简单，性能指标较低，价格便宜。介于超级计算机和单片机之间的是大型计算机、服务器、工作站和微型计算机，它们的结构规模和性能指标依次递减。但是，随着超大规模集成电路的迅速发展，微型计算机、工作站、服务器彼此之间的界限也在发生变化，今天的工作站有可能是明天的微型计算机，而今天的微型计算机也可能是明天的单片机。

1.1.3 计算机的应用

计算机之所以得到迅速发展，主要原因在于它的广泛应用。计算机的应用已渗透到社会的各行各业，在社会发展中起着极其重要的推动作用。

1. 计算机应用的研究

计算机应用是计算机学科与其他学科相结合的边缘学科,研究计算机应用于各领域的理论、方法、技术和系统等,是计算机学科的组成部分之一。计算机应用分为数值计算和非数值计算两大领域。非数值计算又包括数据处理、知识处理,如信息系统、工厂自动化、办公自动化、家庭自动化、专家系统、模式识别、机器翻译等领域。

2. 计算机的应用范围

计算机的应用范围几乎涉及人类社会的所有领域,从国民经济各部门到个人家庭生活,从军事部门到民用部门,从科学教育到文化艺术,从生产领域到消费娱乐,无一不是计算机应用的天下。

(1) 科学计算。科学研究和工程技术计算领域是计算机应用最早的领域,也是应用较为广泛的领域,包括数学、化学、原子能、天文学、地球物理学、生物学等基础科学研究,以及航天飞行、飞机设计、桥梁设计、水力发电、地质找矿、天气预报等方面的大量计算。利用计算机进行数值计算,可以节省大量的时间、人力和物力。

(2) 自动控制。自动控制是涉及面极广的一门学科,应用于工业、农业、科学技术、国防以及人们日常生活的方方面面。以体积小、价廉、可靠的微型计算机和单片机作为工具,自动控制进入了以计算机为主要控制设备的新的发展阶段。

(3) 测量测试。计算机在测量和测试领域中占的比例也相当大。在这个领域中,计算机主要起两个作用:一是对测量和测试设备本身进行控制;二是采集数据并进行处理。

(4) 信息处理。信息是人类赖以生存和交际的媒介。计算机在发展初期仅用于数值计算,此后,计算机的应用范围逐渐发展到非数值计算领域,可用来处理文字、表格、图像、声音等各类信息。确切地讲,一台计算机实际上就是一台信息处理机。

(5) 辅助工程。计算机辅助工程是将计算机用于产品的设计、制造和测试等过程,辅助人们在特定应用领域完成任务的理论、方法和技术。"辅助"是强调了人的主导作用,计算机和使用者构成了一个密切交互的人机系统。计算机辅助设计(Computer Aided Design,CAD)是指利用计算机帮助设计人员进行工程设计,以提高设计工作的自动化程度,节省人力和物力。目前,此技术已经在电路、机械、土木建筑、服装等设计中得到了广泛的应用。计算机辅助制造(Computer Aided Manufacturing,CAM)是指利用计算机进行生产设备的管理、控制与操作,从而提高产品质量、降低生产成本、缩短生产周期,并且还大幅改善了制造人员的工作条件。计算机辅助测试(Computer Aided Test,CAT)是指利用计算机进行复杂而大量的测试工作。

(6) 教育卫生。创立学校、应用书面语言、发明印刷术被称为教育史上的三次革命。目前,计算机广泛应用于教育,被誉为"教育史上的第四次革命"。除了目前应用较为广泛的计算机辅助教学(Computer Aided Instruction,CAI)外,基于网络的现代远程教学(Distance Learning,或 e-Learning)也是近几年迅速发展起来的一种典型的教育应用。图 1-3 为计算机辅助教学的场景。

计算机的问世同样为人类的健康长寿带来了福音。一方面,使用计算机的各种医疗

图 1-3 计算机辅助教学的场景

设备应运而生,CT 图像处理设备、心脑电图分析仪、血液分析仪等先进的设备和仪器为及早发现疾病提供了强有力的手段;另一方面,利用计算机建成了集专家经验之大成的各种各样的专家系统,如中医专家诊疗系统、各种疾病的电子诊疗系统等。事实表明,这些专家系统行之有效,在诊治疾病方面发挥了很大作用。

(7) 电子电器。目前,不仅各种类型的个人计算机早已进入家庭,而且在微波炉、洗衣机、家用空调、电子玩具、游戏机等电子电器产品中也广泛应用了各种嵌入式计算机。除了可单独使用的独立电器之外,许多家用电器还可以通过各种有线或无线的网络连接(如因特网、红外线、蓝牙等)完成自身程序的自动更新、远程控制等复杂任务。

(8) 人工智能。人工智能试图让计算机模拟人的智能活动,像人类那样直接利用各种自然形式的信息(如文字、图像、颜色、自然景物、声音语言等)。目前,在文字识别、图形识别、景物分析、语音识别、语音合成以及语言理解等方面,人工智能已经取得了显著进展。

到目前为止,人工智能研究中最突出的成就非"机器人"莫属。世界上有大量的"工业机器人"在各种生产线上完成简单重复的工作,或是代替人类在高温、有毒、辐射、深水等恶劣环境下工作。现在又出现了更为先进的"智能机器人",它会自己识别控制对象和工作环境,自动做出判断和决策,直接领会人的命令和意图,避开障碍物,适应环境变化,灵活机动地完成指定的控制任务与信息处理任务。

1.2 计算机系统

计算机系统是按人的要求接收和存储信息,自动进行数据处理和计算,并输出结果信息的系统。计算机系统由硬件系统和软件系统组成。如果说硬件是计算机的躯体,那么软件便是计算机的头脑,只有将这二者有效地结合起来,才能发挥出计算机的功能,使其真正地发挥作用。

1.2.1 计算机硬件系统

计算机硬件系统是组成计算机系统的物理部件的总称,是计算机系统快速、可靠、自动工作的物质基础。

1. 计算机硬件的概念

计算机硬件是指计算机系统中由电子、机械和光电元件等组成的各种物理装置的总称。这些物理装置按系统结构的要求构成一个有机整体,为计算机软件运行提供物质基础。

虽然计算机的制造技术从计算机出现到今天已经发生了极大的变化,但在基本的硬件结构方面,一直沿袭着冯·诺依曼的传统框架,即计算机硬件系统由运算器、控制器、存储器、输入设备、输出设备等基本部件构成。原始数据通过输入设备送入存储器,在运算处理过程中,数据从存储器读入运算器进行运算,运算的结果存入存储器,必要时再经输出设备输出。指令也以数据形式存放于存储器中,运算时指令由存储器送入控制器,由控制器控制各部件的工作。

2. 计算机硬件的基本组成

传统概念上,基本的计算机硬件由运算器、控制器、存储器、输入设备和输出设备5大基本部件组成,随着网络技术的发展,通信部件也逐渐成为其基本部件。

(1) 运算器。运算器是计算机的执行部件,主要功能是执行算术运算和逻辑运算。计算机运行时,运算器的操作和操作种类由控制器决定。运算器处理的数据来自存储器,处理后的结果数据通常送回存储器,或暂时寄存在运算器中。

运算器的主要技术指标是运算速度,其单位是MIPS(百万指令/秒)。由于执行不同的指令花费的时间不同,因此某台计算机的运算速度通常是按照一定的频度执行各类指令的统计值。

(2) 控制器。控制器是计算机的指挥控制中心,用于协调和指挥整个计算机系统的工作,它本身不具有运算功能,而是通过读取各种指令,并对其进行翻译、分析,而后对各部件做出相应的控制。

人们通常把控制器与运算器合称为中央处理器(Central Processing Unit,CPU)。工业生产中总是采用最先进的超大规模集成电路技术制造中央处理器,即CPU芯片。它是计算机的核心设备,其工作速度和计算精度全面影响着计算机的性能。

(3) 存储器。存储器是计算机的记忆设备,用于存放程序和数据。计算机中的大量操作是与存储器之间的信息交换,存储器的工作速度相对CPU的运算速度要低得多,因此存储器的工作速度是制约计算机运算速度的主要因素之一。

(4) 输入设备。输入设备将要加工处理的外部信息转换成计算机能够识别和处理的内部表示形式(即二进制代码),输送到计算机中。

(5) 输出设备。输出设备将计算机内部以二进制代码形式表示的信息转换为用户所需要并能识别的形式(如十进制数字、文字、符号、图形、图像、声音,或者其他系统所能接收的信息形式)输送出来。

1.2.2 计算机软件系统

计算机软件系统是计算机系统中由软件组成的部分,它能保证计算机按照用户的意愿正常运行，满足用户使用计算机的各种需求，帮助用户管理计算机和维护资源，执行用户命令、控制系统调度等任务。一台性能优良的计算机能否发挥其应有的功能，取决于为之配置的软件系统是否完善、丰富。

1. 计算机软件的概念

一般认为，计算机软件（Software）是包括计算机程序（Program）、支持程序运行的数据（Data）及其相关文档（Documentation）资料的完整集合。计算机程序是按事先设计的功能和性能要求执行的指令序列；或者说，是用程序设计语言描述的、适合于计算机处理的语句序列。数据是使程序能正常操纵信息的数据结构。文档是描述程序的操作、维护和使用的图文资料。

计算机软件与硬件有着诸多的不同点。一是表现形式不同，硬件看得见、摸得着，而软件看不见，也摸不着。软件大多存在于人们的大脑里或纸面上，它是否正确，是好是坏，要在机器上运行才能确定。二是生产方式不同，软件是人们开发出来的，是人的智力的高度发挥，不是传统意义上的硬件制造。尽管软件开发与硬件制造之间有许多共同点，但这两种活动是不同的。三是要求不同。硬件产品允许有误差，而软件产品却不允许有误差。四是维护不同，硬件是会用旧用坏的，理论上，软件是不会用旧用坏的，但实际上，软件也会变旧变坏，因为软件在整个生命周期中，一直处于改变（维护）状态。

2. 计算机软件的分类

按照不同的原则和标准，可以将软件划分为不同的种类。通常，按照功能将软件分为系统软件（System Software）、支撑软件（Support Software）和应用软件（Application Software）三类。

（1）系统软件。系统软件与计算机硬件紧密结合，构成用户在某方面使用计算机的基础平台。系统软件的工作通常都伴随着与计算机硬件的频繁交互，需要精细的调度，同时又具有良好的用户支持、资源共享及多外部接口的特征，如操作系统、数据库管理系统、设备驱动程序等。这些软件在某种程度上具有较大范围的适应性，一般由专业的软件公司有目的地开发并较好地维护。

（2）支撑软件。支撑软件是辅助其他软件开发、维护和运行的软件，也称为工具软件或软件开发环境，主要包括数据库连接和数据管理、程序集成开发环境、软件工程辅助开发环境，以及其他的系统工具。在软件工程过程管理中，支撑软件支持生命周期各阶段的各项活动，为具体领域的应用开发提供更高层级的接口和使用，降低了用户和软件人员与系统交互的复杂性，提高了应用软件开发的效率和质量。

（3）应用软件。应用软件是为实现用户特定的需求，针对计算机在某个领域或特定工作性质中的应用而开发的软件，例如，商业处理软件、科学计算软件、计算机辅助设计软件、人工智能软件等。应用软件拓宽了计算机系统的应用领域，有效利用了计算机的硬件资源，提供了丰富的功能选择。

1.2.3 计算机系统的组织结构

现代计算机系统是由软件系统和硬件系统共同实现的十分复杂的系统,而这一复杂的系统可以被看成由若干层次组成,每个层次完成一定的功能,上下层次之间是一种调用和服务的关系。

1. 软件与硬件的关系

随着大规模集成电路和计算机系统结构的发展,实体硬件的功能范围不断扩大。容量大、价格低、体积小、可以改写的只读存储器提供了软件固化的良好物质手段。现在已经可以把许多复杂的、常用的程序制作成所谓的固件。就它的功能来说是软件,但从形态上来说,又是硬件。目前在一片硅单晶芯片上制作复杂的逻辑电路已经实际可行了,这就为扩大指令的功能提供了物质基础,因此本来通过软件实现的某种功能,现在可以通过硬件直接解释执行。进一步来说,就是设计所谓面向高级语言的计算机。这样的计算机可以通过硬件直接解释执行高级语言的语句,而不需要先经过编译程序的处理。传统的软件部分今后完全有可能"固化"甚至"硬化"。因此,计算机系统软件与硬件的界限已经变得十分模糊。任何操作都可以由软件实现,也可以由硬件实现;任何指令的执行都可以由硬件完成,也可以由软件完成。对于某一功能,是采用硬件方案还是采用软件方案,取决于器件价格、速度、可靠性、存储容量、变更周期等因素。

2. 计算机系统的多级层次结构

现代计算机系统是一个由硬件与软件组成的综合体,可以把它看成按功能划分的多级层次结构,如图1-4所示。图中每一级各对应一类机器,各有自己的"机器"语言。这里,"机器"的定义是能存储、执行程序的算法和数据结构的集合体。各级机器的算法和数据结构的实现方法不同,M0由硬件实现,M1、M2由微程序(固件)实现,M3~M6由软件实现。由软件实现的机器称为虚拟机器,以区别由硬件或固件实现的实际机器。

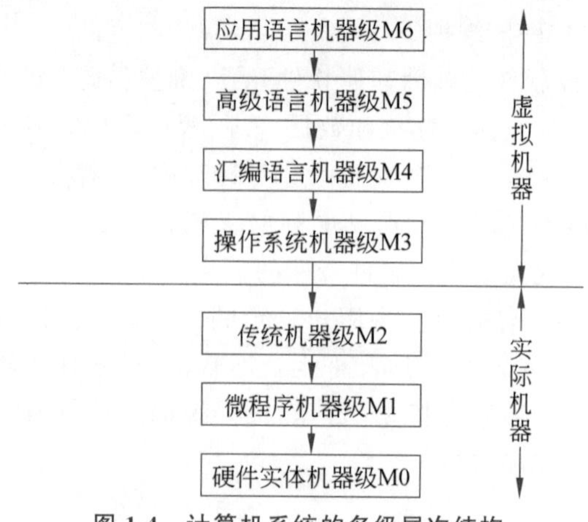

图1-4 计算机系统的多级层次结构

其中，M0是硬件实体机器级。M1是微程序机器级，是一个实在硬件层，程序员用微指令编写的微程序一般直接由硬件执行。M2是传统机器级，也是一个实在的机器层，程序员用机器指令编写的程序可以由微程序进行解释。M3是操作系统机器级，由操作系统程序实现。从操作系统的基本功能看，一方面，它要直接管理传统机器中的软硬件资源；另一方面，它又是传统机器的延伸。M4是汇编语言机器级，为用户提供一种符号形式语言，借此可编写汇编语言程序。M5是高级语言机器级。高级语言是面向用户的、通常用编译程序完成高级语言的翻译工作。M6是应用语言机器级，是为了使计算机满足某种用途而专门设计的，这一级语言就是各种面向问题的应用语言。

把计算机系统按功能划分成多级层次结构，有利于正确理解计算机系统的工作过程，明确软件、硬件在计算机系统中的地位和作用。

1.3 计算机的发展

人类使用的计算工具是随着生产的发展和社会的进步，从简单到复杂、从低级到高级的发展过程，虽然电子计算机的发展历史只有70多年，但计算工具的发展历史却很漫长，相继出现了算盘、计算尺、手摇机械计算机、电动机械计算机等。

1.3.1 计算机的发展阶段

计算机的发展历史是一个由应用和成本互相驱动，最后找到一个平衡点的发展过程。数学家和物理学家提出的理论和技术，推动了这个过程的发展。计算机的发展历史可以分为三个阶段，即近代计算机阶段、现代计算机阶段与当代计算机阶段。

1. 近代计算机阶段

近代计算机指以齿轮杠杆为部件并具有完整含义的机械式或机电式计算机。1642年，法国科学家帕斯卡(Blaise Pascal)发明了齿轮式加减法器。1673年，德国科学家莱布尼茨(Gottfried Wilhelm Leibniz)发明了齿轮式乘除法器。1821年，英国剑桥大学数学教授巴贝奇(Charles Babbage)发明了差分机，1834年，他又发明了分析机，包括输入、处理、存储、控制、输出5部分装置，可惜这部机器限于工艺条件，直到他逝世也未全部完成。1944年，哈佛大学物理教授艾肯(Howard Hathaway Aiken)在IBM公司的支持下完成了用齿轮和继电器为部件的机电式计算机Mark，才使巴贝奇的梦想变成现实。

2. 现代计算机阶段

现代计算机是指利用先进的电子技术代替机械齿轮技术，继电器依次被电子管、晶体管、集成电路取代而制成的数字电子计算机。

数字电子计算机的发展与电子技术的发展密切相关，每当电子技术有突破性的进展，就会引发计算机的一次重大变革。因此，计算机发展史中的“代”通常以计算机硬件使用的主要器件划分，分为以下4代。

第一代(1946—1957 年)为电子管计算机,具有代表性的有 ENIAC、EDVAC、EDSAC、UNIVAC 等。世界上公认的第一台电子计算机 ENIAC(Electronic Numerical Integrator And Calculator,电子数字积分器和计算器)诞生于 1946 年,它是美国奥伯丁武器实验场为了满足计算弹道的需要而研制成的。全机共使用了 18 000 多个电子管、1500 多个继电器,占地 $167m^2$,每秒钟可执行 5000 次加法运算。第一代计算机的共同特点是:主要器件使用电子管;用穿孔卡片机作为数据和指令的输入设备;用磁鼓或磁带作为外存储器;使用机器语言编程。虽然第一代计算机的体积大,速度慢,能耗高,使用不便且经常发生故障,但是它显示了强大的生命力,预示了将要改变的未来。

第二代(1958—1964 年)为晶体管计算机,具有代表性的有 UNIVACⅡ,贝尔的 TRADIC,IBM 的 7090、7094、7040、7044 等。其主要特点是:使用晶体管代替电子管,相比第一代,其体积小,速度快,能耗低,可靠性高;软件方面配置了子程序库和批处理管理程序,并且推出了 FORTRAN、COBOL 等高级程序设计语言及相应的编译程序,成为广大科技人员都能够使用的工具,推进了计算机的应用与普及。

第三代(1965—1971 年)为中小规模的集成电路计算机,具有代表性的有 IBM 360 系列、Honey Well 6000 系列、富士通 F230 系列等。其主要特点是:使用中、小规模集成电路;使用半导体存储器;引入操作系统;同时还提供了大量的面向用户的应用程序,开始商业化应用。

第四代(1972 年以后)为超大规模的集成电路计算机。使用大规模、超大规模集成电路,除了传统的大型计算机和小型计算机外,最引人注目的是微型计算机的诞生,此外还出现了超级计算机。具有代表性的有 IBM 的 4300 系列、3080 系列、3090 系列和 9000 系列。

3. 当代计算机阶段

20 世纪 90 年代后,计算机的发展进入崭新的阶段。它并不像 20 世纪 80 年代初人们预想的那样会在第四代大型计算机的基础上继续出现第五代、第六代乃至第七代计算机。实际情况是微处理器芯片的功能越来越强大,以“奔腾”为核心的微型计算机性能越来越完善,计算机网络越来越广泛,用许多芯片组成的多处理系统正成为速度最快的新式超级计算机。所有这些事实使我们感到有必要把当代计算机的发展概括为高速计算与高速网络相结合的时代和多媒体、超大型知识数据库向每个人都提供服务的时代。

1.3.2 我国计算机的发展

我国计算机产业的发展起步较晚,计算机产业体系的发展大致经历了 4 个发展阶段,即 1956—1965 年的萌芽阶段,1966—1977 年的曲折发展阶段,1978 年至 20 世纪 80 年代末的产业化发展阶段,20 世纪 90 年代的快速发展阶段。此后,计算机产业和市场的规模逐年扩大,成为国民经济的重要产业之一。

1. 古代文明对计算机发展的贡献

在人类文明发展的历史上,中国曾经在早期计算工具的发明创造方面写过光辉的一页。早在商代，中国就创造了十进制记数方法，领先世界千余年。到了周代，中国发明了当时最先进的计算工具——算筹，这是一种用竹、木或骨制成的颜色不同的小棍。计算数学问题时，通常编出一套歌诀形式的算法，一边计算，一边不断地重新布棍。中国古代数学家祖冲之就是用算筹计算出圆周率在 3.141 592 6 和 3.141 592 7 之间，这一结果比西方早一千年。珠算盘是中国的又一独创，也是计算工具发展史上的第一项重大发明。这种轻巧灵活、携带方便、与人民生活关系密切的计算工具，最初大约出现于汉朝，到元朝时渐趋成熟。珠算盘不仅对中国经济的发展起到过有益的作用，而且传到了日本、朝鲜、东南亚等地区，经受了历史的考验，至今仍在使用。

中国发明创造的指南车、水运浑象仪、记里鼓车、提花机等，不仅对自动控制机械的发展有卓越的贡献，而且对计算工具的演进产生了直接或间接的影响。例如，张衡制作的水运浑象仪，可以自动与地球同步运转，后经唐、宋两代的改进，成为世界上最早的天文钟；记里鼓车是世界上最早的自动计数装置；提花机原理对计算机程序控制的发展有过间接的影响。中国古代用阳、阴两爻构成八卦，也对计算技术的发展有过直接的影响。德国数学家莱布尼茨写过研究八卦的论文，系统地提出了二进制算术运算法则。他认为，世界上最早的二进制表示法就是中国的八卦。

2. 我国计算机事业的发展

经过漫长的沉寂，中华人民共和国成立后，中国计算技术迈入了新的发展时期，先后建立了研究机构，高等院校创办了计算技术与装置专业和计算数学专业，并且着手创建中国计算机制造业。

我国的计算机事业始于 1956 年，我国最早倡导研究计算技术的著名数学家华罗庚教授起草了发展电子计算机的方案。从 1964 年开始，北京、天津、上海等地相继制成一批晶体管计算机。20 世纪 70 年代以后，我国进入集成电路计算机时期，20 世纪 70 年代中后期相继研制成功多种运算速度达每秒百万次的大型计算机。

1983 年，我国先后研制成功 757 大型计算机和“银河Ⅰ”巨型计算机。757 大型计算机是由我国自行设计的第一台大型向量计算机，每秒向量运算千万次。“银河Ⅰ”是每秒向量运算一亿次的计算机，它填补了国内巨型计算机的空白，使我国跨入世界研制巨型计算机行列。1993 年，银河计算机Ⅱ型通过鉴定；1995 年，“曙光 1000”研制成功；1997 年，“银河Ⅲ”巨型计算机研制成功。

2000 年，我国自行研制成功高性能计算机“神威Ⅰ”，其主要技术指标和性能达到国际先进水平。2002 年 8 月，联想“深腾 1800”大规模计算机系统研制成功。2003 年 11 月，由深圳大学和清华大学联合研制的“深超-21C”通过技术鉴定。2003 年 11 月，联想“深腾 6800”超级计算机研制成功。在 2004 年 6 月的全球计算机 500 强名单中，曙光计算机公司研制的超级计算机“曙光 4000A”排名进入前 10 位。

2007 年 12 月 26 日，我国首台采用国产高性能通用处理器芯片“龙芯 2F”和其他国产器件、设备和技术的万亿次高性能计算机“KD-50-Ⅰ”在中国科学技术大学研制成功，并通过了专家鉴定。

2008 年 9 月 16 日，我国首台超百万亿次超级计算机“曙光 5000A”在天津下线。“曙光 5000A”不仅使中国成为继美国之后第二个能研发、生产、应用百万亿次超级计算机的国家，而且大幅提升了我国的科技竞争力和综合国力，是我国自主创新与产业化的重大突破。

2009 年 10 月 29 日，国防科技大学成功研制出的峰值性能为每秒 1206 万亿次的“天河一号”超级计算机在长沙亮相，标志着我国成为继美国之后世界上第二个能够研制千万亿次超级计算机的国家。2010 年 11 月，国防科技大学研制的“天河一号 A”正式对外公布，采用 GPU 加速的超级计算机如愿以偿地登顶 TOP500 首席宝座，成为世界上最快的超级计算机。

2012 年 1 月，全部采用国产 CPU 和系统软件构建的我国首台千万亿次计算机——“神威蓝光”千万亿次计算机系统在国家超级计算(济南)中心成功投入应用，这标志着我国继美国、日本之后，成为世界上第三个能够采用自主 CPU 构建千万亿次计算机的国家。“神威蓝光”计算机采用万万亿次体系架构，系统全面采用高密度组装和低功耗技术，组装密度和能效居世界领先水平，系统综合水平处于当今世界先进行列。

2016 年 6 月，“神威·太湖之光”超级计算机系统正式发布。它是全球第一台性能超过十亿亿次的计算机，并且全部采用国产高性能众核处理器构建。其峰值运算性能、持续性能和系统能效比三大技术指标同比大幅领先，标志着我国超级计算机在自主可控、峰值速度、持续性能、绿色指标等方面实现了突破。图 1-5 为中国超级计算机“神威·太湖之光”。

2023 年 8 月，“天河-3”超级计算机投入使用，引起了全世界的广泛关注。它拥有强大的计算与存储能力，并融合人工智能技术。这款世界上最先进的超级计算机的投入使用，无疑是一项技术上的重大突破，必将对人类社会的发展产生积极的推动作用。图 1-6 为超级计算机“天河-3”。

图 1-5　中国超级计算机“神威·太湖之光”

图 1-6　超级计算机“天河-3”

1.3.3　影响计算机发展的重要人物

计算机的发展

在计算机的发展历史中，众多思想家、科学家的理论与思想对计算机的发展产生了重要影响，如图灵、冯·诺依曼、香农、布尔、西蒙、伯纳斯·李等。

1. 图灵与图灵奖

艾伦·麦席森·图灵(Alan Mathison Turing，1912—1954)是英国著名的数学家和逻辑学家，计算机逻辑的奠基者。图灵提出了“图灵机”和“图灵测试”等重要概念，被称为计算机科学之父、人工智能之父。

1936年，图灵描绘出的“通用图灵机”成为后世超级计算机和个人计算机、复杂设备和通用设备所共同依循的设计雏形，甚至新一代量子计算机仍是以图灵机为原型。这个简单有效、趋近完美的模型规范了机器演算时的主要组件，包括运算、存储、程序、呈现。图灵机出现以前的计算设备，如算盘和其他机械式运算设备，虽然也是通用的“计算机”，但它们不可能像图灵机那样执行所有的计算任务。另外，算盘的“程序”只能存储在演算者的大脑里，而图灵机存储的程序成为计算机自身的一部分，这就是很重要的区别。

1950年10月，在曼彻斯特大学任教的图灵发表了一篇名为《计算机与智能》(*Computing Machinery and Intelligence*)的论文，首次提出机器具备思维的可能性。“图灵测试”通过让测试主持者对计算机及作为参照考察对象的人进行一系列问题验证，来判断与之对话的是人还是机器——如果无法判断或混淆了被考查的机器和人，则可认为被测试的机器具有某种程度的智慧。图灵曾预言，至20世纪末，一定会涌现出可通过图灵测试的计算机。从某种意义上说，这一预言在1997年5月实现了。当时国际象棋之王卡斯帕罗夫在美国纽约与超级计算机“深蓝”对弈，结果“深蓝”取得了胜利——在“深蓝”接连走出几步妙棋杀招时，人类冠军几乎不相信与他对弈的是一台机器。

和图灵机、图灵测试一样，“图灵奖”也可视为大师图灵留给计算机从业者的遗产。被誉为计算机学界的诺贝尔奖的图灵奖由美国计算机协会(Association for Computer Machinery，ACM)于1966年设立。这一代表着全球计算机科学领域最高荣誉的奖项名称，展现出整个产业对图灵这位杰出前辈的崇敬与追慕。

2. 冯·诺依曼体系结构

约翰·冯·诺依曼(John von Neumann，1903—1957)是20世纪最杰出的数学家之一，于1945年提出了“程序内存式”计算机的设计思想。这一卓越的思想为电子计算机的逻辑结构设计奠定了基础，已成为计算机设计的基本原则。他由于在计算机逻辑结构设计上有伟大的贡献，所以被誉为“计算机之父”。

从20世纪初，物理学和电子学科学家们就在争论制造可以进行数值计算的机器应该采用什么样的结构。人们被十进制这个人类习惯的记数方法所困扰。所以，那时以研制模拟计算机的呼声更为响亮和有力。20世纪30年代中期，冯·诺依曼大胆地提出，抛弃十进制，采用二进制作为数字计算机的数制基础，并提出预先编制计算程序，然后由计算机按照人们事前制定的计算顺序执行数值计算工作的想法，人们把这个理论称为冯·诺依曼体系结构。从世界上第一台电子数字计算机ENIAC到当前最先进的计算机，采用的都是冯·诺依曼体系结构。

3. 香农和信息论

克劳德·艾尔伍德·香农(Claude Elwood Shannon，1916—2001)是现代信息论的著名创始人，信息论及数字通信时代的奠基人。香农在普林斯顿高级研究所(The Institute for Advanced Study at Princeton)工作期间开始思考信息论与有效通信系统的问题。从

1948年6月到10月,香农在《贝尔系统技术杂志》(*Bell System Technical Journal*)上连载了影响深远的论文《通信的数学原理》。1949年,香农又在该杂志上发表了另一篇著名论文《噪声下的通信》。在这两篇论文中,香农解决了过去许多悬而未决的问题:阐明了通信的基本问题,给出了通信系统的模型,提出了信息量的数学表达式,并解决了信道容量、信源统计特性、信源编码、信道编码等一系列基本技术问题。这两篇论文成为信息论的基础性理论著作。

香农的成就轰动了世界,激发了人们对信息论的巨大热情,它向各门学科冲击,研究规模像滚雪球一样越来越大。它远远突破了香农本人所研究和意料的范畴,即从香农的所谓"狭义信息论"发展到了"广义信息论"。20世纪80年代以来,当人们在议论未来的时候,人们的注意力又不约而同地集中到了信息领域。按照国际上的一种流行说法,未来将是一个高度信息化的社会,信息工业将发展成头号工业,社会上的大多数人将从事信息的生产、加工和流通。这时,人们才能更正确地理解香农工作的全部含义。

4. 布尔与逻辑运算

乔治·布尔(George Boole,1815—1864)是19世纪最重要的数学家之一。1847年,布尔出版了《逻辑的数学分析》(*The Mathematical Analysis of Logic*),这是他对符号逻辑诸多贡献中的第一个。1854年,他出版了最著名的著作《思维规律的研究》,介绍了以他的名字命名的布尔代数。布尔认为,逻辑中的各种命题能够使用数学符号代表,并能依据规则推导出相应逻辑问题的适当结论。布尔的逻辑代数理论建立在两种逻辑值"真"(True)、"假"(False)和三种逻辑关系"与"(AND)、"或"(OR)、"非"(NOT)上。这种理论为数字电子计算机的二进制、相关逻辑元件和逻辑电路的设计铺平了道路。

由于布尔在符号逻辑运算中的特殊贡献,很多计算机语言中将逻辑运算称为布尔运算,将其结果称为布尔值。

5. 西蒙与人工智能

赫伯特·亚历山大·西蒙(Herbert Alexander Simon,1916—2001)是一名计算机科学家、心理学家,诺贝尔经济学奖获得者。西蒙是认知科学与人工智能的创始人之一,在计算机科学与心理学的结合方面做出了卓越的贡献,被称为"人工智能之父"。

西蒙以其在经济学、认知科学和人工智能领域的贡献而闻名,他的研究推动了这些领域的发展,并为人们更好地理解和应用人工智能技术提供了重要启示。西蒙在人工智能方面做出的重要学术贡献有:符号信息处理系统,使用符号和规则来模拟人类的思维过程,为后来的人工智能研究奠定了基础;提出了"有限理性"的概念,认为人类的决策过程受到认知能力、信息的可获取性和时间的限制,这对于人工智能领域的决策制定和问题解决有着重要的启示;提出"满意化"的概念,即在面对复杂问题时,人们通常会采取满足一定条件的解决方案,而不是追求最佳解决方案,这一概念在人工智能中引发了对决策制定和优化的许多研究;对问题解决过程进行了深入研究,提出了启发式算法的概念,这对于人工智能中的搜索算法和问题解决技术具有重要意义。

6. 伯纳斯·李与万维网

2017年4月,万维网(World Wide Web,WWW)的发明人、麻省理工学院教授蒂姆·伯纳斯·李(Tim Berners-Lee,1955—)获得了2016年ACM"图灵奖"(A.M. Turing Award)。

1990年,伯纳斯·李在当时的NEXTSTEP网络系统上开发出世界上第一个网络服务器和第一个客户端浏览器编辑程序,之后启动了万维网并成立了全球第一个WWW网站。如今,WWW、HTTP、URL等词语早已成为人们习惯的日常用语,万维网正在日益深刻地改变人们工作、娱乐、交流思想和社交的各种方式,并几乎影响到人们生活的各个领域。从某种程度上讲,万维网诞生的意义并不亚于印刷术、电话等发明对人类历史的深远影响。

伯纳斯·李的发明改变了全球信息化的传统模式,带来了一个信息交流的全新时代。可是,伯纳斯·李并没有为WWW申请专利和限制它的使用,而是无偿地向全世界开放,为互联网的全球化普及翻开了里程碑式的篇章,让互联网走进了千家万户。

1.3.4 计算机的发展趋势

计算机科学技术是世界上发展最快的科学技术之一,产品不断升级换代。计算机本身的性能越来越优越,应用范围也越来越广泛,从而使计算机成为工作、学习和生活中必不可少的工具。

1. 计算机发展的特点

计算机发展的特点主要体现在功能巨型化、体积微型化、资源网络化和处理智能化等方面。

(1) 功能巨型化。巨型计算机的发展集中体现了计算机科学技术的发展水平,推动了计算机系统结构、硬件和软件的理论和技术、计算数学以及计算机应用等多个学科分支的发展。高性能计算机主要应用于天文、气象、地质、核反应、航天飞机和卫星轨道计算等尖端科学技术领域和国防事业领域,它标志着一个国家计算机技术的发展水平。目前,运算速度为每秒几百亿次到上万亿次的超级计算机已经投入运行,并正在研制更高速的超级计算机。

(2) 体积微型化。由于大规模和超大规模集成电路的飞速发展,微处理器芯片连续更新换代,微型计算机连年降价,加上丰富的软件和外围设备,操作简单,微型计算机很快普及到社会各领域并走进千家万户。其中,笔记本型、掌上型等微型计算机必将以更优的性能价格比受到人们的欢迎。

(3) 资源网络化。资源网络化是计算机发展的又一个重要趋势。从单机走向联网是计算机应用发展的必然结果。计算机网络化是指用现代通信技术和计算机技术把分布在不同地点的计算机互连起来,组成一个规模大、功能强、可以互相通信的网络结构。网络化的目的是使网络中的软件、硬件和数据等资源能被网络上的用户共享。目前,大到世界范围的通信网,小到实验室内部的局域网已经很普及,因特网(Internet)已经连接了世界上绝大部分国家和地区。由于计算机网络实现了多种资源的共享和处理,提高了资源的使用效率,因而深受广大用户欢迎,得到越来越广泛的应用。

(4) 处理智能化。处理智能化使计算机具有模拟人的感觉和思维过程的能力,使计算机成为真正的智能工具,这也是目前正在研制的新一代计算机要实现的目标。智能化的研究包括模式识别、图像识别、自然语言的生成和理解、博弈、定理自动证明、自动程序设计、专家系统、学习系统和智能机器人等。目前已研制出多种具有人的部分智能的机器人。

2. 未来计算机

展望未来,计算机的发展必然要经历很多新的突破。基于集成电路的计算机短期内还不会退出历史舞台,同时一些新的计算机正在加紧研究,这些计算机包括超导计算机、纳米计算机、光计算机、DNA 计算机和量子计算机等。

未来的计算机将在模式识别、语言处理、句式分析和语义分析的综合处理能力上获得重大突破,它可以识别孤立单词、连续单词、连续语言和特定或非特定对象的自然语言。人类将越来越多地同机器对话,键盘和鼠标的时代将渐渐结束。

超导计算机是利用超导技术生产的计算机及其部件,其开关速度达到几微微秒,耗电仅为半导体器件计算机的几千分之一,它执行一条指令只需十亿分之一秒,比半导体元件快几十倍。

纳米计算机指将纳米技术应用于计算机领域的一种新型计算机。采用纳米技术生产芯片的成本十分低廉,它既不需要建设超洁净生产车间,也不需要昂贵的实验设备和庞大的生产队伍,只要在实验室里将设计好的分子合在一起,就可以造出芯片,从而大幅降低生产成本。

光计算机是由光代替电子或电流,实现高速处理大容量信息的计算机。其基础部件是空间光调制器,并采用光内连技术,在运算部分与存储部分之间进行光连接,运算部分可直接对存储部分进行并行存取,突破了传统的用总线将运算器、存储器、输入和输出设备相连接的体系结构。运算速度极高,耗电极低。

DNA 计算机是应用 DNA(脱氧核糖核酸)存储遗传密码的原理,通过生物化学反应,用基因代码作为计算输入输出的一种生物形式的计算机。它可以实现现有计算机无法进行的模糊推理和神经网络计算,是智能计算机最有希望的突破口。

量子计算机是一种基于量子理论的计算机,遵循量子力学规律进行高速数学和逻辑运算、存储及处理量子信息的物理装置。量子计算机的概念源于对可逆计算机的研究。量子计算机应用的是量子比特,可以同时处于多个状态,而不像传统计算机那样只能处于 0 或 1 的二进制状态。

计算机产业正以人们难以想象的速度大步向前发展,我们正步入一个技术进步呈指数级加速的转折点。

1.4 思考与实践

学习提高

1.4.1 问题思考

1. 什么是计算机？其主要特征有哪些？
2. 按不同规模和处理能力划分，计算机可分为哪几种类型？
3. 计算机系统包括哪几部分？
4. 如何理解软件与硬件的关系？
5. 现代计算机发展各阶段的主要特点是什么？
6. 计算机的发展趋势体现在哪些方面？

1.4.2 课外讨论

1. 为什么计算机无处不在？举例说明。
2. 计算机是一台笨拙的机器，为什么却具有从事令人难以置信的聪明工作的能力？
3. 从软件使用的本质分析计算机作为工具的特殊性。
4. 计算机应用中你接触过哪些领域？
5. 说出几位计算机发展史上的重要人物，并简述他们在计算机发展史上的贡献。
6. 谈谈你对未来计算机的猜想。

1.4.3 实践活动

通过市场调研或互联网搜索，了解并分析计算机的应用现状。

在线作业

第 2 章 chapter 2

计算机的运算基础

计算机最基本的功能是数据处理。数据的含义十分广泛，除数学中的数值外，还有字符、声音、图形、图像等。计算机中的各种数据通常都是用二进制编码形式表示、存储、处理和传送的。

2.1 数制及其转换

数制也称为进制，是数的进位记数制，是用一组固定的数码和一套统一的规则表示数值的方法。在日常生活中，通常用十进制记数，此外还有许多非十进制的记数方法。例如，以 60 分为 1 小时、60 秒为 1 分，用的就是六十进制记数。在计算机内部，一切信息的存取、处理和传输均采用二进制记数，为了书写与表示方便，还引入了八进制记数和十六进制记数。

2.1.1 进位记数制

在日常生活中会遇到不同进制的数，如十进制数，逢 10 进 1；一周有 7 天，逢 7 进 1；而计算机中用的是二进制数，逢 2 进 1。无论哪种数制，其共同之处都是进位记数制。

1. 进位记数制的基本概念

各种数制的共同特点是：数制规定了每位数上可能有的数码的个数，以及同一个数码处于不同位置表示不同的值。这就是数制中除数码外最重要的两个概念，即基数(Radix)和位权(Weight)。

数码是数制中表示基本数值大小的不同数字符号。例如，十进制有 10 个数码 0、1、2、3、4、5、6、7、8、9。

基数是数制使用数码的个数。例如，十进制的基数为 10。

一个数码处在不同位置上代表的值不同，如十进制数中，数字 6 在十位数位置上表示 60，在百位数位置上表示 600，而在小数点后 1 位表示 0.6，可见每个数码表示的数值等于该数码乘以一个与数码所在位置相关的常数，这个常数叫作位权。位权的大小是以基数为底、以数码所在位置的序号为指数的整数次幂。十进制的个位数位置上的位权是

10^0,十位数位置上的位权为 10^1,小数点后 1 位的位权为 10^{-1}。

2. 计算机中常用的数制

人们最熟悉的数制是十进制,在计算机中采用的是二进制。但是,用二进制表示一个数,其使用的位数要比用十进制表示长得多,书写和阅读都不方便,也不容易被理解。为了书写和阅读方便,人们通常使用八进制和十六进制弥补二进制的这一不足。

(1) 十进制。十进制是最常用的数制类型。十进制使用 0、1、2、3、4、5、6、7、8、9 共 10 个数码描述,基数为 10,记数规则是逢 10 进 1。

(2) 二进制。二进制是计算机系统采用的数制。二进制的基数是 2,也就是说,它只有两个数码,即 0 和 1,记数规则是逢 2 进 1。

(3) 八进制。八进制虽然比较少用,但在一些场合中还是需要用到的,如一些注册表项中,八进制的基数是 8,即由 0、1、2、3、4、5、6、7 共 8 个数码组成。记数规则是逢 8 进 1。

(4) 十六进制。十六进制是人们在计算机指令代码和数据的书写中经常使用的数制。十六进制的基数是 16,即它有 16 个数码,除了十进制数中的 10 个数码可用外,还使用了 6 个英文字母,依次是 0、1、2、3、4、5、6、7、8、9、A、B、C、D、E、F。其中,A～F 分别代表十进制数的 10～15。记数规则是逢 16 进 1。

十进制与二进制、八进制、十六进制的对应关系见表 2-1。

表 2-1　十进制与二进制、八进制、十六进制的对应关系

二进制	八进制	十进制	十六进制	二进制	八进制	十进制	十六进制
0	0	0	0	1000	10	8	8
1	1	1	1	1001	11	9	9
10	2	2	2	1010	12	10	A
11	3	3	3	1011	13	11	B
100	4	4	4	1100	14	12	C
101	5	5	5	1101	15	13	D
110	6	6	6	1110	16	14	E
111	7	7	7	1111	17	15	F

既然有不同的数制,因此在给出一个数时,就需要指明它是什么数制类型的数,可以在数字的右下角使用一个下标表示基数,或者用后缀字母标识,二进制的标识字母为 B,八进制为 O,十进制为 D,十六进制为 H。对于十进制数,下标或标识字母通常可省略不写。

例如,$(111010)_2$、$(72)_8$、$(58)_{10}$、$(3A)_{16}$ 即使用下标表示基数,分别为二进制、八进制、十进制和十六进制数。若用后缀字母标识,则 111010B、72O、58D、3AH 分别为二进制、八进制、十进制和十六进制数。

3. 计算机采用二进制的原因

计算机采用二进制主要有以下原因。

(1) 技术上容易实现。这是因为具有两种稳定状态的物理器件有很多,如门电路的导通与截止、电压的高与低等,而它们恰好可以对应表示“1”和“0”这两个数码。假如采用十进制,那么就要制造具有10种稳定状态的物理电路,而这是非常困难的。

(2) 运算规则简单。数学推导已经证明,对R进制数进行算术求和或求积运算,其运算规则各有$R(R+1)/2$种。如采用十进制,则$R=10$,就有55种求和或求积的运算规则;而采用二进制,则$R=2$,仅有3种求和或求积的运算规则。以加法为例,$0+0=0$,$0+1=1(1+0=1)$,$1+1=10$,因而可以大幅简化运算器等物理器件的设计。

(3) 可靠性高。由于电压的高和低、电流的有和无都是一种质的变化,两种物理状态稳定、分明,因此,二进制码传输的抗干扰能力强,鉴别信息的可靠性高。

(4) 逻辑判断方便。采用二进制后,仅有的两个符号“1”和“0”正好可以与逻辑命题的两个值“真”和“假”对应,能够方便地使用逻辑代数这一有力工具来分析和设计计算机的逻辑电路。

0-1之美

2.1.2 不同数制间的转换

在计算机内部,数据与程序都用二进制表示和处理,人们的输入与计算机的输出还是以十进制表示,这就存在数制间的转换工作,转换过程是通过机器完成的,但我们应当了解数制转换的原理。

1. 非十进制数转换为十进制数

非十进制数转换为十进制数采用按位权展开再求和的方法。

任何一个R进制数N:$D_{n-1}D_{n-2}\cdots D_1D_0D_{-1}D_{-2}\cdots D_{-m}$(其中,$n$为整数位数,$m$为小数位数)均可表示为如下形式。

$$N=D_{n-1}\times R^{n-1}+D_{n-2}\times R^{n-2}+\cdots+D_1\times R^1+D_0\times R^0+D_{-1}\times R^{-1}+D_{-2}\times R^{-2}+\cdots+D_{-m}\times R^{-m}$$
$$=\sum_{i=-m}^{n-1}D_i\times R^i$$

其中,D_i表示第i位的数码,R^i是该位的权。

【例2-1】 将二进制数、八进制数、十六进制数转换为十进制数。

(1) 二进制数10001101.11转换为十进制数。

$$(10001101.11)_2=1\times 2^7+0\times 2^6+0\times 2^5+0\times 2^4+1\times 2^3+1\times 2^2+0\times 2^1+1\times 2^0+1\times 2^{-1}+1\times 2^{-2}$$
$$=141.75$$

(2) 八进制数 337.4 转换为十进制数。

$$
\begin{aligned}
&(337.4)_8 \\
=&3\times 8^2+3\times 8^1+7\times 8^0+4\times 8^{-1} \\
=&223.5
\end{aligned}
$$

(3) 十六进制数 3BF.4 转换为十进制数。

在将十六进制数转换成十进制数时，要将符号 A、B、C、D、E、F 分别还原成 10、11、12、13、14、15 进行运算。

$$
\begin{aligned}
&(3BF.4)_{16} \\
=&3\times 16^2+11\times 16^1+15\times 16^0+4\times 16^{-1} \\
=&959.25
\end{aligned}
$$

2. 十进制数转换为非十进制数

将十进制数转换为二进制、八进制或十六进制等非十进制数的方法是类似的，其步骤是将十进制数分为整数和小数两部分进行。

(1) 十进制整数转换为非十进制整数。十进制整数转换为非十进制整数，采用“除基取余法”，即将十进制整数逐次除以转换目标数制的基数，直到商为 0 时，将所得余数自下向上排列即可。

【例 2-2】 将十进制数 35 转换为二进制数、八进制数。

除数	被除数/商	取余数	
2	35		↑ 低
2	17	1	
2	8	1	
2	4	0	
2	2	0	
2	1	0	
	0	1	高

则得 $35=(100011)_2$。同理，可以将十进制数 35 转换为八进制数。

除数	被除数/商	取余数	
8	35		↑ 低
8	4	3	
	0	4	高

则得 $35=(43)_8$。由此方法也可以将十进制数 35 转换为十六进制数：

$$35=(23)_{16}$$

(2) 十进制小数转换为非十进制小数。十进制小数转换为非十进制小数采用“乘基取整法”，即将十进制小数逐次乘以转换目标数制的基数，直到小数部分的值为 0 或满足精度要求为止，然后将得到的整数自上而下排列。

【例 2-3】 将十进制数 0.25 转换成二进制数。

```
        0.25      取整数     │ 高
     ×     2                 │
    ──────────               │
        0.50       0         │
     ×     2                 │
    ──────────               │
        1.00       1         ↓ 低
```

所以，$0.25=(0.01)_2$。

当十进制小数不能用有限位二进制小数精确表示时，根据精度要求，采用"0 舍 1 入"法，取有限位二进制小数近似表示。

【例 2-4】 将十进制小数 0.32 转换为二进制小数(要求精确到小数点后 4 位)。

```
                                 高
        0.32      取整数     │
     ×     2                 │
    ──────────               │
        0.64       0         │
     ×     2                 │
    ──────────               │
        1.28       1         │
        0.28                 │
     ×     2                 │
    ──────────               │
        0.56       0         │
     ×     2                 │
    ──────────               │
        1.12       1         ↓
                                 低
```

则得 $0.32\approx(0.0101)_2$。

若十进制数中既有整数，又有小数，则应将整数部分和小数部分分别进行转换，再将两者相加，便得到结果。

【例 2-5】 将十进制数 35.25 转换为二进制数。

由于 $35=(100011)_2$，$0.25=(0.01)_2$。则得 $35.25=(100011.01)_2$。

3. 二进制与八进制、十六进制的转换

1 位八进制数对应 3 位二进制数，而 1 位十六进制数对应 4 位二进制数，因此，二进制数与八进制数之间、二进制数与十六进制数之间的相互转换十分容易。

二进制数转换为八进制数的原则是：整数部分从低位到高位每 3 位为一组(不足 3 位在高位用 0 补足)，小数部分从高位到低位每 3 位为一组(不足 3 位在低位用 0 补足)，然后将每组 3 位二进制数转换成对应的 1 位八进制数。一组一组地转换成对应的八进制数，即得到转换的结果。

【例 2-6】 将二进制数 10011110.00111 转换为八进制数。

010 011 110 . 001 110

2 3 6 . 1 6

所以,$(10011110.00111)_2=(236.16)_8$。

反之,由八进制数转换成二进制数时,只要将每位八进制数字转换成对应的 3 位二进制数即可。

【例 2-7】 将八进制数 261.34 转换为二进制数。

2 6 1 . 3 4

010 110 001 . 011 100

所以,$(261.34)_8=(10110001.0111)_2$。

类似地,十六进制数与二进制数的转换原则是:十六进制数中的每位数字用 4 位二进制数表示。

【例 2-8】 将二进制数 10011110.00111 转换为十六进制数,十六进制数 5A.E8 转换为二进制数。

1001 1110 . 0011 1000

9 E . 3 8

所以,$(10011110.00111)_2=(9E.38)_{16}$。

5 A . E 8

0101 1010 . 1110 1000

所以,$(5A.E8)_{16}=(1011010.11101)_2$。

2.2 计算机中数据的表示

信息有多种表现形式,包括数值、字符、图形、图像、声音、视频和动画等,可归纳为数值信息与非数值信息两种类型。计算机是用二进制编码方式工作的,它无法直接理解人们日常接触到的信息,需要将信息转换为二进制编码的数据,计算机才能进行存储、传输和处理。

2.2.1 数的机器码表示

为了区别一般书写表示的数与机器中编码表示的数,通常将一般书写表示的数称为真值,机器中编码表示的数称为机器数或机器码。机器数有原码、补码、反码等表示形式。本节以整数为例说明原码、补码和反码的表示方法。

1. 机器数和真值

数有正负之分,如 $N_1=+1101101$,$N_2=-1101101$,则 N_1 是一个正数,N_2 是一个负数。但是,机器不能直接把符号“+”“-”表示出来。为了能在计算机中表示正负数,必须引入符号位,即把正负符号也用 1 位二进制数码表示。为了便于在计算机中表示,同时又便于与实际值区分,在此首先引入机器数和真值的概念。

(1) 机器数。用二进制数"0"或"1"表示数的符号,"0"表示正号,"1"表示负号,且把符号位置于该数的最高数值位前,这样表示的数称为机器数(或称机器码),即符号位和数值位一起编码表示的数就是机器数。

(2) 真值。一般在书写中用"+""−"表示数的符号,这样表示的数称为真值。

例如,$N_1=+1101101$,$N_2=-1101101$,这是真值,表示成机器数(以原码为例)就是$[N_1]_{原}=\underline{0}1101101$,$[N_2]_{原}=\underline{1}1101101$。

2. 原码

符号位为0表示正数,为1表示负数,数值部分用二进制数的绝对值表示的方法称为原码表示法,通常用$[X]_{原}$表示X的原码。

例如,要表示+59和−59的原码。假设机器数的位数为8位(即机器的字长为8位),最高位是符号位,其余7位是数值位,那么,+59和−59的原码分别表示为

$$[+59]_{原}=\underline{0}0111011$$

$$[-59]_{原}=\underline{1}0111011$$

需要注意的是,0的原码有两个值,有"正零"和"负零"之分,机器遇到这两种情况都当作0处理。

$$[+0]_{原}=00000000$$

$$[-0]_{原}=10000000$$

原码的表示方法简单易懂,与真值转换方便,但在进行加减法运算时,符号位不能直接参加运算,而是要分别计算符号位和数值位。当两数相加时,如果是同号,则数值相加;如果是异号,则进行减法运算。而在进行减法运算时,还要比较绝对值的大小,然后用大数减去小数,最后还要给运算结果选择恰当的符号。

为了解决这些问题,人们引进了数的补码表示法。

3. 反码

引入反码的目的是便于求负数的补码。正数的反码与原码相同,负数的反码是符号位不变,数值位逐位取反。

例如,$[+59]_{反}=[+59]_{原}=00111011$,而$[-59]_{原}=10111011$,因此,$[-59]_{反}=11000100$。

0的反码也有两个,$[+0]_{反}=00000000$,$[-0]_{反}=11111111$。

在计算机中,求一个数的反码很容易,因此,求一个数的补码也就易于实现。

4. 补码

要了解补码,先来看日常生活中的实例。假如现在是7点,而你的手表却指向了9点,调整手表的时间可用两种方法拨动时针:一种方法是顺时针拨,即向前拨动10个小时;另一种方法是逆时针拨,即向后拨2个小时。从数学的角度可以表示为

$$(9+10)-12=19-12=7$$

或

$$9-2=7$$

可见，对手表来说，向前拨 10 个小时和向后拨 2 个小时的结果是一样的，减 2 可以用加 10 代替。这是因为手表是按 12 进位的，12 就是它的“模”。对模 12 来说，−2 与 +10 是“同余”的，也就是说，−2 与 +10 对于模 12 来说是互为补数的。

因此可以引入补码，把减法运算转换为加法运算。补码的定义：把某数 X 加上模数 K，称为以 K 为模的 X 的补码。因此，正数的补码的最高位为符号“0”，数值部分为该数本身；负数的补码的最高位为符号“1”，数值部分为用模减去该数的绝对值。

计算机中的加法器是以 2^n 为模的有模器件，通过用模 2^n 减去某数的绝对值的方法求某数的补码比较麻烦。求一个二进制数的补码的简便方法是：正数的补码与其原码相同；负数的补码是符号位不变，数值位逐位取反（即求其反码），然后在最低位加 1。

例如$[+59]_{补}=[+59]_{原}=00111011$，而$[-59]_{原}=10111011$，$[-59]_{反}=11000100$，因此$[-59]_{补}=[-59]_{反}+1=11000100+1=11000101$。

0 的补码只有一种形式，就是 n 位 0。n 位二进制数补码表示的范围为 -2^{n-1} ～ $+2^{n-1}-1$。例如，在 8 位机中，补码表示的范围为 −128～+127。

采用补码运算，符号位可以和数值位一起参加运算，而且不论数是正还是负，计算机总是做加法，减法运算可转换为加法运算。计算机的控制线路较为简单，所以，大多数计算机均采用补码存储、补码运算，其运算结果仍为补码形式。

2.2.2 数值数据的表示

计算机中常用的数据表示格式有两种：一种是定点格式，另一种是浮点格式。定点格式是指一个数中小数点的位置是固定的，故称为定点数；反之，如果一个数中小数点的位置是浮动的，则是浮点表示，称为浮点数。一般来说，定点格式可表示的数值范围有限，但要求的处理硬件比较简单；而浮点格式可表示的数值范围很大，但要求的处理硬件比较复杂。

采用定点数表示法的计算机称为定点计算机，采用浮点数表示法的计算机称为浮点计算机。一般微型计算机和单片机大多采用定点数的表示方法，大、中型计算机及高档微型计算机都采用浮点表示法，或同时具有定点和浮点两种表示方法。

1. 定点数表示

定点格式，即约定机器中所有数据的小数点位置固定不变。通常将定点数据表示成纯小数或纯整数。为了将数表示成纯小数，通常把小数点固定在数值部分的最高位前面；而为了把数表示成纯整数，则把小数点固定在数值部分的最后面，如图 2-1 所示。

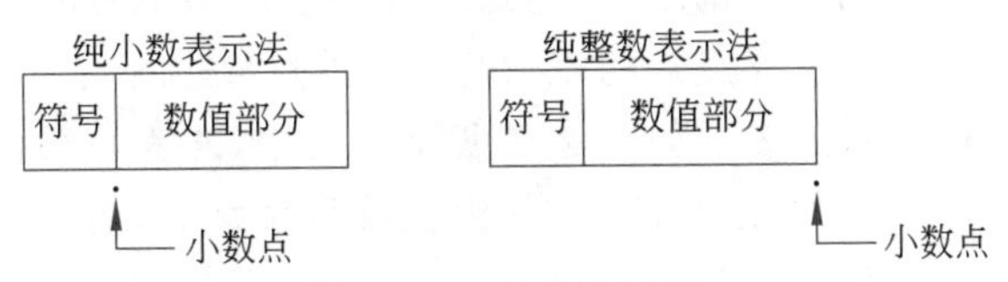

图 2-1 定点数表示法

图2-1中标示的小数点“.”在机器中不表示出来,而是事先约定在固定的位置。对于一台计算机,一旦确定了小数点的位置,就不再改变。

对纯小数进行运算时,要用适当的比例因子进行折算,以免产生溢出,或降低精度。

假设用 n 位表示一个定点数 $x=x_0x_1x_2\cdots x_{n-1}$,其中,$x_0$ 用来表示数的符号位,其余位数代表它的量值。对于任意定点数 $x=x_0x_1x_2\cdots x_{n-1}$,如果 x 表示的是纯小数,那么小数点就位于 x_0 和 x_1 之间,数的表示范围为 $0\leqslant|x|\leqslant 1-2^{-(n-1)}$;如果 x 表示的是纯整数,则小数点就位于最低位 x_{n-1} 的右边,数的表示范围为 $0\leqslant|x|\leqslant 2^{n-1}-1$。

目前计算机中大多采用定点纯整数表示,因此将定点数表示的运算简称为整数运算。

2. 浮点数表示

在定点数表示中存在的一个问题是,难以表示数值很大的数据和数值很小的数据。例如,电子的质量(9×10^{-28}g)和太阳的质量(2×10^{33}g)相差甚远,在定点计算机中无法直接表示,因为小数点只能固定在某一个位置上,从而限制了数据的表示范围。

为了表示更大范围的数据,数学上通常采用科学记数法,把数据表示成一个小数乘以一个以10为底的指数。

例如,在计算机中,电子的质量和太阳的质量可以分别取不同的比例因子,以使其数值部分的绝对值小于1,即

$$9\times10^{-28}=0.9\times10^{-27}$$
$$2\times10^{33}=0.2\times10^{34}$$

这里的比例因子 10^{-27} 和 10^{34} 要分别存放在机器的某个单元中,以便以后对计算结果按此比例增大。显然,这要占用一定的存储空间和运算时间。

浮点表示法就是把一个数的有效数字和数的范围在计算机中分别予以表示。这种把数的范围和精度分别表示的方法相当于数的小数点位置随比例因子的不同而在一定范围内自由浮动,因此称为浮点表示法。

以下为浮点数的一般表示形式。

一个十进制数 N 可以写成

$$N=10^e\times M$$

一个二进制数 N 可以写成

$$N=2^e\times M$$

其中,M 称为浮点数的尾数,是一个纯小数;e 是比例因子的指数,称为浮点数的阶码,是一个整数。尾数部分给出有效数字的位数,因而决定了浮点数的表示精度;阶码部分指明了小数点在数据中的位置,因而决定了浮点数的表示范围。浮点数也是有符号数,带符号的浮点数的表示如图2-2所示。其中,S 为尾数的符号位,放在最高一位;E 为阶码,紧跟在符号位之后,占 m 位;M 为尾数,放在低位部分,占 n 位。

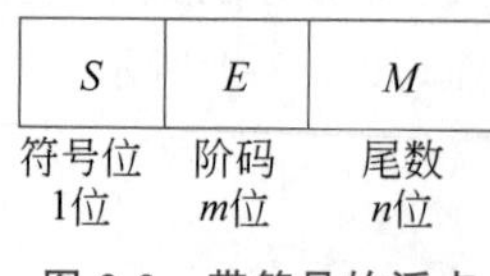

图2-2 带符号的浮点数的表示

(1) 规格化浮点数。若不对浮点数的表示做出明确规定,同一个浮点数的表示就不是唯一的。例如:

$$(1.75)_{10}=(1.11)_2=1.11\times2^0=0.111\times2^1=0.0111\times2^2=0.00111\times2^3$$

为了提高数据的表示精度,需要充分利用尾数的有效位数。当尾数的值不为0时,尾数域的最高有效位应为1,否则就要修改阶码移动小数点的位置,使其变成符合这一要求的表示形式,这称为浮点数的规格化。

(2) IEEE 754标准浮点格式。在IEEE 754标准出现前,业界并没有一个统一的浮点数标准,相反,很多计算机制造商都在设计自己的浮点数规则以及运算细节。

为了便于软件的移植,浮点数的表示格式应该有一个统一的标准。1985年,美国电气和电子工程师协会(Institute of Electrical and Electronics Engineers,IEEE)提出了IEEE 754标准,并以此作为浮点数表示格式的统一标准。目前,几乎所有的计算机都支持该标准,从而大幅改善了科学应用程序的可移植性。

IEEE 754标准从逻辑上采用一个三元组$\{S,E,M\}$表示一个数N,它规定基数为2,符号位S用0和1分别表示正和负,尾数M用原码表示,阶码E用移码表示。根据浮点数的规格化方法,尾数域的最高有效位总是1,由此,该标准约定这一位不予存储,而是认为它隐藏在小数点的左边,因此,尾数域表示的值是$1.M$(实际存储的是M),这样可使尾数的表示范围比实际存储多一位。为了表示指数的正负,阶码E通常采用移码方式表示,将数据的指数e加上一个固定的偏移量后作为该数的阶码,这样做既可避免出现正负指数,又可保持数据的原有大小顺序,便于进行比较操作。

目前,大多数高级语言都按照IEEE 754标准规定浮点数的存储格式。IEEE 754标准规定,单精度浮点数用4B(即32位)存储,双精度浮点数用8B(即64位)存储,如图2-3所示。

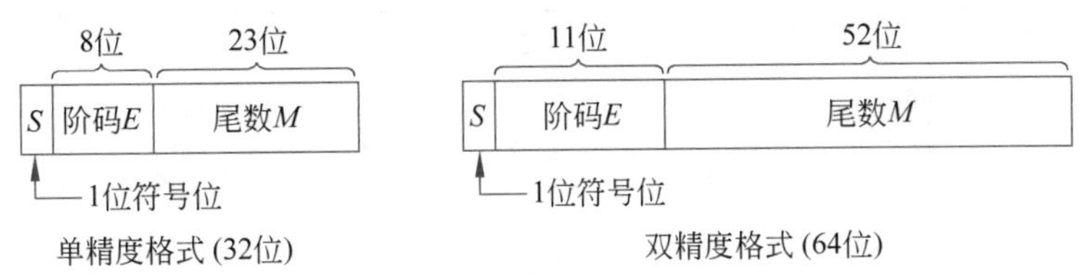

图2-3 IEEE 754标准浮点格式

单精度格式(32位)中,符号位(S)1位;阶码(E)8位,阶码的偏移量为127(7FH);尾数(M)23位,用纯小数表示。双精度格式(64位)中,符号位(S)1位;阶码(E)11位,阶码的偏移量为1023(3FFH);尾数(M)52位,用纯小数表示。

在IEEE 754标准中,一个规格化的32位浮点数X的真值可表示为

$$X=(-1)^s\times(1.M)\times2^{E-127}\quad e=E-127$$

在IEEE 754标准中,一个规格化的64位浮点数X的真值可表示为

$$X=(-1)^s\times(1.M)\times2^{E-1023}\quad e=E-1023$$

由于双精度格式的原理与单精度格式相同,仅是表示的位数有所增加,所以下面主要介绍单精度格式(32位)浮点数的表示方法。

当一个浮点数的尾数为0,不论其阶码为何值,或者当阶码的值遇到比它所能表示的

最小值还小时,不管其尾数为何值,计算机都把该浮点数看成零值,称为机器零。

当阶码 E 为全0且尾数 M 也为全0时,表示的真值 X 为0,结合符号位 S 为0或1,有正零和负零之分。当阶码 E 为全1且尾数 M 也为全0时,表示的真值 X 为无穷大(∞),结合符号位 S 为0或1,有$+\infty$和$-\infty$之分。这样,在32位浮点数表示中,要除去 E 用全0和全1(255)表示零和无穷大的特殊情况,因此,阶码 E 的取值范围变为1~254,指数的偏移量不选128(10000000B),而选127(01111111B)。对于32位规格化浮点数,真正的指数值 e 为$-126\sim+127$,因此,数的绝对值的范围是 $2^{-126}\sim2^{127}\approx10^{-38}\sim10^{38}$。

2.2.3 非数值数据的表示

非数值数据通常指的是字符、图形、图像、声音、视频等,它们并不用来表示数值的大小,一般情况下也不对它们进行算术运算。这里介绍字符数据的表示。

1. 西文字符的表示

由于计算机内部只能识别和处理二进制代码,所以字符必须按照一定的规则用一组二进制编码表示。字符编码方式有很多种,美国国家标准学会(ANSI)制定的美国信息交换标准码(American Standard Code for Information Interchange,ASCII)是现今最通用的单字节编码系统,它主要用于显示现代英文字母和符号,已被国际标准化组织(ISO)定为国际标准,称为ISO 646标准。

ASCII字符编码表见表2-2,表中的横轴为7位ASCII码高3位 $b_6b_5b_4$ 的二进制表示,纵轴为ASCII码低4位 $b_3b_2b_1b_0$ 的二进制表示,括号中的数字为对应的十六进制表示。

表 2-2 ASCII 字符编码表

$b_3b_2b_1b_0$	$b_6b_5b_4$							
	000 (0)	001 (1)	010 (2)	011 (3)	100 (4)	101 (5)	110 (6)	111 (7)
0000(0)	NUL	DLE	SP	0	@	P	`	p
0001(1)	SOH	DC1	!	1	A	Q	a	q
0010(2)	STX	DC2	“	2	B	R	b	r
0011(3)	ETX	DC3	#	3	C	S	c	s
0100(4)	EOT	DC4	$	4	D	T	d	t
0101(5)	ENQ	NAK	%	5	E	U	e	u
0110(6)	ACK	SYN	&	6	F	V	f	v
0111(7)	BEL	ETB	‘	7	G	W	g	w
1000(8)	BS	CAN	(	8	H	X	h	x
1001(9)	HT	EM	)	9	I	Y	i	y
1010(A)	LF	SUB	*	:	J	Z	j	z

续表

$b_3b_2b_1b_0$	$b_6b_5b_4$							
	000 (0)	001 (1)	010 (2)	011 (3)	100 (4)	101 (5)	110 (6)	111 (7)
1011(B)	VT	ESC	+	;	K	[	k	{
1100(C)	FF	FS	,	<	L	\	l	|
1101(D)	CR	GS	-	=	M	]	m	}
1110(E)	SO	RS	.	>	N	^	n	~
1111(F)	SI	US	/	?	O	_	o	DEL

ASCII 码用 7 位二进制编码(0～127) 表示一个字符,总共可以表示 128 个字符,其中有 95 个是可显示和打印的字符,包括 10 个十进制数字(0～9)、52 个英文大写和小写字母(A～Z,a～z),以及若干运算符和标点符号,除此之外的 33 个字符是不可显示和打印的控制符号,原先用于控制计算机外围设备的某些工作特性现在多数已被废弃。

计算机通常用一字节(8 位)存放一个 ASCII 字符,字节的低 7 位表示不同的 ASCII 字符,而字节的最高 1 位固定为 0。在有些情况下,字节的最高 1 位也可用作奇偶校验位以检验错误,或用作西文字符和汉字的区分标识。

除了使用字节最高位为 0 的标准 ASCII 码(0～127)外,通过使用字节最高位为 1 的另外 128 个编码(128～255),许多公司和组织还自行定义了不少互不兼容的扩展 ASCII 码系统。扩展 ASCII 码用 8 位二进制表示一个字符,总共可以表示 256 个不同的字符。

2. 汉字的表示

汉字处理是我国计算机推广应用中必须解决的问题。汉字的字数繁多,字形复杂,读音多变,常用汉字就有 7000 个左右。要在计算机中表示汉字,最方便的方法是为每个汉字设计一个编码,而且要使这些编码与西文字符和其他字符有明显的区别。

目前,在我国使用的计算机汉字操作平台中,常见的有以下 4 种汉字字符集。

(1) GB 2312 字符集。GB 2312 即国标码字符集 GB 2312—1980,全称为《信息交换用汉字编码字符集—基本集》,由国家标准总局于 1980 年发布,1981 年 5 月 1 日起实施,是中国国家标准的简体中文字符集。GB 2312 用两字节表示一个汉字编码,为了和西文字符隔离开,规定每字节的最高位为 1。它所收录的汉字已经覆盖 99.75%的日常使用汉字,基本满足了汉字的计算机处理需要。

(2) BIG5 字符集。BIG5 又称大五码,1984 年由中国台湾财团法人信息工业策进会和 5 家软件公司——宏碁(Acer)、神通(MiTAC)、佳佳、零壹(Zero One)、大众(FIC)创立,故称大五码。BIG5 码的产生,一方面是因为当时中国台湾不同厂商各自推出不同的编码,如倚天码、IBM PS55、王安码等,彼此不能兼容;另一方面,中国台湾当时尚未推出官方的汉字编码,而 GB 2312 编码也未收录繁体中文字。BIG5 字符集共收录 13 053 个中文字,该字符集在中国台湾使用。

尽管BIG5码内包含一万多个字符,但是没有考虑社会上流通的人名、地名用字、方言用字、化学及生物学科等用字,没有包含日文平假名及片假名字母。

(3) GBK字符集。1995年年底推出的GBK(汉字内码扩展规范)编码是中文编码扩展国家标准,该编码标准兼容GB 2312,共收录汉字21 003个、符号883个,并提供1894个造字码位,简、繁体字融于一库。它和GB 2312的区别在于只规定第1字节的最高位为1。

GBK字符集主要扩展了对繁体中文字的支持。

(4) GB 18030字符集。GB 18030的全称是GB 18030—2000《信息交换用汉字编码字符集基本集的扩充》,是国家质量技术监督局于2000年3月1日发布的新的汉字编码国家标准,2000年7月1日后在中国市场上发布的软件必须符合该标准。2005年11月8日,国家标准化管理委员会重新发布了新标准GB 18030—2005《信息技术中文编码字符集》替代GB 18030—2000,并于2006年5月1日实施。

GB 18030字符集标准解决了汉字、日文假名、朝鲜语和中国少数民族文字组成的大字符集计算机编码问题。该标准采用单字节、双字节和四字节三种编码方式,字符总编码空间超过150万个编码位,收录了27 484个汉字,覆盖中文、日文、朝鲜语和中国少数民族文字,能满足东亚信息交换多文种、大字量、多用途、统一编码格式的要求,并且与Unicode 3.0版本兼容,与以前的国家字符编码标准兼容。

3. Unicode码

现今,人类使用了接近6800种不同的语言,即使是扩展ASCII码这类8位代码也不能满足需要。解决问题的最佳方案是设计一种全新的编码方法,而这种方法必须有足够的能力来容纳全世界所有语言中任意一种语言的所有符号,这就是Unicode(统一码)。Unicode为每种语言中的每个字符设定了统一并且唯一的二进制编码,以满足跨语言、跨平台进行文本转换、处理的要求。

目前实际应用的Unicode对应于UCS-2(2-Byte Universal Character Set,2字节通用字符集),每个字符占用2B,使用16位的编码空间,理论上允许表示$2^{16}=65\ 536$个字符,可以基本满足各种语言的使用需要。实际上,目前版本的Unicode尚未填充满这16位编码,从而为特殊的应用和将来的扩展保留了大量的编码空间。这个编码空间已经非常大了,但设计者考虑到将来某一天它可能也会不够用,所以又定义了UCS-4编码,每个字符占用4B(实际上只用了31位,最高位必须为0),理论上可以表示$2^{31}=2\ 147\ 483\ 648$个字符。

2.3 数据存储与数据运算

数据存储与数据运算是计算机的基本功能。数据在计算机中以器件的物理状态表示,采用二进制数字系统,计算机处理所有的字符或符号也要用二进制编码表示。

2.3.1 数据存储

不论是什么类型的数据,在计算机中都是以二进制编码存储的。二进制编码的存储涉及数据的存储单元、存储地址等概念。

1. 存储单元

在计算机中最小的信息单位是bit，也就是一个二进制位(b)，8个bit组成1个Byte，也就是字节(B)。一个存储单元可以存储1字节，也就是8个二进制位。计算机的存储器容量是以字节为最小单位计算的，对于一个有128个存储单元的存储器，可以说它的容量为128B。

存储单元的地址称为存储地址，一般用十六进制数表示，从0开始顺序编号。存储单元的地址和地址中的内容是不一样的。前者是存储单元的编号，表示存储器总的一个位置，而后者表示这个位置里存放的数据，正如一个是房间号码，另一个是房间里住的人一样。

2. 数据的存储单位

字节是计算机存储容量的基本单位，更大容量的单位有千字节、兆字节、吉字节、太字节等。存储容量单位的定义见表2-3。

表2-3 存储容量单位的定义

中文单位	英文单位	英文简称	进率
字节	Byte	B	2^0
千字节	KiloByte	KB	2^{10}
兆字节	MegaByte	MB	2^{20}
吉字节	GigaByte	GB	2^{30}
太字节	TeraByte	TB	2^{40}
拍字节	PetaByte	PB	2^{50}
艾字节	ExaByte	EB	2^{60}
泽字节	ZettaByte	ZB	2^{70}
尧字节	YottaByte	YB	2^{80}

2.3.2 数据运算

计算机中的基本运算有算术运算和逻辑运算两大类。算术运算主要是指加、减、乘、除四则运算，参加运算的数据一般要考虑符号和编码格式(即原码、反码，还是补码)。由于数据有定点数和浮点数两大类，因此也可以分为定点数四则运算和浮点数四则运算。逻辑运算包括逻辑与、或、非、异或等运算，针对不带符号的二进制数。

1. 定点加减法运算

定点加减法运算属于算术运算，要考虑参加运算数据的符号和编码格式。在计算机中,定点数据主要有原码、反码、补码三种形式;在定点加减法运算时,三种编码形式从理论上来说都是可以实现的,但难度不同。

补码运算时,可以将符号位与数值位一起处理,因此,现代计算机的运算器一般都采用补码形式进行加减法运算。

(1) 补码加法。补码加法的公式是

$$[x]_{补}+[y]_{补}=[x+y]_{补} \pmod 2$$

在模2意义下,任意两数的补码之和等于这两数之和的补码,这是补码加法的理论基础。之所以说是模2运算,是因为最高位(即符号位 x_0 和 y_0)相加结果中的向上进位是要舍去的。

由此可见,当两数以补码形式相加时,符号位可作为数据的一部分参加运算,而不用单独处理;运算的结果将直接得到两数之和的补码;符号位如有进位,丢弃即可。这样的运算规则十分简单,这也是补码在计算机内大量使用的原因。

(2) 补码减法。由于减去一个数就是加上这个数的负数,因此

$$[x-y]_{补}=[x+(-y)]_{补}=[x]_{补}+[-y]_{补} \pmod 2$$

从 $[y]_{补}$ 求 $[-y]_{补}$ 的法则:当已知 $[y]_{补}$ 要求 $[-y]_{补}$ 时,只要将 $[y]_{补}$ 连同符号位"取反且最低位加1"即可。

由此可见,补码定点减法和补码定点加法在本质上是相同的,因此,减法运算可以转换成加法运算,使用同一个加法器电路,无须再配减法器,从而可以简化计算机的设计。

(3) 溢出及其判断。在计算机中,由于机器码的位数是有限的,所以数的表示范围也是有限的。如果两数进行加减运算之后的运算结果超出了给定的取值范围,这就称为溢出。在定点数运算中,正常情况下溢出是不允许的。两个正数相加,结果大于机器所能表示的最大正数,称为正溢。而两个负数相加,结果小于机器所能表示的最小负数,称为负溢。

2. 定点乘除法运算

基本运算器的功能只能完成数码的传送、加法和移位,并不能直接完成两数的乘除法运算,但在实际运算中,乘除法却又是计算机的基本运算之一,下面讨论实现乘除法运算的方法。

从实现角度来说,实现乘除法运算一般有三种方式:一是采用软件实现乘除法运算,利用基本运算指令,编写实现乘除法的循环子程序,这种方法所需的硬件最简单,但速度最慢;二是在原有的基本运算电路的基础上,通过增加左右移位和计数器等逻辑电路实现乘除法运算,同时增加专门的乘除法指令,这种方式的速度比第一种方式快;三是自从大规模集成电路问世以来,高速的单元阵列乘除法器应运而生,出现了各种形式的流水式阵列乘除法器,它们属于并行乘除法器,也有专门的乘除法指令,这种方法依靠硬件资源的重复设置来实现乘除运算的高速,是三种方式中速度最快的一种。

从编码角度考虑,由于乘除法结果的符号位确定比较容易,运算结果的绝对值和参加运算的数据的符号无关,所以用原码实现也很简单,但在现代计算机中一般还是采用补码进行乘除法运算。

3. 逻辑运算

在计算机中,运算器除了要进行加、减、乘、除等算术运算外,还要完成各种逻辑运算。参加逻辑运算的数据称为逻辑数,是不带符号位的二进制数,通常用“1”表示逻辑真,用“0”表示逻辑假。

利用逻辑运算可以进行两个数的比较,或者从某个数中选取某几位等操作。由于在文本、图片、声音等非数值数据中有着广泛的应用,因此逻辑运算也是一种非常重要的运算。

计算机中的逻辑运算主要包括逻辑非、逻辑与、逻辑或、逻辑异或4种运算。

(1) 逻辑非(NOT)运算。逻辑非运算又称为取反运算,就是对某个操作数的各位按位取反,即0变成1,1变成0。逻辑非运算的运算符一般写成“-”。

设 $x=x_0x_1x_2\cdots x_n$,则逻辑非标记为

$$\bar{x}=\bar{x}_0\ \bar{x}_1\ \bar{x}_2\cdots\ \bar{x}_n$$

(2) 逻辑与(AND)运算。逻辑与运算也称逻辑乘运算,表示两个操作数相同位的数据进行按位“与”运算,两个都是1,则结果为1,两个中只要有1个为0,结果就为0。逻辑与运算的运算符一般写成“∧”或“·”。

逻辑与运算的特点是:对任何数据逻辑与0都会变成0,而逻辑与1则保持原有数据不变。所以,在实际应用中,如果需要对一个数据的某几位清0(其他位保持不变)时,常常会用到逻辑与运算。

(3) 逻辑或(OR)运算。逻辑或运算也称逻辑加运算,表示两个操作数相同位的数据进行按位“或”运算,两个都是0,则结果为0,两个中只要有1个为1,结果就是1。逻辑或运算的运算符一般写成“∨”或“+”。

逻辑或运算的特点是:对任何数据,逻辑或1都会变成1,而逻辑或0则保持原有数据不变。所以,在实际应用中,如果需要对一个数据的某几位置1(其他位保持不变)时,常常会用到逻辑或运算。

(4) 逻辑异或(XOR)运算。逻辑异或运算又称按位加运算,表示两个操作数相同位的数据进行按位“模2加”运算,若两个都相同,则结果为0;若两个不同,则结果为1。逻辑异或运算的运算符一般写成“⊕”。

逻辑异或运算的特点是:对任何数据逻辑异或1都会取反,而逻辑异或0则保持原有数据不变。所以,在实际应用中,如果需要对一个数据的某几位取反(其他位保持不变),常常会用到逻辑异或运算。逻辑异或运算的另一个特点是:对一个数连续进行两次逻辑异或运算,该数就会恢复到原来的状态,这一特点在一些需要数据可恢复的操作中很有用。

2.4 思考与实践

学习提高

2.4.1 问题思考

1. 什么是数制?数制的主要特点是什么?

2. 计算机为什么要采用二进制?
3. 机器数有哪几种表示形式?
4. 什么是ASCII码?其作用是什么?
5. 计算机的存储器容量是如何计算的?
6. 逻辑运算有什么特点?

2.4.2 课外讨论

1. 如果采用非二进制编码设计计算机,会带来哪些问题?
2. 总结二进制数与十进制数转换的方法。
3. 计算机中的数用二进制表示,为什么还需要八进制和十六进制?
4. 分析计算机系统中采用补码的原因。
5. 常用的文本软件中分别用到哪几种汉字编码方式?
6. 为什么说逻辑运算是一种非常重要的运算?

2.4.3 实践活动

选择生活中的一个实例,说明补码的实现原理。

在线作业

第3章 chapter 3

计算机的组成

思政教育

计算机的组成即计算机系统结构的逻辑实现，其任务是研究计算机各组成部分的内部构造和相互联系，以实现机器指令集的各种功能和特性。

3.1 计算机系统结构

计算机系统结构是计算机的机器语言程序员或编译程序编写者所看到的外特性。所谓外特性，就是计算机的概念性结构和功能特性，主要研究计算机系统的基本工作原理，以及在硬件、软件界面划分的权衡策略，建立完整的系统的计算机软硬件整体概念。

3.1.1 冯·诺依曼体系结构

计算机问世以来，虽然现在的计算机系统从性能指标、运算速度、工作方式、应用领域和价格等方面与当时的计算机有很大差别，但基本体系结构没有变，都属于冯·诺依曼计算机结构模式。

1. 冯·诺依曼思想的基本要点

冯·诺依曼思想即冯·诺依曼体系结构思想，其最基本的概念是存储程序概念，它奠定了现代计算机的结构基础。从世界上第一台数字计算机 ENIAC 到当前最先进的计算机 Summit，采用的都是冯·诺依曼体系结构。

(1) 功能部件。根据冯·诺依曼体系结构构成的计算机，必须具有如下功能：能够把需要的程序和数据送至计算机中；具有长期记忆程序、数据、中间结果及最终运算结果的能力；具有能够完成各种算术运算、逻辑运算和数据传送等数据加工处理的能力；能够根据需要控制程序的走向，并能根据指令控制机器的各部件协调工作；能够按照要求将处理结果输出给用户。

为了完成上述功能，计算机必须具备五大基本组成部件，包括运算器、控制器、存储器、输入设备和输出设备。

(2) 存储程序原理。冯·诺依曼体系结构思想的核心是采用存储程序原理，即把编制好的程序和数据存放在存储器中，按存储程序的首地址执行程序的第一条指令，以后就由程序控制执行,直到程序运行结束。

(3) 采用二进制形式。冯·诺依曼体系结构计算机中,数据与指令均以二进制代码的形式存储于存储器中,两者在存储器中的地位相同,并可按地址寻访。

2. 计算机体系结构的研究

电子计算机问世以来,冯·诺依曼体系结构一直占据计算机体系结构的统治地位,科学家和工程师们在此基础上不断研究硬件和软件,CPU 和存储器技术飞速发展,为信息化、网络化奠定了基础。随着人们对信息化的要求越来越高,冯·诺依曼体系结构已经无法满足人们的技术需求和发展要求,对计算机的要求不再仅仅是高速计算,同时更应具备信息处理和智能升级能力。

近年来,人们谋求突破传统冯·诺依曼体制的束缚,这种努力被称为“非冯·诺依曼化”。对非冯·诺依曼化的探讨仍在争议中,一般认为有如下有效的探索。一是在冯·诺依曼体制范畴内,对传统冯·诺依曼机进行改造,如采用多个处理部件形成流水处理,依靠时间上的重叠提高处理效率,又如,组成阵列机结构,形成单指令流多数据流,提高处理速度;二是用多个冯·诺依曼机组成多机系统,支持并行算法结构;三是从根本上改变冯·诺依曼机的控制流驱动方式,例如,采用数据流驱动工作方式的数据流计算机,只要数据已经准备好了,有关的指令就可并行地执行。这是真正意义上非冯·诺依曼化的计算机,它为并行处理开辟了新的前景。

3.1.2 计算机的总线结构

总线结构是微型计算机的典型结构,其设计目标是以较小的硬件代价组成具有较强功能的系统,不仅可以大幅减少信息传送线的数目,又可以提高计算机扩充主存及外围设备的灵活性。自微型计算机诞生起就采用了总线结构,随着微型计算机的发展,总线结构也不断发生变化。

1. 总线的概念

总线是一组信号线和相关的控制、驱动电路的集合,是计算机系统各部件之间传输地址、数据和控制信息的公共通道。在微型计算机系统中常把总线作为一个独立部件看待。在 CPU、内存与外围设备确定的情况下,总线速度是制约计算机整体性能的关键。采用总线结构具有系统结构简单、系统扩展和更新容易、可靠性高等优点;但在部件之间必须采用分时传送操作,降低了系统的工作速度。

典型的计算机总线结构由内部总线和外部总线组成。内部总线用于连接 CPU 内部的各个模块;外部总线用于连接 CPU、存储器和 I/O 系统,又称为系统总线。

2. 总线的内部结构

早期计算机总线的内部结构如图 3-1 所示,它实际上是处理器芯片引脚的延伸,是处理器与 I/O 设备适配器的通道。这种简单的总线一般由 50～100 根信号线组成,按照这些信号线的功能特性可分为三类:数据总线、地址总线和控制总线。

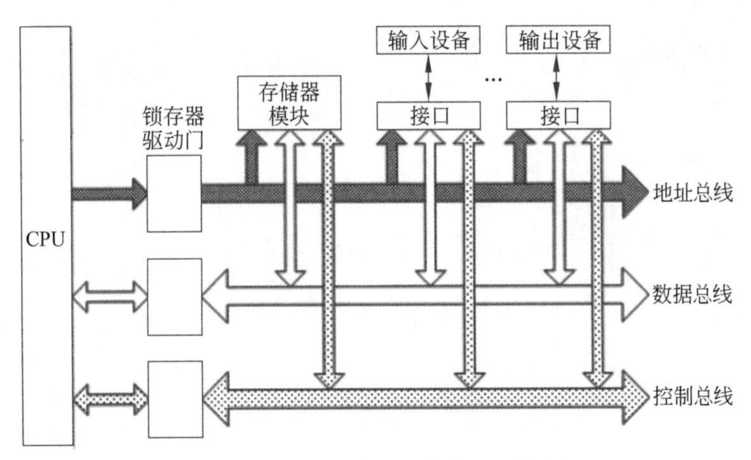

图 3-1 早期计算机总线的内部结构

(1) 数据总线。数据总线(Data Bus,DB)用于传送数据信息。数据总线是双向的,即它既可以把 CPU 的数据传送到存储器或 I/O 接口等其他部件,也可以将其他部件的数据传送到 CPU。数据总线的根数称为数据总线的宽度。由于每根数据总线每次仅传送 1 位二进制数,所以数据总线的根数决定了每次能同时传送的二进制的位数,由此可见,数据总线的宽度是表现系统总体性能的关键因素之一,通常与微处理的字长一致。

(2) 地址总线。地址总线(Address Bus,AB)是专门用来传送地址的,由于地址只能从 CPU 传向外部存储器或 I/O 端口,所以地址总线是单向的。地址总线的宽度决定了计算机系统能够直接使用的最大的存储器容量。一般来说,若地址总线为 n 位,则可寻址空间为 2^nB。在对输入/输出端口进行寻址时,也要使用地址总线传送地址信息。实际操作时,总是用地址总线的高几位选择总线上指定的存储器段,而用地址总线的低几位选择存储器段内具体的存储器单元或输入/输出端口地址。

(3) 控制总线。控制总线(Control Bus,CB)用于传送控制信号和时序信号。控制信号中,有的是微处理器送往存储器和 I/O 接口电路的,如读/写信号、中断响应信号等;有的是其他部件反馈给 CPU 的,如中断申请信号、复位信号、总线请求信号、设备就绪信号等。因此,控制总线的传送方向由具体控制信号决定的,(信息)一般是双向的,控制总线的位数要根据系统的实际控制需要而定。

这种简单的总线结构被早期的计算机广泛采用。随着计算机技术的发展,这种简单的总线结构逐渐暴露出一些不足,总线结构与 CPU 紧密相关,通用性较差。

当代总线是一些标准总线,追求与结构、CPU 和技术无关的开发标准,满足包括多 CPU 在内的主控者环境需求。当代计算机总线的内部结构如图 3-2 所示。

在当代总线结构中,CPU 与 Cache 作为一个模块与总线相连,系统中允许存在多个这样的处理器模块,而总线控制器则负责在几个总线请求者之间进行协调与仲裁。整个总线结构分成数据传送总线、仲裁总线、中断和同步总线、公用线 4 部分。

3. 总线接口

当代计算机的用途在很大程度上取决于它所能连接的外围设备的范围。由于外围

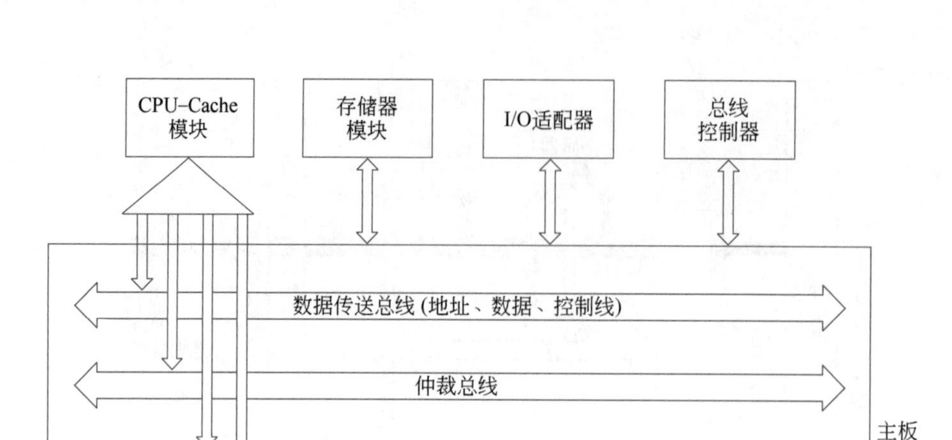

图 3-2　当代计算机总线的内部结构

设备种类繁多、速度各异，不可能简单地把外围设备全部连接到CPU上。通常由适配器(Adapter)连接，通过适配器可以实现高速CPU与低速外围设备之间工作速度上的匹配，并完成计算机主机与外围设备之间的数据传送和控制。适配器通常称为接口(Interface)。

一个典型的计算机系统具有不同类型的外围设备，因而会有不同类型的接口。CPU、接口和外围设备之间的连接关系如图3-3所示。外围设备本身带有设备控制器，设备控制器是控制外围设备进行操作的控制部件，通过接口接收来自CPU的各种信息，并将信息传送到设备，或者从设备中读出信息传送到接口，然后由接口传送给CPU。

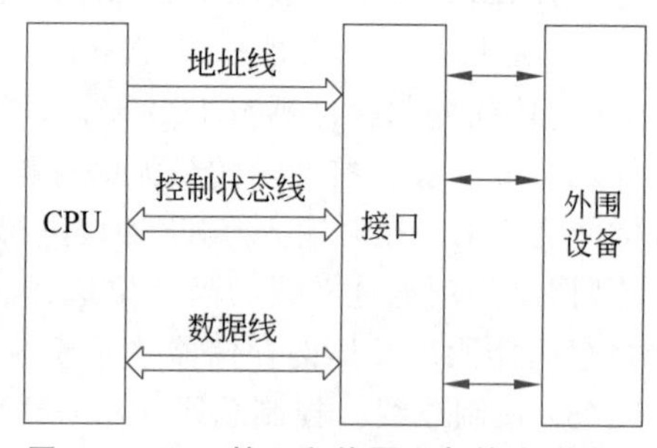

图 3-3　CPU、接口和外围设备的连接关系

3.2　计算机的工作原理

计算机的基本原理是存储程序和程序控制。程序就是指挥计算机如何进行操作的指令序列集。每条指令中明确规定了计算机从哪个地址取数，进行什么操作，然后送到什么地址等步骤。

3.2.1　指令系统

指令是计算机硬件能够识别并直接执行操作的命令，一台计算机中所有指令的集合构成了该计算机的指令系统。指令系统是表征计算机性能的重要因素，其格式与功能不仅直接影响到机器的硬件结构,也直接影响到系统软件和机器的适用范围。因此,设计一个合理有效、功能齐全、通用性强、丰富的指令系统至关重要。

从计算机组成的层次结构来说,计算机的指令分为微指令、宏指令和机器指令三类。微指令是微程序级的命令,属于硬件;宏指令是由若干条机器指令组成的软件指令,属于软件;机器指令也就是通常所说的指令,介于微指令与宏指令之间,每条指令可完成一个独立的算术运算或逻辑运算操作。

1. 指令的格式

指令一般由两部分组成,包括操作码和地址码,其基本格式如图3-4所示。操作码用于指明指令的操作功能,地址码用于给出操作数的地址(包括参与运算的操作数地址和运算结果的保存地址)。

操作码字段	地址码字段

图3-4 指令的基本格式

组成操作码字段的位数一般取决于计算机指令系统的规模,所需指令数越多,组成操作码字段的位数也就越多。例如,一个指令系统只有8条指令,则需要3位操作码;如果有32条指令,则需要5位操作码。一般来说,一个包含n位操作码的指令系统最多能够表示2^n条指令。

根据指令功能的不同,一条指令中可以有0个、1个或者多个地址码。

计算机选择什么样的指令格式,要考虑多方面的因素。一般情况下,地址码越少,占用的存储器空间越小,运行速度也越快,具有时间和空间上的优势;而地址码越多,指令内容就越丰富。因此,要通过指令的功能选择指令的格式。在计算机中,一个指令系统采用的指令地址结构并不是唯一的,往往混合采用多种格式,以增强指令的功能。

2. 指令的类型

不同机器的指令系统各不相同。从指令的操作码的功能考虑,一个较为完善的指令系统中常见的指令类型包括数据传送指令、算术运算指令、逻辑运算指令、程序控制指令、输入输出指令、字符串处理指令、系统控制指令。

(1) 数据传送指令。数据传送指令是最基本、最常用、最重要的指令,用来使数据在主存与CPU寄存器之间进行传输,可以一次传送一个数据或一批数据,包括取数指令(LOAD)、存数指令(STORE)、存储器或寄存器间的数据传送指令(MOVE)等。

(2) 算术运算指令。算术运算是计算机能够执行的基本数值计算,算术运算指令包括加法(ADD)、减法(SUB)、乘法(MUL)、除法(DIV)等指令。

(3) 逻辑运算指令。逻辑运算是对数据进行逻辑操作,逻辑运算指令包括逻辑与(AND)、逻辑或(OR)、逻辑非(NOT)三种基本操作以及同或、异或等组合逻辑操作。

(4) 程序控制指令。程序控制即控制程序的流程,使程序具有调试与判断功能,程序控制指令主要包括转移指令、转子程序指令与子程序返回指令、程序中断指令等。

(5) 输入输出指令。输入输出指令是主机与外围设备进行信息交换的一类指令,用于启动外围设备、检测外围设备的工作状态、读写外围设备的数据等。信息由外围设备传向主机称为输入(Input),反之则称为输出(Output)。

(6) 字符串处理指令。字符串处理指令包括字符串传送、转换、比较、查找、匹配、替换等指令,这些指令的设置可以大幅加快文字处理软件的运行速度,因此,在现代计算机指令系统配置中越来越重视这类指令的设计。

(7) 系统控制指令。系统控制指令用于改变计算机系统的工作状态,包括停机指令、空操作指令、条件码指令和开/关中断指令等。

3.2.2 计算机的工作过程与性能指标

按照程序编排的顺序一步一步地取出指令,自动完成指令规定的操作是计算机最基本的工作原理。衡量计算机的性能指标可以表征计算机的特性。

1. 计算机的工作过程

计算机的工作过程就是执行程序的过程。根据冯·诺依曼的设计,计算机应能自动执行程序,而执行程序又归结为逐条执行指令。计算机的工作过程如图 3-5 所示。

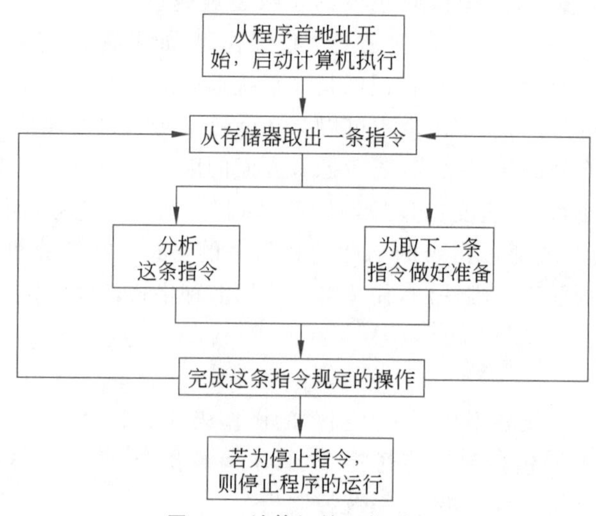

图 3-5 计算机的工作过程

2. 计算机的性能指标

机器字长、数据通路宽度、主存容量、运算速度等性能指标可以进一步表征计算机的特性,衡量一台计算机的性能。

(1) 机器字长。一般来说,计算机在同一时间内处理的一组二进制数称为一个计算机的"字",而这组二进制数的位数就是"字长"。机器字长是指参与运算的数的基本位数,由加法器、寄存器的位数决定,所以机器字长一般等于 CPU 内部寄存器的字长。字长反映了精度,字长越长,计算的精度越高。倘若字长较短,又要计算位数较多的数据,那么就需要经过两次或多次的运算才能完成,这样势必影响整机的运算速度。字长总是 8 的整数倍,微型计算机的字长通常为 16 位(早期)、32 位或 64 位。

(2) 数据通路宽度。数据总线一次所能并行传送信息的位数称为数据通路宽度。它可以影响信息的传送能力,从而影响计算机的有效处理速度。这里所说的数据通路宽度是指外部数据总线的宽度，它与CPU内部的数据总线宽度（内部寄存器的大小）有可能不同。有些CPU的内、外数据总线宽度相等，如Intel 8086/80286/80486等；有些CPU的外部数据总线宽度小于内部，如Intel 8088；也有些CPU的外部数据总线宽度大于内部。

(3) 主存容量。一个主存储器所能存储的全部信息量称为主存容量。以字节数表示存储容量的计算机称为字节编址的计算机。也有一些计算机是以字为单位编址的，它们用字数乘以字长表示存储容量。计算机的主存容量越大，存放的信息越多。

(4) 运算速度。计算机的运算速度与许多因素有关，如机器的主频、执行什么样的操作以及主存本身的速度等。对运算速度的衡量有不同的方法。

用不同类型指令在计算过程中出现的频繁程度乘上不同的系数，求得统计平均值，这时所指的运算速度是平均运算速度。以每条指令执行所需时钟周期数（Cycles Per Instruction，CPI）来衡量运算速度；或者以MIPS和MFLOPS作为计量单位来衡量运算速度。MIPS（Million Instructions Per Second）表示每秒执行多少百万条指令；MFLOPS（Million Floating-point Operations Per Second）表示每秒执行多少百万次浮点运算。

除上述性能指标外，其他一些因素对计算机的性能也起重要作用，主要有可靠性、可维护性、可用性、性能价格比等。可靠性即计算机系统平均无故障工作时间；可维护性指计算机的维修效率，通常用故障平均排除时间表示；可用性指计算机系统的使用效率，可以用系统在执行任务的任意时刻所能正常工作的概率表示；性能价格比是一项综合性评估计算机系统的性能指标。性能包括硬件和软件的综合性能，价格是整个计算机系统的价格，与系统的配置相关。

3.3 计算机的基本组成

从计算机硬件的功能分析，计算机硬件系统的基本组成包括中央处理器、存储系统以及输入/输出系统等功能部件。

3.3.1 中央处理器

中央处理器（CPU）是计算机系统的核心。微型计算机的CPU由一块超大规模集成电路组成，称为微处理器，大、中、小型计算机的CPU则由多块超大规模集成电路组成。

1. CPU的功能

CPU是计算机的运算核心和控制核心。它的功能主要是解释指令以及处理数据。CPU具有以下基本功能。

(1) 程序控制。程序是指令的有序集合，这些指令的顺序不能任意颠倒，必须严格按照程序规定的顺序执行。保证计算机按一定顺序执行程序是CPU的首要任务。

(2) 操作控制。一条指令的功能往往由若干操作信号的组合实现。因此，CPU管理并产生每条指令的操作信号，把各种操作信号送往相应的部件，从而控制这些部件按指令的要求进行操作。

(3) 时间控制。在计算机中,各种指令的操作信号和指令的整个执行过程都受到严格定时。只有这样,计算机才能有条不紊地工作。

(4) 数据加工。完成数据的加工处理,即对数据进行算术运算和逻辑运算,是CPU的根本任务。

2. CPU的基本结构

CPU主要包括算术逻辑部件、操作控制器、各类寄存器及实现它们之间联系的总线。CPU的结构示意图如图3-6所示。

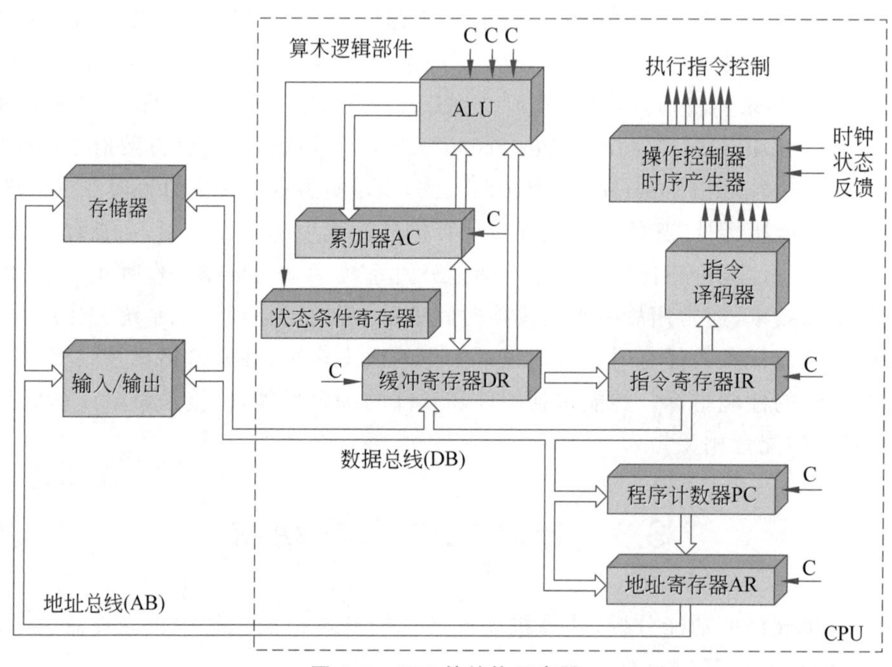

图3-6 CPU的结构示意图

(1) 算术逻辑部件。算术逻辑部件(Arithmetic Logic Unit,ALU)的基本功能是完成对各种数据的加工处理,如定点或浮点的算术运算操作、移位操作以及逻辑操作,也可执行地址的运算和转换。

(2) 操作控制器。操作控制器主要负责对指令译码,并且发出为完成每条指令所要执行的各操作的控制信号。操作控制器主要由指令寄存器、译码器、程序计数器、时序产生器等组成。

(3) 寄存器。CPU中还有一些缓存(寄存器),用于暂存指令、数据和地址,缓存越大,CPU的运算速度越快,包括通用寄存器、专用寄存器和控制寄存器。数据寄存器(如累加器)用于缓存操作数据和操作结果;地址寄存器用于缓存存储器地址;指令寄存器用于缓存正在运行的指令;状态寄存器用于记录一次运算结果的特征情况,如是否溢出、结果的符号位、结果是否为0等。

3. CPU 的工作过程

CPU 的基本工作是执行预先存储的指令序列(即程序)。程序的执行过程实际上是不断地取指令、指令译码、执行指令的过程,如此周而复始,使得计算机能够自动工作。程序的执行过程如图 3-7 所示。除非遇到停机指令,否则这个循环将一直进行下去。

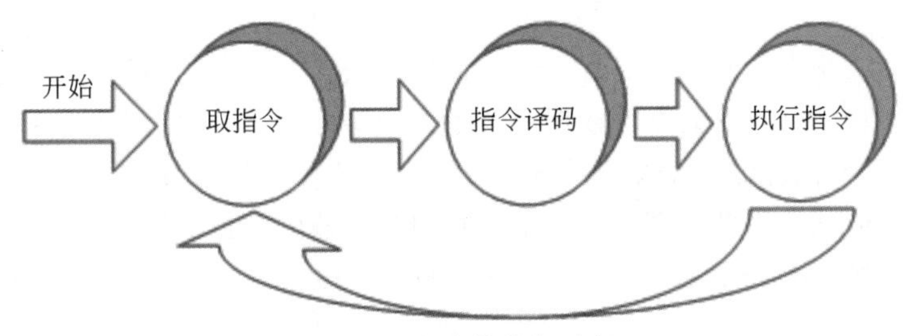

图 3-7 程序的执行过程

几乎所有的冯·诺依曼型计算机的 CPU 的工作都可以分为 5 个阶段:取指令、指令译码、执行指令、访存取数、结果写回。

(1) 取指令阶段。取指令(Instruction Fetch,IF)阶段是将一条指令从主存中取到指令寄存器的过程。程序计数器(Program Counter,PC)中的数值用于指示当前指令在主存中的位置。当一条指令被取出后,PC 中的数值将根据指令字长度自动递增。

(2) 指令译码阶段。取出指令后,进入指令译码(Instruction Decode,ID)阶段。指令译码器按照预定的指令格式对取回的指令进行拆分和解释,识别区分出不同的指令类别以及各种获取操作数的方法。

(3) 执行指令阶段。在取指令和指令译码阶段后,接着进入执行指令(Execute,EX)阶段。此阶段完成指令所规定的各种操作,具体实现指令的功能。

(4) 访存取数阶段。根据指令需要,有可能要访问主存,读取操作数,这样就进入了访存取数(Memory,MEM)阶段。此阶段的任务是:根据指令地址码,得到操作数在主存中的地址,并从主存中读取该操作数用于运算。

(5) 结果写回阶段。结果写回(Writeback,WB)阶段把运行结果数据"写回"到某种存储形式。结果数据经常被写到 CPU 的内部寄存器中,以便被后续的指令快速存取;在有些情况下,结果数据也可被写入主存。许多指令还会改变程序状态字寄存器中标志位的状态,这些标志位标志着不同的操作结果,可影响程序的动作。

在指令执行完毕、结果数据写回之后,若无意外事件(如结果溢出等)发生,计算机就接着从 PC 中取得下一条指令地址,开始新一个指令周期。

许多新型 CPU 可以同时取出、译码和执行多条指令,体现了并行处理的特性。

4. CPU 的主要技术参数

CPU 品质的高低直接决定了一个计算机系统的档次,而 CPU 的主要技术参数可以反映出 CPU 的大致性能。

(1) 主频。主频也叫时钟频率,单位是 MHz,是 CPU 内数字脉冲信号震荡的速度。

主频和实际的运算速度有关,但主频仅仅是CPU性能表现的一方面,不代表CPU的整体性能。CPU的主频=外频×倍频系数。

(2) 外频。外频是系统总线的频率,是CPU与主板之间同步运行的基准频率,单位也是MHz。在台式计算机中所说的超频,都是超CPU的外频。但对于服务器CPU来讲,超频是不允许的。在绝大部分计算机系统中,外频也是内存与主板之间的同步运行的速度。

(3) 前端总线频率。前端总线(Front Side Bus,FSB)指的是CPU与北桥芯片连接的总线,北桥芯片负责联系内存、显卡等数据吞吐量大的部件,并和南桥芯片连接。前端总线频率直接影响CPU与内存的数据交换速度。有一个公式可以计算,即数据带宽=(总线频率×数据带宽)/8,数据传输最大带宽取决于所有同时传输的数据的宽度和传输频率。例如,支持64位的至强Nocona,前端总线是800MHz,按照公式,它的数据传输最大带宽是6.4GB/s。

前端总线频率与外频的区别是:前端总线的速度指的是数据传输的速度,外频的速度是CPU与主板之间同步运行的速度。

(4) CPU的位和字长。能处理字长为8位数据的CPU通常称为8位的CPU,同理,32位的CPU能在单位时间内处理字长为32位的二进制数据。字长的长度是不固定的,对于不同的CPU,字长的长度也不一样。8位的CPU一次只能处理1字节,而32位的CPU一次能处理4字节,同理,64位的CPU一次可以处理8字节。

(5) 倍频系数。倍频系数是指CPU主频与外频之间的相对比例关系。在相同的外频下,倍频越高,CPU的频率越高。但实际上,在相同外频的前提下,高倍频的CPU本身意义并不大。这是因为CPU与系统之间数据传输速度是有限的,一味追求高倍频而得到高主频的CPU就会出现明显的"瓶颈"效应,CPU从系统中得到数据的极限速度不能够满足CPU运算的速度。

(6) 缓存。缓存的结构和大小也是CPU的重要指标之一。CPU内缓存的运行频率极高,一般和处理器同频运行,工作效率远远大于内存和硬盘。实际工作时,CPU往往需要重复读取同样的数据块,而缓存容量的增大可以大幅提升CPU内部读取数据的命中率,而不用再到内存或者硬盘上寻找,以此提高系统性能。但是,CPU芯片面积和成本的因素导致缓存都很小。

(7) 工作电压。从Intel 586 CPU开始,CPU的工作电压分为内核电压和I/O电压两种,通常,内核电压小于或等于I/O电压。其中,内核电压的大小根据CPU的生产工艺而定,I/O电压一般都为1.6~5V。低电压能解决耗电过大和发热过高的问题。

(8) 制造工艺。线宽是指芯片上门电路的宽度,实际上,门电路之间连线的宽度与门电路的宽度相同,所以可以用线宽描述制造工艺。线宽越小,意味着芯片上的晶体管数目越多。例如,Pentium Ⅱ的线宽是0.35μm,集成750万个晶体管;Pentium Ⅲ的线宽是0.25μm,集成950万个晶体管;Pentium 4的线宽是0.18μm,集成4200万个晶体管。

3.3.2 存储系统

存储器是计算机系统中的记忆设备,用于存放程序和数据。现代计算机的工作原理就是存储程序。CPU所需的指令要从存储器中取出，运算器所需的原始数据要从存储器中取出，运算结果必须在程序执行完毕之前全部写到存储器中，各种输入/输出设备也直接与存储器交换数据。因此，在计算机运行过程中，存储器是各种信息存储和交换的中心。

计算机存储系统是由几个容量、速度和价格各不相同的存储器构成的系统。设计一个容量大、速度快、成本低的存储系统是计算机发展的一个重要课题。

1. 存储器的分类

根据存储材料的性能及使用方法的不同，存储器可以有多种分类方法。

(1) 按存储介质分类。广泛使用的存储介质主要有半导体器件、磁存储介质和光存储介质。用半导体器件组成的存储器称为半导体存储器，如计算机主存储器；用磁性材料做成的存储器称为磁表面存储器，它通过磁头和磁记录介质的相对运动完成读出和写入，如磁盘、磁带；利用激光技术在光存储介质上写入和读出信息的存储器称为光盘存储器，如只读型光盘(CD-ROM、DVD-ROM)、可读写光盘(CD-RW，DVD+RW)等。

(2) 按存取方式分类。如果任何存储单元的内容都能被随机存取，且存取时间和存储单元的物理位置无关，则这种存储器称为随机存储器，如半导体存储器；如果存储单元的内容只能按某种顺序存取，存取时间与存储单元的物理位置有关，取决于访问存储单元的地址顺序，则这类存储器称为顺序存储器，如磁带。与顺序存储器相比，随机存储器的存取速度要快得多，但价格也要高很多。

(3) 按存储器的读写功能分类。有些半导体存储器中存储的内容是固定不变的，只能读出而不能写入，通常用来存放固定不变的程序、汉字字型库等，在制造芯片时由厂家预先写入，这类半导体存储器称为只读存储器(Read Only Memory，ROM)；既能读出内容，又能写入新内容的半导体存储器称为随机读写存储器(Random Access Memory，RAM)，用来存放正在执行的程序和正在访问的数据。

(4) 按信息的可保存性分类。断电后信息就消失的存储器称为非永久记忆存储器，如RAM；断电后仍能保存信息的存储器称为永久记忆存储器，如磁盘、光盘。

(5) 按在计算机系统中的作用分类。根据在计算机系统中所起的作用，存储器可分为主存储器、辅助存储器、高速缓冲存储器等。

2. 存储系统的分级结构

一个存储器的性能通常用速度、容量、价格三个主要指标来衡量。计算机对存储器的要求是速度快、容量大、成本低，需要尽可能地兼顾这三方面的要求。但是，一般来讲，存储器速度越快，价格越高，也越难满足大容量的要求。目前通常采用多级存储器体系结构，如图3-8所示。

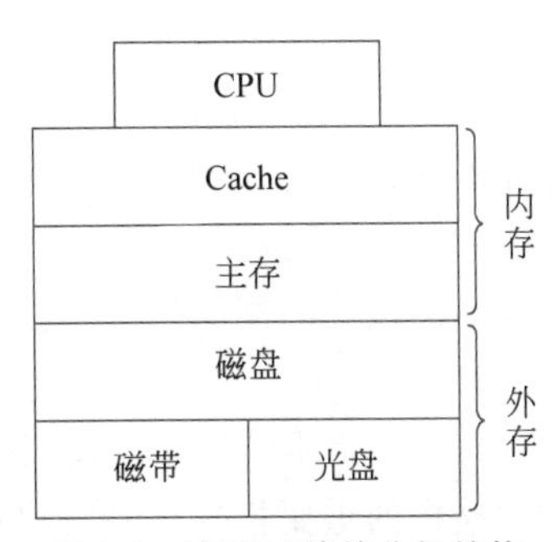

图3-8 存储系统的分级结构

CPU能直接访问的存储器称为内存储器(简称内存)，包括高速缓冲存储器(Cache)和主存储器(简称主存)。CPU 不能直接访问的存储器称为外存储器(简称外存,也称为辅助存储器),外存的信息必须调入内存中才能被 CPU 使用。

高速缓冲存储器是 CPU 中的高速、小容量的半导体存储器(寄存器),它位于高速的 CPU 和相对低速的主存之间,用于匹配两者的速度,达到高速存取指令和数据的目的。和主存相比,Cache 的存取速度快,但存储容量小。

主存储器是计算机系统的主要存储器,用于存放计算机正在执行的大量程序和数据,主要由 MOS 半导体存储器组成。

外存储器是计算机系统的大容量辅助存储器,用于存放系统中的程序、数据文件及数据库。与主存相比,外存的特点是存储容量大、成本低,但访问速度慢。目前,外存储器主要有磁盘存储器、磁带存储器和光盘存储器等。

由 Cache 和主存储器构成 Cache-主存系统,其主要目标是利用与 CPU 速度接近的 Cache 高速存取指令和数据,以提高存储器的整体速度,从 CPU 角度看,这个层次的速度接近 Cache,而容量和每一位的价格则接近主存;由主存和外存构成虚拟存储器系统,其主要目的是增加存储器的容量,从整体上看,其速度接近主存的速度,其容量接近外存的容量。计算机存储系统的这种多层次结构很好地解决了容量、速度和成本三者之间的矛盾。这些不同速度、不同容量、不同价格的存储器,用硬件、软件或软硬件结合的方式连接起来形成一个系统。这个存储系统对应用程序员而言是透明的,在应用程序员看来,它是一个存储器,其速度接近最快的那个存储器,存储容量接近容量最大的那个存储器,单位价格则接近最便宜的那个存储器。

存储系统的层次结构

3. 主存储器

主存储器是整个存储系统的核心,用于存放计算机运行期间需要的程序和数据,CPU 可直接随机地对它进行访问。主存储器的工作原理是:由 CPU 发来的地址送到地址寄存器中,在读写控制线路的作用下,对该存储单元进行读/写操作,读出或写入的信息都暂存于数据寄存器中。

衡量主存储器性能的技术指标主要有存储容量、存取时间、存储周期和存储器带宽。其中,存取时间、存储周期、存储器带宽都反映了主存的速度指标。

(1) 存储容量。在一个存储器中可以容纳的存储单元的总数称为存储容量。一般而言,存储器的容量越大,所能存放的程序和数据就越多。

(2) 存取时间。存取时间即存储器访问时间,是指启动一次存储器操作到完成该操作所需的时间。取数时间就是指存储器从接受读命令到信息被读出并稳定在存储器数据寄存器中所需的时间;存数时间就是指存储器从接受写命令到把数据从存储器数据寄存器的输出端传送到存储单元所需的时间。

(3) 存储周期。存储周期又称为访问周期,是指连续启动两次独立的存储器操作所需间隔的最小时间,它是衡量主存储器工作性能的重要指标。存储周期通常略大于存取时间。

(4) 存储器带宽。存储器带宽是指单位时间里存储器所存取的信息量,是衡量数据传输速率的重要指标,通常以位/秒(b/s)或字节/秒(B/s)为单位。

3.3.3　输入/输出系统

输入/输出系统是计算机系统中的主机与外部进行通信的系统。它由外围设备和输入/输出控制系统两部分组成，是计算机系统的重要组成部分。外围设备包括输入设备、输出设备和外部存储器等。从某种意义上也可以把磁盘、磁带和光盘等设备看成一种输入/输出设备，所以输入/输出设备与外围设备这两个名词经常是通用的。在计算机系统中，通常把 CPU 和主存储器之外的部分称为输入/输出系统，输入/输出系统的特点是异步性、实时性和设备无关性。

1. 输入/输出设备

输入/输出设备种类繁多，有的设备兼具多种功能，到目前为止，很难对输入/输出设备做出准确的分类。

(1) 输入设备。输入设备是人或外部与计算机进行交互的一种装置，用于把原始数据和处理这些数据的程序输入计算机中。现在的计算机能够接收各种各样的数据，既可以是数值型的数据，也可以是各种非数值型的数据，如图形、图像、声音等都可以通过不同类型的输入设备输入计算机中，进行存储、处理和输出。

按照输入设备的功能和数据输入形式，可以将常见的输入设备分为字符输入设备(键盘)、图形输入设备(鼠标、操纵杆、光笔)、图像输入设备(相机、摄像机、扫描仪、传真机)、音频输入设备(麦克风)、磁卡输入设备等。

(2) 输出设备。输出设备包括显示设备、打印设备及声音设备等。

显示设备在计算机输出设备中相当于人体的眼睛。人们要了解操作是否正确，结果是什么，通常都通过显示设备来观察。计算机显示设备主要有 CRT 显示器、LCD 显示器、等离子显示器和投影机等。而用于微型计算机中的主要是 CRT 显示器和 LCD 显示器。

打印设备(如打印机、绘图仪等)是重要的输出设备，将计算机的运算结果或中间结果以人所能识别的数字、字母、符号和图形等，依照规定的格式印在介质上。打印设备的种类很多，按打印元件对纸是否有击打动作，分为击打式打印机与非击打式打印机；按打印字符结构，分为全形字打印机和点阵字符打印机；按一行字在纸上形成的方式，分为串式打印机与行式打印机；按所采用的技术，分为柱形、球形、喷墨式、热敏式、激光式、静电式、磁式、发光二极管式等打印机。衡量打印设备好坏的指标有打印分辨率、打印速度和噪声等。

声音设备有音箱、耳机等，其作用是把音频电能转换成相应的声能。

(3) 外部存储器。外部存储器能长期保存信息，并且不依赖电。但是，由于它由机械部件带动，其速度与内存相比就显得慢很多。外部存储器不直接与运算器和控制器交换信息，而是需要先把数据和程序送到内存储器，然后把运算结果从内存储器中取出存储到外存储器。

常见的外部存储器有硬磁盘存储器、磁带存储器、光盘存储器以及移动存储器等。

(4) 网络设备。计算机网络能高速、准确地进行信息传送，达到资源共享的目的。计算机与计算机、工作站与服务器进行连接时，除了使用传输介质外，还需要网络设备，如网卡、交换机、路由器等。

(5) 过程控制设备。当计算机进行实时控制时,需要从控制对象取得参数,而这些原始参数大多数是模拟量,需要先用模/数转换器将模拟量转换为数字量,然后输入计算机进行处理。经计算机处理后的控制信息,需先经数/模转换器把数字量转换成模拟量,再送到执行部件对控制对象进行自动调节。模/数、数/模转换设备均是过程控制设备,有关的检测设备也属于过程控制设备。

2. 输入/输出控制方式

一般而言,CPU 管理外围设备的输入/输出控制方式有 5 种:程序查询方式、程序中断方式、直接存储器存取方式、通道方式、外围处理机方式。前两种方式由软件实现,后三种方式由硬件实现。

(1) 程序查询方式。程序查询方式是早期的计算机中使用的一种方式,CPU 与外围设备的数据交换完全依赖于计算机的程序控制。

在进行信息交换前,CPU 要设置传输参数、传输长度等,然后启动外围设备工作,最后外围设备进行数据传输的准备工作。相对于 CPU 来说,外围设备的速度比较慢,因此外围设备准备时间比较长,而在这段时间里,CPU 除了循环检测外围设备是否已准备好外,不能处理其他业务,只能一直等待,直到外围设备完成数据准备工作,CPU 才能进行信息交换。

这种方式的优点是 CPU 的操作和外围设备的操作能够完全同步,硬件结构也比较简单。但是,外围设备的动作通常很慢,程序进行循环查询白白浪费了宝贵的时间,数据传输效率低下。在当前的实际应用中,除单片机外,已经很少使用程序查询方式了。

(2) 程序中断方式。中断是外围设备用来"主动"通知 CPU,准备发送或接收数据的一种方式。

在程序中断方式中,某一外围设备的数据准备就绪后,它"主动"向 CPU 发出中断请求信号,请求 CPU 暂时中断目前正在执行的程序转而进行数据交换;当 CPU 响应这个中断时,便暂停运行主程序,自动转去执行该设备的中断服务程序;当中断服务程序执行完毕(数据交换结束)后,CPU 又回到原来的主程序继续执行。

中断处理示意图如图 3-9 所示。由图 3-9 可见,CPU 只是在外围设备 A、B、C 的数据准备就绪后才去执行对应的中断服务程序,进行数据交换;而当低速的外围设备准备自己的数据时,CPU 则照常执行自己的主程序。从这个意义上说,CPU 和外围设备的一些操作是异步并行进行的,因而与串行进行的程序查询方式相比,计算机系统的效率的确大幅提高了。

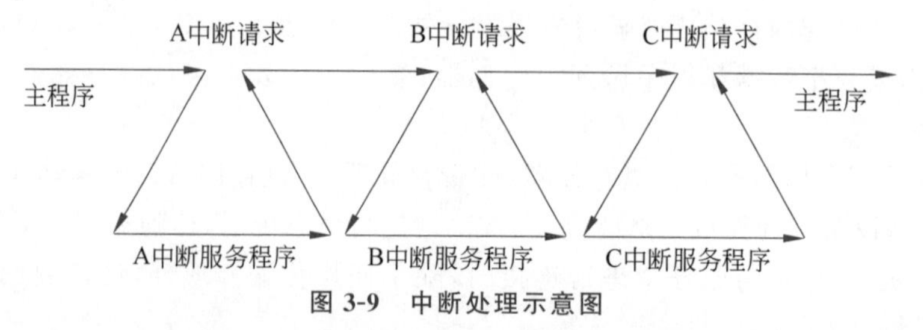

图 3-9　中断处理示意图

为了在中断服务程序执行完毕后，能够正确地返回到原来主程序被中断的地方（断点）继续执行，必须把程序计数器（PC）的内容，以及当前指令执行结束后CPU的状态（包括寄存器的内容和一些状态标志位）都保存到堆栈中，这些操作称为保存现场；在中断服务程序执行完毕后，需要执行恢复现场操作，从堆栈中恢复PC的内容和CPU的状态，以便从断点处继续执行主程序。

中断处理过程是由硬件和软件结合完成的，中断周期由硬件实现，而中断服务程序由机器指令序列实现。

（3）直接存储器存取（Direct Memory Access，DMA）方式。直接存储器存取方式是一种完全由硬件执行I/O交换的工作方式。在这种方式中，DMA控制器从CPU接管对总线的控制，数据交换不经过CPU，而直接在主存和I/O设备之间进行。DMA控制器向主存发出地址和控制信号，修改主存地址，对传送的字的个数进行计数，并且以中断方式向CPU报告传送操作结束。

DMA方式的主要优点是控制简单、速度快，由于CPU不参与传送操作，因此省去了CPU的工作。而且，主存地址的修改、传送字个数的计数等也不由软件实现，而是用硬件线路直接实现。所以，DMA方式能够满足高速I/O设备的要求，也有利于CPU效率的发挥，一般用于高速传送成组数据。

（4）通道方式。在DMA方式下，CPU仍然需要向DMA控制器释放和收回总线控制权，随后出现的通道方式将控制I/O操作和信息传送的功能从CPU中独立出来，代替CPU管理和调度外围设备与主机的信息交换，从而进一步提高了CPU的效率。

通道是一个具有特殊功能的处理器，是计算机系统中代替CPU管理控制外围设备的独立部件。它有自己的指令和程序，专门负责数据输入/输出的传输控制，而CPU在将传输控制功能下放给通道后只具有数据处理功能。这样，通道与CPU分时使用主存，实现了CPU内部运算与I/O设备的并行工作。

通道的基本功能是执行通道指令，按I/O指令要求启动外围设备，组织外围设备和主存进行数据传输，向CPU报告中断等。CPU通过执行I/O指令以及处理来自通道的中断，实现对通道的管理。来自通道的中断有两种：一种是数据传送结束中断，另一种是故障中断。

（5）外围处理机（Peripheral Processor Unit，PPU）方式。外围处理机方式是通道方式的进一步发展。PPU基本上独立于主机工作，它的结构更接近一般的处理机，甚至就可以看作微小型计算机。一些系统中设置了多台PPU，分别承担I/O控制、通信、维护诊断等任务，从某种意义上说，这种系统已经变成了分布式多机系统。

综上所述，计算机输入/输出控制方式中，程序查询方式和程序中断方式适用于数据传输率比较低的外围设备，而DMA方式、通道方式和外围处理机方式则适用于数据传输率比较高的外围设备。

3. 输入/输出接口

由于主机与各种输入/输出设备的相对独立性，它们一般是无法直接相连的，必须经过一个转换机构。用于连接主机与输入/输出设备的转换机构称为输入/输出接口，简称

I/O 接口。

输入/输出接口并非仅完成设备间的物理连接,其主要功能有:地址译码功能(计算机系统中连接的多台 I/O 设备,相应的接口也有多个,为了能够进行区别和选择,必须给它们分配不同的地址码);在主机与 I/O 设备之间交换数据、控制命令及状态信息等;支持主机采用程序查询、中断和 DMA 等访问方式;提供主机与 I/O 设备所需的缓冲、暂存、驱动能力,满足一定的负载要求和时序要求;进行数据的类型、格式等方面的转换。

输入/输出接口的分类方法很多。按数据传送的格式可分为并行接口和串行接口;按主机访问 I/O 设备的控制方式可分为程序查询接口、中断接口、DMA 接口,以及一些更复杂的通道控制器和 I/O 处理机等;按时序控制方式可分为同步接口和异步接口。

一个完整的输入/输出接口不仅包括一些硬件电路,也可能包括相关的软件驱动程序模块。

4. 通用串行总线接口

通用串行总线(Universal Serial Bus,USB)接口是连接计算机系统与外围设备的一种串口总线标准,也是一种输入/输出接口的技术规范,广泛应用于个人计算机和移动设备等信息通信产品,并扩展至摄影器材、数字电视(机顶盒)、游戏机等其他相关领域。

USB 接口的主要特点是即插即用和允许热插拔。USB 连接器将各种各样的外围设备 I/O 端口合二为一,用户只要简单地将外围设备插到 USB 连接器上,微型计算机就能自动识别和配置 USB 设备。USB 系统采用级联星状拓扑结构,理论上可用于连接多达 127 个外围设备,包括键盘、鼠标、光驱、扫描仪、打印机、数码相机、数码摄像机、调制解调器、路由器、游戏手柄等。USB 采用四线电缆,其中的两根线是用于传送数据的串行通道,另外两根线为设备提供电源,可以不用外部电源。

USB 接口自从 1996 年推出后,已成功替代串行接口和并行接口,成为个人计算机和大量智能设备的必配接口之一。

3.4 嵌入式系统

嵌入式系统是最热门、最有发展前途的计算机应用系统。嵌入式系统将计算与控制的概念联系在一起,并嵌入物理系统之中,实现"环境智能化"的目的。

3.4.1 嵌入式系统基础

嵌入式系统的概念在工程科学中是一个沿用了很久的概念。嵌入式系统(Embedded System,ES)是针对特定的应用,剪裁计算机的软件和硬件,以适应应用系统对功能、可靠性、成本、体积和功耗的严格要求的专用计算机系统。

1. 嵌入式系统的概念

嵌入式系统是将先进的计算机技术、半导体技术、电子技术和各行业的具体应用相结合后的产物。嵌入式系统与应用紧密结合，具有很强的专用性，必须结合实际系统需求进行合理的裁减利用，以满足应用系统的功能、可靠性、成本、体积等要求。

实际上，嵌入式系统本身是一个外延极广的名词，凡是与产品结合在一起的具有嵌入式特点的控制系统都可以称为嵌入式系统，而且有时很难给它下一个准确的定义。现在人们讲嵌入式系统时，某种程度上指具有操作系统的嵌入式系统。

近年来掀起了嵌入式系统应用热潮，其原因一方面是芯片技术的发展使得单个芯片具有更强的处理能力，而且使集成多种接口成为可能，众多芯片生产厂商已经将注意力集中在这方面；另一方面就是应用的需要，由于对产品可靠性、成本、更新换代要求的提高，嵌入式系统逐渐从纯硬件实现和使用通用计算机实现的应用中脱颖而出，成为近年来令人关注的焦点。

2. 嵌入式系统的特征

嵌入式系统具有如下5个重要特征。

(1) 系统内核小。由于嵌入式系统一般应用于小型电子装置，系统资源相对有限，所以内核较之传统的操作系统要小得多。

(2) 专用性强。嵌入式系统的个性化很强，其中的软件系统和硬件的结合非常紧密，一般要针对硬件进行系统的移植，即使是同一品牌、同一系列的产品中也需要根据系统硬件的变化和增减不断进行修改。同时针对不同的任务，往往需要对系统进行较大的更改。

(3) 系统精简。嵌入式系统一般没有系统软件和应用软件的明显区分，不要求其在功能设计及实现上过于复杂。这样一方面利于控制系统成本，同时也利于实现系统安全。

(4) 高实时性。高实时性是嵌入式软件的基本要求，而且软件要求固态存储，以提高速度，软件代码要求高质量和高可靠性。

(5) 需要开发工具和环境。由于其本身不具备自举开发能力，即使设计完成以后用户通常也是不能对其中的程序功能进行修改的，必须有一套开发工具和环境才能进行开发，这些工具和环境一般是基于通用计算机的软硬件设备以及各种逻辑分析仪、混合信号示波器等。开发时往往有主机和目标机的概念，主机用于程序的开发，目标机作为最后的执行机，开发时需要交替结合进行。

此外，嵌入式系统与具体应用有机结合在一起，升级换代也同步进行。因此，嵌入式系统产品一旦进入市场，就具有较长的生命周期。为了提高运行速度和系统可靠性，嵌入式系统中的软件一般都固化在存储器芯片中。

3.4.2 嵌入式系统的组成

一个嵌入式系统一般由嵌入式计算机系统和执行装置组成。嵌入式计算机系统是整个嵌入式系统的核心，由硬件层、中间层和软件层组成。执行装置也称为被控对象，它可以接受嵌入式计算机系统发出的控制命令，执行所规定的操作或任务。

1. 硬件层

硬件层包含嵌入式微处理器、存储器、通用设备接口和I/O接口。在一片嵌入式处理器的基础上添加电源电路、时钟电路和存储器电路，就构成了一个嵌入式核心控制模块。其中，操作系统和应用程序都可以固化在存储器中。

(1) 嵌入式微处理器。嵌入式微处理器是嵌入式系统硬件层的核心。嵌入式微处理器与通用CPU最大的不同在于嵌入式微处理器大多工作在为特定用户群所专门设计的系统中，它将通用CPU中许多由板卡完成的任务集成在芯片内部，从而有利于嵌入式系统在设计时趋于小型化，同时具有很高的效率和可靠性。

嵌入式微处理器有各种不同的体系，即使在同一体系中也可能具有不同的时钟频率和数据总线宽度，或集成了不同的外设和接口。嵌入式微处理器的选择是根据具体的应用而决定的。

(2) 存储器。嵌入式系统需要存储器来存放和执行代码。嵌入式系统的存储器包含Cache、主存和辅助存储器。

在嵌入式系统中Cache全部集成在嵌入式微处理器内，可分为数据Cache、指令Cache或混合Cache，其大小依不同处理器而定，一般中高档的嵌入式微处理器才会把Cache集成进去。主存是嵌入式微处理器能直接访问的寄存器，用来存放系统和用户的程序及数据。它可以位于微处理器的内部或外部，其容量根据具体的应用而定，一般片内存储器容量小、速度快，片外存储器容量大。嵌入式系统根据需要配备辅助存储器。

(3) 通用设备接口和I/O接口。嵌入式系统和外界交互需要一定形式的通用设备接口，外设通过和片外其他设备或传感器的连接来实现微处理器的输入/输出功能。每个外设通常都只有单一的功能，它可以在芯片外或内置芯片中。外设的种类很多，可从一个简单的串行通信设备到非常复杂的无线设备。

嵌入式系统中常用的通用设备接口有A/D(模/数转换接口)、D/A(数/模转换接口)，I/O接口有RS-232接口(串行通信接口)、Ethernet(以太网接口)、USB(通用串行总线接口)、音频接口、VGA视频输出接口、I2C(现场总线)、SPI(串行外围设备接口)和IrDA(红外线接口)等。

2. 中间层

硬件层与软件层之间为中间层，也称为硬件抽象层(Hardware Abstract Layer，HAL)或板级支持包(Board Support Package，BSP)，它将系统上层软件与底层硬件分离开来，使系统的底层驱动程序与硬件无关，上层软件开发人员无须关心底层硬件的具体情况，根据中间层提供的接口即可进行开发。中间层是一个介于操作系统和底层硬件之间的软件层次，包括系统中大部分与硬件联系紧密的软件模块。

设计一个完整的中间层需要完成两部分工作，即嵌入式系统的硬件初始化以及硬件相关设备驱动程序的设计。硬件初始化过程可以分为三个主要环节，按照自底向上、从硬件到软件的次序依次为片级初始化、板级初始化和系统级初始化。尽管中间层中包含硬件相关的设备驱动程序，但是这些设备驱动程序通常不直接由中间层使用，而是在系统初始化过程中由中间层将它们与操作系统中通用的设备驱动程序关联起来，并在随后的应用中由通用的设备驱动程序调用，实现对硬件设备的操作。

3. 软件层

软件层由系统软件和应用软件组成。系统软件包括嵌入式操作系统（Embedded Operation System，EOS）、文件系统、图形用户接口（Graphic User Interface，GUI）、网络系统及通用组件模块。其中，嵌入式操作系统负责嵌入式系统的全部软硬件资源的分配、任务调度、控制和协调并发活动。

3.4.3 嵌入式系统的应用与发展

嵌入式系统因其体积小、可靠性高、功能强、灵活方便等许多优点，其应用已深入工业、农业、教育、国防、科研以及日常生活等各领域，对各行各业的技术改造、产品更新换代、加速自动化进程和提高生产率等方面起到了极其重要的推动作用。

1. 嵌入式系统的应用

嵌入式系统具有非常广阔的应用前景，其应用领域有工业控制、交通管理、信息家电、家庭智能管理系统、环境工程、机器人、医疗仪器、军事国防等方面。

基于嵌入式芯片的工业自动化设备获得长足的发展，有大量嵌入式微控制器应用在工业控制中，如工业过程控制、数字机床、电力系统、电网设备监测、石油化工系统等。在车辆导航、流量控制、信息监测与汽车服务方面，嵌入式系统技术也获得了广泛的应用。信息家电是嵌入式系统最大的应用领域，家用电器的网络化、智能化将引领人们的生活步入一个崭新的高度。嵌入式系统在远程自动抄表、安全防火防盗系统方面代替传统的人工检查，并具有更高、更准确和更安全的性能。在环境工程中，嵌入式系统实现了无人监测。

随着嵌入式系统和机器人技术的发展，机器人本体功能越来越趋于模块化、智能化、微型化。同时，机器人的价格也在大幅下降，使其在军事、工业、家庭和医疗等领域获得了更广泛的应用。

军事国防历来就是嵌入式系统的重要应用领域。在各种武器控制装置（火炮、导弹和智能炸弹制导引爆等控制装置）、坦克、舰艇、轰炸机、陆海空各种军用电子装备、雷达、电子对抗装备、军事通信装备和野战指挥作战用各种专用设备等中，都可以看到嵌入式系统的身影。

2. 嵌入式系统的发展

信息时代使得嵌入式产品获得了巨大的发展契机，为嵌入式市场展现了美好的前景，同时也对嵌入式生产厂商提出了新的挑战。未来嵌入式系统主要呈现如下发展趋势。

(1) 开发系统化。嵌入式系统的发展要求嵌入式系统厂商不仅要提供嵌入式软硬件系统本身，同时还需要提供强大的硬件开发工具和软件包支持。

(2) 芯片集成更多功能。随着网络技术的成熟，以往单一功能的设备（如电话、手机）功能不再单一，结构更加复杂。这就要求芯片设计厂商在芯片上集成更多的功能。为了满足应用功能的升级,设计师们一方面采用更强大的嵌入式处理器,增加功能接口,扩展总线类型,加强对多媒体、图形等的处理;另一方面采用实时多任务编程技术和交叉开发工具技术来控制功能的复杂性,简化应用程序设计,保障软件质量和缩短开发周期。

(3) 网络互联。为了适应网络发展的要求,嵌入式设备必然要求在硬件上提供各种网络通信接口,并支持多种网络协议,同时也需要提供相应的通信组网协议软件和物理层驱动软件。软件系统内核支持网络模块,甚至可以在设备上嵌入 Web 浏览器,真正实现随时随地用各种设备接入网络。

(4) 降低功耗和软硬件成本。嵌入式产品是软硬件紧密结合的设备,为了降低功耗和成本,需要设计者尽量精简系统内核,只保留和系统功能紧密相关的软硬件,利用最少的资源实现最适当的功能。

(5) 友好的多媒体人机界面。嵌入式设备能与用户亲密接触,最重要的因素就是它能提供非常友好的用户界面。嵌入式系统要相应地提升人机交互能力。

学习提高

3.5 思考与实践

3.5.1 问题思考

1. 通常将计算机硬件结构划分为哪几部分?各部分的功能是什么?
2. 什么叫总线?总线结构有何特点?
3. 中央处理器由哪几部分组成?
4. 存储器有哪些类型?
5. 输入/输出控制方式有哪些?
6. 嵌入式系统广泛应用的原因是什么?

3.5.2 课外讨论

1. 冯·诺依曼计算机有哪些特点?
2. 指令和数据都存于存储器中,计算机如何区分它们?
3. 从存储程序和程序控制两方面说明计算机的基本原理。
4. 简述中央处理器的工作过程。
5. 如何理解计算机存储系统的分级结构?
6. 同种类的外围设备接入计算机系统时,应解决哪些主要问题?

3.5.3 实践活动

通过观察计算机的构件,分析计算机的硬件组成,了解组装一台计算机的过程。

在线作业

第4章 chapter 4

操作系统

计算机发展到今天，从个人计算机到超级计算机，无一例外都配置了一种或多种操作系统。操作系统理论是计算机科学历史悠久而又活跃的分支，而操作系统的设计与实现则是软件工业的基础与内核。

4.1 操作系统基础

操作系统（Operating System，OS）是管理和控制计算机硬件与软件资源的计算机程序的集合，是直接运行在裸机上的最基本的系统软件，任何其他软件都必须在操作系统的支持下才能运行。操作系统在计算机系统中占据着非常重要的地位。

4.1.1 操作系统的概念

操作系统是计算机系统的关键组成部分。操作系统能有效地组织和管理计算机系统中的软硬件资源，合理地组织计算机的工作流程，控制程序的执行，并向用户提供各种服务功能，使得用户能够灵活、方便、有效地使用计算机，使整个计算机系统能高效地运行。

1. 什么是操作系统

操作系统是建立在裸机之上的第一层软件，是对硬件资源的首次扩充，其他软件都是建立在操作系统的基础之上，通过操作系统对硬件功能进行管理，并在操作系统的统一管理和支持下运行。因此，操作系统在整个计算机系统中占据着特殊的、重要的地位，它是硬件与所有其他软件的接口，是用户与计算机的接口，更是整个计算机系统的管理与控制中心。计算机硬件和软件构成的层次关系如图4-1所示。

操作系统是一个大型的软件系统，其功能复杂、体系庞大。从不同角度看的结果也不同，正是“横看成岭侧成峰”的具体体现。下面从最典型的两个角度进行分析。

（1）程序员角度的操作系统。计算机问世初期，计算机工作者（程序员）在裸机上通过手工操作方式进行工作。随着技术的发展和应用的普及，计算机硬件体系结构越来越复杂，软件体系也越来越庞大，程序员在开发软件的时候需要一种简单的、高度抽象的、

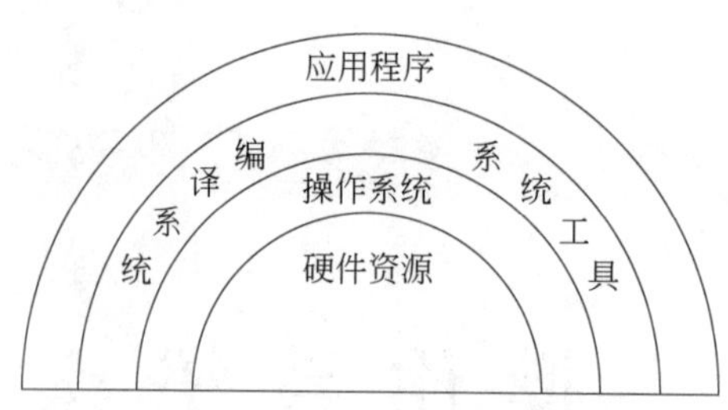

图 4-1 计算机硬件和软件构成的层次关系

可以与之打交道的设备,而不必陷入复杂的硬件实现细节,花费大量的精力在这个重复的、没有创造性的工作上,无法将精力集中在更具有创造性的程序设计工作中。操作系统将硬件的物理特性和操作细节与程序员隔离开来,为程序员的设计工作提供了便利。

从这个角度看,操作系统的作用是为用户提供一台等价的扩展机器,也称虚拟机,它比底层硬件更容易编程。

(2) 使用者角度的操作系统。操作系统用于管理一个复杂系统的各部分。操作系统负责在相互竞争的程序之间有序地控制对 CPU、内存及其他 I/O 接口设备的分配。例如,在一台计算机上运行了三个程序,它们试图同时在同一台打印机上输出计算结果。那么前几行可能是程序 1 的输出,下面几行是程序 2 的输出,然后又是程序 3 的输出……最终结果将是一团糟。这时,操作系统采用将打印输出送到磁盘上的缓冲区的方法来避免这种混乱。在一个程序结束后,操作系统可以将暂存在磁盘上的文件送到打印机输出。

从这个角度看,操作系统是系统的资源管理者。

总之,操作系统是管理计算机系统的软硬件资源,并使之正常运行的系统软件,是为用户提供人机操作界面的系统软件。操作系统的重要作用是通过资源管理提高计算机系统的效率,改善人机界面,向用户提供友好的工作环境。

2. 操作系统的特点

在各类计算机的应用中,存在着多种类型的操作系统,不同类型的操作系统的目标各有所侧重。一般来说,在计算机硬件上配置的操作系统,具有以下 4 个特点。

(1) 有效性。在 20 世纪 50—60 年代,由于计算机系统非常昂贵,操作系统最重要的特性便是有效性。在未配置操作系统的计算机系统中,如 CPU、输入/输出设备等各种资源都会因它们经常处于空闲状态而得不到充分的利用;内存及外存会因它们中所存放的数据太少或者无序而浪费大量的存储空间。配置了操作系统之后,可使 CPU 和输入/输出设备由于能保持忙碌状态而得到有效的利用,且可使内存和外存中存放的数据因有序而节省了存储空间,提高了系统的吞吐量。

操作系统还可以通过合理地组织计算机的工作流程,而进一步改善资源的利用率,加速程序的运行,缩短程序的运行周期,从而提高系统的吞吐量。

(2) 方便性。一个未配置操作系统的计算机系统是极难使用的,因为计算机硬件只能识别 0 和 1 这样的机器代码。用户要直接在计算机硬件上运行自己所编写的程序,就必须用机器语言书写程序;用户要想输入数据或打印数据,也都必须用机器语言书写相应的输入程序或打印程序。

(3) 可扩充性。操作系统必须具有很好的可扩充性,方能适应计算机硬件、体系结构以及应用发展的要求。即现代操作系统应采用新的操作系统结构,如微内核结构和客户服务器模式,以便于增加新的功能和模块,并能修改老的功能和模块。

(4) 开放性。为使来自不同厂家的计算机和设备能通过网络加以集成化,并能正确、有效地协同工作,实现应用的可移植性和互操作性,要求操作系统必须提供统一的开放环境,进而要求操作系统具有开放性。开放性是指系统能遵循世界标准规范,特别是遵循开放系统互连(OSI)国际标准。凡遵循国际标准所开发的硬件和软件,均能彼此兼容,可方便地实现互连。

4.1.2 操作系统的发展

操作系统并不是与计算机硬件一起诞生的,它是在人们使用计算机的过程中,为了满足提高资源利用率、增强计算机系统性能两大需求,伴随着计算机技术本身及其应用的日益发展而逐步地形成和完善起来的。

1. 操作系统的发展历程

早期的计算机系统仅由硬件和应用软件组成,用户直接控制使用计算机硬件系统,没有操作系统。20 世纪 50 年代中期出现了单道批处理系统;20 世纪 60 年代中期产生了多道程序批处理系统;不久又出现了基于多道程序的分时系统,与此同时也诞生了用于工业控制和武器控制的实时系统。20 世纪 80 年代开始至 21 世纪初,随着微型计算机、多处理机和计算机网络的高速发展,通用操作系统、网络与分布式系统、多处理机系统及嵌入式系统得到了快速发展。

(1) 单道批处理系统。单道批处理系统是在解决人机矛盾和 CPU 与 I/O 设备速度不匹配矛盾的过程中形成的。其设计思想是:为实现对作业的连续处理,需要先将一批作业以脱机方式输入到磁带上,并在系统中配上监督,在它的控制下,使这批作业能一个接一个地连续处理。

单道批处理系统处理过程是:首先由监督程序将磁带上的第一个作业装入内存,并把运行控制权交给该作业;当该作业处理完成时,又把控制权交还给监督程序,再由监督程序把磁带上的第二个作业调入内存。计算机系统就这样自动地一个作业紧接一个作业地进行处理,直至磁带上的所有作业全部完成。虽然系统对作业的处理是成批进行的,但在内存中始终只保持一道作业,故称为单道批处理系统。

(2) 多道批处理系统。多道批处理系统即在系统中同时存放多道作业,多道作业分时轮流占用处理器运行。在早期的批处理系统中,处理器与外部设备以串行方式工作,两者的利用率较低。随着外部设备功能加强,能够与处理器并行工作,外部设备工作完后通过“中断”通知处理器去做 I/O 后续工作。这样处理器在外设 I/O 的时候能够去运行其他程序,因此引入了“多道程序设计”的思想,使单道批处理系统发展为多道批处理系统。

(3) 分时系统。分时系统中,一台计算机与多台终端相连接,用户通过各自的终端和终端命令以交互的方式使用计算机系统。结合多道程序设计技术,系统使每个用户都能感觉到好像是自己在独占地使用计算机系统,而操作系统负责协调多个用户任务轮流占用处理器。在协调用户分享处理器时,操作系统通常采用"时间片轮转"原则分配处理器给用户程序。分时技术开创了一个多用户共享计算机资源的新时代。

(4) 实时系统。实时系统是指对来自外部的信息能在规定的时限内做出处理的系统。"实时"应用可分为两类:一类是实时控制,如把计算机用于诸如飞行器的飞行自动控制。这类系统必须确保实时任务在确定时间内完成,又称强实时系统。各类控制系统计算机上运行的"嵌入式操作系统"都属于实时控制类实时系统;另一类是实时事务处理,是把计算机用于铁路订票系统、银行管理系统等需要及时响应的系统。

(5) 通用操作系统。通用操作系统是在实时系统之后出现的,是同时兼有批处理、分时和实时功能中两种或三种的系统。在实际应用中,同时具有上述三种功能的系统不多见,通常是实时与批处理结合,或分时与批处理结合。此时,通常将批处理任务作为后台任务,实时或分时任务作为前台任务,从而形成前后台系统。当代同时具备两种上述功能的系统有很多,如UNIX操作系统、Linux操作系统、Windows系列操作系统等。

个人桌面操作系统是一种单用户多任务的通用操作系统,采用图形化界面进行人机交互,界面友好且方便使用。

(6) 网络与分布式系统。网络系统是实现网络通信与网络资源管理的操作系统。网络系统一般建立在各个主机的本地操作系统基础之上,网络中的各台计算机都配有各自独立的操作系统,网络系统的功能是实现网络操作、资源共享和保护,以及提供网络服务和网络接口等。

分布式系统是由多个分散的计算机经网络连接而成的统一的计算机系统。随着网络技术发展而出现的云操作系统,便是以分布式系统的概念为基础,实现了分布式计算、分布式文件存储等功能。

(7) 多处理机系统。多处理机系统是指具有两个以上的处理机,并在其上建立的操作系统。多处理机系统是一个复杂的系统,它主要反映在多处理机的并发控制上,因此多处理机环境需要配备专门的操作系统,目前多处理机系统已经被服务器广泛采用。

(8) 嵌入式系统。嵌入式系统是运行在嵌入式系统环境中的操作系统,是面向用户、产品和应用的系统。嵌入式系统对整个嵌入式系统及其所操作、控制的各种部件装置等资源进行统一协调、调度、指挥和控制。常见的嵌入式系统包括Android和iOS等。

随着计算机技术的发展和计算机系统功能的不断增强,操作系统也在不断地变革之中,将从功能完善、应用范围扩展、用户体验升级和技术不断创新等方面不断进化。同时,在应用场合复杂化和多样化的背景下,操作系统产品也会朝着小型化、便捷化、易用化、网络化和专业化方向发展,为计算机这一人类的好帮手提供强有力的"大脑"支持。

2. 操作系统产生的影响

操作系统提供了方便快捷的用户体验，提升了计算机的性能，保障了数据的安全，并为各种应用软件的运行提供了稳定的环境，让人们享受着操作系统带来的便利与效益。

(1) 方便快捷的用户体验。通过操作系统提供的图形界面，用户可以轻松地进行各种操作，无须深入了解计算机的底层原理，大幅简化了使用计算机的难度。

(2) 提升计算机性能。操作系统根据各程序的优先级和运行需求，合理调度计算机的资源，从而提高计算机的工作效率和性能。

(3) 数据保护和安全性。操作系统采取各种措施保护用户数据的安全和隐私，例如，访问权限控制、密码保护等，有效防止未经授权的访问和恶意软件的入侵。

(4) 多任务处理。操作系统使得计算机可以同时运行多个程序，在后台自动切换和执行不同的任务，提高了计算机的效率和利用率。

(5) 应用软件的运行环境。操作系统为各种应用软件提供了运行的基础环境，使得用户能够使用各种办公、娱乐和学习软件来满足自己的需求。

4.1.3 操作系统的结构与特征

在计算机中，操作系统是其最基本也是最为重要的基础性系统软件。从用户角度看，操作系统是它提供的各种各样的服务；从程序员角度看，操作系统是提供给用户的界面和接口；从设计人员的角度看，操作系统是各式各样的模块和它们之间的相互联系，即操作系统的体系结构。事实上，全新的操作系统的设计和改进的关键工作就是对体系结构的设计。

1. 操作系统的体系结构

操作系统的体系结构是指操作系统的构成结构。在操作系统的发展过程中，产生了多种多样的系统结构，几乎每一个操作系统在结构上都有自己的特点。从总体上看，操作系统体系结构可以分为简单体系结构、单体内核结构系统、层次式结构、微内核结构和外核结构。

(1) 简单体系结构。在操作系统诞生初期，其体系结构就属于简单体系结构，由于当时各式各样影响因素的作用，当时的操作系统结构呈现出一种混乱且结构模糊的状态，其操作系统的用户应用程序和其内核程序鱼龙混杂，甚至其运行的地址和空间都是一致的。

这种操作系统实际上就是一系列过程和项目的简单组合，使用的模块方法也相对较为粗糙，导致其结构在宏观上非常模糊。

(2) 单体内核结构系统。随着科学技术的不断发展和进步，硬件及其平台的水平和性能得到了很大程度的提高，其数量和种类也与日俱增，操作系统的复杂性也逐渐加深，其具备的功能越来越多，性能越来越高，在此背景下，单体内核结构的操作系统诞生并得到了应用，如 UNIX、Windows NT/XP 等。

一般情况下，单体内核结构的操作系统主要具备以下几种功能，分别是文件及内存管理、设备驱动、CPU调度以及网络协议处理等。由于内核的复杂性不断加深,相关的开发设计人员为了实现对其良好的控制,逐渐开始使用一些较为成熟的模块化方法,并根据其不同的功能将其进行结构化,进而划分为诸多的模块,例如,文件及内存管理模块、驱动模块、CPU调度模块及网络协议处理模块等。这些模块所使用的地址和空间与内核使用的完全一致,其以函数调用的方式构建了用于通信的结构来实现各模块之间的通信。

在使用模块化的方法以后,制约其通信的接口没有发生明显的变化,即使整个结构中的任何一个模块发生变化也不会对结构中的其他模块造成任何的影响,为其系统的维护和改良扩充提供了便利。

虽然单体内核结构的操作系统经过了模块化的处理,但是其中的全部模块仍然是在硬件之上、应用软件之下的操作系统核心中运转和工作。模块与模块之间活动的层次没有任何的差别。

(3) 层次式结构。层次式结构的操作系统是为了减少以往操作系统中各模块之间由于联系紧密而带来的各种问题而诞生的,其可以最大程度地减少甚至是避免循环调用现象的发生,确保调用有序,为操作系统设计目标的实现奠定了坚实的基础。

层次式结构的操作系统是由诸多系统分为若干层,其最底层是硬件,其他每一层均是建立在其下一层之上的。在设计操作系统内核时,主要采用与抽象数据类型十分类似的设计方法,系统中的每一层均包含着多种数据和操作,且每个数据和操作是其他层不可见的,在每一层中都配备了用于其他层使用的唯一操作接口,同时每一层发生的访问行为只能针对其下层进行,不能访问其上层的数据和服务,严格遵守了调用规则,在很大程度上避免了其他层对某一层的干扰和破坏。

(4) 微内核结构。微内核操作系统体系结构又称为客户机/服务器结构,实际上就是将系统中的代码转移到更高层中,仅保留一个小体积的内核。一般情况下其使用的主要方法就是通过用户进程来实现操作系统所具备的各项功能,具体来说,就是用户进程可以将相关的请求和要求发送到服务器中,服务器完成相关的操作,然后再通过某种渠道反馈到用户进程中。

在微内核结构中,操作系统的内核的主要工作就是对客户端和服务器之间的通信进行处理,在系统中包括许多部分,每部分具备某一方面的功能,如文件服务、进程服务、终端服务等,这样的部分相对较小,相关的管理工作也较为便利。这种结构的服务的运行都是以用户进程的形式呈现的,既不在核心中运行,也不直接地对硬件进行访问,这样一来,即使服务器发生错误或受到破坏也不会对系统造成影响,只是会造成相对应的服务器的崩溃。

(5) 外核结构。外核结构的操作系统本质上就是为了获得更高的性能和灵活性而设计出来的,在系统中,操作系统接口处于硬件层,在内核中提出由以往操作系统带来的全部抽象,并将重点和关键放在了更多硬件资源的复用方面。在操作系统的外核结构中,内核负责的主要工作仅仅为简单的申请操作以及释放和复用硬件资源,其由以往操作系统提供的抽象全部在用户空间中运行。

一般情况下,外核结构中的内核主要有三大方面的工作,分别是对资源的所有权进行跟踪、为操作系统的安全提供保护以及撤销对资源的访问行为。在核外，基本上所有的操作系统中的抽象都是以库的形式呈现出来，而用户在访问硬件资源时也是通过库的调用来完成。

2. 操作系统的基本特征

作为最重要的系统软件，操作系统与其他系统软件和应用软件有很大的不同，有自己的基本特性。操作系统的基本特性包括并发(Concurrency)、共享(Sharing)、虚拟(Virtual)和异步(Asynchronism)。

(1) 并发。并发是指两个或多个事件在同一时间间隔内发生。操作系统的并发性是指计算机系统中同时存在多个运行的程序，因此它具有处理和调度多个程序同时执行的能力。操作系统的并发性是通过分时得以实现的。在多道程序的环境下，一段时间内，宏观上有多道程序在同时执行，而在每个时刻，单处理机环境下实际仅能有一道程序执行，因此微观上这些程序仍是分时交替执行的。

(2) 共享。共享是指系统中的资源可供内存中多个并发执行的进程共同使用。共享可分为两种资源共享方式：互斥共享方式和同时访问方式。

系统中的某些资源(如打印机)，虽然可供多个进程使用，但为了使打印的结果不至于造成混淆，应规定在一段时间内只允许一个进程访问该资源，其他进程必须等待。这种资源共享方式为互斥共享方式。

系统中还有另一类资源，允许在一段时间内由多个进程“同时”对它们进行访问，这种资源共享方式为同时访问方式。这里所谓的“同时”往往是宏观上的，而在微观上，这些进程可能是交替地对该资源进行访问。典型的可供多个进程“同时”访问的资源是磁盘设备。

互斥共享要求一种资源在一段时间内只能满足一个请求，否则就会出现严重的问题；而同时访问共享通常要求一个请求分为几个时间片段间隔地完成，其效果与连续完成的效果相同。

(3) 虚拟。虚拟是指把一个物理上的实体变为若干逻辑上的对应物。物理实体是实的，即实际存在的；而后者是虚的，是用户感觉中的事物。用于实现虚拟的技术称为虚拟技术。操作系统中利用了多种虚拟技术来实现虚拟处理器、虚拟内存和虚拟外部设备等。

虚拟处理器技术是通过多道程序设计技术，采用让多道程序并发执行的方法来分时使用一个处理器的。此时，虽然只有一个处理器，但它能同时为多个用户服务，使每个终端用户都感觉有一个中央处理器在专门为他服务。利用多道程序设计技术把一个物理上的CPU虚拟为多个逻辑上的CPU，称为虚拟处理器。类似地，可以采用虚拟存储器技术将一台机器的物理存储器变为虚拟存储器，以便从逻辑上扩充存储器的容量。

(4) 异步。在多道程序环境下，允许多个程序并发执行。但由于资源有限，进程的执行不是一贯到底，而是走走停停，以不可预知的速度向前推进，这就是进程的异步性。异步性使得操作系统运行在一种随机的环境下，可能导致进程产生与时间有关的错误。但只要运行环境相同,操作系统就必须保证多次运行进程都获得相同的结果。

并发是操作系统最基本的特征。并发和共享两者之间互为存在的条件:①资源共享是以程序的并发为条件的,若系统不允许程序并发执行,则自然不存在资源共享问题;②若系统不能对资源共享进行有效的管理,则必将影响到程序的并发执行,甚至根本无法并发执行。如果没有并发性,则一个时间段内系统只能运行一个程序,这样也就不存在实现虚拟性的意义了,因为系统实现虚拟性的优点就是为了实现单核 CPU 运行多个程序。如果没有并发性,那么程序只能一个一个地运行,运行完上一个程序才能运行下一个程序,这样一来每个程序的执行都会一贯到底,只有系统拥有了并发性,才有可能导致异步性。

操作系统中的思维

4.2 操作系统的功能

操作系统是为改善计算机系统的性能、提高计算机的利用率、方便用户使用计算机而配备的一种最基本的底层系统软件,是计算机系统的核心。操作系统的功能可以从资源管理的角度和从方便用户(人机交互)的角度来理解。

4.2.1 资源管理

计算机系统的资源分为设备资源和信息资源两大类。设备资源指的是组成计算机的硬件设备,如控制器、处理器、存储器、输入/输出设备。信息资源指的是存放于计算机内的各种文件和数据等。计算机系统的设备资源和信息资源都是操作系统根据用户的需求按一定策略进行分配和调度的。

1. 处理机管理

在操作系统中,最重要的资源是处理机,最重要的管理是处理机管理。处理机管理的核心是如何有效地、合理地分配处理机的时间,提高系统的效率。

多道程序在执行时需要共享系统资源,从而导致各程序在执行过程中出现相互制约的关系,程序的执行表现出间断性的特征。这些特征都是在程序的执行过程中发生的,是动态的过程,而程序本身是一组指令的集合,是一个静态的概念,无法描述执行情况。因此,程序这个静态概念已不能如实反映程序并发执行过程的特征。为了深刻描述程序动态执行过程的性质,人们引入了“进程”(Process)的概念。

(1) 进程。进程是正在运行的程序,是程序及其数据在计算机上执行时所发生的一次运行活动。它是操作系统动态执行的基本单元。

程序和进程的区别在于:程序是一个静态的概念,进程是一个动态的概念;程序可以脱离机器长期保存,进程是在机器上执行的程序;一个程序可以多次执行,产生多个不同的进程。

进程管理具体包括进程控制(创建、撤销进程,控制进程运行过程中的状态转变)、过程同步、进程通信和进程调度。

(2) 进程的三态模型。在多道程序系统中,进程的运行是走走停停、在处理器上交替运行时,状态也在不断发生变化。进程一般具有三种基本状态,即就绪、运行和阻塞,也称为三态模型,如图4-2所示。

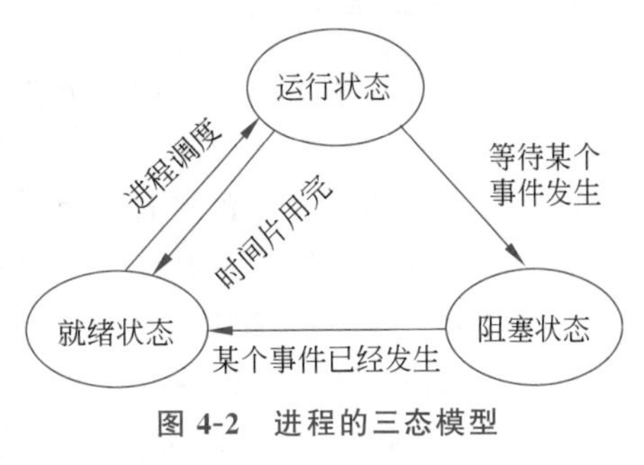

图 4-2 进程的三态模型

在就绪状态,进程已获得除处理器外的所有资源,等待分配处理机资源;只要分配了处理机,进程就可以执行。

在运行状态,进程占用处理机资源。处于此状态的进程的数目小于或等于处理器的数目。

在阻塞状态,由于进程等待某种条件(如I/O操作或进程同步),在条件满足之前即使把处理机分配给该进程,也无法继续执行。

(3) 进程调度。当有多个进程(或多个进程发出的请求)要使用处理机资源时,因为资源的有限性,必须按照一定的原则选择进程来占用资源,这就是进程调度。常用的进程调度算法有先来先服务调度算法、时间片轮转调度算法、优先数法等。

先来先服务调度算法是最简单的进程调度算法,其基本思想是按照进程进入就绪队列的先后顺序调度并分配处理机资源。一旦一个进程占有了处理机,它就一直运行下去,直到该进程完成或者因为等待某个条件而不能继续运行时才释放处理机。先来先服务算法简单,易于程序实现,但它的性能较差,实际运行操作系统时很少单独使用。

时间片轮转调度算法的基本思想是:对就绪队列中的每一进程分配一个时间片,调度程序按时间片长度轮流调度就绪队列中的每一进程,使每一进程都有机会获得相同长度的时间占用处理机运行。时间片轮转调度算法在分时系统中是一种既简单又有效的调度策略,可以使系统即时地响应各终端用户的请求。时间片轮转调度算法的性能极大地依赖于时间片长度的取值,如果时间片过大,时间片轮转调度算法就退化为先来先服务调度算法;反之,如果时间片过小,处理机在各进程之间频繁转接,处理机时间开销就变得很大,而提供给用户程序的时间将大幅减少。

优先数法的基本思想是:对就绪队列中的每个进程,首先按某种原则定义一个优先数表示它,处理机调度时,每次选择就绪队列中优先数最大者(也可规定优先数越小,其优先权越高),让它占用处理机运行。

(4) 线程。目前很多操作系统把进程细分为线程。线程有时被称为轻量级进程(Lightweight Process,LWP),是进程内一个相对独立的执行单元。由于线程比进程更小,基本不拥有系统资源,但它可与同属一个进程的其他线程共享进程所拥有的全部资源。对它的调度付出的开销小得多,能更高效地提高系统内多个程序间并发执行的程度。在UNIX中,进程仍然是CPU的分配单位;在Windows中,线程是CPU的分配单位。

2. 存储器管理

存储器管理主要是内存管理。虽然计算机硬件一直在飞速发展,内存容量也在不断增大,但是仍然不可能将所有需要的程序和数据全部装入内存,所以操作系统必须将内存空间进行合理的划分和有效的分配。操作系统对内存的划分和分配,就是内存管理的概念。有效的内存管理在多道程序设计中非常重要,不仅方便用户使用存储器、提高内存利用率,还可以通过虚拟技术从逻辑上扩充存储器。存储管理的主要功能包括内存空间的分配和回收、地址映射、内存空间的扩充和存储保护。

(1) 内存空间的分配和回收。内存分配是指为多道作业分配或者回收内存空间的方法。分配内存有三种主要方式:单一连续分配、静态分配方式和动态分配方式。单一连续分配把内存空间分为系统区和用户区,每次只装入运行一个程序,存储器利用率极低。绝大多数计算机系统都采用静态分配方式或动态分配方式。静态分配方式预先将用户区划分为若干固定大小的区域(分区大小可以相等,也可以不等),每个分区只装入一道作业。静态分配方式是多道作业系统最简单的内存分配,但空间利用率较低。动态分配方式又称可变内存分配,是在作业进入内存时,根据作业的大小动态建立分区。动态分配方式的优点是实现了多道程序共享内存,管理方案相对简单,实现存储保护的手段也相对简单;缺点是分配速率比静态分配速率低,频繁地分配和释放会造成内存碎片。作业执行结束后要回收使用完毕的内存分区,否则会耗尽内存空间。系统根据回收分区的大小及首地址,在空闲分区表中检查是否有相邻的空闲区,如有,则合并成一个大的空闲区。

(2) 地址映射。由于编译程序无法确定程序在执行时对应的地址单元,故一般从0号单元开始为其编址。这样的地址称为相对地址、程序地址或虚拟地址。因此,当将可执行代码装入内存时,必须通过地址转换将逻辑地址转换成物理地址,这个过程称为地址重定位。实质上,这是一个地址变换过程,地址变换也称为地址映射。重定位分为静态重定位和动态重定位两种。静态重定位是在程序运行前由链接装配程序进行的重定位。静态重定位的特点是无须增加硬件地址变换机构,但要求为每个程序分配一个连续的存储区,且在程序执行期间不能移动,故难以实现程序和数据的共享。动态重定位是在程序的执行过程中,每当访问到指令或数据时,将要访问的程序或数据的逻辑地址转换成物理地址。动态重定位的实现需要依靠硬件地址变换机构,优点是能够根据需要,动态地申请分配内存,将程序分配到不连续的存储区中,便于程序段的共享。

(3) 内存空间的扩充。内存空间的扩充是采用软件手段,在硬件的配合下将部分外存空间虚拟为内存空间,并将内存和外存有机地结合起来,得到一个容量相当于外存、速度接近于内存且价格十分便宜的虚拟存储系统。虚拟存储把一个程序需要的存储空间分成若干页或段,利用内外存自动调度的方法,当程序运行用到页和段时,就把它们调到内存中,反之就把它们送到外存中。

(4) 存储保护。在多道程序系统中,内存中既有操作系统,又有许多用户程序。为使系统正常运行,避免内存中各程序相互干扰,必须对内存中的程序和数据进行保护。存储保护包括两方面内容:防止地址越界和防止非法操作。每个进程都具有其相对独立的存储空间，如果进程在运行时产生的地址超出其地址空间，则发生地址越界。对于允许多个进程共享的公共区域，每个进程都有自己的访问权限。例如，有些进程可以执行写操作，有些进程只能执行读操作，而其他进程不能读，也不能写。存储保护机制一般以硬件为主，以软件为辅。当发生越界或非法操作时，硬件产生中断，需进入操作系统处理。

3. 设备管理

设备管理是指负责管理各类外围设备，包括分配、启动和故障处理等。设备管理的任务就是动态地掌握并记录设备的状态、为用户分配及释放设备、提高设备利用率等。

在多道程序环境下，当多个进程竞争使用设备时，操作系统按一定策略分配和管理设备，控制设备的各种操作，完成输入/输出设备与主存之间的数据交换。为了实现设备分配，系统中应设置一些数据结构，用于记录设备的状态。操作系统为设备提供驱动程序或控制程序，以使用户不必详细了解设备及接口的技术细节就可方便地对这些设备进行操作。操作系统利用中断技术、直接存储器存储(Direct Memory Access，DMA)技术、通道技术和缓冲技术缓解 CPU 和设备速度不匹配的矛盾，以提高设备的使用效率和整个系统的运行速度。

4. 文件管理

文件管理是指对信息资源的管理。操作系统负责管理和存取文件，为用户提供一个简单、统一的访问文件的方法。

文件是在逻辑上具有完整意义的一组相关信息的有序集合。每个文件都有一个文件名。操作系统中的文件系统专门负责管理外存储器上的信息，使用户可以“按名”高效、快速和方便地存储信息。其主要功能包括文件结构与组织、文件目录管理、文件的存取方法、文件的使用，以及文件共享与保护。

(1) 文件结构与组织。文件结构是指文件的组织形式，从用户角度看到的文件组织形式称为文件的逻辑结构，用户只要知道所需文件的文件名，而无须知道这些文件究竟存放在什么地方，就可以存取文件中的信息。从实现角度考察文件在外存储器上的存放方式称为文件的物理结构。

(2) 文件目录管理。为了实现“按名存取”，系统必须为每个文件设置用于描述和控制文件的数据结构，它至少要包括文件名和存放文件的物理地址，这个数据结构称为文件控制块(File Control Block，FCB)。文件控制块的有序集合称为文件目录。也就是说，文件目录是由文件控制块组成的，专门用于文件检索的数据结构的集合。

目录文件是长度固定的记录式文件。大多数操作系统如 UNIX、DOS 采用的多级目录结构称为树状目录结构，有树根(根目录)、树枝(文件夹)和树叶(文件)，从根目录出发到任一非叶子节点或树叶节点都有且只有一条路径。用户目前使用的工作目录称为当前目录。

(3) 文件的存取方法。文件的存取方法是指存取文件存储器上的一个物理块的方法，通常分为顺序存取、随机存取和按键存取。顺序存取是指对文件中的信息按顺序依次存取的方式；随机存取允许用户按任意的次序随机存取文件中的信息，或根据存取命令直接存取;按键存取则根据文件中各记录的某个数据项内容存取记录。

(4) 文件的使用。当用户使用文件时,文件系统通过用户给出的文件名查出对应文件的存放位置,读出文件的内容。操作系统在操作级(命令级)和编程级(系统调用和函数)向用户提供文件的服务。其中,在操作级提供的命令有目录管理类命令、文件操作类命令和文件管理类命令等。在编程级提供的系统调用主要有创建文件、撤销文件、打开文件、关闭文件、读文件及写文件。

(5) 文件共享与保护。文件共享是指不同用户进程使用同一文件,它不仅是不同用户完成同一任务必需的功能,还可以节省内存空间,减少由于文件复制而增加的访问外存的次数。文件系统对文件的保护常采用存取控制方式进行,即不同的用户对文件的访问规定不同的权限,以防止文件被未经授权的用户访问。

5. 作业管理

每个用户请求计算机系统完成的一个独立的操作称为作业(Job)。作业由程序、数据和作业说明书三部分组成,其中,作业说明书包括对作业基本情况、作业控制、作业资源要求的描述。作业的状态分为提交、后备、执行和完成。

作业管理包括作业的输入和输出、作业的调度与控制。作业调度的算法有许多种,常见的有先来先服务、短作业优先、响应比高者优先、优先级调度算法及均衡调度算法等。作业控制分为批处理作业(脱机方式)和交互式作业(联机方式)两种。

4.2.2 人机交互

操作系统是用户和计算机的接口,人机交互功能是决定计算机系统“友善性”的一个重要因素。人机交互功能主要靠可输入/输出的外围设备和相应的软件完成,人机交互的主要作用是控制有关设备的运行和理解并执行通过设备传来的有关命令和要求。

1. 人机交互方式

早期的人机交互设施是键盘显示器。操作员通过键盘输入命令,操作系统接收到命令后立即执行并将结果通过显示器显示。命令式交互方式不方便使用,逐渐被图形化的交互界面替代,后者只需单击图标或菜单等桌面元素,就可以操作计算机,大幅简化了用户的使用步骤。随着模式识别如语音识别、汉字识别等输入设备的发展,操作员和计算机在类似自然语言或受限制的自然语言这一级上进行交互成为可能。这些人机交互称为智能化的人机交互,这方面的研究工作正在积极开展。

2. 操作系统的界面形式

操作系统为用户提供的界面形式有交互终端命令、图形用户界面、作业控制语言和系统调用命令。

(1) 交互终端命令。交互终端命令是分时系统具有的界面形式。系统为交互终端用户提供一组交互式命令,用户可以通过终端键盘输入这些命令。每个输入命令都被操作系统中的命令解释程序所接收,该程序分析接收到的命令,然后调用操作系统中的相应模块完成此命令所要求的功能，最后将此命令的执行结果输出给用户，用户根据此结果决定下一个命令的输入，如此进行下去，直到用户完成自己的工作。

(2) 图形用户界面。考虑到用户(尤其是非计算机专业人员)使用计算机系统的方便性，现代操作系统都提供了图形用户界面(Graphic User Interface，GUI)形式。GUI 本质上也属于交互式界面形式，只不过界面由命令行形式转变为图形提示和鼠标点击形式。图形界面一般由窗口、图标、菜单和对话框等基本元素以及对基本元素所能进行的操作构成。

(3) 作业控制语言。作业控制语言(Job Control Language，JCL)是批处理系统具有的界面形式。系统为用户提供一种作业控制语言，当用户提交批作业时，使用这种语言书写一个作业说明书，该说明书以操作系统所能识别的形式描述了一个用户作业的处理步骤，然后将此说明书与程序、数据一道提交给系统，操作系统将按照作业说明书规定的步骤一步一步地处理作业。

(4) 系统调用命令。系统调用命令也称应用程序接口(Application Program Interface，API)。操作系统为用户提供一组系统调用命令，用户可以将这些系统调用命令写在程序中，当用户程序在运行过程中执行到这些系统调用命令时，将发生中断，操作系统根据不同的系统调用命令转到相应的处理程序中完成该调用命令所要求的服务。

系统调用命令通常可以分为如下几类：与文件相关的系统调用命令，如建立文件、撤销文件、打开文件、关闭文件和读写文件等；与进程相关的系统调用命令，如创建子进程、撤销子进程和跟踪子进程等；与进程通信相关的系统调用命令，如发送消息、接收消息、发送信件和接收信件等；与资源相关的系统调用命令，如申请资源和释放资源等。

4.3 常见的操作系统

操作系统是计算机系统中不可或缺的关键组成部分，它提供了必要的管理和控制功能，使用户能够更加高效地利用计算机资源，并且简化了对计算机系统的操作。操作系统提供了方便快捷的用户体验，提升了计算机的性能，保障了数据的安全，并为各种应用软件的运行提供了稳定的环境，为用户带来了便利与效益。

4.3.1 操作系统的类型

操作系统种类繁多，很难用单一标准统一分类。根据运行的环境，操作系统可以分为桌面操作系统、网络操作系统和嵌入式操作系统。

1. 桌面操作系统

桌面操作系统也称为微机操作系统，是应用最为广泛的操作系统，主要应用于个人计算机。桌面操作系统基本上是根据人从键盘和鼠标发出的命令进行工作，对人的动作和反应在时序上的要求并不是很严格。从应用环境来看，桌面操作系统面向复杂多变的各类应用；而从开发界面来看，桌面操作系统给开发人员提供一个“黑箱”，让开发人员通过一系列标准的系统调用来使用操作系统的功能。

个人计算机中广泛使用的桌面操作系统主要有Windows、macOS和Linux。Windows由微软公司开发,其特点是用户友好、应用广泛和兼容性好;macOS由Apple公司开发,其特点是稳定性强、安全性高和用户体验好;Linux是一个基于开源的操作系统,其特点是具有高度的定制性和灵活性。

2. 网络操作系统

网络操作系统(Network Operating System,NOS)是基于计算机网络、在各种计算机操作系统上按网络体系结构协议标准开发的软件,包括网络管理、通信、安全、资源共享和各种网络应用。其目标是相互通信及资源共享。在其支持下,网络中的各台计算机能互相通信和共享资源。其主要特点是与网络的硬件相结合来完成网络的通信任务。

网络操作系统借由网络达到互相传递数据与各种消息的目的,分为服务器(Server)及客户端(Client)。服务器的主要功能是管理服务器和网络上的各种资源和网络设备的共用,加以统合并管控流量,减小发生瘫痪的可能性;客户端有能接收服务器所传递的数据并运用的功能,让客户端可以清楚地搜索所需的资源。

网络操作系统是网络上各计算机能方便而有效地共享网络资源、为网络用户提供所需的各种服务的软件和有关规程的集合。网络操作系统与通常的操作系统有所不同,它除了具有通常操作系统应具有的处理机管理、存储器管理、设备管理和文件管理外,还具有两大功能:一是提供高效、可靠的网络通信能力;二是提供多种网络服务功能,如远程作业录入并进行处理的服务功能、文件传输服务功能、电子邮件服务功能和远程打印服务功能等。

分布式操作系统(Distributed Operating System)是网络操作系统的更高级形式。在一个分布式操作系统中,通过网络连接的一组独立的计算机展现给用户的是一个统一的整体,就好像是一个可以获得极高的运算能力及广泛的数据共享的系统。它可以解决组织机构分散与数据需要相互联系的矛盾。比如银行系统,总行与各分行处于不同的城市或城市中的各地区,在业务上它们需要处理各自的数据,也需要彼此之间的交换和处理,这就需要分布式操作系统。

由于分布式计算机系统的资源分布于系统的不同计算机上,因此分布式操作系统对用户的资源需求不能像一般的操作系统那样等待有资源时直接分配的简单做法,而是要在系统的各台计算机上搜索,找到所需资源后才可进行分配。对于有些资源,如具有多个副本的文件,还必须考虑一致性。一致性是指若干用户对同一个文件同时读出的数据是一致的。为了保证一致性,分布式操作系统须控制文件的读、写操作,使得多个用户可同时读一个文件,而任一时刻最多只能有一个用户在修改文件。

分布式操作系统与网络操作系统的区别是:网络操作系统可以构架于不同的操作系统之上,通过网络协议实现网络资源的统一配置,在大范围内构成网络操作系统。在网络操作系统中并不要求对网络资源进行透明的访问。分布式操作系统是由一种操作系统构架的,网络的概念在应用层被淡化了。所有资源(本地资源和异地资源)都用同一方式管理与访问,用户不必关心资源在哪里,或者资源是怎样存储的。

常见的网络操作系统有 Windows Server、Linux、UNIX、macOS Server、FreeBSD、Cisco IOS、Juniper Junos 和 HP-UX 等。

3. 嵌入式操作系统

嵌入式操作系统(Embedded Operating System,EOS)是一种支持嵌入式系统应用的操作系统,它是嵌入式系统的重要组成部分。嵌入式操作系统是一种用途广泛的系统软件,通常包括与硬件相关的底层驱动软件、系统内核、设备驱动接口、通信协议、图形界面,以及标准化浏览器等。嵌入式操作系统负责嵌入式系统的全部软硬件资源的分配和任务调度,控制、协调并发活动。它必须体现其所在系统的特征,并能够通过装卸某些模块来达到系统所要求的功能。

嵌入式操作系统是嵌入式系统中必不可少的组件,其发展趋势包括定制化、节能化、人性化、安全化、网络化和标准化。嵌入式操作系统将面向特定应用提供简化型系统调用接口,专门支持一种或一类嵌入式应用,具备可伸缩性、可裁减的系统体系结构,提供多层次的系统体系结构,包含各种即插即用的设备驱动接口;嵌入式操作系统将形成最小的内核处理集,以减小系统开销、提高运行效率,并可用于各种非计算机设备;嵌入式操作系统将提供精巧的多媒体人机界面,以满足不断提高的用户需求;嵌入式操作系统能够提供安全保障机制,使源码的可靠性越来越高;嵌入式操作系统要求配备标准的网络通信接口,系统开发将越来越易于移植和联网。嵌入式操作系统具有网络接入功能,为各种移动计算设备预留接口。随着嵌入式操作系统的广泛应用和发展,信息交换、资源共享机会增多等问题不断出现,需要建立相应的标准去规范其应用。

随着 Internet 技术的发展、信息家电的普及,嵌入式操作系统开始从单一的弱功能向高专业化的强功能方向发展。嵌入式操作系统在系统实时高效性、硬件的相关依赖性、软件固态化以及应用的专用性等方面具有较为突出的特点。

目前市场上流行的嵌入式操作系统有嵌入式 Linux、Windows Embedded、VxWorks、Android、iOS、HarmonyOS 等,嵌入式操作系统都是专用的操作系统,每一种系统都有自己的优势和应用领域。

4.3.2 典型操作系统实例

操作系统是计算机科学发展的一条主线,它与计算机研究领域和工业界紧密相关。每一个成功的操作系统都需要经过几年甚至几十年的发展和检验。尽管在计算机科学发展的几十年间有大量的操作系统问世,但真正对研究领域和工业界产生影响并能够长久流传下来的并不多。

1. 个人计算机操作系统

广泛使用的个人计算机操作系统主要有 Microsoft Windows、Linux 和 macOS。

(1) Microsoft Windows。Microsoft Windows 是一个多任务的操作系统,它采用图形窗口界面,用户只需通过点击鼠标就可以实现对计算机的各种复杂操作。

Microsoft Windows 起初是在微软公司给 IBM 机器设计的 MS-DOS 的基础上设计

的图形操作系统,之后的系列则基于 Windows NT 内核。Windows NT 内核是由 OS/2 和 OpenVMS 等系统上借用来的。Windows 可以在 32 位和 64 位的 Intel 和 AMD 的处理器上运行。虽然由于人们对于开放源代码作业系统兴趣的提升,Windows 的市场占有率有所下降,但是 Windows 操作系统仍然在世界范围内占据了桌面操作系统的大部分市场。

Windows 系统也被用在低级和中级服务器上,并且支持网页服务、数据库服务等功能。微软公司花费了大量研究与开发的经费用于使 Windows 拥有能运行企业的大型程序的能力。

(2) Linux。Linux 操作系统诞生于 1991 年的 10 月 5 日(这是第一次正式向外公布的时间),以后借助于 Internet,并通过全世界各地计算机爱好者的共同努力,已成为今天世界上使用最多的一种类 UNIX 操作系统,并且使用人数还在迅猛增长。

Linux 是一套免费使用和自由传播的类 UNIX 操作系统,是一个基于 POSIX 和 UNIX 的多用户、多任务、支持多线程和多 CPU 的操作系统。它能运行主要的 UNIX 工具软件、应用程序和网络协议。Linux 继承了 UNIX 以网络为核心的设计思想,是一个性能稳定的多用户网络操作系统。它主要用于基于 Intel x86 系列 CPU 的计算机上。这个系统是由全世界各地的成千上万的程序员设计和实现的。其目的是建立不受任何商品化软件的版权制约的、全世界都能自由使用的 UNIX 兼容产品。

Linux 以它的高效性和灵活性著称,Linux 模块化的设计结构使得它既能在价格昂贵的工作站上运行,也能够在廉价的微型计算机上实现全部的 UNIX 特性,具有多任务、多用户的能力。Linux 是在 GNU 公共许可权限下免费获得的,是一个符合 POSIX 标准的操作系统。Linux 操作系统软件包不仅包括完整的 Linux 操作系统,还包括文本编辑器、高级语言编译器等应用软件,以及带有多个窗口管理器的 X-Windows 图形用户界面。

(3) macOS。macOS 是一套运行于苹果 Macintosh 系列计算机上的操作系统,是首个在商用领域成功的图形用户界面操作系统。macOS 系统是基于 UNIX 内核的图形化操作系统,由 Apple 公司自行开发,一般情况下在普通微型计算机上无法安装。

macOS 基于 UNIX,设计简单直观,安全易用,高度兼容。从启动 macOS 后所看到的桌面到日常使用的应用程序,都设计得简约精致。无论是浏览网络、查看邮件还是和外地朋友视频聊天,所有事情都简单高效、趣味盎然。简化复杂任务要求尖端科技,而 macOS X 正拥有这些尖端科技。它不仅使用基础坚实、久经考验的 UNIX 系统提供空前的稳定性,还提供超强性能、超炫图形并支持互联网标准。

2. 移动操作系统

随着移动通信技术的飞速发展和移动多媒体时代的到来,手机作为人们必备的移动通信工具,已从简单的通话工具向智能化发展,演变成一个移动的个人信息收集和处理平台。借助操作系统和丰富的应用软件,智能手机成了一台移动终端。

移动操作系统是在嵌入式操作系统的基础之上发展而来的专为手机设计的操作系统,除具备嵌入式操作系统的功能外,还有针对电池供电系统的电源管理、与用户交互的输入/输出、对上层应用提供调用接口的嵌入式图形用户界面服务、针对多媒体应用提供底层编解码服务、针对移动通信服务的无线通信核心功能及智能手机的上层应用等功能。

目前应用在手机上的操作系统主要有 Android(Google 公司)、iOS(Apple 公司)和 HarmonyOS(华为公司)等。

(1) Android。Android(安卓)是一种基于 Linux 内核的自由及开放源代码的移动操作系统,主要应用于移动设备,如智能手机和平板电脑,由美国 Google 公司和开放手机联盟领导及开发。Android 操作系统具有开放性、硬件丰富、开发方便及 Google 应用等优势。允许任何移动终端厂商加入 Android 联盟中来,可以通过一些第三方优化过的系统实现更好的用户体验;提供给第三方开发商一个十分宽泛、自由的环境,不会受到各种条条框框的阻挠;Google 服务(如地图、邮件、搜索等)已经成为连接用户和互联网的重要纽带,而 Android 操作系统将无缝结合这些 Google 服务。

(2) iOS。iOS 是由 Apple(苹果)公司开发的移动操作系统,最初是设计给 iPhone 使用的,后来陆续用到了 iPod touch、iPad 上。iOS 与苹果的 macOS 操作系统一样,属于类 Unix 的商业操作系统。原本这个系统名为 iPhone OS,因为 iPad、iPhone、iPod touch 都使用 iPhone OS,2010 年苹果全球开发者大会上宣布改名为 iOS。iOS 凭借其简洁易用的界面、强大的性能、高度的安全性和丰富的生态系统,赢得了用户的喜爱。

(3) HarmonyOS。HarmonyOS 是华为公司开发的一款基于微内核、面向全场景的分布式操作系统,中文名称为鸿蒙操作系统。HarmonyOS 将手机、计算机、平板、电视、工业自动化控制、无人驾驶、车机设备及智能穿戴统一成一个操作系统,其可以兼容安卓所有 Web 应用。HarmonyOS 创造了一个超级虚拟终端互联的世界,将人、设备和场景有机联系在一起。由于鸿蒙系统微内核的代码量只有 Linux 宏内核的千分之一,其受攻击概率也大幅降低。

学习提高

4.4 思考与实践

4.4.1 问题思考

1. 什么是操作系统?其作用是什么?
2. 操作系统有什么特点?
3. 操作系统对人们使用计算机产生哪些影响?
4. 操作系统有哪些主要功能?
5. 根据运行的环境,操作系统包括哪几种类型?
6. 常见的移动操作系统有哪几种?

4.4.2 课外讨论

1. 列出你使用过的操作系统,你感觉哪个操作系统最好?为什么?

2. 驱动操作系统发展的主要动力有哪些?

3. 有人说,处理机管理就是进程管理。请说出你对进程的理解。

4. 你是否对操作系统的未来演变有自己的看法?

5. 选择一种操作系统,写出你感兴趣的操作功能。

6. 很多人都说,没有操作系统的计算机是一堆废铁,无法运转。但在计算机刚诞生的时候,谁也不知道操作系统。那时的计算机为什么能够在没有操作系统的情况下运转?它们是如何运转的?

4.4.3 实践活动

了解操作系统及装机必备的应用软件,根据应用需求列出计算机应用所需安装的软件清单。

在线作业

第 5 章 chapter 5

计算机网络

计算机网络是信息社会的命脉和发展知识经济的重要基础。计算机网络的广泛使用,改变了传统意义上的时间和空间的概念,对社会各领域包括人们的工作与生活方式产生了革命性的影响,促进了社会信息化的发展进程。

5.1 计算机网络基础

计算机网络是现代化社会所必不可少的基础设施之一,它连接了全球各地的计算机和设备,并为人们提供了高效的信息交流和资源共享方式。计算机网络极大地方便了人们的生活和工作,加速了信息传输和交流的速度,同时也推动了数字化发展进程。

随着技术的不断发展,未来的计算机网络将会变得更加智能、更加安全、更加高效和更加可靠。这些发展将会为人们带来更多便利和创新的应用,也将推动数字化经济的发展。

5.1.1 计算机网络的概念

随着计算机技术的不断发展,人们在生产、生活以及娱乐等方面愈加依赖计算机,然而每台计算机都只能为单个用户提供服务,无法满足大规模数据传输、存储以及资源共享、远程协作等需求。

计算机网络的出现解决了上述问题。通过在计算机之间建立连接,不同的计算机可以实现信息共享,提高计算效率,并且可以在处于不同地理位置的计算机上共享软件和硬件资源,从而降低运行成本并提高工作效率。

1. 计算机网络的定义

计算机网络是将处于不同地理位置、具有独立功能的计算机通过通信设备和传输介质连接起来的系统,其通过功能完善的通信软件(网络通信协议信息交换方式及网络操作系统等)实现网络中的资源共享、信息交换和协同工作。网络中的每台计算机都称作一个节点(Node)。由此可见,计算机网络是由多台计算机互连、以相互通信和资源共享为目的的计算机系统。

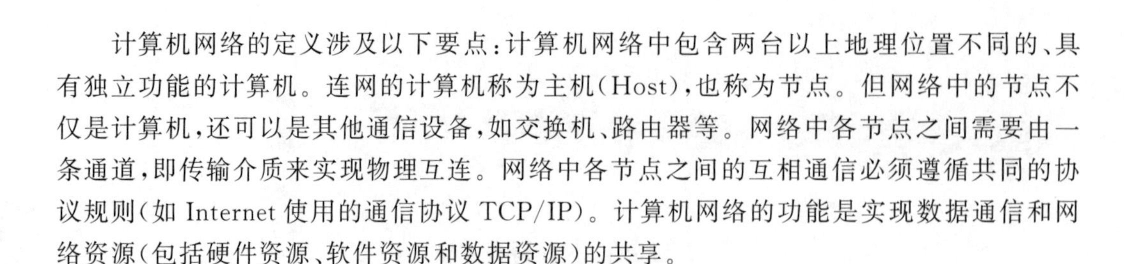

计算机网络的定义涉及以下要点:计算机网络中包含两台以上地理位置不同的、具有独立功能的计算机。连网的计算机称为主机(Host),也称为节点。但网络中的节点不仅是计算机,还可以是其他通信设备,如交换机、路由器等。网络中各节点之间需要由一条通道,即传输介质来实现物理互连。网络中各节点之间的互相通信必须遵循共同的协议规则(如 Internet 使用的通信协议 TCP/IP)。计算机网络的功能是实现数据通信和网络资源(包括硬件资源、软件资源和数据资源)的共享。

2. 计算机网络的功能

计算机网络是计算机技术和通信技术紧密结合的产物。它不仅使计算机的作用范围突破了地理位置的限制,也大幅加强了计算机本身的能力。计算机网络具有单个计算机不具备的下述主要功能。

(1) 数据交换和通信。计算机网络中的计算机之间或计算机与终端之间可以快速可靠地相互传递数据、程序或文件。例如,电子邮件(E-mail)可以使相隔万里的用户快速准确地相互通信;电子数据交换(Electronic Data Interchange,EDI)可以实现在商业部门(如银行、海关等)或公司之间进行订单、发票、单据等商业文件安全准确的交换;文件传输服务可以实现文件的实时传递,为用户复制和查找文件提供了有力的工具。

(2) 资源共享。充分利用计算机网络中提供的资源(包括硬件、软件和数据)是计算机网络组网的目标之一。计算机的许多资源十分昂贵,不可能为每个用户所拥有。例如,进行复杂运算的巨型计算机、海量存储器、高速激光打印机、大型绘图仪和一些特殊的外部设备等,另外还有大型数据库和大型软件等。这些昂贵的资源都可以为计算机网络上的用户共享。资源共享既可以使用户减少投资,又可以提高资源的利用率。

(3) 提高系统的可靠性和可用性。在单机使用的情况下,如没有备用机,计算机一旦有故障,就会停机。如有备用机,则费用会大幅增高。当计算机连成网络后,各计算机可以通过网络互为备用机,当某一计算机发生故障时,可由别处的计算机代为处理,还可以在网络的一些节点上设置一定的备用设备,起全网络公用后备的作用,这种计算机网络能起到提高可靠性及可用性的作用。特别是在地理分布很广而且要求具有实时性管理和不间断运行的系统中,建立计算机网络可保证更高的可靠性和可用性。

(4) 均衡负荷,相互协作。当处理大型的任务或当网络中某台计算机的任务负荷太重时,可将任务分散到较空闲的计算机上去处理或由网络中比较空闲的计算机分担负荷。这就使得整个网络资源能互相协作,以免网络中的计算机忙闲不均,既影响任务,又不能充分利用计算机资源。

(5) 分布式网络处理。在计算机网络中,用户可根据问题的实质和要求选择网内最合适的资源来处理,以便使问题得以迅速而经济地解决。对于综合性的大型问题,可以采用合适的算法将任务分散到不同的计算机上进行处理。各计算机连成网络也有利于共同协作进行重大科研课题的开发和研究。利用网络技术还可以将许多小型计算机或微型计算机连成具有高性能的分布式计算机系统,使它具有解决复杂问题的能力,而费用却大幅减少。

(6) 提高系统性价比,易于扩充,便于维护。计算机组成网络后,虽然增加了通信费用，但由于资源共享，明显提高了整个系统的性能价格比，降低了系统的维护费用，且易于扩充，方便系统维护。

3. 计算机网络的组成

从逻辑功能上可以将计算机网络划分为两部分：一部分是对数据信息的收集和处理；另一部分则专门负责信息的传输。前者称为资源子网，后者称为通信子网，如图 5-1 所示。

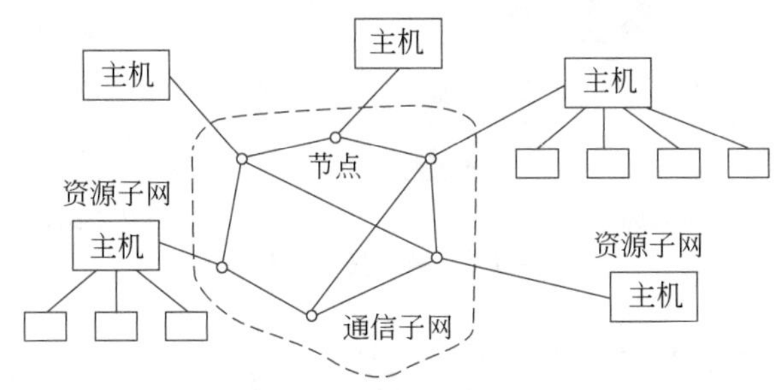

图 5-1 计算机网络的功能构成

(1) 资源子网。资源子网主要负责对信息进行加工和处理，面向用户，接受本地用户和网络用户提交的任务，最终完成信息的处理。它包括访问网络和处理数据的软硬件设施，主要有主计算机系统、终端控制器和终端、计算机外部设备、有关软件和可共享的数据(如公共数据库)等。

(2) 通信子网。通信子网主要负责计算机网络内部信息流的传递、交换和控制，以及信号的变换和通信中的有关处理工作，间接服务用户。它主要包括网络节点、通信链路和信号转换设备等硬件设施，提供网络通信功能。

4. 计算机网络的拓扑结构

"拓扑"一词是从几何学中借用来的。网络拓扑结构是网络形状。确切地说，网络拓扑结构是通过网中节点与通信线路之间的几何关系表示网络结构，反映网络中各实体之间的结构关系。基本的网络拓扑结构有 5 种：星状拓扑结构、环状拓扑结构、总线型拓扑结构、树状拓扑结构和网状拓扑结构。基本的网络拓扑结构的示意图如图 5-2 所示。

(1) 星状拓扑结构。星状拓扑结构是指各工作站以星状方式连接成网。网络中有中央节点(一般是集线器或交换机)，其他节点(如工作站、服务器等)都与中央节点直接相连，这种结构以中央节点为中心，因此又称为集中式网络。局域网普遍采用星状拓扑结构。

星状拓扑结构的优点是：结构简单，易于监控和管理；单个节点的故障不会影响全网；网络扩展方便；网络时延较小。缺点是：需要耗费大量的电缆；中央节点负担重，形成"瓶颈"，一旦发生故障，全网就都受影响。

(2) 环状拓扑结构。环状拓扑结构使用公共电缆组成一个封闭的环，各节点直接连到环上，信息沿着环按一定方向从一个节点传送到另一个节点。这种结构显而易见地消

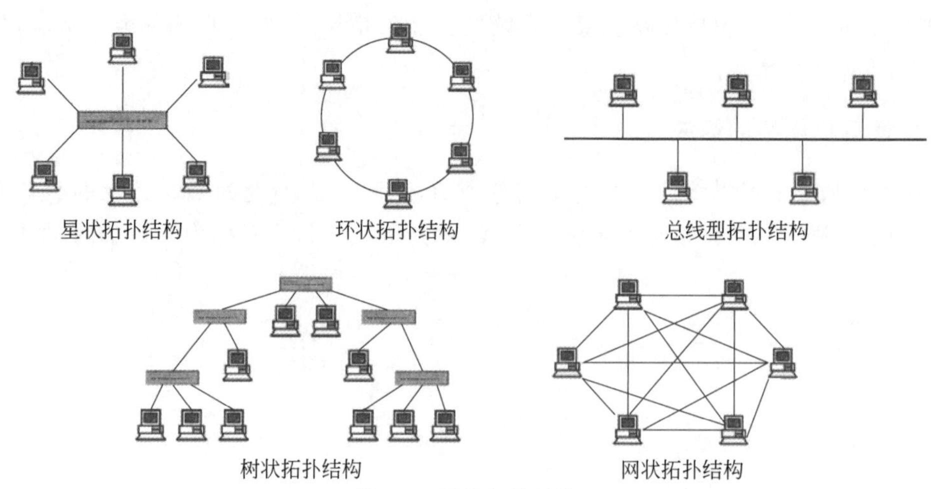

图 5-2 网络拓扑结构

除了节点间通信时对中心节点的依赖性。

环状拓扑结构的优点是：电缆长度短；所有站点都能公平访问网络的其他部分；信息流在网中是沿着固定方向流动的，路径选择简单；环路上各节点都是自举控制，控制软件简单。缺点是：信息源在环路中是串行地穿过各节点，当环中节点过多时，势必影响信息的传输速率；环路是封闭的，不便于扩充；环中任何一个节点或通信线路出现故障，都可能造成全网瘫痪，可靠性低。

(3) 总线型拓扑结构。总线型拓扑结构采用单根传输线(如同轴电缆等)作为公用的总线，将网络中所有的节点通过相应的硬件接口和电缆连接到这根共享的总线上。信号沿总线进行广播式传输，即从发送信息的节点开始向两端扩散，如同广播电台发射的信息一样，因此又称为广播式网络。

总线型拓扑结构的优点是：网络结构简单，节点的插入、删除比较方便，易于网络扩展；具有较高的可靠性，单个节点的故障不会涉及整个网络。缺点是：总线传输距离有限，通信范围受到限制；维护难，分支节点故障查找难，一旦传输介质出现故障，就需要将整个总线切断；一次仅允许一个节点发送数据，如果有两个或两个以上的节点同时发送数据，就会出现冲突，造成传输失败；介质访问获取机制较复杂，从而增加了节点的硬件和软件开销。

(4) 树状拓扑结构。树状拓扑结构可以认为是由多级星状拓扑结构组成的。树的最下端相当于网络中的边缘层，树的中间部分相当于网络中的汇聚层，而树的顶端则相当于网络中的核心层。它采用分级的集中控制方式，与星状拓扑结构相比，它的通信线路总长度短，成本较低，节点易于扩充，寻找路径比较方便，但除了叶节点及其相连的线路外，任一节点或其相连的线路故障都会使系统受到影响。

(5) 网状拓扑结构。网状拓扑结构主要指各节点通过传输线互相连接起来，并且每个节点至少与其他两个节点相连的结构。网状拓扑结构具有较高的可靠性，由于节点之间有许多条路径相连，所以可以为数据流的传输选择适当的路线，从而绕过失效的部件或过忙的节点，不受瓶颈问题和失效问题的影响。但其结构复杂，实现成本较高，不易管理和维护，因此只在广域网中广泛应用。

网络拓扑结构是网络的基本要素，在网络中处于基础地位。选择合适的网络拓扑结构对构建网络很重要。确定网络拓扑结构时，要考虑联网的计算机数量、地理覆盖范围、网络节点变动的情况以及今后的升级或扩展等因素。应当注意的是，在实际组建网络时，拓扑结构不一定是单一的，通常是几种拓扑结构综合运用。

5.1.2 计算机网络的分类

计算机网络的分类依据很多，习惯上的分类方法有：依据网络覆盖范围分类，依据网络传输介质分类，以及依据网络传输技术分类。

1. 依据网络覆盖范围分类

计算机网络依据其覆盖的地理范围进行分类，可以很好地反映不同类型网络的技术特征，包括广域网、城域网、局域网及个人区域网。

(1) 广域网。广域网(Wide Area Network，WAN)也称为远程网，它覆盖的范围较广，从几十千米到几千千米，可以覆盖一个国家或地区。广域网是一种公共数据网络，通信子网可以利用公用分组交换网、卫星通信网或无线分组交换网将分布在不同地区的城域网、局域网互联起来，构成大型互联网络系统。

(2) 城域网。城域网(Metropolitan Area Network，MAN)一般来说是在一个城市但不在同一地理小区范围内的网络互联。这种网络的连接距离可以在几千米到几十千米，以光纤为传输介质，能够提供45～150Mb/s的高速传输率。不能简单地把城域网看成广域网的缩微或局域网的自动延伸。广域网的重点是保证大量用户共享主干通信链路的容量，城域网的重点是交换节点的性能与容量。城域网的每个交换节点都要保证大量接入用户的服务质量。城域网应该是一个在城市区域内为大量用户提供接入和各种信息服务的高速通信网络。

(3) 局域网。局域网(Local Area Network，LAN)是最常见、应用最广的一种网络，几乎每个单位都有局域网，甚至有的家庭中也有小型局域网。所谓局域网，就是在局部范围内的网络，它所覆盖的范围较小，一般来说可以是几米至几千米。局域网一般位于一个建筑物或一个单位内，不存在寻径问题，不包括网络层的应用。局域网的特点是连接范围窄、用户数少、配置容易和传输速率高。

(4) 个人区域网。随着笔记本电脑、智能手机、PAD与信息家电的广泛应用，人们逐渐提出将自身附近10米范围内的移动数字终端设备联网的需求。由于个人区域网(Personal Area Network，PAN)主要是用无线通信技术实现联网设备之间的通信，因此就出现了无线个人区域网(Wireless PAN，WPAN)的概念。目前，无线个人区域网主要使用802.15.4标准、蓝牙与ZigBee标准。

2. 依据网络传输介质分类

依据网络传输介质的不同，可以将计算机网络分为有线网和无线网两种。

(1) 有线网。有线网是采用同轴电缆、双绞线、光纤等有线介质进行数据传输的网络。双绞线网是目前最常见的连网方式,这是因为双绞线价格便宜且安全方便,容易组网,但其传输能力和抗干扰能力一般。光纤网以光纤作为传输介质,这是因为光纤传输距离长,传输速率高。

(2) 无线网。无线网是采用卫星、微波等无线形式进行数据传输的网络。无线网特别是无线局域网有很多优点,如易于安装和使用。但无线局域网的数据传输速率远低于有线局域网。此外,无线局域网的误码率也比较高,而且节点之间的相互干扰比较厉害。

3. 依据网络传输技术分类

依据网络传输技术的不同,可以将计算机网络分为广播式网络和点对点网络两种。

(1) 广播式网络。在广播式网络中仅使用一条通信信道,该信道由网络上的所有节点共享。在传输信息时,任何一个节点都可以发送数据,并被其他所有节点接收。其他节点根据数据包中的目的地址进行判断,如果是发给自己的则接收,否则便丢弃。总线型以太网就是典型的广播式网络。

(2) 点对点网络。与广播式网络相反,点对点网络由许多互相连接的节点构成,在每对节点之间都有一条专用的通信信道,因此在点对点网络中,不存在信道共享与复用的情况。源节点发送数据会根据目的地址,经过一系列中间节点的转发,直至到达目的节点,这种传输技术称为点对点传输,采用这种技术的网络称为点对点网络。

5.1.3 计算机网络的发展

纵观历史,计算机网络的发展可以分为4个阶段,即面向终端的计算机网络阶段、以通信子网为中心的网络阶段、开放式的标准化计算机网络阶段和以Internet为中心的新一代网络阶段。

1. 面向终端的计算机网络

计算机网络起源于20世纪50年代,当时计算机主机相当昂贵,而通信线路和通信设备相对便宜,为了共享计算机主机资源和进行信息的综合处理,形成了第一代以单主机为中心的远程联机系统。典型例子是由一台计算机和全美范围内2000多个终端组成的飞机订票系统,其终端是没有处理能力的终端设备(如由键盘和显示器构成的终端机)。

当时,人们把计算机网络定义为"以传输信息为目的而连接起来,实现远程信息处理或进一步达到资源共享的系统",实际上这样的通信系统已具备网络的雏形。

2. 以通信子网为中心的网络

20世纪60年代中期至20世纪70年代的第二代计算机网络以多个主机通过通信线路互连起来,为用户提供服务。最早的是美国国防部高级研究计划局(ARPA)于20世纪60年代的冷战高峰期为了对抗苏联用于军事目的而组建的ARPA网,中文译作"阿帕网"。

ARPA网是Internet的前身,采用的许多网络技术,如分组交换、路由选择等至今仍在使用。主机之间不是直接用线路相连,而是由接口报文处理机(IMP)转接后互连的。

IMP和它们之间互连的通信线路一起负责主机间的通信任务，构成了通信子网。互连的主机负责运行程序、提供资源共享、组成资源子网。

这个时期的网络概念"以能够相互共享资源为目的互连起来的具有独立功能的计算机之集合体"形成了计算机网络的基本概念。其特点是：连入网中的每台计算机本身是一台完整的独立设备，大家可共享系统的硬件、软件和数据资源。

3. 开放式的标准化计算机网络

20世纪70年代末至20世纪90年代的第三代计算机网络是具有统一的网络体系结构并遵守国际标准的开放式和标准化的网络。由于没有统一的标准，不同厂商的产品之间互连很困难，迫切需要一种开放性的标准化实用网络环境，于是两种国际通用的网络体系结构应运而生，即国际标准化组织的OSI（开放系统互连参考模型）体系结构和TCP/IP体系结构。

4. 以Internet为中心的新一代网络

20世纪90年代至今，计算机技术、通信技术以及网络技术得到了迅猛的发展。特别是1993年美国宣布建立国家信息基础设施（National Information Infrastructure，NII）后，全世界许多国家纷纷建立了本国的国家信息基础设施，从而极大地推动了计算机网络技术的发展，使计算机网络进入一个崭新的阶段。目前，全球形成了高速计算机互联网络，Internet已经成为人类最重要的、最大的知识宝库。网络互联和高速计算机网络成为新一代的计算机网络的发展方向。计算机网络正沿着"互联网-移动互联网-物联网"的轨迹发展壮大，渗透到社会的方方面面，推动着经济的转型与社会发展。

5.2 网络体系结构

计算机网络是一个庞大而多样化的系统，涉及多种通信介质、多个厂商和异种机互连、高级人机接口等各种复杂的技术问题。要使这样一个系统高效、可靠地运转，网络的各部分都必须遵守一套合理而严谨的网络标准。这套网络标准就是网络体系结构。

5.2.1 网络体系结构概述

计算机网络是一个非常复杂的系统，需要解决的问题很多并且性质各不相同。所以，在ARPA网设计时，就提出了"分层"的思想，即将庞大而复杂的问题分为若干较小的、易于处理的局部问题。

1. 网络体系结构的概念

网络体系结构是网络系统的设计和运作方式，它规定了网络如何进行组织、通信协议如何工作以及协议位于何处。网络体系结构是设计网络系统的蓝图，规定了网络的物理和逻辑组成，以及各组件之间的相互作用和通信方式。

网络体系结构通常由多个层次组成,每个层次都有其特定的协议集合。这些协议集合规定了不同层次之间的通信规则和标准。协议通常由一组特定的服务和协议接口组成,以便在各层次之间进行交互和通信。

网络体系结构对于网络的性能、可扩展性、灵活性以及安全性具有至关重要的影响。一个合理的网络体系结构可以提高网络的可用性、效率以及可靠性,使得网络能够适应不断变化的需求和环境。

网络体系结构的设计和选择将直接影响到网络的各方面。例如,网络体系结构可以影响网络的响应时间、数据传输速率、容错能力以及可维护性等。因此,选择和设计合适的网络体系结构是构建高效、可靠网络的至关重要的一步。

2. 网络体系结构的演变和趋势

随着技术的不断发展和应用需求的变化,网络体系结构也在不断演变。从早期的层次结构到现代的分布式系统,网络体系结构的发展历程反映了计算环境和应用需求的变化。

早期的网络体系结构基于分层设计,每一层都有其特定的功能和协议。随着技术的发展,网络体系结构逐渐变得更为复杂和多样化。现代的网络体系结构更加注重灵活性和可扩展性,以便适应不断变化的应用需求和技术环境。同时,随着云计算、物联网、人工智能等新技术的不断发展,网络体系结构也逐渐向更加智能化、自动化和安全化的方向发展。未来的网络体系结构将更加注重性能、可扩展性、灵活性和安全性,以满足不断变化的应用需求和技术环境。

网络体系结构

5.2.2 网络体系结构参考模型

著名的网络体系结构参考模型主要有OSI体系结构参考模型及TCP/IP体系结构参考模型。OSI体系结构参考模型也称为开放系统互连参考模型(Open System Interconnection/Reference Model,OSI/RM),它将整个网络的功能划分成7个层次:物理层、数据链路层、网络层、传输层、会话层、表示层和应用层(图5-3)。

TCP/IP体系结构不同,它得到了非常广泛的应用。TCP/IP是一个4层的体系结构(图5-3),包含应用层、运输层、网际层和网络接口层(用网际层这个名字是强调这一层是为了解决不同网络的互连问题)。不过从实质上讲,TCP/IP只有最上面的三层,因为最下面的网络接口层并没有什么具体内容。

但无论是OSI体系结构还是TCP/IP体系结构,都会有它成功和不足的方面。OSI体系结构大而全,效率低,缺乏市场制动力;TCP/IP体系结构应用广泛,但是对参考模型的理论研究相对比较薄弱。为此,在研究中一般采纳美国教育家特南鲍姆(Andrew S. Tanenbaum)建议的一种5层协议体系结构的参考模型,三种参考模型的体系结构对比如图5-3所示。

1. 物理层

物理层是网络体系结构中的最底层,它负责在通信设备之间传输原始比特流。物理层

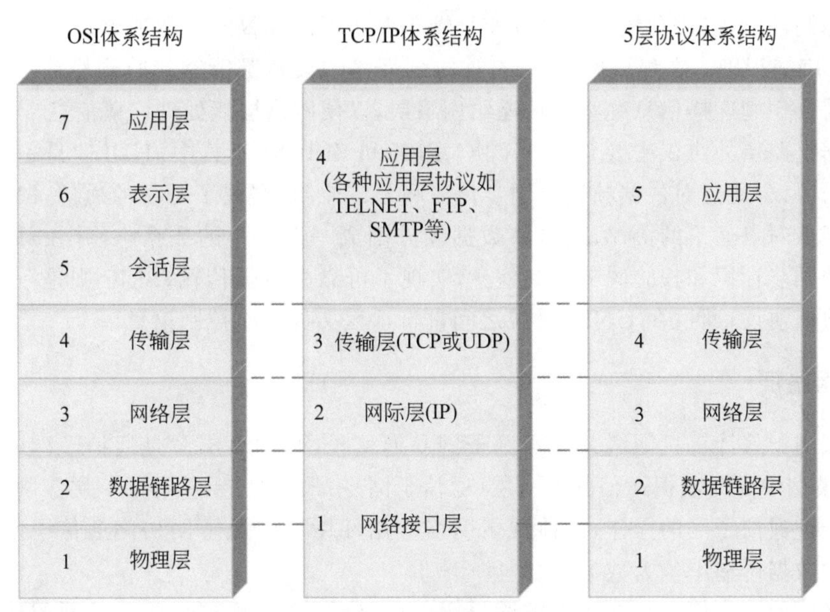

图 5-3 三种参考模型的体系结构对比

的主要目标是提供一个透明的、可靠的通信通道，使得上层协议可以不必关心底层的细节。

物理层的主要功能包括机械特性、电气特性、定时特性和数据格式。机械特性包括各种接口的尺寸、形状、锁定装置等设计，以确保不同的设备可以正确地连接和分离。电气特性定义了用于传输数据的电压、电流和电阻等电气参数，以保证信号的质量和数据的正确传输。定时特性包括数据的传输速率、时钟偏移和同步等定时特性，以确保数据的正确接收和解析。数据格式涉及数据的帧格式、数据编码和解码等，以确保数据的正确传输和接收。此外，还需要考虑设备之间的连接方式，如点对点连接、星状连接、环状连接等，以及如何实现网络的扩容和性能优化。

物理层协议是网络体系结构中的最底层协议，它们规定了物理层中的传输介质、编码和解码、传输速率、传输方式、信道复用方式等物理特性，并且定义了传输介质和连接接口的标准。

2. 数据链路层

数据链路层是 OSI 参考模型中的第二层，主要负责将原始数据流转换成可以在网络上传输的数据帧，以及将接收到的数据帧进行拆封，还原成原始数据流并传送给网络层。数据链路层的主要功能包括帧封装、差错控制、流量控制和广播识别等。

(1) 帧封装。数据链路层将来自物理层接收到的原始数据流进行封装，形成数据帧。每个数据帧都包含帧头和帧尾，帧头中包含目的地址和源地址等信息，用于指导数据帧的传输。

(2) 差错控制。由于传输过程中可能会出现数据错误，因此数据链路层需要具备差错控制功能，通过添加校验码等手段，检测和纠正数据帧中的错误。

(3) 流量控制。由于发送端和接收端的处理速度可能存在差异，数据链路层需要具备流量控制功能,以避免接收端处理速度慢于发送端而导致的丢包现象。

(4) 广播识别。在局域网中,所有连接到网络的设备都能够接收到广播信息。数据链路层需要识别广播信息并将其传递给网络层,以便网络层能处理广播信息。

数据链路层的协议主要包括 HDLC、PPP 和 SLIP 等。其中,HDLC 是一种用于串行通信的协议,通过对数据帧进行同步传输和差错控制,实现了可靠的通信;PPP 协议是一种用于点对点通信的协议,通过将数据帧分割成一个个小的数据包,并在每个数据包前面添加同步标识和校验码等控制信息,实现了可靠的数据传输;SLIP 则是一种较古老的串行通信协议,通过在 UNIX 系统之间进行远程文件传输控制信息。

3. 网络层

广域网中将计算机网络分为资源子网和通信子网,网络层就是通信子网的最高层,是 OSI 模型中面向数据通信的低三层(通信子网)中最为复杂、关键的一层。网络层用于控制和管理通信子网的操作,它体现了网络应用环境中资源子网访问通信子网的方式。网络层的数据传输单位为数据分组(包)。

网络层的主要任务是在数据链路层服务的基础上,实现整个通信子网的连接,向传输层提供端到端的透明的数据传输通路,为报文分组以最佳路径通过通信子网到达目的主机提供服务。如果两个实体跨越多个网络,网络层还要提供正确的路由选择、阻塞控制和网络互连等。

为实现端到端的传递,网络层提供了两种主要功能:交换和路由。交换功能是在两个端点之间建立可用临时链接;路由功能则是在众多可用链路中确定一条最佳路径。当网络变得拥塞时,使用流量控制和拥塞控制技术减少拥塞并提高网络性能,向网络提供与之需求相匹配的服务质量。

网络层互连设备主要包括路由器、三层交换机和网关等,其中路由器是网络层互连的主要设备。

4. 传输层

在 ISO/OSI 模型中,传输层和会话层之间是交互作用,传输层向会话层提供服务。而在 TCP/IP 分层结构模型中,传输层直接面向应用层,向应用层提供服务,并提供两类服务,即面向连接的 TCP 服务和无连接的 UDP 服务。传输层不属于通信子网的范畴,它存在于通信子网以外的主机中。

经常有多个程序同时在一台计算机上运行,信源到信宿的传递不仅是从一台计算机传递到另一台计算机,也是从一台计算机上的一个特定程序传递到另一台计算机上的一个特定程序。因此,传输层消息报文首部就必须包含一种能够区分不同应用程序的标识,这种标识称为服务访问点地址(也叫作端口地址)。网络层的功能是将每个包送到指定的计算机上,而传输层的功能则是将整个消息(报文)传送给该计算机上的指定程序,实现用户端到用户端的通信。

传输层的消息报文首部还包括顺序号,或称分段号、编号。当传输层从上层获得要传输的报文时,会将其分成适合传输的片段。为了便于这些片段在接收方重新组装成完整的报文，在报文首部有指明片段在整个报文中顺序的序号。

传输层服务是在两个传输实体之间使用传输层协议来实现的。传输层的工作原理类似于数据链路层。然而，数据链路层的设计是面向网络中相邻节点传输数据的，而传输层是在跨越许多网络的互联网络上提供数据传输服务的。数据链路层控制物理层而传输层控制所有三个低层。传输层向上层提供两种类型的传输服务，即面向连接的传输服务和无连接的传输服务。

5. 应用层

OSI 七层模型中的会话层、表示层和应用层统称为 OSI 高层。在 TCP/IP 中，这些层被当作一个层次来看待，称为应用层或用户层。互联网提供的许多用户所熟悉的网络服务都属于应用层，如文件传输、域名服务、电子邮件传输、Web 应用，以及以 IP 电话、音频点播/视频点播（AoD/NoD）为代表的网络多媒体应用，它们与人们日常生活的联系日益紧密。

应用层为应用程序之间通信提供服务。应用层协议定义了应用程序之间需要遵守的相关约定。

5.2.3 网络地址与分配

在 TCP/IP 网络中，计算机之间端到端的通信主要就是通过 TCP/IP 实现的，TCP/IP 已经成为计算机之间通信的标准。在计算机网络体系结构中，网络层封装的是数据包，然后进行传输，这个数据包具体往哪个方向进行传输也只能通过数据包中封装的地址来标识，如果是 IP 封装的数据包，则数据包内要有源 IP 地址和目标 IP 地址。就好像你要给朋友写新年贺卡一样，当要把这个贺卡邮递到朋友的手里时，你需要写上你的地址和你朋友的地址，这样对方才可以收到贺卡。

1. IP 地址的构成

IP 地址是一个 32 位的二进制数逻辑地址（这种表示方式称为 IPv4），人们为了使用方便，习惯上将这个 32 位的数字划分成 4 字节，并在字节之间用“.”区分。例如，将 IP 地址“11000000 10101000 11001000 10000000”的每字节用十进制数表示，字节之间用句点分隔，表示为“192.168.200.128”。

每个 IP 地址由网络号（net-id）和主机号（host-id）两部分组成。分配给这些部分的位数随着地址类的不同而不同。根据网络号与主机号的不同划分，IP 地址可以分为 5 类，如图 5-4 所示。其中，主机号用于标识同一网段内的不同计算机的地址，主机号部分的二进制数是不可以全为 1 或全为 0 的。如果主机位全为 0，则代表是本网段的网络号；如果主机位全为 1，则代表是本网段的广播地址。

2. 子网的划分

划分子网的基本思想是：借用主机号的一部分作为子网的子网号，划分出更多的子网 IP 地址，而对外部路由器的寻址没有影响。划分子网后，通过使用掩码，把子网隐藏

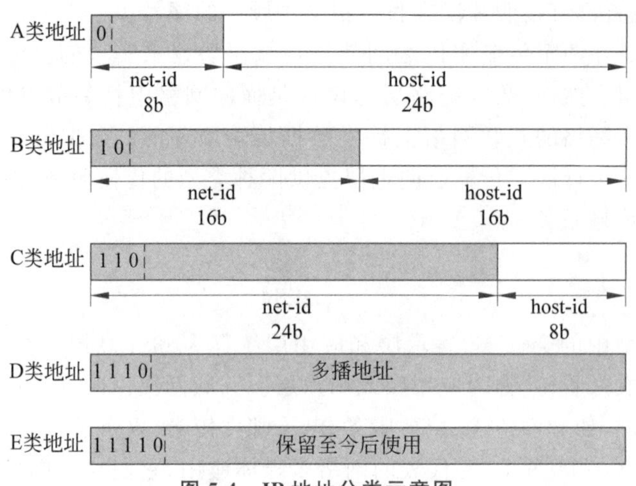

图 5-4　IP 地址分类示意图

起来,使得从外部看网络没有变化,这就是子网掩码。

子网掩码是一个 32 位的二进制数,其对应网络地址的所有位都为 1,对应主机地址的所有位都为 0。由此可知,A 类网络的默认子网掩码是 255.0.0.0,B 类网络的默认子网掩码是 255.255.0.0,C 类网络的默认子网掩码是 255.255.255.0。将子网掩码和 IP 地址按位进行逻辑"与"运算,得到 IP 地址的网络地址,剩下的部分就是主机地址,从而区分出任意 IP 地址中的网络地址和主机地址。子网掩码常用点分十进制表示,还可以用网络前缀法表示子网掩码,即"/＜网络地址位数＞"。例如,138.96.0.0/16 表示 B 类网络 138.96.0.0 的子网掩码为 255.255.0.0。

3. IPv6

IPv6(Internet Protocol version 6)是用于替代现行版本 IP(IPv4)的下一代 IP。与 IPv4 相比,IPv6 具有的优势有:具有更大的地址空间。IPv6 中 IP 地址的长度为 128 位;IPv6 的地址分配一开始就遵循路由汇聚的原则,使得路由器能在路由表中用一条记录表示一个子网,大大减小了路由器中路由表的长度,提高了路由器转发数据包的速度;IPv6 增加了增强的组播支持以及对流的支持,这使得网络上的多媒体应用有了长足发展的机会,为服务质量(Quality of Service,QoS)控制提供了良好的网络平台;IPv6 加入了对自动配置的支持,这是对 DHCP(动态主机配置协议)的改进和扩展,使得网络(尤其是局域网)的管理更加方便和快捷;在使用 IPv6 的网络中,用户可以对网络层的数据进行加密,并对 IP 报文进行校验,这样极大地增强了网络的安全性。

5.3　网络互连技术

随着计算机网络的广泛应用,单一的环境已经不能满足社会各领域对信息的需求,往往需要将多个计算机网络相互连接在一起,组成规模更大、功能更强的网络。网络互连就是将不同的网络连接起来，以构成更大规模的网络系统，实现网络间的数据通信、资源共享和协同工作。

5.3.1 网络互连概述

随着计算机应用技术的飞速发展，社会对计算机网络的需求不断增长。在这种背景下，网络之间的互连变得日益重要。

1. 网络互连的原因

归纳起来，网络互连的主要原因有以下几点。

(1) 扩展网络覆盖范围。局域网的信息传输距离受到严格的限制。一般来说，从集线器或交换机端口到终端设备之间的实际距离不超过100米。通过网络互连，可以增加局域网的通信距离，扩展局域网的覆盖范围。

(2) 扩大资源共享范围。单个局域网内的资源是有限的，如果不连入Internet，它就会成为一个"信息孤岛"，无法与外部交流信息、共享资源，就发挥不出网络应有的作用。例如，全球性的企业集团带来了全球性的市场，要增强企业的竞争力，就需要将分布在世界各地的企业局域网互连起来。

(3) 网络分割。随着局域网中设备接入数量的增加和网络覆盖范围的扩大，网络中广播信息的数目也会随之增加，这会导致网络性能降低，安全性变差。为了解决这一问题，需要将一个大的局域网分割成多个子网，不同的子网之间再通过互连设备进行连接，以提高网络的可靠性和安全性，使网络更易于管理和维护。

2. 网络互连类型

计算机网络按传输距离可以分为局域网、城域网和广域网三类，从互连网络的覆盖区域来看，网络互连分为以下4种类型。

(1) 本地局域网互连(LAN-LAN)。局域网与局域网互连是最常用的一种类型，如在校园网中，机房是一个局域网，行政办公室也是一个局域网，可以使用第二层交换机、中继器等设备将它们互连，形成一个较大范围的局域网。

(2) 局域网与广域网互连(LAN-WAN)。局域网与广域网互连，可以使局域网中的用户共享广域网中的资源。局域网与广域网之间互连的主要设备是路由器和网关，通常要进行协议的转换。

(3) 远程局域网互连(LAN-WAN-LAN)。在多个距离上相隔较远的局域网之间进行通信，可以将一个局域网接入一个广域网中，将另一个局域网也连接到该广域网中。两端的局域网均通过网桥、路由器或网关与广域网相连。如果是同构的局域网，可以在WAN中通过隧道技术实现远程互连，使两个局域网在逻辑上好像是一个网络。

(4) 广域网互连(WAN-WAN)。广域网之间也可以通过路由器或网关实现互连，使接入广域网的主机或局域网之间能够相互共享资源。

3. 网络互连的基本要求

由于不同网络在拓扑结构、网络设备、传输介质、速率/带宽、主机类型、网络操作系统等方面的不同,不同网络具有不同的特性。而在互连网络中,每个网络中的网络资源都应成为互连网络中的资源。各子网的网络结构对于互连网络的用户是透明的,各子网在网络协议、服务类型与网络管理等方面的差异对用户都是屏蔽的。这就要求网络互连必须协调各方面的差异。网络互连应当满足以下基本要求。

(1) 物理链路。在网络之间至少提供一条物理链路。

(2) 路径选择与传递数据控制。每种网络的通信端点和编址方案都不同,分组数据穿越不同网络时,可能需要进行地址变换。每个网络支持的最大分组尺寸不同,当一个分组从一个网络传送到另一个网络时,可能要进行分片,再传入其他网络时,可能需要重组。多路广播的分组穿越不支持多播与广播功能的网络时,要通过重传机制来实现多播与广播。因此,网络互连需要在不同网络的进程间提供路径选择与传递数据控制。

(3) 保存状态信息。由于不同子网具有不同的特性,如不同网络具有不同的计费方式,在网络互连时,要保存用户使用网络的状态信息。

(4) 提供协调功能。不同网络具有不同的服务质量与差错恢复能力,网络互连既不能影响也不能依赖各网络原来的能力。不同的网络可能提供不同类型的服务,各层协议有可能不同,操作系统具有不同的安全机制,对用户的访问控制也不相同,因此互连网络不应该依赖原有各网络的特性,必须提供协调功能以协调网络间的不同特性。

5.3.2 网络互连介质

网络互连介质是网络中连接收发双方的物理通路,也是通信中实际传送信息的载体,分为有线传输介质和无线传输介质两大类。

1. 有线传输介质

有线传输介质主要有同轴电缆、双绞线和光纤。双绞线和同轴电缆传输电信号,光纤传输光信号。

(1) 同轴电缆。同轴电缆由绕在同一轴线上的两个导体组成。根据传输频带的不同,可分为基带同轴电缆和宽带同轴电缆(即网络同轴电缆和视频同轴电缆)。同轴电缆的抗干扰能力较强。在早期的局域网中,同轴电缆是最常见的传输介质,传输速度为2~10Mb/s。但同轴电缆柔软性差,不方便布线,成本较高,因此在现在的局域网环境中,基本已被双绞线取代。

(2) 双绞线。双绞线通常由两根绝缘铜导线按一定密度互相绞在一起,降低了信号的干扰程度,所以被称为双绞线。

双绞线便宜,也易于安装,因此被广泛使用,尤其是在星状拓扑中,双绞线更是必不可少的。双绞线传输距离较短,一般不超过100m。此外,双绞线的传输信号向周围辐射,容易被窃听。双绞线分为非屏蔽双绞线(Unshielded Twisted Pair,UTP)和屏蔽双绞线(Shielded Twisted Pair,STP)。屏蔽双绞线的抗干扰能力较好,具有更高的传输速度,但价格相对较贵。

(3) 光纤。光纤是一种细小、柔韧、能传输光信号的传输介质。一根光缆中通常包含多条光纤。与其他传输介质相比,光纤传输的是光束,不受电磁干扰,不会向外辐射电子信号;具有很大的传输带宽,传输速度快,传输距离远;尺寸小、重量轻。光纤主要用于传输距离较长、布线条件特殊的主干网连接,其安全性、可靠性都比较强。

光纤可分为单模光纤和多模光纤。单模光纤以激光作光源,仅有一条光通路,传输距离为20~120km。多模光纤由二极管发光,传输速度低,传输距离短,一般在2km以内。

2. 无线传输介质

在计算机网络中,无线传输可以突破有线网的限制,利用空间电磁波实现站点之间的通信,可以为广大用户提供移动通信。最常用的无线传输介质有无线电波、微波和红外线。

(1) 无线电波。无线电波的频率为10^4~10^8 Hz。无线电信号频率主要用于各种民用或军用目的,如广播、电视、电台等,频率资源基本占满,较少用于计算机网络。

(2) 微波。微波是指频率为100MHz~10GHz的电磁波。微波只在可视的情况下才能正常接收,并且大气对微波信号的吸收与散射影响较大。由于微波的波长较短,可以利用较小的抛物面天线将能量集中在很小的波束中发射出去,因此可以用很小的发射功率进行远距离的通信。同时,由于微波的频率很高,因此可以获得较大的带宽。由于微波天线的方向性好,因此在地面一般采用点对点的方式通信。如果传输距离较远,则需要中继。中继有两种方式,第一种方式是建立地面中继站,每50km左右设置一个中继站;第二种方式是采用卫星中继,由地面站把信号上行到卫星,再由卫星下行到其他地面站。当前,计算机无线网络主要使用微波技术实现。

(3) 红外线。红外线由德国科学家霍胥尔于1800年发现,又称为红外热辐射,长为0.75~1000μm,主要用于短距离通信。红外通信有两个最突出的优点:一是不易被人发现和截获,保密性强;二是不受电磁波影响,抗干扰性强。但红外传输距离近(可视直线距离),不能穿越障碍物,并且易受气候因素影响。红外通信速度较低,常应用于双机点对点连接方式,如笔记本之间的通信、红外遥控器与接收装置之间的通信。

5.3.3 网络互连设备

在网络的不同层次中,使用的网络设备也不相同。主要有物理层设备、数据链路层设备、网络层设备,以及传输层以上的设备。

1. 物理层设备

物理层设备有中继器、集线器和无线接入点等。

(1) 中继器。中继器(Repeater)的主要功能是放大信号,补偿信号衰减,扩大网络传输的距离,现在已较少使用。

(2) 集线器。集线器(Hub)是有多个端口的中继器。其主要功能是对接收到的信号进行放大和转发,以扩大网络的传输距离,同时把所有节点集中在以它为中心的节点上。Hub本身不能识别MAC地址(网卡的硬件地址),接收到的信号以广播方式转发到其他所有端口。在这种工作方式下,同一时刻网络上只能传输一组数据帧的通信,这种方式就是共享网络带宽。目前大部分集线器已被交换机取代。

(3) 无线接入点。无线接入点(Access Point,AP)设备是无线局域网的重要接入设备,其功能相当于有线网络中的集线器。无线信号覆盖范围内的所有设备都可以通过AP接入无线局域网中。

2. 数据链路层设备

数据链路层设备有网卡、网桥和交换机等。

(1) 网卡。网卡也称网络接口卡或网络适配器。网卡是计算机连接网络的重要硬件,主要作用是将计算机中的数据转换成能够通过介质传输的信号,是终端设备接入网络的最基本的组件。

为了有效标识网络中的设备,每块网卡都有唯一的MAC物理地址标识,用于区别不同的设备。MAC地址共48位,前24位表示厂商地址,后24位由厂商编号。

(2) 网桥。网桥(Bridge)也叫桥接器,可以实现两个同型局域网的连通。网桥更像一个聪明的集线器,它可以学习MAC地址,通过"MAC地址-端口"映射表,确定目的计算机挂在哪个端口,从而使数据帧直接由源地址发送到目的地址,减少网络冲突。网桥的工作速度较慢,现在已较少使用。

(3) 交换机。交换机(Switch,意为"开关")又名交换式集线器,是一种能完成过滤和转发数据包功能的网络设备。传统的交换机是从网桥演变而来的。每一组数据帧都能独立地从源端口直接交换到目的端口,避免了碰撞的发生。只有没有匹配到对应地址时,交换机才将接收到的数据帧以广播方式发送给所有端口。交换机通过像这样端口到端口的交换式发送方式,可以有效地过滤多余数据流,从而降低整个网络的数据传输量,分割网络数据流,隔离分支网络中的故障,提高整个网络的传输效率。

交换机除了能够连接同种类型的网络外,还可以在不同类型的网络之间起到互连作用。根据工作位置的不同,交换机可以分为广域网交换机和局域网交换机。广域网交换机主要应用于电信领域,提供通信用的基础平台。交换机有多个端口,每个端口都具有桥接功能,可以连接一个局域网或一台高性能的服务器或工作站。局域网交换机则应用于局域网络,用于连接终端设备,如PC及网络打印机等。

3. 网络层设备

网络层主要负责完成将数据分组从源端传输到目的端、逻辑地址分配以及网络的路由选择等任务。网络层的设备主要有路由器和三层交换机等。

(1) 路由器。路由器(Router)是一种连接多个网络或网段的网络设备,它能将不同网络或网段之间的数据信息进行"翻译",以使它们能够相互"读懂"对方的数据,从而实现网络互连。路由器的两个主要功能是选择路由和转发数据包。路由器学习所连接网络的各种信息,然后由路由算法计算出到达目的网络的最佳路径;最后,直接转发数据包。

目前,路由器已经广泛应用于各行各业,各种不同档次的产品已成为实现各种骨干网内部连接、骨干网间互连和骨干网与互连网互连互通业务的主力军。路由器系统构成了基于 TCP/IP 的国际互连网络 Internet 的主体脉络,也可以说,路由器构成了 Internet 的骨架。它的处理速度慢是网络通信的主要瓶颈之一,它的可靠性和稳定性直接影响着网络互连的质量。

(2) 三层交换机。三层交换技术(也称多层交换技术或 IP 交换技术)是网络层数据传输的重要技术,是相对传统的二层交换技术提出的,相当于二层交换技术＋三层路由技术。

由于网络规模的扩大,大型局域网往往会划分成多个网段,各子网之间如果通过路由器互连,路由器的低速会造成传输瓶颈问题。三层交换机是为解决大型局域网子网通信而设计的三层设备。它拥有很强的二层包处理能力,扩展了网络的范围,适用于大型局域网内的数据交换,并且,还可以工作在三层,替代路由器完成路由通信任务。

4. 传输层与应用层设备

传输层以上的设备主要有防火墙和网关等。

(1) 防火墙。防火墙通常安装在内部网络和 Internet 的连接处,一方面阻止来自 Internet 的未授权或未验证的访问,另一方面保护内部网络的用户对 Internet 进行安全访问,起到一个"安全警卫"的作用。防火墙可以是一种硬件、固件或者软件。

(2) 网关。网关(Gateway)又称网间连接器或协议转换器。它将协议进行转换,或将数据重新分组,以便数据分组在两个不同类型的网络系统之间或者两个不同的 IP 子网之间进行通信。同时,网关也可以提供过滤和防卫功能。网关是一个概念,不是特指某种产品,而是一个网络通向其他网络的 IP 地址。网关的 IP 地址是具有路由功能的设备的 IP 地址。具有路由功能的设备有路由器、启用了路由协议的服务器或代理服务器。

5.4 计算机网络的应用

20 世纪 90 年代以后,计算机网络得到了飞速的发展,加速了全球信息革命的进程。Internet、移动互联网和物联网改变着人们的生活、工作、学习和交往。

5.4.1 Internet

在互联网应用极其广泛的今天,Internet 已成为人们每天都要与之打交道的一种网络,无论从地理范围还是从网络规模上来讲,它都是最大的一种网络,即人们常说的 Web、WWW 和万维网等。从地理范围来说,它可以是全球计算机的互连,这种网络的最大的特点是不定性,即整个网络的计算机每时每刻都在随着人们网络的接入不断变化。

1. Internet 的概念

由数以万计的小网络构造出 Internet——这个世界上最大、最流行的计算机互联网,它连接了上千万台计算机和用户(还在不断增加)。除去设备规模、统计数字、使用方式和发展方向上的明显优势外,Internet 还在以令人难以置信的速度发展。Internet 所包含数据的丰富程度远远超过了人们的想象。

从网络通信技术的角度看,Internet 是一个以 TCP/IP 连接各个国家、各个地区以及各个机构的计算机网络的数据通信网;从信息资源的角度看,Internet 是一个集各部门、各领域的各种信息资源为一体,供网上用户共享的信息资源网。今天的 Internet 已远远超过网络的含义,它更像一个社会。虽然至今还没有一个准确的定义概括 Internet,但是这个定义应从通信协议、物理连接、资源共享、相互联系和相互通信的角度综合考虑。一般认为 Internet 的定义应包含以下三方面的内容:Internet 是一个基于 TCP/IP 协议簇的网络;Internet 是一个网络用户的集团,用户使用网络资源,同时也为该网络的发展壮大贡献力量;Internet 是所有可被访问和利用的信息资源的集合。

2. Internet 的域名系统

虽然 IP 地址可以区别 Internet 中的每台主机,但这 4 段 12 位(十进制)数字实在不好记忆,这种纯数字的地址使人们难以一目了然地认识和区别互联网上的千千万万台主机。为了解决这个问题,人们设计了用“.”分隔的一串英文单词来标识每台主机的方法,按照美国地址取名的习惯,以小地址在前、大地址在后的方式为互联网中的每台主机取一个见名知意的地址,如美国 IBM 公司 ibm.com、中国清华大学 tsinghua.edu.cn 等。

“.”前面的是主机名,其后是子域名,最后是顶级域名。但这一人为取的名字计算机网络不认识,还需要将字串式的地址翻译成对应的 IP 地址,这一命名方法及名字,即 IP 地址翻译系统构成域名系统(Domain Name System,DNS)。域名系统是一个分布式数据库,为 Internet 上的名字识别提供一个分层的名字系统。该数据库是一个树状结构,分布在 Internet 的各个域及子域中,如清华大学域名 tsinghua.edu.cn,其顶级域属于 cn(中国),子域 edu 属于教育,最后是主机名 tsinghua。在清华园内还有许多子网,tsinghua 又是这些子网的上一级域名。

顶级域名可分为国家顶级域名(national Top-Level Domain names,nTLDs)和国际顶级域名(international Top-level Domain names,iTDs)两类。目前,200 多个国家和地区都按照 ISO 3166 国家和地区代码分配了顶级域名,如中国是 cn,美国是 us,日本是 jp,中国香港是 hk,等等。国际顶级域名分配给各种行业,如表示工商企业的.com,表示网络提供商的.net,表示非营利组织的.org,表示政府部门的.gov,表示教育机构的.edu,等等。

为加强域名管理,解决域名资源紧张的问题,Internet 协会、Internet 分址机构及世界知识产权组织(WIPO)等国际组织经过广泛协商,在原来国际通用顶级域名的基础上,新增加了新的国际通用顶级域名,如 firm(公司企业)、store(销售公司或企业)、web(突出 WWW 活动的单位)、arts(突出文化、娱乐活动的单位)、rec (突出消遣、娱乐活动的单位)、info (提供信息服务的单位)、nom(个人),并在世界范围内选择新的注册机构受理域名注册申请。

3. Internet 的基本服务

Internet 提供了丰富的信息资源和应用服务，它不仅可以传送文字、声音、图像等信息，而且远在千里之外的人们通过 Internet 可以进行点播、即时对话、在线交谈等。Internet 上的信息包罗万象，上至政治、经济、高科技、军事，下至大众喜闻乐见的消息等，人们可以非常方便地浏览、查询、下载、复制和使用这些信息。

Internet 提供的基本服务主要有 Web 服务、电子邮件服务、文件传送服务和远程登录服务等。

(1) Web 服务。Web 服务(又称 WWW 服务或 3W 服务)以超文本(Hypertext)技术为基础，以面向文件的浏览方式提供具有一定格式的文本、图形、声音和动画等，通过超链接将各种信息联系起来。Web 服务是 Internet 上使用最方便、最受欢迎和使用最多的一项 Internet 服务。

Web 服务采用分布式客户机/服务器模式。Web 服务器的建立较为复杂，包括服务器软件的安装和配置、Web 文档的编辑和维护、Web 服务器访问的记录和监视等。在 Windows 操作系统中的 Web 服务器软件就是 IIS(Internet Information Service)。客户机软件比较简单，只需一个浏览器即可，如 Internet Explorer。

Web 服务器和客户机之间使用超文本传输协议(HyperText Transfer Protocol，HTTP)进行通信连接。网页以超文本标记语言(HyperText Markup Language，HTML)为基础。Web 用户使用统一资源定位符(Uniform Resource Locator，URL)寻找特定的网页文件。

在 Web 上的可获得的超媒体文件被称为网页。而获得的第一个网页为主页(Homepage)。网页文件的后缀名一般为.html 或者.htm。每个网页的组成分为两个主要部分：头部和紧跟着的正文。头部包含网页的描述信息，而正文则包含网页的大部分信息。

(2) 电子邮件服务。电子邮件服务，即通常所说的 E-mail 服务或者电子邮箱服务，是 Internet 上应用最广的服务。它既可以收信、回信、写信和传信，也可用来订阅大量免费的新闻、专题邮件，并实现轻松的信息搜索。

使用电子邮件服务必须拥有至少一个电子邮件地址，拥有这个地址相当于在邮局租用了一个信箱。电子邮件地址的典型格式是 user_name@domain_name。@符号读作 at，@前是电子邮件的名称，这个名称是由用户申请的，在一个邮件服务器中必须是唯一的；@后是电子邮件服务的服务提供商的名称，也就是域名。

电子邮件服务采用异步通信、存储转发的服务方式，使用的协议有 SMTP、MIME、POP3、IMAP4 等。

SMTP(Simple Mail Transfer Protocol，简单邮件传输协议)是一组用于由源地址到目的地址传送邮件以及控制信件的中转的规则。通过 SMTP 所指定的服务器，就可以把 E-mail 寄到收信人的服务器上。MIME(Multipurpose Internet Mail Extensions，多用途互联网邮件扩展)是对 SMTP 的扩充。它提供了一种可以在邮件中附加多种不同编码文件的方法，如文本、图像、动画、声音等，弥补了原来信息格式的不足。

POP3(Post Office Protocol 3,邮局协议版本3)是规定怎样将计算机连接到Internet的邮件服务器上并且下载电子邮件的协议。它允许用户从电子邮件服务器上把邮件下载到本地计算机上,同时可以删除保存在邮件服务器上的邮件。

IMAP4(Internet Message Access Protocol 4,交互式邮件访问协议版本4)主要提供的是通过Internet获取信息的一种协议。IMAP4像POP3那样提供了方便的邮件下载服务,除了能让用户进行离线阅读外,还提供了浏览摘要信息等功能,可以在阅读完所有邮件的到达时间、主题、发件人和大小等信息后再做出是否下载邮件的决定。

(3) 文件传送服务。文件传送服务使用TCP/IP协议簇中的FTP(File Transfer Protocol,文件传输协议)在两台计算机之间实现文件的上传与下载。用户计算机是FTP客户端,Internet上的文件服务器就是FTP服务器端。

(4) 远程登录服务。远程登录服务是应用Telnet协议实现的,通过Internet登录和使用远程的计算机系统时就像使用本地计算机一样。

远程登录服务以客户机/服务器(Client/Server)模式工作。在客户机上运行Telnet客户端程序,Telnet客户端程序根据服务器的IP地址或域名完成与服务器的TCP连接,把输入的字符串或者命令转换为标准格式传送给服务器,然后从服务器接收送回的信息并显示出来。而Telnet服务器程序接收客户机的请求,同时等候Telnet命令。当接收到命令后给出响应,把执行命令的结果送回给客户机。

5.4.2 移动互联网

移动互联网是当前信息技术领域的热门话题之一,它体现了"无处不在的网络、无所不能的业务"的思想。移动互联网使得人们可以通过随身携带的移动终端,随时随地乃至在移动过程中获取互联网服务。

1. 移动互联网的概念

移动互联网已成为学术界和业界共同关注的热点,但对其的定义还没有达成共识,比较有代表性的定义由中国工业和信息化部电信研究院在2011年发布的《移动互联网白皮书》中给出:"移动互联网是以移动网络作为接入网络的互联网及服务,包括三个要素:移动终端、移动网络和应用服务"。

上述定义给出了移动互联网两方面的含义:一方面,移动互联网是移动通信网络与互联网的融合,用户以移动终端接入无线移动通信网络的方式访问互联网;另一方面,移动互联网还产生了大量新型的应用,这些应用与终端的可移动、可定位和可随身携带等特性相结合,为用户提供个性化的、位置相关的服务。

2. 移动互联网的研究体系

移动互联网是一个多学科交叉、涵盖范围广泛的研究领域,涉及互联网、移动通信、无线网络、嵌入式系统等技术。移动互联网研究主要包括移动终端、接入网络、应用服务以及安全与隐私保护4方面。

(1) 移动终端。移动终端是移动互联网的前提和基础,随着移动终端技术的不断发展，移动终端逐渐具备了较强的计算、存储和处理能力以及触摸屏、定位、视频摄像头等功能组件，拥有了智能操作系统和开放的软件平台。采用智能终端操作系统的手机，除了具备通话和短信功能外，还具有网络扫描、接口选择、蓝牙 I/O、后台处理、能量监控、节能控制、低层次内存管理、持久存储和位置感知等功能，这些功能使得智能手机在医疗卫生、社交网络、环境监控、交通管理等领域得到越来越多的应用。

对移动终端的研究不仅涵盖终端硬件、操作系统、软件平台及应用软件，还包括节能、定位、上下文感知、内容适配和人机交互等技术。

(2) 接入网络。接入网络是移动互联网的重要基础设施之一，按照网络覆盖范围的不同，现有的接入网络主要分为 5 类，即卫星通信网络、蜂窝网络、无线城域网、无线局域网和基于蓝牙的无线局域网。

对接入网络的研究涉及无线通信与网络的基础理论与关键技术，主要包括信息理论与编码、信号处理、宽带无线传输理论、多址技术、多天线 MIMO、认知无线电、短距离无线通信、蜂窝网络、无线局域网、无线 AdHoc 网络、无线传感器网络、无线 Mesh 网络、新型网络体系结构、异构无线网络融合、移动性管理和无线资源管理等。

(3) 应用服务。应用服务是移动互联网的核心。不同于传统的互联网服务，移动互联网服务具有移动性和个性化等特征，用户可以随时随地获得移动互联网服务，并可以根据用户位置、兴趣偏好、需求和环境进行定制。对应用服务的研究包括移动搜索、移动社交网络、移动电子商务、移动互联网应用拓展、基于云计算的服务和基于智能手机感知的应用等。

(4) 安全与隐私保护。安全与隐私保护是移动互联网所面临的一大紧迫问题，已经成为影响其发展的重要因素之一，在移动互联网环境下，传统互联网中的安全问题依然存在，同时还出现了一些新的安全问题。

对安全与隐私保护的研究涉及移动终端、接入网络和应用服务三个层面，包括移动终端安全、无线网络安全、应用安全、内容安全和位置隐私保护等。其中，移动终端的安全与隐私保护成为最主要的研究方面。由于移动终端的计算和存储能力有限，一些安全防护技术的开发存在很大局限性，例如，不能采用复杂的加密算法、无法存储较大的病毒库等；移动终端上恶意软件的传播途径更多样化，隐蔽性也较高；移动终端"永远在线"的特性使得窃听、监视和攻击行为更加容易；移动终端电池电量有限，在设计安全防护方法时，能耗也是需要考虑的重要因素。

用户位置涉及用户曾经去过哪里、做过什么或者即将去哪里、正在做什么，属于个人隐私。随着移动互联网中基于位置服务的应用越来越广泛，位置隐私保护逐渐引起人们的重视。

3. 移动互联网的业务模式

移动互联网具有如下 10 方面的业务模式。

(1) 移动社交。移动社交是指用户以手机、平板等移动终端为载体，以在线识别用户及交换信息技术为基础，通过移动网络来实现的社交应用功能。与传统的个人计算机端社交相比，移动社交具有人机交互、实时场景等功能，能够让用户随时随地创造并分享内容,让网络最大限度地服务于个人的现实生活。

(2) 移动广告。移动广告是通过移动设备(手机、PSP、平板计算机等)访问移动应用或移动网页时显示的广告,广告的形式包括图片、文字、插播广告、链接、视频、重力感应广告等。移动广告是移动互联网的主要营利来源。

(3) 手机游戏。随着产业技术的进步,移动设备终端上会发生一些革命性的质变,带来更好的用户体验。手机游戏作为移动互联网的重量级营利途径,无疑将掀起移动互联网商业模式的全新变革。

(4) 手机电视。手机电视指以手机等便携式手持终端为设备,传播视听内容的一项技术或应用。手机电视具有电视媒体的直观性、广播媒体的便携性、报纸媒体的滞留性以及网络媒体的交互性。手机电视不仅能够提供传统的音视频节目,利用手机网络还可以方便地实现交互功能,更适合多媒体增值业务的开展。

(5) 移动电子阅读。由于手机功能扩展、屏幕更大更清晰、容量提升、用户身份易于确认、付款方便等诸多优势,移动电子阅读正在成为一种流行的阅读方式。

(6) 移动定位服务。移动定位服务即位置信息服务。基于个人消费者需求的智能化,位置信息服务的需求大幅增长。位置信息服务不但可以提升企业的运营与服务水平,也能为用户提供更多样化的便捷服务。从地址点导航、兴趣点服务,到实时路况技术的应用,不仅可引导用户找到附近的产品和服务,还可获得更高的便捷性和安全性。

(7) 移动搜索。移动搜索是利用移动终端(如手机)搜索 WAP 站点,或者用短信搜索引擎系统通过移动通信网络与互联网对接,将包含用户所需信息的互联网中的网页内容转换为移动终端所能接收的信息,并针对移动用户的需求特点提供个性化服务的搜索方式。移动搜索引擎综合了多种搜索方法,可以提供范围更宽广的垂直和水平搜索,提升用户的使用体验。

(8) 信息共享服务。手机图片、音频、视频的共享被认为是手机业务的重要应用。随着终端、内容、网络等制约因素的解决,手机信息共享服务将快速发展,用户利用这种服务可以上传图片、视频,还可以备份、共享或公开发布文件。

(9) 移动支付。移动支付就是允许用户使用其移动终端(通常是手机)对所消费的商品或服务进行账务支付的一种服务方式。单位或个人通过移动设备、互联网或者近距离传感直接或间接地向银行等金融机构发送支付指令产生货币支付与资金转移行为,从而实现移动支付功能。移动支付将终端设备、互联网、应用提供商以及金融机构相融合,为用户提供货币支付、缴费等金融业务。

(10) 移动电子商务。移动电子商务将 Internet、移动通信技术、短距离通信技术及其他信息处理技术完美结合,使人们可以在任何时间、任何地点进行各种商贸活动,实现随时随地、线上线下的购物与交易、在线电子支付以及各种交易活动、商务活动、金融活动和相关的综合服务活动等。

5.4.3 物联网

物联网(Internet of Things,IoT)作为新一代的智能互联网络应运而生,被看作信息领域一次重大的发展和变革机遇。物联网以射频识别技术(Radio Frequency Identification,

RFID)架构和无线传感器网络为感知基础，通过融合互联网实现数据的传递和共享，利用高性能计算技术实现信息的管理和决策。

1. 物联网的概念

“物联网”主要指将多项现代信息传感设备(包括GPS、电子标签、传感器等)安置于所需的物体上，并通过相关的协议，运用通信网络技术实现物与人或物与物之间的有机衔接，获得工作资源，达到协同工作的目的，因此物体具备一定的智能性。通过这种网络技术可以进行智能化的操作，从而可以实现科学、有效地识别、跟踪和管理等。对于物联网而言，其核心技术为RFID，其在物联网的整个实践过程中发挥着重要的作用。

通过物联网技术，可以实现全方位的感知，其信息的传送具有较高的安全性与可靠性，能够对各种信息进行智能化的处理，这是物联网的主要特征。此外，通过物联网技术，可以于任何地点、时间对多种物体进行科学、有效的衔接，使物理世界与人类社会能够进行科学的结合，从而改变人们的生活，为人们提供必要的信息化服务。

2. 物联网的体系结构

物联网的体系结构被公认大致有三个层次，底层是用于感知数据的感知层，第二层是用于传输数据的网络层，最上层则是与行业需求相结合的应用层。

(1) 感知层。感知层主要用于感知物体，采集数据。它是通过移动终端、传感器、RFID、二维码技术和实时定位技术等对物质属性、环境状态、行为态势等动态和静态信息进行大规模、分布式的信息获取与状态辨识。针对具体感知任务，常采用协同处理的方式对多种类、多角度、多尺度的信息进行在线计算，并与网络中的其他单元共享资源进行交互与信息传输。其作用相当于人的眼耳鼻喉和皮肤等。

(2) 网络层。网络层能够把感知到的信息进行传输，实现互联。这些信息可以通过Internet、Intranet、GSM、CDMA等网络进行可靠、安全地传输。在传输层，主要采用了供各种异构通信网络接入的设备，如接入互联网的网关、接入移动通信网的网关等。因为这些设备具有较强的硬件支撑能力，可以采用相对复杂的软件协议设计。传输层的作用相当于人的神经中枢和大脑，负责传递和处理感知层获取的信息。

(3) 应用层。应用层是物联网和用户的接口，它与行业需求相结合，实现物联网的智能应用。根据用户需求，应用层构建面向各类行业实际应用的管理平台和运行平台，并根据各种应用的特点集成相关的内容服务。为了更好地提供准确的信息服务，必须结合不同行业的专业知识和业务模型，以完成更加精细和准确的智能化信息管理。其应用包括智能交通、绿色农业、智能电网、手机钱包、智能家电、环境监测、工业监控等。

3. 物联网的关键技术

物联网要实现物与物之间的感知、识别、通信等功能需要有大量先进技术的支持。物联网关键性技术包括感知事物的传感器网络技术，联系事物的组网和互联技术，判别事物位置的全球定位系统，思考事物的智能技术，认识事物的射频识别技术RFID以及提高事物性能的新材料技术等。

(1) 传感器网络技术。传感器是机器感知物质世界的“感觉器官”,能够探测、感受外界的信号、物理条件或化学组成,并将探知到的信息传递给其他装置或器官。目前对传感器网络技术的研究主要包括传感器技术、RFID技术、微型嵌入式系统。随着科技技术的不断发展,传统的传感器正逐步实现微型化、智能化、信息化、网络化,朝着智能传感器、Web传感器的方向发展。

(2) 组网和互联技术。传感器组网和互联技术是实现物联网功能的纽带,主要研究方向包括构建新型分布式无线传感网络组网结构;基于分布式感知的动态分组技术;实现高可靠性的物联网单元冗余技术;无缝接入、断开和网络自平衡技术。

(3) 全球定位系统。全球定位系统(Global Positioning System,GPS)是一种结合卫星及通信发展的技术,利用导航卫星进行测时和测距,从而实现物体的精确定位。全球卫星定位系统由三部分组成:空间部分(GPS星座)、地面控制部分(地面监控系统)及用户设备部分(GPS信号接收机)。

(4) 智能技术。智能技术是为了达到某种预期的目的,利用知识所采用的各种方法和手段。通过在物体中植入智能系统,可以使得物体具备一定的智能性,能够主动或被动地实现与用户的沟通,也是物联网的关键技术之一。主要的研究内容和方向包括人工智能理论研究、先进的人机交互技术与系统、智能控制技术与系统和智能信号处理。

(5) 射频识别技术。射频识别是一种非接触式的自动识别技术,它通过射频信号自动识别目标对象并获取相关数据,识别过程无须人工干预,可工作于各种恶劣环境。RFID技术可识别高速运动的物体并可同时识别多个标签,操作快捷方便。RFID技术与互联网、通信等技术相结合,可实现全球范围内的物品跟踪与信息共享。

(6) 新材料技术。新材料是指那些新近发展或正在发展之中的、比传统材料的性能更为优异的一类材料。为了进一步提高传感器的性能,新材料技术是不可或缺的。物联网新材料技术的研究主要包括使传感器节点进一步小型化的纳米技术;提高传感器可靠性的抗氧化技术;减小传感器功耗的集成电路技术。

4. 物联网的应用

物联网与其说是网络,不如说是应用。物联网有广泛的用途,遍及智能交通、环境保护、政府工作、公共安全、平安家居、智能消防、工业监测、个人健康、花卉栽培、水系监测、食品溯源、敌情侦查和情报搜集等众多领域。

物联网把新一代信息技术充分运用在各行各业之中,具体地说,就是把感应器嵌入和装备到电网、铁路、桥梁、隧道、公路、建筑、供水系统、大坝、油气管道等各种物体中,然后将物联网与现有的互联网整合起来,实现人类社会与物理系统的整合,在这个整合的网络中,存在能力超级强大的中心计算机群,能够对整合网络内的人员、机器、设备和基础设施进行实时的管理和控制。在此基础上,人类可以以更加精细和动态的方式管理生产和生活,达到“智慧”状态,提高资源利用率和生产力水平,改善人与自然间的关系。

可以预见,物联网正在快速地走进人们的生活,它的实际应用将分为以下三个步骤实现。实现物体的自我感知功能;物与物之间相互联系,交换信息;系统通过分析物联节点的信息,做出最优化的调整策略,控制整个系统朝优化方向做出改变。

学习提高

5.5 思考与实践

5.5.1 问题思考

1. 什么是计算机网络？它主要有什么功能？
2. 计算机网络由哪几部分构成？
3. 按照分布范围分类，计算机网络有哪些类型？各有何特点？
4. 网络体系结构参考模型分为哪几个层次？
5. Internet 提供哪些基本服务？
6. 移动互联网的业务模式有哪些？

5.5.2 课外讨论

1. 简述计算机网络在资源共享、信息交换等方面的功能及自己的使用体会。
2. 简述计算机网络的发展过程与发展趋势。
3. 分析网络体系中体现的结构思维。
4. 分析网络互连的主要原因。
5. 网络互连设备的作用是什么？
6. 互联网、移动互联网与物联网有何联系与区别？

5.5.3 实践活动

了解局域网的组网要求，根据工作与应用需求提出一个小型局域网的组网方案。

在线作业

第6章 chapter 6

思政教育

人机交互

人机交互是研究人与计算机之间通过相互理解的交流与通信，最大程度地为人们完成信息管理、服务和处理等功能，使计算机真正成为人们工作学习的和谐助手的一门技术科学，它是伴随着计算机的诞生发展起来的。在现代和未来的社会里，只要有人利用通信、计算机等信息处理技术与社会、经济、环境和资源进行互动，人机交互都是永恒的主题。

6.1 人机交互基础

随着硬件技术的发展，CPU的处理能力已不是制约计算机应用和发展的主要障碍，最关键的制约因素是人机交互。作为一门交叉性、边缘性、综合性的学科，人机交互是计算机行业竞争的焦点从硬件转移到软件之后，又一个新的重要的研究领域。

6.1.1 人机交互的概念

人机交互（Human Computer Interaction，HCI）作为计算机系统的重要组成部分，它的可用性直接影响计算机系统的可用性、工作质量和效率。

1. 人机交互及其发展

人机交互是指人与计算机之间使用某种对话语言，以一定的交互方式完成确定任务的信息交换过程。

人机交互作为计算机科学研究领域中的一个重要组成部分，其发展已经经历了半个多世纪，并且取得了很大的进步。从计算机的诞生之日起，人机交互技术的发展已经历了早期的手工作业、作业控制语言及交互命令语言、图形用户界面、网络用户界面和智能人机交互等发展阶段。

（1）手工作业阶段。这一阶段的特点是由设计者本人（或本部门同事）使用计算机，他们采用手工操作和依赖机器（二进制机器代码）的方法适应现在看来十分笨拙的计算机。

（2）作业控制语言及交互命令语言阶段。这一阶段的特点是计算机的主要使用者——程序员可采用批处理作业语言或交互命令语言的方式和计算机打交道，虽然要记忆许多命令和熟练地按键，但已可用较方便的手段调试程序、了解计算机的执行情况。

(3) 图形用户界面阶段。图形用户界面又称图形用户接口（Graphical User Interface，GUI），是指采用图形方式显示的计算机操作环境用户接口。图形用户界面的广泛应用极大地方便了非专业用户使用计算机，人们从此不再需要死记硬背大量的命令，取而代之的是通过窗口、菜单、按键等方式方便地操作。

(4) 网络用户界面阶段。以超文本标记语言（HTML）及超文本传输协议（HTTP）为基础的网络浏览器是网络用户界面的代表。由它形成的 WWW 已经成为当今 Internet 的支柱。这类人机交互技术的特点是发展快，新的技术不断出现，如搜索引擎、网络加速、多媒体动画、聊天工具等。

(5) 智能人机交互阶段。以虚拟现实为代表的计算机系统的拟人化和以手持计算机、智能手机为代表的计算机的微型化、随身化、嵌入化，是当前计算机的两个重要的发展趋势。而以鼠标和键盘为代表的 GUI 技术是影响它们发展的瓶颈。利用人的多种感觉通道和动作通道（如语音、手写、姿势、视线、表情等输入）以并行、非精确的方式与（可见或不可见的）计算机环境进行交互，可以提高人机交互的自然性和高效性。多通道、多媒体的智能人机交互对人们既是一个挑战，也是一个极好的机遇。

2. 人机交互方式

交互的启动者是主动发起交互的一方，一个交互过程总是由启动者和响应者双方组成，如果只有启动者一方，另一方没有响应，则不会形成交互。作为人机交互的参与者，人（用户）和计算机都可以作为交互的启动者和响应者。人机交互方式是指人与计算机之间交换信息的组织形式、语言方式或对话方式。常用的人机交互有如下方式。

(1) 问答式交互。问答式交互是最简单的人机交互方式，通常由计算机启动一次对话，系统给出问题并提示用户进行回答，最简单的回答是 YES/NO，复杂的回答需要用户输入文字字符串，系统根据用户的回答执行相应的操作。

(2) 菜单选择。菜单选择是使用较早、较广泛的人机交互方式，其特点是让用户在一组多个可能的对象中进行选择，各种可能的选择项以菜单项的形式显示在屏幕上。

(3) 填表技术。在一次对话中，提供给用户的输入界面是一个待填充的表格，用户可以按照提示填入合适的数据。例如，注册信息的填写即采用填表技术。

(4) 命令语言。命令语言是人机交互最早使用的方式，其特点是采用人和计算机双方都能理解的语言进行交互式对话，可以直接对设备或信息进行操作。例如，UNIX 操作系统的交互方式采用的就是命令语言。

(5) 直接操纵。直接操纵以视觉方式呈现任务概念（如图标），由于只需要类似鼠标的指点操作即可启动一次对话，因而其具有易学、易用的优点。例如，目前流行的图形用户界面就是直接操纵的交互方式。

(6) 语音交互。语音是最自然、最流畅、最方便的信息交流方式，在日常生活中，人类的沟通大部分是通过语音完成的，人机之间的语音交互需要基于语音识别、语音合成和语音理解等技术。

(7) 图像交互。图像交互就是计算机根据人的行为理解图像,然后做出反应,其中让计算机具备视觉感知能力是首先要解决的问题。目前,图像交互取得进展的有人脸图像识别、指纹识别、虹膜识别等。

(8) 行为交互。行为交互是指计算机通过定位和识别技术,跟踪人类的肢体运动和表情特征,从而理解人类的动作和行为,并做出响应的过程。行为交互使计算机能够通过用户行为预测用户想要做什么,因此将带来全新的交互方式。

很多人机交互方式都沿用了人与人交互所采用的技术。但是,作为人机交互的计算机一方,由于其内部结构以及接收能力、表达能力等方面的限制,人机交互还不能像人与人之间的交互那样丰富、生动。

3. 人机界面

人机界面(Human Machine Interaction,HMI)又称用户界面或使用者界面,是人与计算机之间传递、交换信息的媒介和对话接口,是计算机系统的重要组成部分。计算机按照机器的特性去行为,人按照自己的方式去思考和行为。要把人的思维和行为转换成机器可以接受的方式,把机器的行为方式转换成人可以接受的方式,这个转换就依靠人机界面。一个友好、美观的界面会给人带来舒适的视觉享受,拉近人与计算机的距离。使计算机在人机界面上适应人的思维特性和行为特性,体现了"以人为本"的人机界面设计思想。

人机交互与人机界面是两个有紧密联系但又不尽相同的概念。人机交互本质上是人与计算机的交互。具体来说,人机交互是用户与含有计算机的机器之间的双向通信,通过一定的符号和动作实现,如按键、移动鼠标、显示屏幕上的符号/图形等。这个过程包括识别交互对象、理解交互对象、把握对象情态、信息适应与反馈等子过程。而人机界面是指用户与含有计算机的机器系统之间的通信媒体或手段,是人机双向信息交互的支持软件和硬件,如带有鼠标的图形显示终端等。

交互是人与机-环境作用关系/状况的一种描述,界面是人与机-环境发生交互关系的具体表达形式;交互是实现信息传达的情境刻画,而界面是实现交互的手段;在交互设计子系统中,交互是内容,界面是形式;然而,在大的产品设计系统中,交互与界面都只是解决人机关系的一种手段,不是最终目的,其最终目的是解决和满足人的需求。

6.1.2 新型人机交互技术

自计算机诞生以来,人机交互技术经历了穿孔纸带、批处理、联机终端、多媒体用户界面等阶段。"以人为中心"和使交互方式更接近人类自然交流形式,是未来人机交互的总体特征。包括虚拟屏幕和非接触式操作在内的新技术将彻底改变人们使用计算机的方式,也将对计算机使用的广度和深度产生深远的影响。

下面是正在研发或者已投入应用的一些新型人机交互技术。

1. 显示屏技术

人的感觉器官中接收信息最多的是视觉器官(眼睛)。在生产和生活中,人们需要越来越多地利用丰富的视觉信息。显示屏技术利用电子技术提供变换灵活的视觉信息。

(1) 触摸式显示屏。触摸式显示屏在很多领域已经被广泛应用,使用者通过手动触摸屏幕就可以执行相关操作。2007 年,微软公司推出了“桌面”(Surface)计算机,带来了全新的触摸式人机交互模式。这款酷似咖啡桌桌面的平板电脑完全摒弃了鼠标和键盘,通过声音、笔或者触摸就可以操作。其显示屏隐藏在硬塑料板底下,依靠一套摄像机系统捕捉人发出的指令动作,然后进行分析、理解并加以执行。更令人称奇的是,只要将手机、播放器等物品放到其表面,计算机就能自动识别并进行文件传输。

(2) 柔性显示屏。超薄、超轻的柔性显示屏已经走出实验室进入市场。很多评论人士认为,使用能够随意折叠、卷曲的柔性显示屏制造的电子书就是未来的纸张。

电子书阅读器的柔性显示屏有多种类型,其中包括可以主动发光但却会给读者的眼睛带来刺激和伤害的有机发光二极管(LOED)显示屏,需要使用背景光的液晶显示屏(LCD),以及用在亚马逊 Kindle 电子书阅读器上的利用电泳显示技术制造的电子纸。不同的显示技术各有优劣,因而拥有不同的应用市场。在将来,报纸、杂志甚至服装、墙面都可以变成显示屏,向人们展示一幅幅动态画面。

(3) 3D 显示器。3D 显示器一直被公认为显示技术发展的终极梦想,多年来有许多企业和研究机构从事这方面的研究。一些发达国家和地区早在 20 世纪 80 年代就纷纷涉足立体显示技术的研发,于 20 世纪 90 年代开始陆续获得不同程度的研究成果,现已开发出需佩戴立体眼镜和不需佩戴立体眼镜的两大立体显示技术体系。

传统的 3D 电影在荧幕上有两组图像(来源于在拍摄时互成角度的两台摄影机),观众必须戴上偏光镜才能消除重影(让一只眼只接收一组图像),形成视差,产生立体感。利用自动立体显示技术,即所谓的“真 3D 技术”,就不用戴眼镜观看立体影像了。这种技术利用所谓的“视差栅栏”,使两只眼睛分别接收不同的图像,形成立体效果。

平面显示器要形成富有立体感的影像,必须至少提供两组相位不同的图像。其中,快门式 3D 技术和不闪式 3D 技术是如今显示器中最常使用的两种。

(4) 视网膜显示器。视网膜显示器能够通过低强度激光或者发光二极管直接将影像投射到使用者的视网膜上,具有不遮挡视野的特点。

视网膜显示的概念是在 2010 年提出的,但直到近年来才让各种不同的视网膜显示变得可行。例如边发射发光二极管,它比面发射发光二极管的光输出功率大,但比激光的功率要求低,将其应用于视网膜显示器,可提供一个亮度更高而成本更低的选择。与传统显示器相比,视网膜显示器的亮度-功率比更高,能耗也会相应地大幅降低。

视网膜成像的应用前景非常广阔,例如,车载平视显示器可将重要的驾驶信息投射在汽车的前风挡玻璃上,司机平视就可以看到,从而可以提高行车安全性。此外,还可为执行军事任务的士兵提供最优路径和战术信息,并且在医疗手术、浸入式游戏行业也大有作为。

2. 跟踪与识别

跟踪与识别技术包括地理空间跟踪、动作识别、触觉交互、语音识别、无声语音(默读)识别、眼动跟踪、电触觉刺激、仿生隐形眼镜等。

(1) 地理空间跟踪。目前地理空间跟踪的应用潜力才刚刚开始展现,在未来几年中有望取得巨大的技术进步。智能手机配备的全球定位系统、定向仪和加速度计可以提供足够多的信息,帮助使用者确定大概地点和方向。而技术的改进将有可能使跟踪的精度提高到误差不超出1mm。

很多针对手机开发的现实增强应用,如基于位置的营销、旅游帮助和社交网络等,都使用了地理空间数据,可以提供基于使用者所处方位的关联信息。未来几年内,随着跟踪定位精度的进一步提高以及无线网络的进一步提速,其市场将会大幅扩大。

(2) 动作识别。动作识别是一项正在发展中的技术,如可穿戴式计算机、隐身技术、浸入式游戏以及情感计算等。过去的大部分动作识别系统重点分析的是脸部和手部的动作,而现在研发人员已开始将关注点转移到身体姿势、步态和其他行为举止上。

一些具有动作识别能力的控制设备已经达到消费级水平,如任天堂的游戏主机Wii。动作识别系统也开始进入医疗领域,医生无须触碰键盘或者屏幕,就可以操控数字影像。

(3) 触觉交互。触觉交互可借助人的触感,产生一种虚拟现实的效果。触碰可以产生多种不同的感受,包括轻碰、重碰、压力、疼痛、颤动、热和冷,因此,人工模拟这些感受的方式也各异。

触觉交互技术已经开辟了多种可能的应用领域,包括虚拟现实、遥控机器人、远程医疗、工作培训、基于触觉的三维模型设计等。在电子商务方面,触觉交互也能够发挥重要作用。例如,顾客在网上购买服装前,可以先感知衣料的质地,然后做决定。

(4) 语音识别。能够直接与机器交谈的能力在很多领域都会具有巨大的应用潜力。如果双手可以因语音识别系统得到“解放”,开车、修理发动机、烹饪美餐等活动都能够从中获益。语音识别技术已经被应用于呼叫路由、家庭自动化、语音拨号以及数据录入等服务。针对国际旅行者的语言翻译器已经开始进入市场。

(5) 无声语音(默读)识别。通过默读识别,使用者不需要发出声音,系统就可以将喉部声带动作发出的电信号转换成语音,从而破译人想说的话。但该技术目前尚处于初级研发阶段。

在嘈杂喧闹的环境里、水下或者太空中,无声语音识别是一种有效的输入手段。研究人员也在尝试利用无声语音识别系统来控制机动轮椅车。对于有语言障碍的人士,无声语音识别技术还可以通过高效的语音合成,帮助他们同外界交流。如果这项技术发展成熟,将来人们在网上聊天时就不必再按键了。

(6) 眼动跟踪。眼动跟踪的基本工作原理是利用图像处理技术,使用能锁定眼睛的特殊摄像机连续地记录视线变化,追踪视觉注视频率以及注视持续时间,并根据这些信息分析被跟踪者。

越来越多的门户网站和广告商开始追捧眼动跟踪技术,他们可以根据跟踪结果了解用户的浏览习惯,合理安排网页的布局(特别是广告的位置),以期达到更好的投放效果。由于眼动跟踪能够代替键盘输入、鼠标移动的功能,科学家据此研发出了可供残疾人使用的计算机,使用者只需将目光聚集在屏幕的特定区域,就能选择邮件或者指令。

(7) 电触觉刺激。通过电刺激实现触觉再现,可以让盲人“看见”周围的世界。英国国防部推出了一款名为BrainPort的先进仪器,这种装置能够帮助失明者用舌头获知环境信息。BrainPort配有一副装有摄像机的眼镜、一根由细电线连接的“棒棒糖”式塑料感应器和一部手机大小的控制器。控制器会将拍摄到的黑白影像转化成电子脉冲，传到盲人使用者口含的感应器中，脉冲信号刺激舌头表面的神经，并由感应器上的电极传到大脑，大脑就会将感知到的刺激转化成一幅低像素的图像，从而让盲人清楚地“看到”各种物体的线条及形状。

(8) 仿生隐形眼镜。数十年来，隐形眼镜一直是一种用于矫正视力的工具。而现在，科学家希望将电路集成在镜片上，打造出功能更强大的超级隐形眼镜，它既可以让佩戴者拥有将远处物体“拉近放大”的超级视力，显示出全息图像和各种立体影像，甚至还可以取代计算机屏幕，让人们随时享受无线上网的乐趣。

3. 脑机接口

脑机接口是在人脑与计算机或其他电子设备之间建立的直接的交流和控制通道，通过这种通道，人就可以直接通过脑表达想法或操纵设备，而不需要语言或动作，这可以有效增强身体严重残疾的患者与外界交流或控制外部环境的能力，以提高患者的生活质量。

脑机接口分为非侵入式和侵入式两种。非侵入式的脑电波是通过外部方式读取的，例如，放置在头皮上的电极可以解读脑电图活动。以往的脑电图扫描需要使用导电凝胶仔细地固定电极，获得的扫描结果才会比较准确，不过，现在技术得到改进后，即使电极的位置不那么精准，扫描也能够将有用的信号提取出来。其他的非侵入式应用还包括脑磁图描记术和功能磁共振成像等。

侵入式的电极是直接与大脑相连的。到目前为止，侵入式脑机接口在人身上的应用仅限于神经系统的修复，通过适当的刺激，帮助受创的大脑恢复部分机能。例如，可以再现光明的视网膜修复，以及能够恢复运动功能或者协助运动的运动神经元修复等。

到目前为止，大部分脑机接口采用的都是“输入”方式，即由人利用思想操控外部机械或设备。而由人脑接收外部指令并形成感受、语言甚至思想还面临着技术上的挑战。

6.2 多媒体技术

人机交互新技术

在信息社会，人们迫切希望计算机能以人类习惯的方式提供信息服务，因而多媒体技术应运而生。它的出现使得原本“面无表情”的计算机有了一副“生动活泼”的面孔。用户不仅可以通过文字信息，还可以通过直接看到的影像和听到的声音了解感兴趣的对象，并可以参与或改变信息的演示。多媒体应用技术的发展为信息时代带来了前所未有的巨大变化。

6.2.1 多媒体技术基础

多媒体技术的发展改变了计算机的使用领域，使计算机由办公室、实验室中的专用品变成了信息社会的普通工具，广泛应用于工业生产管理、学校教育、公共信息咨询、商业广告、军事指挥与训练甚至家庭生活与娱乐等领域。

1. 多媒体的概念

媒体(Media)是指传送信息的载体和表现形式。在人类社会生活中,信息的载体和表现形式是多种多样的。例如,电影、电视、报纸、出版物等可称为文化传播媒体,用纸、影像和电子技术作为载体;电子邮件、电话、电报等可称为信息交流媒体,用电子线路和计算机网络作为载体。

在通常情况下,媒体可分为5种形式,分别为感觉媒体、表示媒体、显示媒体、存储媒体、传输媒体。5种媒体之间的联系如图6-1所示。

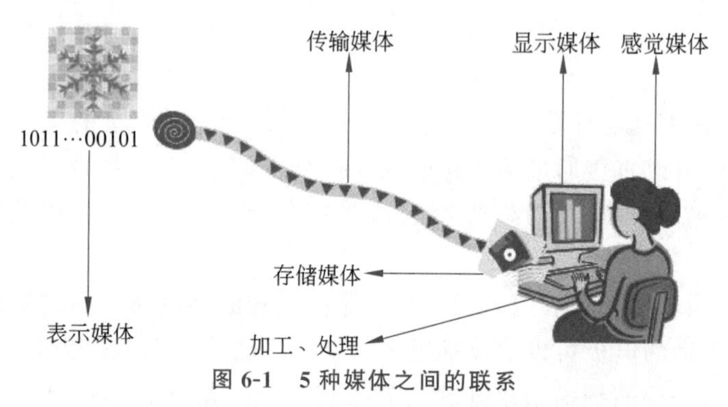

图6-1　5种媒体之间的联系

(1) 感觉媒体。感觉媒体(Perception Media)是指能直接作用于人们的感觉器官,使人能直接产生感觉的一类媒体。感觉媒体包括人类的各种语言、文字、音乐、自然界的其他声音、静止的或活动的图像、图形和动画等信息。

(2) 表示媒体。表示媒体(Representation Media)是指信息的表示形式,它是人类研究和构造出来的、能被感觉媒体接收的一类媒体,如图形、文字、声音、图像、视频、动画等信息的数字化编码表示。表示媒体是为了能更有效地加工、处理和传输感觉媒体而人为研究和构造出来的一种媒体,是多媒体应用技术重点研究和应用的对象。

(3) 显示媒体。显示媒体(Presentation Media)是指感觉媒体传输中电信号和感觉媒体之间转换所用的媒体。显示媒体又分为输入显示媒体和输出显示媒体。输入显示媒体如键盘、鼠标、光笔、数字化仪、扫描仪、麦克风、摄像机等,输出显示媒体如显示器、音箱、打印机、投影仪等。

(4) 存储媒体。存储媒体(Storage Media)又称存储介质,是指存储信息的物理载体,以便计算机随时加工处理和调用,如硬盘、光盘、优盘、磁带等。

(5) 传输媒体。传输媒体(Transmission Media)作为通信的信息载体,是用来将表示媒体从一处传送到另一处的物理实体,如各种导线、电缆、光缆、电磁波等。

多媒体(Multimedia)是指融合两种或两种以上媒体的一种人机交互式信息交流和传播媒体。一般来讲,多媒体有两种含义:一种含义是指多种媒体的简单组合,如在一个教室内放置录音机、电视机等多种媒体介质就可以称为多媒体教室;另一种含义是指能综合处理多种媒体信息,如文本、图形、图像、声音、动画和视频等。

在实际生活中，特别是在计算机领域中，多媒体成了多媒体计算机、多媒体技术的代名词，是指组合两种或两种以上媒体的一种人机交互式信息交流和传播媒体。

2. 多媒体技术及其特性

多媒体技术是用户通过多种感官与计算机进行实时信息交互的技术，其通过计算机对文字、图形、图像、声音、动画、视频等多种媒体信息进行综合处理和管理。多媒体技术的特性包括集成性、多样性、交互性、可传播性和可存储性等。

(1) 集成性。集成性是从计算机硬件和软件两方面要求的。在硬件上，要求表现多种媒体的硬件和设施能够协同工作，具有较好的同步关系。在软件上，要求能将不同类型的信息有机地结合在一起，统一地表示信息。

(2) 多样性。多样性指的就是信息媒体的多样化、多维化，而不再局限于数值和文本信息。

(3) 交互性。交互性可使用户主动地选择和接收信息，而不是被动地接收。多媒体信息比单一媒体信息对用户的吸引力大，借助人机之间的交互活动，用户可以获得他们最为关心的信息内容，选择他们认为最合理的方法和途径进行有知识性、趣味性的操作，从而激发用户的想象力、创造力。

(4) 可传播性。多媒体在通信线路的可传播性极大地丰富了现代网络世界的内容。随着现代通信技术和现代计算机技术的同步发展，多媒体信息从一个地理位置传送到另一个地理位置，乃至全世界，已经是一件非常容易的事情。高速、宽带、海量交换技术、海量存储技术既代表了信息技术的进步，又为多媒体在通信线路的可传播性提供了强有力的保障和支持。以流媒体技术为核心的多媒体通信，使得远距离的多媒体会议、多媒体实况转播、多媒体电视及广播成为人类走向全新信息社会的重要标志。

(5) 可存储性。多媒体在存储介质上的可存储性，使人类对信息的积累方式变得灵活多样。多媒体图、文、声、像在各种存储介质上的存储方法研究，是多媒体技术当前活跃的研究课题。

3. 多媒体技术的应用

多媒体技术的迅速发展不仅使原有的计算机技术锦上添花，而且把复杂的事物变得简单，把抽象的东西变得具体。多媒体系统的应用更以极强的渗透力进入人类生活的各个领域，如商业、教育、通信、医疗、出版、艺术、娱乐、金融、建筑、家庭等。其中，运用最多、最广泛也最早的是电子游戏，数千万青少年甚至成年人为之着迷，可见多媒体的威力。

多媒体技术对教育产生的影响比对其他领域的影响要深远得多。多媒体教材不仅有文字、图像，还有音、视频等，比纸质教材更加生动、形象。计算机辅助教学(CAI)软件集成多种教学信息，大大丰富了教学内容；图像、声音等媒体的辅助改变了传统教学的枯燥和乏味，能营造出生动逼真的教学环境，充分调动学习积极性，激发思考兴趣；人机交流、即时反馈等特点，能根据学生的水平采取不同的教学方案，根据反馈信息为学生提供及时的教学指导，进一步改善学习效果。总体来说，各种媒体与计算机结合可以使人类的感官与想象力相互配合,产生前所未有的思维空间与创造资源。

多媒体技术与网络技术的结合,实现了视频和语音的信息传输,突破了地域限制,丰富了单调的信息连接方式,如电子邮件、可视电话、视频会议等已被普遍采用。信息点播和计算机协同工作(Computer Supported Cooperative Work,CSCW)系统将对人类的生活、学习和工作产生深刻的影响。信息点播有桌上多媒体通信系统和交互式电视(ITV)。通过桌上多媒体通信系统,人们可以远距离点播所需信息,如电子图书馆、多媒体数据的检索与查询等。交互式电视使用户可以按需选取节目库中的信息,还可提供其他信息服务,如交互式教育、交互式游戏、数字多媒体图书、杂志、电视采购、电视电话等,从而将计算机网络与家庭生活、娱乐、商业导购等多项应用密切地结合在一起。计算机协同工作是指在计算机支持的环境中,一个群体协同工作以完成一项共同的任务,应用于工业产品的协同设计制造、远程医疗会诊、不同地域位置的同行们进行学术和工作交流、师生间的协同式学习等。"多媒体计算机+电视+网络"将形成一个极大的多媒体通信环境,它不仅改变了信息传递的面貌,带来了通信技术的大变革,而且计算机的交互性、通信的分布性和多媒体的现实性相结合,将构成继电报、电话、传真之后的第四代通信手段,向社会提供全新的信息服务。

桌面出版物主要包括印刷品、表格、布告、广告、宣传品、海报、市场图表、蓝图及商品图等。多媒体技术为办公室增加了控制信息的能力和充分表达思想的机会,许多应用程序都是为提高工作人员的工作效率而设计的,从而产生了许多新型的办公自动化系统。电子出版物以电子信息为媒介进行信息存储和传播,是对以纸张为主要载体进行信息存储与传播的传统出版物的一个挑战。电子出版物具有容量大、体积小、成本低、检索快、易于保存和复制、能存储音像图文信息等优点,因而前景乐观。用CD-ROM代替纸介质出版各类图书被称为印刷业的一次革命。声光艺术作品包括影片剪接、文本编排、音响、画面等特殊效果的制作等。艺术家可以创作多媒体艺术作品,或通过多媒体系统的帮助增进其作品的品质。

多媒体技术还应用于疾病的检测、测量和分析,细胞研究,医疗数据的传输等领域。如心电图仪器、B超仪等医疗器械利用数字成像技术可以清晰地跟踪各种医学图像,方便医学专家进行疾病的排除和判断。现代基于3D的医疗影像系统改变了传统CT、核磁共振的二维图像,以更加直观、立体的形式呈现病症,还为医患双方提供了较好的沟通功能,如复杂手术的术前模拟和术中导航。

可以将图像处理、声音处理、检索查询等多媒体技术综合应用到实时报警系统中,更广泛地应用到工业生产、交通安全、银行保安、酒店管理等领域中。它能够及时发现异常情况,迅速报警,同时将报警信息存储到数据库中以备查询,并交互地综合图、文、声、动画多种媒体信息,使报警的表现形式更生动、直观,人机界面更友好。信息以图文并茂的形式存放在多媒体数据库中,随时随地向公众或客户提供"无人值守"的咨询服务,用户界面十分友好,既可获得文字数据说明,听到解说,同时也可看到有关的画面。

多媒体技术在家庭中的应用将使人们在家中上班成为现实。人们足不出户便能在多媒体计算机前办公、上学、购物、娱乐、休闲、打可视电话、登记旅行、召开电视会议等,多媒体技术还可使烦琐的家务随着自动化技术的发展变得轻松、简单,家庭主妇坐在计算机前便可操作一切。

4. 多媒体技术的发展趋势

总体来看，多媒体技术正向三个方向发展：多媒体技术的集成化；多媒体技术的网络化；多媒体终端的智能化和嵌入化。

(1) 多媒体技术的集成化。传统单一的信息传递已经越来越不能满足人们的生活和工作需要，在未来的多媒体技术发展中，主要是将多种信息进行合成和处理，使人们在接收和传递信息时能够更加形象、生动。在这一发展目标中，最主要的技术是实现不同信息传递过程中的同步化；另外，多媒体系统还要能根据使用者的不同表情和动作，对人类的需求进行详细计算，为人类和计算机之间进行信息交换提供便利。

(2) 多媒体技术的网络化。随着高速网络成本的降低和多媒体通信关键技术的突破，基于网络的多媒体系统(如可视电话、信息点播、电子商务、远程教学、远程医疗等)得到迅速发展，一个多点分布、网络连接、协同工作的信息资源环境正在日益完善和成熟，它消除了时间和空间的障碍，为人们提供更大范围的多媒体资源分享和协同工作环境。这种协同工作环境代表了多媒体应用的发展趋势。新一代用户界面(UI)与智能人工等多媒体软件的应用还可使不同国籍、不同文化背景和不同文化程度的人们通过"人机对话"消除隔阂，自由地沟通与了解。

(3) 多媒体终端的智能化和嵌入化。未来的多媒体系统，通过应用模式识别、全息图像、自然语言理解(语音识别与合成)和新的传感技术(手写输入、数据手套、电子气味合成器)等技术，会具有越来越高的智能性。人类可用日常的感知和表达技能与其进行自然的交互，系统本身不仅能主动感知用户的交互意图，而且可以根据用户的需求做出相应的反应。嵌入式的应用主要是将各种智能芯片植入各种电器设备中，提高其智能识别性能，使其具有更多的智慧，在使用过程中，能够根据人们的不同需求进行合理的处理和操作。嵌入式多媒体系统可应用在人们生活与工作的各个方面，在工业控制和商业管理领域，如智能工控设备、POS/ATM机、IC卡等；在家庭领域，如数字机顶盒、数字式电视、WebTV、网络冰箱、网络空调等消费类电子产品。此外，嵌入式多媒体系统还在医疗类电子设备、多媒体手机、掌上电脑、车载导航器、娱乐、军事等领域有巨大的应用前景。

6.2.2 多媒体应用技术

多媒体应用技术融合了文字处理技术、音频处理技术、图形图像处理技术、影像处理技术等多种计算机应用技术。多种媒体的集合体将信息的存储、传输和输出有机地结合起来，使人们获取信息的方式变得丰富，引领人们走进一个多姿多彩的数字世界。

1. 文字处理技术

文字媒体不但是信息传播的主要方式，而且包含极为丰富的艺术表现手法。这些表现手法在形式上有书法艺术、书画艺术等；在风格上有诗、词、散文、故事等；在智力创作与游戏上有对联、谜语、测字等。在多媒体应用技术中，不但可融上述表现手法于一体，而且可进一步融进色彩、动态艺术，使文字媒体的创作空间进一步扩大，表现形式更为生动。

文本的开发与设计包括普通文字、图形文字、动态文字等的开发。

(1) 普通文字的开发。开发普通文字的方法一般有两种,如果文字量较大,可以用专用的字处理程序输入加工,如 Microsoft Word、Word Pad 等;如果文字不多,用多媒体创作软件自身的字符编辑器就足够了。

(2) 图形文字的开发。Microsoft Office 办公软件提供了艺术工具 Microsoft Word Art,用插入对象的方法可以制作丰富多彩、效果各异的效果字;用 Photoshop 等图形图像处理软件同样能制作图形文字。

(3) 动态文字的开发。在多媒体软件中,经常用一些有一定变化的动态文字吸引人们的注意力。一般的多媒体创作软件都提供了较为丰富的字符动态效果,如 PowerPoint、Authorware 等创作软件中都有溶解、从左边飞入、百叶窗等效果。也可以用动画制作软件制作文字动画,如 Cool3D 等软件在制作文字动画时非常便捷。

2. 音频处理技术

声音是通过空气传播的一种连续的波,叫声波,在时间和幅度上都是连续变化的;而数字音频是一个离散的数据序列。计算机要处理音频信号,首先要将音频信号转换为数字信号。数字音频有两种类型:一种是模拟声音经过模-数(A-D)转换变成数字音频,即声音的数字化;另一种是 MIDI 合成音频。多媒体涉及多方面的音频处理技术,如音频采集、语音编码/解码、文-语转换、音乐合成、语音识别与理解、音频数据传输、音频-视频同步、音频效果与编辑等。

(1) 声音的数字化。声音的数字化包括采样、量化和编码三个步骤。

当把模拟音频转换成数字音频时,需要每隔一个时间间隔在音频的波形上取一个样本,称为采样。每秒钟从连续信号提取并组成离散信号的采样个数称为采样频率(单位为 Hz)。采样频率越高,即采样的间隔时间越短,在单位时间内计算机得到的声音样本数据越多,对声音波形的表示也越精确。采样频率与声音频率之间有一定的关系,根据奈奎斯特理论,只有采样频率高于声音信号最高频率的两倍时,才能把数字信号表示的声音还原为原来的声音。这就是说,采样频率是衡量声卡采集、记录和还原声音文件的质量标准,普通 CD 的采样频率是 44.1kHz。

取得采样值后,要对数据进行分级量化,将连续的幅度值用离散的数字表示。量化的等级取决于量化精度,也就是用多少位二进制数表示一个音频数据。量化精度越高,声音的保真度越高。常见的量化精度有 8 位、16 位。

采样频率、量化精度、声道数对声音的音质和占用的存储空间起着决定性作用。未经压缩的声音文件(波形文件)的数据量(B/s)=(采样频率×量化精度×声道数)/8。

采样和量化后的信号需要转换成数字编码。最简单的 PCM(脉冲编码调制)是将模拟音频信号只经过采样、量化直接形成的二进制序列,未经过任何编码和压缩处理,其最大的优点是音质好,最大的缺点是数据量大,常见的 WAV 文件就是其具体的应用。

音频压缩属于数据压缩的一种,是减少数字音频文件大小的过程。网上流行的 MP3 音乐文件采用的是动态影像专家压缩标准音频层面 3(MPEG-1 Audio Layer 3,MP3) 压缩技术,可以达到1∶10,甚至1∶12的压缩率,而对于大多数用户来说,回放的音质没有明显下降。用MP3形式存储的音乐称为MP3音乐,能播放MP3音乐的机器称为MP3播放器。

声音文件有多种存储格式,比较流行的有以.wav、.au、.aiff、.snd、.rm、.mp3等为扩展名的文件格式。WAV格式主要用在PC上,是微软公司开发的一种声音文件格式,音质好,被大量软件所支持。AU主要用在UNIX工作站上,AIFF和SND主要用在苹果计算机和美国视算科技有限公司(Silicon Graphics,Inc,SGI)的工作站上,RM和MP3是Internet上流行的音频压缩格式。

音频编辑工具是对音频进行录制、编辑、播放的软件。常见的声音媒体编辑处理软件有Cool Edit、GoldWave、超级解霸、WaveStudio、SoundEdit以及Ulead公司的MediaStudio Pro软件包中的Audio Editor等。

(2) MIDI合成音频。MIDI(Musical Instrument Digital Interface,乐器数字接口)是数字音乐的国际标准。MIDI文件的扩展名为.mid和.mod。MIDI文件存储的不是声音信号,而是音符、控制参数等指令。MIDI标准规定了各种音调的混合及发音,播放时通过播放软件或者音源的转换,可以将这些数字合成为音乐。

与波形文件相比,MIDI文件具有文件数据量小、方便编辑、回放质量与文件大小完全无关等优点,但缺乏重现真实自然声音的能力,而且与设备相关,在应用软件和系统支持方面不及数字化声音。

3. 图形图像处理技术

图形与图像是人类直接用视觉去感受的一种形象化信息。在多媒体技术中,计算机图形图像媒体可通过形、体、色、影的变换与处理,使人们产生不同的视觉快感,其特点是生动、形象。

与音频文件一样,计算机中的图像文件也分为两类:一类是真实影像的数字化,称为位图,简称图像;另一类是计算机绘制的矢量图形,简称图形。

(1) 图像的数字化。图像在空间和色彩(亮度)值上是连续变化的,图像数字化就是将连续色调的模拟图像经采样、量化、编码后转换成数字影像的过程。

图像的采样频率是分辨率,即单位长度(inch)内采集的样本点数,单位是dpi(dot per inch),分辨率越高,图像质量越好。采样的实质就是用多少点描述一幅图像,简单地说,将二维空间上连续的图像在水平和垂直方向等间距地分割成矩形网状结构,所形成的微小方格称为像素点,一幅图像就被采样成有限个像素点构成的集合。例如,一幅640×480分辨率的图像,表示这幅图像由640×480=307 200个像素点组成。

颜色深度是表示颜色(灰度)数目的二进制位数,位数越多,颜色数目越多,图像色彩越逼真,当达到24位色时,可表现1677万种颜色,称为真彩色。

分辨率、颜色深度决定图像的质量和文件的大小。一幅未经压缩的数字图像(BMP格式)的数据量(B)=(图像长×分辨率)×(图像宽×分辨率)×颜色深度(位)/8。

BMP(位图)是标准Windows图像格式,WMF是Windows图元格式(图标)。GIF(图像交换格式)是一种流行于Internet上的无损图像压缩格式,支持256色以内的图像,支持透明背景,并且在一个GIF文件中可以存多幅图像,按一定的频率逐幅显示,可以构成一种最简单的动画。JPEG是Joint Photographic Experts Group(联合图像专家组)开发的一种有损图像压缩格式,能够将图像压缩在很小的存储空间,文件扩展名为“.jpg”或“.jpeg”,是最常用的图像文件格式。PSD是Photoshop的专用文件格式,可以存储图层、通道等信息,方便修改,但比其他图像文件要大得多。TIFF格式主要在桌面出版系统中使用,是一种无损压缩格式,画质高,但文件较大。

常用的图像处理工具有Adobe Photoshop、PaintShop、Painter、Adobe Illustrator、Photo Impact、ACDSee等。

(2) 图形。图形一般指用计算机绘制的画面。与图像不同,在图形文件中只记录生成图的算法和图上的某些特点。它最大的优点是数据量小,占用的存储空间小,容易进行移动、压缩、旋转和扭曲等变换,放大、缩小均不会发生失真。但由于每次屏幕输出时需要重新计算,因此显示速度没有图像快,并且需要专门的软件才能打开。

图形处理软件有Adobe公司的CorelDRAW、Illustrator、Macromedia FreeHand、Micrografx Designer和Windows的画图等。

4. 影像处理技术

影像信息包括动画和视频,是连续渐变的静态图像或图形序列,沿时间轴按一定的速度顺次更换显示,从而构成运动视感的媒体。当序列中每帧图像是由人工或计算机产生的图像时,常称为动画;当序列中每帧图像是通过实时摄取自然景象或活动对象时,常称为影像视频,或简称视频。视频与动画并无本质的区别,只是表现手法不同,动画的表现手法更丰富,更夸张。目前两者有趋同的趋势。

影像信息的内容随时间而变化,伴音必须与画面动作同步,具有实时性强、承载数据量大、对计算机处理能力要求高的特点。

视频信息在计算机中存放的格式有很多,目前最流行的有苹果公司的QuickTime(MOV)格式,微软公司的AVI格式和Windows Media格式。MPEG文件遵循MPEG压缩标准,文件大小仅为AVI文件的1/6,包括MPEG/MPG/DAT格式。流媒体(RAM)文件遵循RealNetworks公司制定的音、视频压缩规范,支持边下载边播放,包括RealAudio、RealVideo及RealFlash。常用的视频处理软件有Adobe Premiere、Adobe After Effects、Ulead MediaStudio、ProUlead VideoStudio(会声会影)等。

常见的动画文件格式有Autodesk公司的计算机动画文件FLIC格式(.fli/.flc)、AVI格式、GIF格式、Flash制作的动画文件SWF格式等。常用的动画制作软件有平面动画制作软件Animation Pro、Animation Studio,变形动画软件WinInage,网页动画生成软件GIF Construction,三维文字动画制作软件Cool 3D,Flash动画制作软件Flash MX,三维动画制作软件3ds Max,专业级三维影视动画制作软件Maya等。

5. 多媒体数据压缩技术

多媒体信号数据量大,给存储容量、通信信道的带宽以及计算机的运行速度增加了极大的压力。通过数据压缩手段,可以节约存储空间,提高数据传输效率,使实时处理音频、视频信息成为可能。压缩方法分为有损压缩和无损压缩两种类型。

JPEG是静态图像的压缩标准，适用于连续色调、彩色或灰度图像。它包括两部分：一是基于DPCM（空间线性预测）技术的无失真编码；二是基于DCT（离散余弦变换）和哈夫曼编码的有失真算法。前者图像压缩无失真，但是压缩比很小，目前主要应用的是后一种算法，图像质量有损失但压缩比很大，压缩至1/20左右时基本看不出失真。

MPEG运动图像压缩标准按照25帧/秒的速度使用JPEG算法压缩视频信号，它除了对单幅图像进行压缩编码以外，还利用图像序列中的相关原则将帧间的冗余去掉，这样大大提高了图像的压缩比例，且通常保持较高的图像质量，而压缩比高达100。MPEG算法的缺点是压缩算法复杂，实现很困难。MPEG标准的版本有MPEG-1、MPEG-2和MPEG-4，目前正在制定MPEG-7。

多媒体应用中常用的音频压缩标准是MPEG-1中的音频压缩算法，它是第一个高保真音频数据压缩的国际标准。该标准提供三个独立的压缩层次，第一层用于数字录像机；第二层用于数字广播，是VCD的音频编码；第三层是MP3和Windows Media的文件格式。

6. 超文本与超媒体

随着多媒体技术的兴起和发展，超文本和超媒体技术以其简单、直观、快捷、灵活的数据表示、组织和管理方式等特点而得到广泛应用。

普通文档是以线性方式组织数据的，它与现实世界的信息结构截然不同，而且与人类的知识组织、思维方式也有很大的距离。超文本和超媒体不是顺序的，而是一个非线性的网状信息链。它把文本或其他媒体按其内部固有的独立性和相关性划分成不同的基本信息单元，称为节点。以节点作为信息的单位，一个节点可以是一个信息单元，也可以是若干节点组成的一个更大的信息单元。节点可以是文本、图形、图像、视频、音频或它们的组合体。

为了浏览超文本或超媒体，必须在用户界面上标记能进一步浏览其他信息单元的指示器，即通常所称的链，节点之间使用链连接起来形成网状结构。用户可以通过单击链快速打开链指向的信息，大大简化了浏览信息的操作。

6.3 虚拟现实与虚拟现实技术

虚拟现实技术是20世纪末兴起的一门崭新的综合性信息技术。它实时的三维空间表现能力、自然的人机交互式操作环境以及给人带来的身临其境感受，从根本上改变了人与计算机之间枯燥、生硬和被动的交互现状，为人机交互技术开创了新的研究领域。

6.3.1 虚拟现实

虚拟现实（Virtual Reality，VR）也称灵境技术或人工环境，是一种由计算机技术辅助生成的高技术模拟系统。人与该系统可以进行交互，并产生与真实世界中相同的反馈信息，使人们获得和真实世界中一样的感受。当人们需要构造当前不存在的环境（合理虚拟现实)、人类不可能达到的环境(夸张虚拟现实)或纯粹虚构的环境(虚幻虚拟现实)以取代需要耗资巨大的真实环境时,就可以利用虚拟现实技术。

1. 虚拟现实的概念

虚拟现实是一项综合集成技术。它用计算机生成逼真的三维视、听、嗅觉等感觉,使人作为参与者通过适当的装置,自然地对虚拟世界进行体验和交互。概括地说,虚拟现实是人们通过计算机对复杂数据进行可视化、操作以及实时交互的环境。

与传统的计算机人机界面相比,虚拟现实无论是在技术上,还是在思想上都有质的飞跃。传统的人机界面将用户和计算机视为两个独立的实体,而将界面视为信息交换的媒介,由用户把要求或指令输入计算机,计算机对信息或受控对象做出动作反馈。虚拟现实则将用户和计算机视为一个整体,通过各种直观的工具将信息进行可视化,形成一个逼真的环境,用户可以像在日常环境中处理事情一样同计算机交流。这就把人从操作计算机的复杂工作中解放出来。在信息技术日益复杂、用途日益广泛的今天,充分发挥信息技术的潜力具有重大的意义。

2. 虚拟现实的特征

虚拟现实的特征主要有交互性、沉浸感和构想性,这三个特性的英文单词的第一个字母均为I,所以通常又被统称为"3I特性"。

(1) 交互性。交互性(Interactivity)指用户对虚拟环境中对象的可操作程度和从虚拟环境中得到反馈的自然程度(包括实时性),主要借助各种专用设备(如头盔显示器、数据手套等)产生,从而使用户以自然方式(如手势、体态、语言等技能)如同在真实世界中一样操作虚拟环境中的对象。

(2) 沉浸感。沉浸感(Immersion)又称临场感,是指用户感到作为主角存在于虚拟环境中的真实程度。这是虚拟现实技术最主要的特征,理想的模拟环境应该达到使用户难辨真假的程度。影响沉浸感的主要因素包括多感知性、自主性、三维图像中的深度信息、画面的视野、实现跟踪的时间或空间响应及交互设备的约束程度等。

(3) 构想性。构想性(Imagination)指用户在虚拟世界中根据所获取的多种信息和自身在系统中的行为,通过逻辑判断、推理和联想等思维过程,随着系统的运行状态变化而对其未来进展进行想象的能力。构想性强调虚拟现实技术应具有广阔的可想象空间,可拓宽人类的认知范围,不仅可再现真实存在的环境,也可随意构想客观不存在的,甚至是不可能发生的环境。

3. 虚拟现实需要解决的问题

虚拟现实需要解决以下三个主要问题。

(1) 以假乱真的存在技术。即怎样合成对观察者的感觉器官来说与实际存在相一致的输入信息,也就是如何可以产生与现实环境一样的视觉、触觉、嗅觉等。

(2) 相互作用。观察者怎样积极和能动地操作虚拟现实,以实现不同的视点景象和更高层次的感觉信息。实际上也就是怎么可以看得更像、听得更真等。

(3) 自律性现实。感觉者如何在不意识到自己动作、行为的条件下得到栩栩如生的现实感。这里,观察者、传感器、计算机仿真系统与显示系统构成了一个相互作用的闭环流程。

6.3.2 虚拟现实技术

虚拟现实技术是仿真技术与计算机图形学、人机接口技术、多媒体技术、传感技术、网络技术等多种技术的集合,是一门富有挑战性的交叉技术前沿学科和研究领域。

1. 虚拟现实技术的概念

虚拟现实技术是指利用计算机生成一种模拟环境,并通过多种专用设备使用户"投入"到该环境中,实现用户与该环境直接进行自然交互的技术。

虚拟现实技术主要包括模拟环境、感知、自然技能和传感设备等方面。模拟环境是由计算机生成的、实时动态的三维立体逼真图像。感知是指理想的 VR 应该具有一切人所具有的感知。除计算机图形技术生成的视觉感知外,还有听觉、触觉、力觉、运动等感知,甚至还包括嗅觉和味觉等,也称为多感知。自然技能是指人的头部转动,眼睛、手势或其他人体行为动作,由计算机处理与参与者的动作相适应的数据,对用户的输入实时响应,并分别反馈到用户的五官。传感设备是指三维交互设备。

一般来说,一个完整的虚拟现实系统有以下几个组成部分:以高性能计算机为核心的虚拟环境处理器,以头盔显示器为核心的视觉系统,以语音识别、声音合成与声音定位为核心的听觉系统,以方位跟踪器、数据手套和数据衣为主体的身体方位姿态跟踪设备,以及味觉、嗅觉、触觉与力觉反馈系统等功能单元。图 6-2 是一个典型的虚拟现实系统。

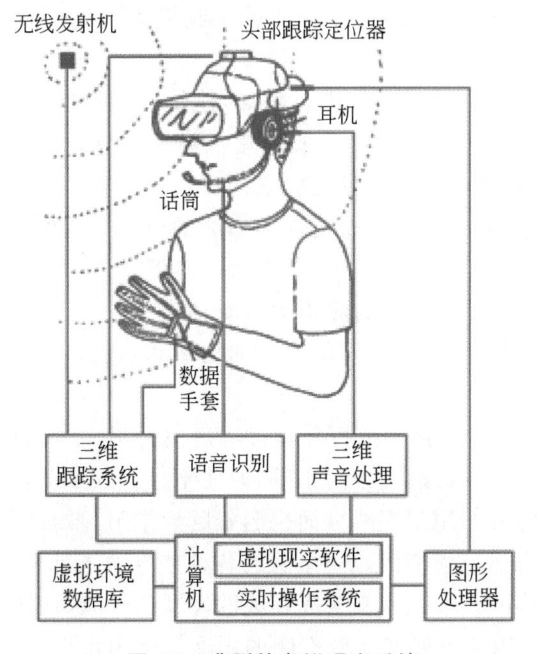

图 6-2 典型的虚拟现实系统

2. 虚拟现实的关键技术

虚拟现实是多种技术的综合,其关键技术和研究内容包括以下几方面。

(1) 环境建模技术。环境建模即虚拟环境的建立,目的是获取实际三维环境的三维数据,并根据应用的需要,利用获取的三维数据建立相应的虚拟环境模型。

(2) 立体声合成和立体显示技术。在虚拟现实系统中消除声音的方向与用户头部运动的相关性,同时在复杂的场景中实时生成立体图形。

(3) 触觉反馈技术。在虚拟现实系统中让用户能够直接操作虚拟物体并感觉到虚拟物体的反作用力,从而产生身临其境的感觉。

(4) 交互技术。虚拟现实中的人机交互远远超出了键盘和鼠标的传统模式,利用数字头盔、数字手套等复杂的传感器设备,三维交互技术与语音识别、语音输入技术成为重要的人机交互手段。

(5) 系统集成技术。由于虚拟现实系统中包括大量的感知信息和模型,因此系统的集成技术是重中之重,包括信息同步技术、模型标定技术、数据转换技术、识别和合成技术等。

3. 虚拟现实技术的应用

早在20世纪70年代便开始将虚拟现实用于培训宇航员,由于这是一种省钱、安全、有效的培训方法,所以现在已被推广到各行各业的培训中。

(1) 科技开发。虚拟现实可缩短开发周期,减少开发费用。例如,利用虚拟现实,将设计的新型机器直接从计算机屏幕投入生产线,完全省略了中间的试生产;利用虚拟现实技术进行汽车冲撞实验,不必使用真的汽车,便可显示出不同条件下的冲撞结果。虚拟现实技术已经和理论分析、科学实验一起成为人类探索客观世界规律的三大手段。

(2) 商业。虚拟现实常被用于推销。例如,建筑工程投标时,把设计的方案用虚拟现实技术表现出来,便可把业主带入未来的建筑物里参观,如门的高度、窗户朝向、采光量、屋内装饰等,业主都可以感同身受。它同样可用于旅游景点以及功能众多、用途多样的商品推销。用虚拟现实技术展现这类商品的魅力,比单用文字或图片宣传更有吸引力。

(3) 医疗。虚拟现实在医疗上的应用大致有两类:一是虚拟人体,也就是数字化人体,这样的人体模型使得医生更容易了解人体的构造和功能;二是虚拟手术系统,可用于指导医生进行手术。

(4) 军事。利用虚拟现实技术模拟战争过程已成为最先进的研究战争、培训指挥员的方法。由于虚拟现实技术已达到很高水平,即使不进行核试验,也能不断改进核武器。战争实验室在检验预定方案用于实战方面也起着巨大作用。1991年海湾战争开始前,美军便把海湾地区各种自然环境和伊拉克军队的各种数据输入计算机内,进行各种作战方案模拟后才定下初步作战方案。后来实际作战的发展和模拟实验的结果相当一致。

(5) 娱乐。娱乐应用是虚拟现实最广阔的用途。英国出售的一种滑雪模拟器,使用者身穿滑雪服、脚踩滑雪板、手拄滑雪棍、头上戴着头盔显示器、手脚上都装着传感器。使用者虽然在斗室里，但只要做着各种各样的滑雪动作，便可通过头盔式显示器看到堆满皑皑白雪的高山、峡谷、悬崖陡壁一一从身边掠过，其情景就和在滑雪场里滑雪的感觉一样。

6.4 思考与实践

学习提高

6.4.1 问题思考

1. 什么是人机交互？常用的人机交互有哪些方式？
2. 人机交互与人机界面有何联系与区别？
3. 什么是媒体？媒体具有哪几种表现形式？
4. 什么是多媒体技术？多媒体技术主要有哪些特性？
5. 计算机常用的图像格式有哪些？它们各自有何特点？
6. 虚拟现实的特征主要有哪些？

6.4.2 课外讨论

1. 人机交互技术的重要性表现在哪些方面？
2. 人机界面的设计应遵循哪些原则？谈谈你了解的人机界面设计。
3. 显示器上的分辨率有两种，即显示分辨率和图像分辨率，分析它们的区别。
4. 举例说明在3D电影中运用了哪些多媒体技术。
5. 在你的实践中运用过哪些多媒体应用技术？举例说明。
6. 虚拟现实技术已广泛运用在多个现实领域中，请查阅资料，谈谈你所了解的虚拟现实的应用实例。

6.4.3 实践活动

根据某一电子商务需求，设计并制作一个电子购物的人机界面。

在线作业

第7章 chapter 7

算法和数据结构

要使用计算机解决某个问题，必须编写程序并交给计算机执行。算法和数据结构的出现是为了有效地提高程序的执行效率。算法是程序的灵魂，数据结构是算法实现的基础。

7.1 算法基础

算法是计算机学科中最具有方法论性质的核心概念，它的基础性地位遍布计算机科学的各分支领域，被誉为计算机学科的灵魂。

7.1.1 算法及其特性

算法是为解决某一个特定任务而规定的运算序列，是按部就班解决某个问题的方法。在计算机科学中，算法是研究适合计算机程序实现问题解决的方法，因此它是许多计算机问题的核心研究对象。

1. 算法的概念

一般认为，算法(Algorithm)是一系列有限的解决问题的指令。也就是说，算法是指能够对一定的规范的输入，在有限时间内获得所要求的输出。算法也可以理解为是由规定的运算顺序所构成的完整的解题步骤。还有些专家认为，算法是一个有穷规则的集合，这些规则规定了解决特定问题的运算序列。

被称为Pascal语言之父的瑞士计算机专家尼古拉斯·沃斯(Niklaus Wirth)教授在1975年出版的图书中提出"算法＋数据结构＝程序"的著名论断，并且将该论断作为其图书的名称。由此可见，算法与计算机程序关系的密切程度。

1968年，美国斯坦福大学计算机系教授高德纳(Donald Ervin Knuth)出版了《计算机程序设计的艺术》一书，在计算机程序设计领域产生了深远的影响。在该书中，高德纳教授总结了算法的5个基本特征，即有穷性、确定性、输入、输出和可行性。这5个基本特征已经被广泛接受。

(1) 有穷性。有穷性是指任何算法在经过有限的步骤之后总会结束，步骤的数量是一个合理的数字。实际上，算法的有穷性包含时间的含义。如果某种算法从理论上可以实现，但是运行时间过长(如要运行 200 年)，则可能失去了实际的应用价值。

(2) 确定性。确定性是指算法的每个步骤都是精确定义的，在任何情况下这些步骤都是严密的、清晰的。该特征是指算法不允许出现模棱两可的解释、不允许有多种不同的理解，不同的人、不同的环境下对同一种算法的理解应该是明确的、唯一的。例如，"把变量 x 加上一个不太大的整数"。这里的"不太大的整数"就是不确定的。

(3) 输入。输入是指算法开始运算时给定的初始数据，这些输入是与特定的运算对象关联的。

(4) 输出。输出是指与输入相关的运算结果，反映了对输入数据加工后的情况。

(5) 可行性。可行性是指算法的每个步骤都是可以实现的，即使人们用笔和纸进行手工运算，在有限的时间内也是可以完成的。例如，"列出所有的正整数"就是不可行的(有无穷多种情况)。

2. 算法与程序

算法解决的是一类问题，而不是一个特定的问题，而程序是为解决一个具体问题而设计的。将算法采用某种具体的程序设计语言进行描述来解决一个具体问题，这就是程序。如何描述问题的对象和如何设计算法，是编写程序的两个重要方面。

【例 7-1】 在一个从小到大顺序排好的整数序列中查找某一指定的整数所在的位置。

这是一个查找问题。下面比较两种不同的查找方法。

方法一：一种简单而直接的方法是按顺序查找，相应的查找步骤如下。

S_1：查看第一个数。

S_2：若当前查看的数存在，则

　$S_{2\text{-}1}$：若该数正是要找的数，则找到，查找过程结束。

　$S_{2\text{-}2}$：若该数不是要找的数，则继续查下一个数，重复 S_2。

S_3：若当前查看的数不存在，则要找的数不在序列里，查找过程结束。

方法二：二分查找法(或称折半查找法)。由于序列中的整数是从小到大排列的，所以可以应用此方法。该方法的要点：先比较序列中间位置的整数，如果与要找的数一样，则找到；若比中间位置的整数小，则采用同样的方法在前半个序列中找就可以；否则，在后半个序列中找。相应的查找步骤如下。

S_1：把含 n 个整数的有序序列设为待查序列 S。

S_2：若 S 不空，则取序列 S 中中间位置的整数，并设为 middle。

　$S_{2\text{-}1}$：若要找的数与 middle 一样，则找到，查找过程结束。

　$S_{2\text{-}2}$：若要找的数小于 middle，则将 S 设为 middle 之前的半段序列，重复 S_2。

　$S_{2\text{-}3}$：若要找的数大于 middle，则将 S 设为 middle 之后的半段序列，重复 S_2。

S_3：若 S 为空，则要找的数不在序列中，过程结束。

在上述两种方法中，顺序查找方法简单，但效率不高；而二分查找法虽然思路相对复杂，但效率高。

就算法而言,它主要考虑的是问题求解的步骤或过程。但若要把算法变成程序,还有许多事情要做。首先,要考虑问题中数据的表达,例如对于前面用二分法求解查找问题的算法来说,要考虑如何表达整数序列,如何表达下一步要查找的范围,要查找的数和整数序列的中间整数;其次,要将算法过程用程序设计语言来实现;最后,要仔细设计与用户的交互,即数据的输入与输出。

考察算法,可以发现一些有趣的现象。

算法是一种偷懒的方法,只要按照算法规定的步骤一步一步进行,最终必得结果。因此,某一类问题的算法解没有必要人工操作,可移交给计算机执行,人的任务是设计算法以及将算法用计算机语言告诉计算机,计算机可按照算法的要求求解并获得结果。

算法不是程序,算法高于程序。算法仅给出计算机的宏观步骤与过程,并不给出程序中的一些微观和细节部分的描述。这样有利于对算法做必要的讨论,也有利于对具体编程进行指导。

算法与程序

当需要编写程序时,首先要设计一个算法,它给出程序的框架,接着对算法做必要的理论讨论,包括算法的正确性及效率分析,然后根据算法进行程序设计,最终在计算机上执行并获得结果。因此,算法是程序的框架与灵魂,而程序则是算法的实现。

3. 算法表示

一个算法的完整表示可以有两部分,即算法描述部分和算法评价部分。

(1) 算法描述。算法描述是指对设计出的算法用一种方式进行详细描述,以便与人交流。算法描述部分共分为算法名、算法输入、算法输出、算法流程等内容。算法名用唯一标识指定算法,在算法名中还可以附带一些必要的说明;算法输入给出算法的输入数据及相应说明,算法有时可以允许没有输入;算法输出给出算法的输出数据要求及相应说明,任何算法必须有输出,否则该算法就是一个无效的算法;算法流程给出算法的计算过程,它可以采用各种算法描述方法来描述,但是一般不用程序设计语言描述。

(2) 算法评价。同一个问题可用不同算法解决,而一个算法的质量优劣将影响到算法乃至程序的效率。算法评价主要从算法的正确性、可读性、健壮性,以及算法的时间复杂度(执行算法所需要的计算工作量)和空间复杂度(算法需要消耗的内存空间)等方面考虑。

7.1.2 算法的描述

算法可采用多种描述语言描述,各种描述语言在对问题的描述能力方面存在一定差异,但描述的结果必须满足算法的5个特征。常用的描述方法有自然语言、流程图、盒图、伪代码和计算机程序设计语言等。

1. 自然语言

自然语言就是人们日常使用的语言,可以是汉语、英语或其他语言。用自然语言描述通俗易懂,但文字冗长,容易产生歧义。自然语言描述算法的含义往往不太严格,要根据上下文才能准确判断其含义。因此,除了简单问题,一般不采用自然语言描述算法。

【例 7-2】 对于一个大于或者等于 3 的正整数，判断它是否为素数（素数是指除了 1 和该数本身外，不能被其他任何整数整除的数）。

假设给定正整数 N，根据题意，判断 N 是否为素数，可以用 N 作为被除数，分别将 2，3，4，…，$N-1$ 各正整数作为除数，如果有任何一个数可以整除，则 N 是非素数；如果都不能整除，则 N 是素数。

算法：

S_1：输入 N 的值。

S_2：$I=2$。

S_3：N 被 I 除，得余数 R。

S_4：如果 $R=0$，表示 N 能被 I 整除，则打印"N 是非素数"，算法结束。

S_5：$I+1\rightarrow I$。

S_6：如果 $I\leqslant N-1$，返回 S_3；否则打印"N 是素数"；算法结束。

实际上，N 不必被 $2\sim N-1$ 的整数除，只被 $2\sim N/2$ 间的整数除即可，甚至只被 $2\sim \mathrm{sqrt}(N)$ 的整数除即可。所以，算法可做如下改进。

S_6：如果 $I\leqslant \mathrm{sqrt}(N)$，则返回 S_3；否则打印"N 是素数"；算法结束。

2. 流程图

流程图使用国际标准的图形符号描述算法的求解步骤。流程图中，在框内写出各步骤，用带箭头的线把它们连接起来，以表示执行的先后顺序。用图形表示算法直观形象、易于理解。

图 7-1 为判断素数算法的流程图描述。

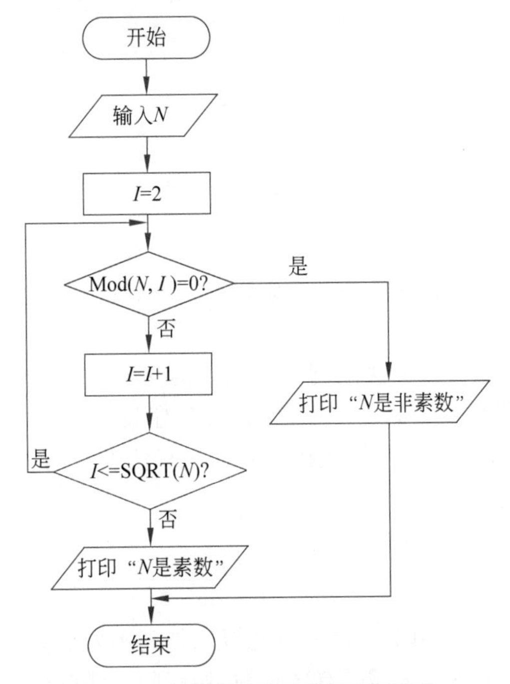

图 7-1　判断素数算法的流程图描述

3. 盒图

盒图也称 N-S 图，是美国学者 I.Nassi、B.Shneiderman 提出的一种新的流程图。盒图完全去掉了带箭头的流程线，将全部算法写在一个矩形框内。图 7-2 是判断素数算法的盒图描述。

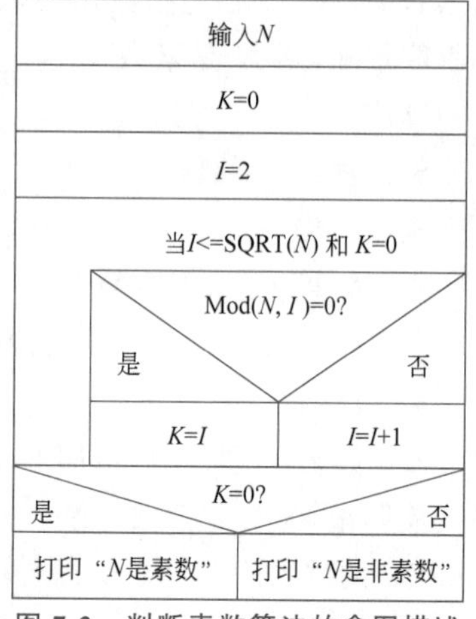

图 7-2 判断素数算法的盒图描述

盒图描述算法比文字描述更加直观、形象，易于理解。整个算法结构由各基本结构按顺序组成，盒图的上下顺序就是执行时的顺序。但盒图不易扩充和修改，不易描述大型复杂算法。

4. 伪代码

伪代码是用介于自然语言和计算机语言之间的文字和符号描述算法的工具。它不用图形符号，因此书写方便，格式紧凑，易于理解，便于用程序设计语言实现。例 7-2 判断素数的算法用伪代码描述如下。

```
BEGIN
    INPUT n
    i=2
    DO WHILE i<=n-1
        r=MOD(n,i)
        IF(r==0)
            PRINT "N是非素数"
            END
        END IF
        i=i+1
    END DO
    PRINT "N是素数"
END
```

5. 计算机程序设计语言

用计算机程序设计语言描述算法就是实际的程序，必须严格遵守所使用的语言的语法规则。

特定程序设计语言编写的算法限制了与他人的交流，不利于解决问题；要花费大量的时间去熟悉和掌握某种特定的程序设计语言；程序设计语言要求描述计算步骤的细节，而忽视算法的本质；需要考虑语法细节，而扰乱算法设计的思路。因此，算法的描述一般不用计算机程序设计语言。

7.1.3 算法的评价

解决同样的问题可以有不同的方法，因此可以得到不同的算法。虽然这些算法都能正确、有效地解决问题，但它们之间是有区别的，如有的算法执行速度快、执行时间少、占用存储空间少，这样的算法称为“好”的算法；反之，称为“坏”的算法。算法分析是指通过分析得到算法所需资源的估算。

1. 算法的衡量标准

算法的首要衡量标准是正确性，其次，还有可读性、健壮性，以及算法的时间效率和空间效率等。算法的正确性是指对于一切合法的输入数据，算法经过有限时间的运行都能得到正确的结果；算法的可读性是指有助于设计者和他人阅读、理解、修改和引用；算法的健壮性是指当输入非法数据时，算法能做出反应并进行相应的处理；算法的时间效率是指算法的执行时间；算法的空间效率是指算法执行过程中所需要的最大存储空间。算法的时间效率和空间效率都与算法的规模相关。

2. 算法的规模

算法的规模一般用字母 n 表示，表明算法的数据范围的大小，如需要在人事档案中将某个人的档案找出来，那么所有人的档案总数就是该算法的规模。当然，从 10 个人的档案中查找与从 1000 个人的档案中查找所需的时间是不同的，进而可能影响查找的方法也不相同，甚至可能影响到某些方法不能够找出来。算法分析首先需要确定算法的规模。例如：

列出所有比 n 小的素数，这里的 n 就是算法规模。

求正整数 m、n 的最大公约数，这里的 m、n 中较小者就是算法规模。

城市中求任意两个公交车站点之间的路径，这里所有的公交车站点数目就是算法规模。

3. 时间复杂度

时间复杂度并不是对某个算法的具体执行时间感兴趣，因为精确的时间估计是很困难的，与使用的计算机、操作系统、数据存储介质等都有关系。一般情况下，算法的时间复杂度指的是基本操作重复执行的次数与问题规模 n 的某个函数 $f(n)$，表示为

$$T(n)=O(f(n))$$

例如，求 $1+2+\cdots+100$，这里最耗费时间的指令是加法，加法的次数是 99 次，而算法的规模 $n=100$，所以时间复杂度 $t(n)=n$。

4. 空间复杂度

空间复杂度是指算法执行过程对计算机存储空间的要求。执行一个算法除了需要存储空间存放本身所用的指令、常数、变量和输出数据外，还需要一些辅助空间用于数据进行存取及存储过程中的中间信息。

算法的空间复杂度 $S(n)=O(f(n))$ 也是一个与算法规模有关的函数。

实践中，算法的时间复杂度和空间复杂度是彼此相关的两方面，有些情况下，为了追求时间效率，需要采用附加的空间，而有些时候，却需要牺牲时间来减少空间的使用。

7.2 数据结构

数据结构主要研究非数值计算的程序设计问题中计算机的操作对象(数据元素)以及它们之间的关系和运算等。数据结构是介于数学、计算机硬件和计算机软件三者之间的一门核心课程,其内容不仅是一般程序设计(特别是非数值性程序设计)的基础,而且是设计和实现编译程序、操作系统、数据库系统及其他系统程序的重要基础。

7.2.1 数据结构的概念

数据结构是计算机存储、组织数据的方式,是相互之间存在着一种或多种特定关系的数据元素的集合。数据元素相互之间的关系称为结构,包括三方面的内容,即数据的逻辑结构、数据的存储(物理)结构和数据的基本操作。

1. 数据的逻辑结构

数据元素间逻辑关系的描述称为数据的逻辑结构。根据数据元素之间关系的不同特性,通常有下列4类基本结构,如图7-3所示。集合结构中的数据元素“同属一个集合”,无其他关系;线性结构中的数据元素存在一对一的关系;树结构中的数据元素存在一对多的关系;图形结构也称网状结构,结构中的数据元素存在多对多的关系。

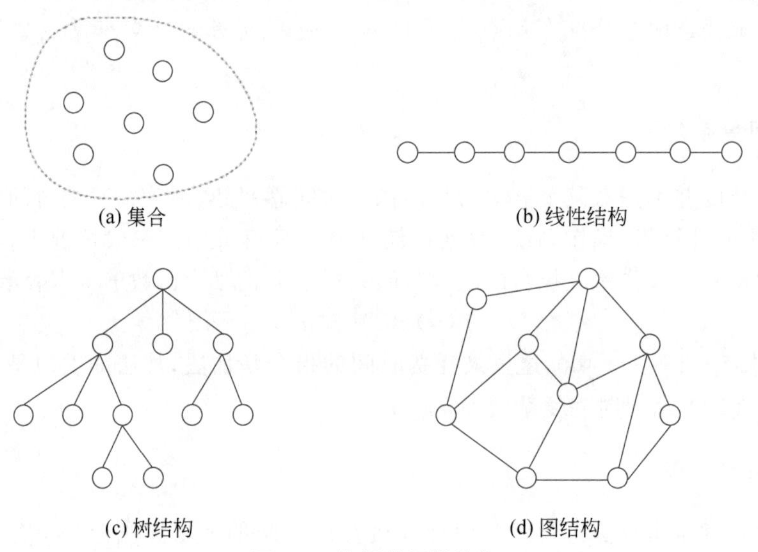

图7-3 数据的逻辑结构

一个数据结构有两个要素:一个是数据元素的集合,另一个是关系的集合。在形式上,数据结构通常可以用一个二元组表示:

$$\text{Data\_Structure} = (D, S)$$

其中,D 是数据元素的有限集合,S 是该集合中所有元素之间的关系的有限集合。

2. 数据的存储结构

数据结构在计算机中的表示(映像)称为数据的物理结构,又称为存储结构。它包括数据元素的表示和数据元素之间关系的表示两方面。

数据元素之间的关系在计算机内有顺序映像和非顺序映像两种表示方法。顺序映像借助元素在存储器中的相对位置表示数据元素之间的逻辑关系,也就是说,逻辑关系相邻的数据元素用物理位置相邻的节点顺序存储,即顺序存储结构,通常借助程序设计语言中的数组实现。非顺序映像借助指示元素存储位置的指针表示数据元素之间的逻辑关系,与节点的实际存储位置无关,即链式存储结构,通常借助程序设计语言中的指针类型实现。

3. 数据的基本操作

数据的基本操作包括对数据元素的修改、增加、删除、移动等。

因而,完整的数据结构概念可认为是由数据的逻辑结构、存储结构及基本操作集三部分组成,可以描述为

$$\text{Data\_Structure} = (D, S, P)$$

其中,D 是数据元素的有限集合,S 是 D 集合上关系的有限集合,P 是对 D 的基本操作集。

7.2.2 常用的数据结构

按照逻辑关系的不同,将数据结构分为线性结构和非线性结构。其中,线性结构主要包括线性表、栈、队列,非线性结构主要包括树和图。

1. 线性表

线性表是最简单的一种数据结构。一个线性表是 n 个具有相同特性的数据元素的有限序列。这里,数据元素是一个抽象的概念,其具体含义在不同情况下各不相同,可以是一个数、一个符号、一个记录或者是更复杂的信息。例如,英文字母表(A,B,C,…,Z)就是一个线性表,其中的数据元素是单个字符。又如表7-1所示的学生信息表也是一个线性表。其中,一个数据元素由若干数据项组成,称为记录。

表7-1 学生信息表

学号	姓名	性别	民族	出生年月	联系方式
Z09417101	王小林	男	汉	1998.01	1391456××××
Z09417102	张强	男	汉	1998.07	1381654××××
Z09417103	钱怡	女	汉	1997.12	1257668××××
…	…	…	…	…	…

线性表中的元素个数 n 称为线性表的长度,$n=0$ 时称为空表。在非空表中,每个数

据元素都有一个确定的位置,如用 a_i 表示数据元素,则 i 表示数据元素在线性表中的位序。若将线性表记作

$$L=(a_1,a_2,\cdots,a_{i-1},a_i,a_{i+1},\cdots,a_n)$$

则 a_1 是表中的第一个数据元素(表头),a_n 是最后一个数据元素(表尾),a_i 是第 i 个数据元素,i 表示数据元素在线性表中的位序;a_{i-1} 是 a_i 的前驱节点,a_{i+1} 是 a_i 的后继节点;除表头和表尾外,每个节点有且仅有一个前驱节点和一个后继节点。

线性表的存储有顺序存储和链式存储两种结构,称为顺序表和链表。

顺序表用一组地址连续的存储单元依次存放数据元素。它以元素在计算机内的"物理位置相邻"表示线性表中数据元素间的逻辑关系,如图 7-4 所示。

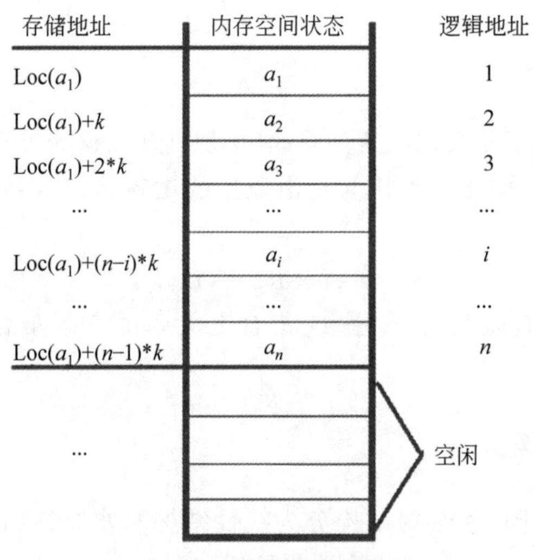

图 7-4 线性表的顺序存储

链表使用不一定连续的存储单元存放线性表。因此,在表示数据元素之间的逻辑关系时,除了存储其本身的信息外,还需存储一个指示其直接后继的存储位置信息(指针),如图 7-5 所示。

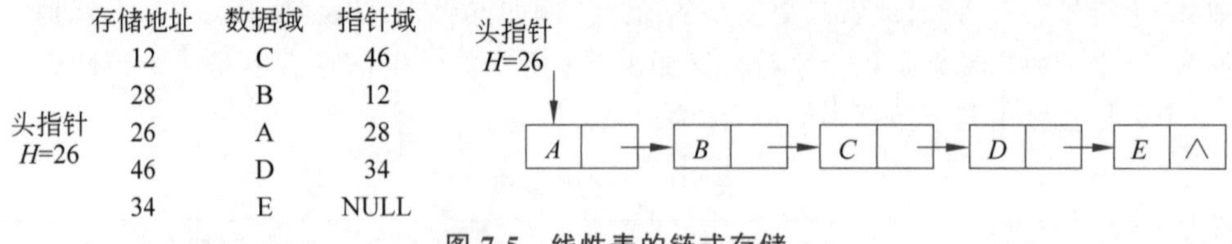

图 7-5 线性表的链式存储

线性表的应用非常广泛,能够进行初始化、查找、插入、删除、更新和遍历等多种操作。

2. 栈

栈(Stack)是一种受限的线性表,即在栈中规定只能在表的一端(表尾)进行插入或删

除操作。允许进行插入或删除的一端称为栈顶,另一端称为栈底。不含元素的栈称为空栈。

假设栈 $S=(a_1,a_2,\cdots,a_n)$,则 a_1 为栈底元素,a_n 为栈顶元素。向栈中插入新的元素称为入栈或进栈;从栈中删除一个元素时,只能删除当前的栈顶元素,称为出栈或退栈。

就像铁路调度站一样。由于栈的插入和删除只能在栈顶进行,因此最先入栈的元素最后出栈,最后入栈的元素最先出栈,因此栈又称为后进先出(Last In First Out,LIFO)的线性表。栈的结构如图 7-6 所示。

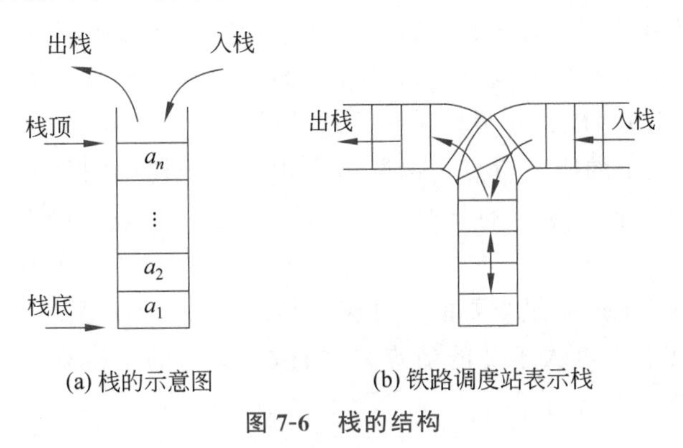

(a) 栈的示意图　(b) 铁路调度站表示栈

图 7-6　栈的结构

栈的基本操作除了在栈顶进行插入或删除外,还有栈的初始化、判空及取栈顶元素等。

栈一般采用顺序存储结构。即使用一个连续的存储区域存放栈元素,并设置一个指针 top,用来标示栈顶的位置,进栈和退栈只能在栈顶进行。

3. 队列

和栈相反,队列(Queue)是一种先进先出(First In First Out,FIFO)的线性表,它只允许在表的一端插入(队尾)元素,而在另一端删除元素(队首)。当队列中没有包含数据元素时,称为空队。向一个队列插入新的元素称为入队,此时,新插入的元素成为新的队尾元素;从队列中删除一个元素时,只能删除当前的队首元素,称为出队。这和人们日常生活中的排队是一致的,最早进入队列的元素最早离开。

假设队列为 $Q=(a_1,a_2,\cdots,a_n)$,那么 a_1 是队头元素,a_n 是队尾元素。队列的结构如图 7-7 所示。

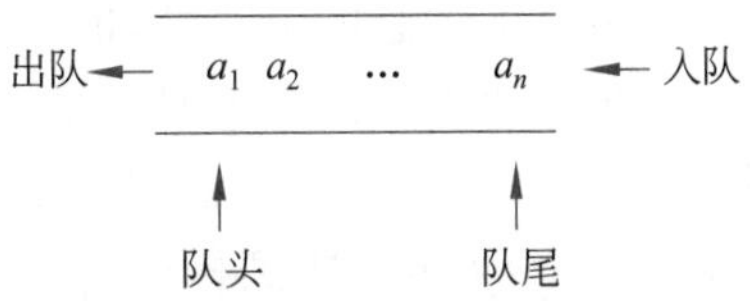

如果使用顺序存储结构,其中的数据要频繁地进行移动,因此,队列通常采用链式存储结构,设置两个指针,分别指向队首和队尾。利用这两个指针,可以知道队首和队尾的位置,从而便于执行出队和入队操作。队列的基本操作有初始化队列、入队、出队等。

图 7-7　队列的结构

4. 树和二叉树

树(Tree)是一类重要的非线性数据结构。树结构的数据元素(节点)之间有分支,并且具有层次关系,可用于表示数据元素之间一对多的关系。把它叫作“树”是因为它看起来像一棵倒挂的树,根朝上,叶朝下。树结构在客观世界中广泛存在,如人类社会的族谱和各种社会组织机构都可以用树来形象地表示。

图7-8(a)是有13个节点的树,A是根,一棵树有且仅有一个根。其余节点分成三个互斥的集合$T_1=\{B,E,F,K,L\}$、$T_2=\{C,G\}$、$T_3=\{D,H,I,J,M\}$,T_1、T_2、T_3都是A的子树,其本身也是一棵树。节点拥有的子树数称为节点的度。A的度为3,C的度为1,F的度为0。度为0的节点称为叶子或终端节点,K、L、F、G、M、I、J都是树的叶子。树的度是树内各节点的度的最大值,如图7-8(a)所示树的度为3。把一个节点的直接前驱称为该节点的双亲;反之,把一个节点的所有直接后继称为该节点的孩子。节点B是节点A的子节点,节点A是节点B的父节点。同一双亲的孩子之间互称为兄弟。节点K、L互为兄弟,节点H、I、J互为兄弟。将这些关系进一步推广,节点的祖先就是从根到该节点的所经分支上的所有节点。以某节点为根的子树中的任一节点都称为该节点的子孙。此外,双亲在同一层上的节点互为堂兄弟。树中节点的最大层次称为树的深度或高度。

二叉树(Binary Tree)是最重要的一种树状结构,它的特点是每个节点至多只有两棵子树(即二叉树中不存在度大于2的节点),并且,二叉树的子树有左、右之分,其次序不能任意颠倒,如图7-8(b)所示。

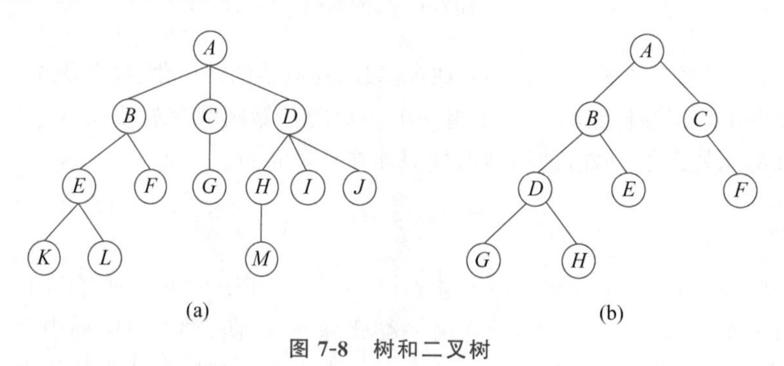

图7-8 树和二叉树

树的存储有双亲表示法、孩子表示法和双亲孩子表示法,每种表示法都有自己的优缺点。可以根据业务的要求,选择不同的表示法。

树的基本运算是遍历,其他运算可建立在遍历运算的基础上。所谓遍历,是指对树中所有节点的信息的访问,即依次对树中每个节点访问一次且仅访问一次。二叉树最重要的三种遍历方式是前序遍历(根-左子树-右子树)、中序遍历(左子树-根-右子树)和后序遍历(左子树-右子树-根)。以这三种方式遍历一棵树时,若按访问节点的先后次序将节点排列起来,可分别得到树中所有节点的前序列表、中序列表和后序列表。图7-8(b)的前序列表、中序列表、后序列表分别为$ABDGHECF$、$GDHBEACF$、$GHDEBFCA$。

5. 图

图是一种复杂的非线性结构,表示数据元素之间"多对多"的联系。图结构可以描述各种复杂的数据结构,如通信线路、交通航线、工序进度计划等。

图(Graph)由顶点和顶点之间边的集合组成,记作$G=(V,E)$。图中的节点(数据元素)称为顶点,V 是顶点的有穷非空集合;边是顶点的有序偶对,若两个顶点之间存在一条边,就表示这两个顶点具有相邻关系。E 是边的有穷集合。

图按照无方向和有方向分为无向图和有向图。若图中的边是有方向的,则称为有向图。有向图中的边称为弧或有向边,用尖括号括起的顶点偶对表示,如 $<V_1,V_2>$ 是从顶点 V_1 到顶点 V_2 的一条弧,V_1 是弧尾(始点),V_2 是弧头(终点)。图 7-9 中的 G_1 是有向图。若图中的边是无方向的,则是无向图。用括号括起的顶点偶对表示边,如 (V_1,V_2) 是顶点 V_1 与 V_2 之间的一条边。(V_1,V_2) 和 (V_2,V_1) 指的是同一条边,$<V_1,V_2>$ 和 $<V_2,V_1>$ 是两条不同的弧。图 7-9 中的 G_2 是无向图。

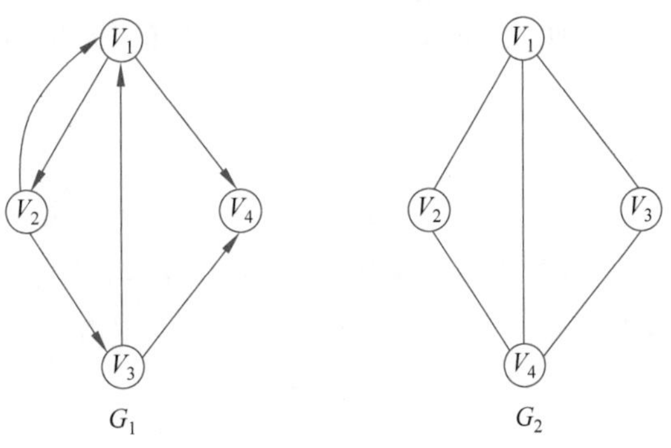

图 7-9 有向图和无向图

通常,在图中用 n 表示顶点的数目,e 表示边或弧的数目。有时,图的边或弧附有相关的数值,这种数值称为权,权可以表示一个顶点到另一个顶点的距离或时间耗费、开销等。如图 7-10 所示,每条边或弧都带权的图称为网。

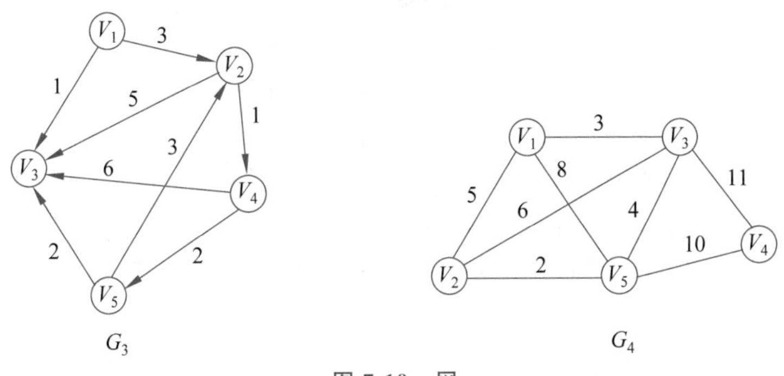

图 7-10 网

无向图中顶点 x 的度是与 x 相关联的边的数目。有向图中顶点 x 的度分为入度和出度,入度是以 x 为终点的弧的数目,出度是以 x 为始点的弧的数目。

如果任意两个顶点之间都存在边,则称为完全图,有向的完全图称为有向完全图。如果有无重复的边或者无顶点到自身的边,则称为简单图。如果任意两个顶点之间都存在路径,则称为连通图,有向的连通图称为强连通图。

图的存储有邻接矩阵、邻接表、十字链表等方法。

图的遍历和树的遍历类似,即从图中某一顶点出发访遍图中其余顶点,且使每个顶点仅被访问一次。对于图的遍历来说,要避免因回路陷入死循环,就需要科学地设计遍历方案。

7.3 算法分析

编写计算机程序时,研究和选择合理的算法是一项非常重要的工作。无论是数学领域的科学计算,还是管理领域、工程领域的数据处理,都离不开对算法的研究和应用。对于任意给定的问题,设计出复杂性尽可能低的算法是设计算法时追求的重要目标。当给定的问题有多种算法可供选择时,选择其中复杂性最低的,是选用算法时遵循的一个重要准则。

7.3.1 常用的算法

常用的算法有许多种,最基本的有递归算法、贪心算法、分治算法、回溯算法、分支限界算法和动态规划算法等。

1. 递归算法

递归算法是一种思考和解决问题的方式,是计算机科学的核心思想之一。递归算法的主要思想是将一个初始问题重复分解为比较小的、有相同形式的子问题,直到子问题足够简单,能够被理解并解决为止,然后将所有子问题的解组合起来得到初始问题的结果。许多高级程序设计语言都提供了支持递归运算的函数。

例如,为了计算阶乘,可以使用下面的定义:

$$n!=\begin{cases}1, & n=0\\ n\times(n-1)!, & n>0\end{cases}$$

此定义准确地给出了计算阶乘的方法。现在考虑计算 5!。由于 $5>0$,根据定义可得 $5!=5\times4!$。这个公式虽然简单了一些,但是依然不知道 4!的值。继续计算 4!,因为 $4>0$,可得 $4!=4\times3!$。同样,继续计算,可得 $3!=3\times2!$,$2!=2\times1!$。因为 $1>0$,可得 $1!=1\times0!$。可以根据定义单独处理 $n=0$ 的情况,$0!=1$。整个阶乘 5!的计算可以按照下式进行:

$$\begin{aligned}5!&=5\times4!=5\times(4\times3!)=5\times(4\times(3\times2!))=5\times(4\times(3\times(2\times1!)))\\&=5\times(4\times(3\times(2\times(1\times0!))))=5\times(4\times(3\times(2\times(1\times1))))\\&=5\times(4\times(3\times(2\times1)))=5\times(4\times(3\times2))=5\times(4\times6)\\&=5\times24=120\end{aligned}$$

上面的示例演示了递归算法的特征,即把问题转换为规模缩小了的同类问题的子问题,然后递归调用函数(或过程)获得问题的解。

2. 贪心算法

贪心算法背后隐藏的基本思想是从小的方案推广到大方案的解决方法。它分阶段工作,在每个阶段总是选择当前认为最好的方案,而不考虑将来的后果。所以,贪心算法只需随着过程的进行保持当前的最好方案。这种"眼下能多占便宜的就先占着"的贪心者的策略就是这类算法名称的来源。用这种策略设计的算法往往比较简单,但不能保证最后求得的解是最佳的。在许多情况下,最后求得的解即使不是最优的,只要它能够满足设计目的,这个算法就是具有价值的。下面举一个经典的例子,进一步说明贪心算法的设计思路。

典型的贪心算法的例子是找零钱问题:如果有一些硬币,其面值有1角、5分、2分和1分,要求用最少数量的硬币给顾客找某数额的零钱(如2角4分)。贪心算法的思路是每次选取最大面额的硬币,直到凑到所需要的找零数额。如2角4分的找零问题,首先考虑的是用"角",共需要两个1角,还余4分;考虑5分,再考虑2分,最后的结果是用两个1角和两个2分。当然,这种找零的方法不能保证最优。例如,若硬币中有面值7分的硬币,现在要找1角4分。贪心算法的结果是一个1角和两个2分;而实际上用两个7分就可以了。

从一系列整数中挑选最大值的整数也可以用贪心算法实现。其设计思路是:逐个查看这一系列整数,先认为第一个是最大的,然后查看下一个;若新观察到的整数比已知最大的整数还要大,则更新当前最大值,直到看完所有的整数。这就相当于拿一箩筐苹果让你挑一个最大的,你看到第一个就抓在手里,然后盯着筐里的下一个苹果;如果下一个苹果没有手里的苹果大,就把它扔在一边,若下一个苹果比手里的苹果大,就换一下手里的苹果,直到所有苹果都被比较了一遍。

此外,背包问题、马踏棋盘问题都是典型的贪心算法求解应用问题。

3. 分治算法

任何一个可以用计算机求解的问题所需的计算时间都与其规模有关。问题规模越小,解题所需的计算时间往往也越少,从而也越容易计算。想解决一个较大的问题,有时是相当困难的。分治算法的思想是将一个难以直接解决的大问题分割成一些规模较小的相同问题,以便各个击破,分而治之。

分治的基本思想是将一个规模为 n 的问题分解为 k 个规模较小的子问题,这些子问题互相独立且与原问题的性质相同。求出子问题的解,就可得到原问题的解。

分治算法的所需时间包括解决子问题所需的工作总量(由子问题的个数、解决每个子问题的工作量决定)及合并所有子问题所需的工作量。

分治算法是把任意大小问题尽可能地等分成两个子问题的递归算法。例如,二分法检索、棋盘覆盖问题、快速排序和日程问题等都是分治算法的应用。

4. 回溯算法

回溯算法是一种满足某些约束条件的穷举搜索法。它要求设计者找出所有可能的方法,然后选择其中一种方法,若该方法不可行,则试探下一种可能的方法。显然,穷举法(也称蛮力法)不是一个最好的算法选择,但当想不出别的更好的办法时,它也是一种有效解决问题的方法。

作为算法设计技术,回溯算法在许多情况下还是比较理想的。在一些算法中,其时间复杂度并不总是问题规模的多项式函数。例如,在数学中利用克莱姆法则求解 n 阶线性方程组,总共需要做 $(n^2-1)\,n!$ 次乘法运算。对规模为 n 的问题,若不存在一个时间复杂性为多项式函数 $P(n)$ 的算法来求解该问题,就称该问题是 NP 类问题,也就是难题。

回溯算法最典型的例子是 n 皇后问题。这个问题是:将 n 个皇后放到 $n\times n$ 的棋盘上,使得任何两个皇后之间不能互相攻击,也就是说,任何两个皇后不能在一行、一列或一条对角线上。

假设 $n=4$,如图 7-11 所示。

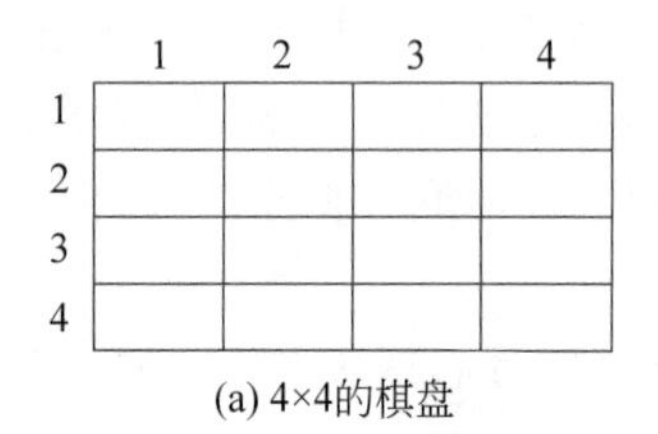

(a) 4×4的棋盘

(b) 皇后位置

图 7-11 4 皇后问题

假设每个皇后 $Q_1\sim Q_4$ 占据一行,要考虑的是给皇后在棋盘上分配一个列。应用回溯法的思路,求解过程从空棋盘开始,按顺序进行尝试。

S1:将 Q_1 放到第一行的第一个可能位置,就是第 1 列。

S2:考虑 Q_2。显然,第一列和第二列尝试失败,因此 Q_2 放到棋盘的(2,3) 位置上,也就是第 2 行第 3 列。

S3:接下来考虑 Q_3,发现 Q_3 已经无处可放。这时算法开始倒退(回溯),将 Q_2 放到第二个可能的位置,就是棋盘上的(2,4) 位置上。

S4:再考虑 Q_3,可以放到(3,2)。

S5:考虑 Q_4,无地方可放,尝试结束,再次回溯考虑 Q_3 的位置。

如此下去,直到回溯到 Q_1。排除 Q_1 原来的选择,Q_1 的第二个位置为(1,2),继续考虑 Q_2 的位置……最后的解(图 7-11(b))是:将 Q_1 放到(1,2) 位置上,Q_2 放到(2,4) 位置上,Q_3 放到(3,1) 位置上,Q_4 放到(4,3) 位置上。

这只是对 $n=4$ 的分析。当 $n=1$ 时,答案是明显的。当 $n=2$ 和 $n=3$ 时无解,对 $n>4$ 的情况,可应用同样的方法尝试各种可能,最后得到解。

综合以上过程,对回溯法最简单的解释就是"向前走,碰壁就回头"。

此外,迷宫问题、旅行售货员问题、装载问题等都可以应用回溯算法求解。

5. 分支限界算法

分支限界算法类似于回溯算法,也是一种在问题的解空间树 T 上搜索问题解的算法。但在一般情况下,分支限界算法与回溯算法的求解目标不同。回溯算法的求解目标是找出 T 中满足约束条件的所有解,而分支限界算法的求解目标是找出满足约束条件的一个解,或是在满足约束条件的解中找出使某一目标函数值达到极大或极小的解,即在某种意义下的最优解。

例如,单源最短路径问题、布线问题等都可以应用分支限界法求解。这种算法在人工智能上有非常好的应用。

6. 动态规划算法

动态规划算法通常用于求解具有某种最优性质的问题。在这类问题中,可能会有许多可行解。每个解都对应一个值,我们希望找到具有最优值的解。动态规划算法与分治算法类似,其基本思想也是将待求解问题分解成若干个问题,先求解子问题,然后从这些子问题的解得到原问题的解。与分治算法不同的是,适合用动态规划求解的问题,经分解得到子问题往往不是互相独立的。若用分治算法解这类问题,则分解得到的子问题数目太多,有些子问题被重复计算了很多次。如果能够保存已解决的子问题的答案,而在需要时再找出已求得的答案,这样就可以避免大量的重复计算,节省时间。可以用一个表记录所有已解的子问题的答案。不管该子问题以后是否被用到,只要它被计算过,就将其结果填入表中。这就是动态规划算法的基本思路。具体的动态规划算法多种多样,但它们具有相同的填表格式。

设计动态规划算法的步骤如下。

S1:找出最优解的性质,并刻画其结构特征。

S2:递归地定义最优值(写出动态规划方程)。

S3:以自底向上的方式计算出最优值。

S4:根据计算最优值时得到的信息,构造一个最优解。

S1～S3 是动态规划算法的基本步骤。在只需要求出最优值的情形,S4 可以省略,S3 中记录的信息也较少;若需要求出问题的一个最优解,则必须执行 S4,S3 中记录的信息必须足够多,以便构造最优解。

动态规划算法的有效性依赖于问题本身所具有的两个重要性质:最优子结构性质和子问题重叠性质。当问题的最优解包含其子问题的最优解时,称该问题具有最优子结构性质。在用递归算法自顶向下解问题时,每次产生的子问题并不总是新问题,有些子问题被反复计算多次。动态规划算法正是利用了这种子问题的重叠性质,对每个子问题只解一次,而后将其解保存在一个表格中,以后尽可能多地利用这些子问题的解。

工程耗费问题、求最短路径算法等都是动态规划算法的典型应用。

7.3.2 经典计算机算法问题

算法是计算机科学中一门古老而常新的学科,就像一个人的思维能力一样,其重要性对于计算机性能的分析、应用与改进有着不言而喻的地位。而随着计算机科学技术的发展,新的算法也随着新的应用渐渐出现,但总有一些算法由于其本身具有的特点以及对计算机科学发展做出的卓越贡献而成为经典。

1. 哥尼斯堡七桥问题

哥尼斯堡七桥问题引出了数学上有关图论研究的问题,在解决问题的方法上,则是一个对问题进行抽象的典型实例。

17世纪的东普鲁士有一座哥尼斯堡城,城中有一座奈佛夫岛,普雷格尔河的两条支流环绕其旁边,并将整个城市分成北区、东区、南区和岛区4个区域,全城共有7座桥将4个城区连起来,如图7-12所示。

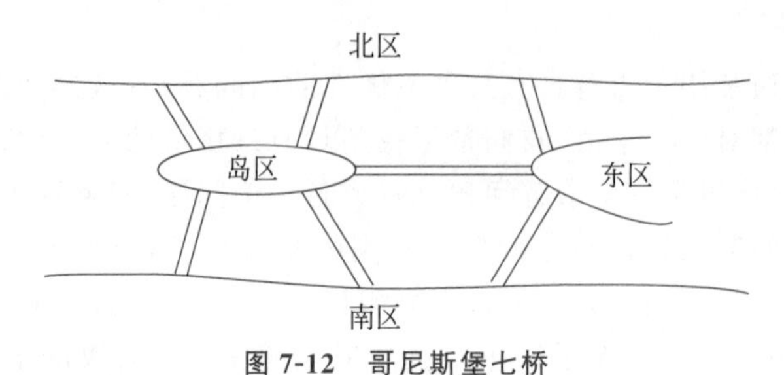

图7-12 哥尼斯堡七桥

通过这7座桥到各城区游玩,提出的问题是:寻找走遍这7座桥的路径,要求过每座桥只许走一次,最后又回到原出发点。

问题提出后,很多人对此很感兴趣,纷纷进行实验,但在相当长的时间里,始终未能解决该问题。而利用普通数学知识,每座桥均走一次,那么这7座桥所有的走法一共有7!=5040种,如果要一一实验,将会是很大的工作量。但怎么才能找到成功走过每座桥而不重复的路线呢?因而形成了著名的"哥尼斯堡七桥问题"。

哥尼斯堡七桥问题引起了著名数学家莱昂哈德·欧拉(Leonhard Euler)的关注。1736年,在经过一年的研究之后,欧拉提交了论文《哥尼斯堡七桥》,圆满解决了这一问题,同时开创了数学新分支——图论。

在论文中,欧拉将七桥问题抽象出来,把每块陆地考虑成一个点,连接两块陆地的桥用线表示,并由此得到如图7-13所示的几何图形。若分别用A、B、C、D 4个点表示哥尼斯堡的4个区域。这样,著名的"七桥问题"便转换为是否能够用一笔不重复地画出这7条线的问题了。若可以画出来,则图形中必有终点和起点,并且起点和终点应该是同一点。由对称性可知,以A或C为起点得到的效果是一样的,假设以A为起点和终点,则必有一条离开线和对应的进入线,若定义进入A的线的条数为入度,离开线的条数为出度,与A有关的线的条数为A的度,则A的出度和入度是相等的,即A的度应该为偶数。即要使得从A出发有解,则A的度数应该为偶数,而实际上,A的度数是3,为奇数,于是可知从A出发是无解的。同样,若从B或D出发,由于B、D的度数分别是5、3,都是奇数,即以B、D为起点都是无解的。

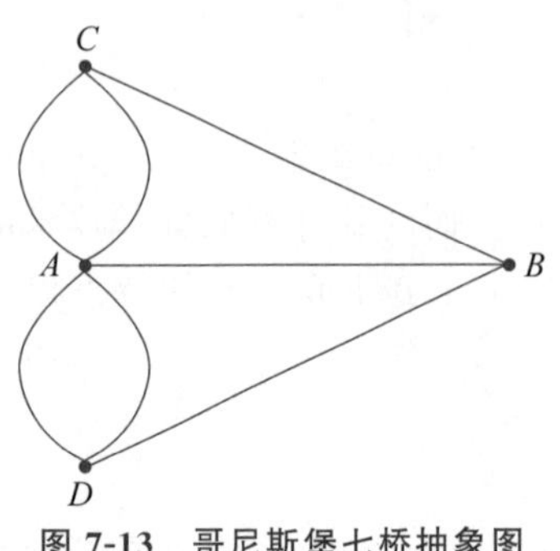

图7-13 哥尼斯堡七桥抽象图

综上可知,哥尼斯堡七桥问题所抽象出的数学问题是无解的,即"七桥问题"也是无解的。

欧拉给出了哥尼斯堡七桥问题的证明,还用数学方法给出了三条判定规则(判定每座桥恰好走过一次,不一定回到原点,即对欧拉路径的判定)。

如果通奇数座桥的地方不止两个,则满足要求的路线是找不到的。

如果只有两个地方通奇数座桥，则可以从这两个地方之一出发，找到所要求的路线。

如果没有一个地方是通奇数座桥的，则无论从哪里出发，所要求的路线都能实现。

根据第三点可以得出，任一连通图存在欧拉回路的充分必要条件是所有顶点均有偶数度。

欧拉解决问题的方法为抽象的方法。根据“寻找走遍这7座桥，且只许走过每座桥一次，最后又回到原出发点的路径”的问题，抽象出问题本质的东西，忽视问题非本质的东西。即将区域抽象为点、将桥抽象为边，使问题转换为“经过图中每边一次且仅一次的回路问题”。

2. 汉诺塔问题

计算机学科的问题，无非就是计算问题，从大的方面来说，分为可计算问题与不可计算问题。可计算问题是存在算法可解的问题，不可计算问题是不存在算法可解的问题。

汉诺塔问题源于印度的一个古老传说。上帝创造世界的时候做了三根金刚石柱子，在一根柱子上从下往上按大小顺序摞着64片黄金圆盘(图7-14)。上帝命令婆罗门把圆盘从下面开始按大小顺序重新摆放在另一根柱子上。并且规定，在小圆盘上不能放大圆盘，在三根柱子之间一次只能移动一个圆盘。

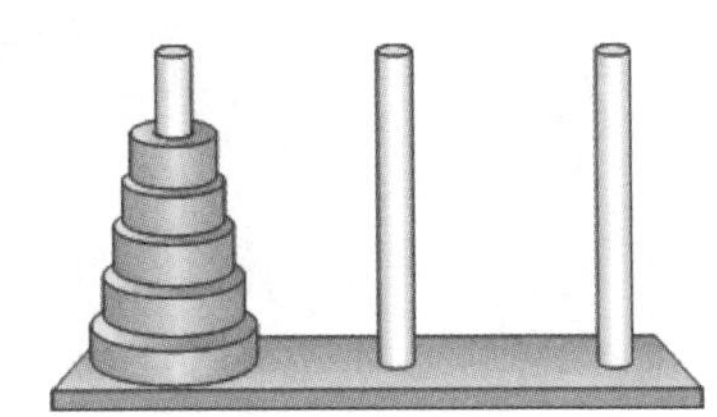

图7-14 汉诺塔

不管这个传说的可信度有多大，如果考虑把64片黄金圆盘从一根柱子上移到另一根柱子上，并且始终保持上小下大的顺序，需要移动多少次?

假设有n片黄金圆盘，移动次数是$f(n)$。显然，$f(1)=1$，$f(2)=3$，$f(3)=7$，且$f(k+1)=2\times f(k)+1$。不难证明$f(n)=2^{n-1}$。当$n=64$时，$f(64)=2^{64-1}=$ 18 446 744 073 709 551 615。假如每秒钟移动一次，平均每年有31 556 952s，经计算可知，移完这些黄金圆盘需要5845亿年以上，而地球存在至今不过45亿年，太阳系的预期寿命据说也就是数百亿年。

汉诺塔问题的算法非常简单，当盘子的个数为n时，移动的次数应等于2^{n-1}。后来，一位美国学者发现一种出人意料的简单方法，只要轮流进行两步操作就可以了。首先把三根柱子按顺序排成品字形，把所有的圆盘按从大到小的顺序放在柱子A上，根据圆盘的数量确定柱子的排放顺序：若n为偶数，按顺时针方向依次摆放A、B、C；若n为奇数，按顺时针方向依次摆放A、C、B。

S1：按顺时针方向把圆盘1从现在的柱子移到下一根柱子，即当n为偶数时，若圆盘1在柱子A上，则把它移到B；若圆盘1在柱子B上，则把它移到C；若圆盘1在柱子C上，则把它移到A。

S2：把另外两根柱子上可以移动的圆盘移到新的柱子上，即把非空柱子上的圆盘移到空柱子上，当两根柱子都非空时，移动较小的圆盘。这一步没有明确规定移动哪个圆盘，可能以为会有多种可能性，其实不然，可实施的行动是唯一的。

S3：反复进行S1、S2操作，最后就能按规定完成汉诺塔的移动。

所以,结果非常简单,就是按照移动规则向一个方向移动圆盘。如3阶汉诺塔的移动：A→C,A→B,C→B,A→C,B→A,B→C,A→C。

汉诺塔是一个只能采用递归方法进行计算的问题,时间复杂度为指数级。递归在可计算性理论与算法设计中都有很重要的地位。

3. 哲学家就餐问题

哲学家就餐问题是在计算机科学中的一个经典问题,用来演示在并行计算中多线程同步时产生的问题。1971年,著名的计算机科学家艾兹格·狄克斯特拉(Edsger Wybe Dijkstra)提出了一个同步问题,即假设有5台计算机都试图访问5个共享的磁带驱动器。之后,这个问题被托尼·霍尔(Tony Hoare)重新表述为哲学家就餐问题。这个问题可用于解释死锁和资源耗尽。

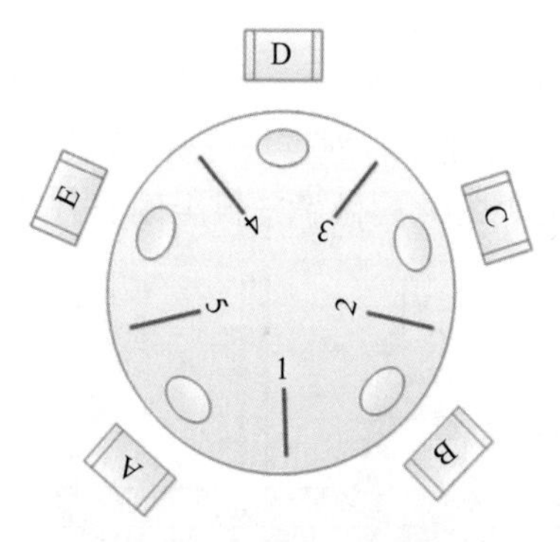

图7-15 哲学家就餐图

哲学家就餐问题涉及5个哲学家,共用一张放有5把椅子的餐桌,每人坐在一把椅子上,桌子上有5碗面和5根筷子,每人两边各放一根筷子。哲学家们是交替思考和就餐,饥饿时便试图取其左右最靠近他的筷子(图7-15)。

当哲学家思考时,他不和其他人交谈。当哲学家饥饿时,他将拿起和他相邻的两根筷子就餐,但他很可能仅拿到一根,此时旁边的另一根正在他邻居的手中。只有他同时拿到两根筷子时,才能开始就餐。就餐后,他将两根筷子分别放回原位,然后再次开始思考。由此,一个哲学家的生活进程可如下表示。

S1：思考问题。

S2：饿了停止思考,左手拿一根筷子(若拿不到,就等待)。

S3：右手拿一根筷子(若拿不到,就等待)。

S4：进餐。

S5：放右手筷子。

S6：放左手筷子。

S7：重新回到思考问题的状态S1。

如何协调5个哲学家的生活进程,使每个哲学家最终都可以就餐?

考虑下列两种情况。

一是按哲学家的活动,当所有的哲学家都同时拿起左手筷子时,则所有的哲学家都将拿不到右手的筷子,并处于等待状态,那么哲学家都将无法就餐,最终饿死。

二是将哲学家的活动修改一下,变成当右手的筷子拿不到时,就放下左手的筷子,这种情况是不是就没有问题?不一定,因为可能在一瞬间,所有的哲学家都同时拿起左手的筷子,自然就拿不到右手的筷子,于是都同时放下左手的筷子,等一会儿,又同时拿起左手的筷子,如此这样重复下去,所有的哲学家都无法用餐,最终饿死。

以上两方面的问题反映的是程序并发执行时进程同步的两个问题：一个是死锁,另一个是饥饿。

哲学家就餐问题实际上反映了计算机程序设计中多进程共享单个处理机资源时的并发控制问题。要防止这种情况发生，就必须建立一种机制，既要让每个哲学家都能用餐，又不能让任何一个哲学家始终拿着一根筷子不放。

解决哲学家就餐问题首先要找出对应的控制关系，设定相应的控制信号量。避免死锁也是解决该类问题的关键。

考虑如下算法：哲学家正在思考—取左侧筷子—取右侧筷子—吃饭—把右侧筷子放回桌子—把左侧筷子放回桌子。

对上述算法进行改进：至多只允许4个哲学家同时就餐，以保证至少有一个哲学家能够就餐，最终总会释放出他所使用过的两根筷子，从而可使更多的哲学家就餐。

再考虑以下算法：规定奇数号的哲学家先拿起他左边的筷子，然后再去拿他右边的筷子；偶数号的哲学家则相反。按此规定，将是1、2号哲学家竞争1号筷子，3、4号哲学家竞争3号筷子，即5个哲学家都竞争奇数号筷子，获得后，再去竞争偶数号筷子，最后总会有一个哲学家能获得两根筷子而就餐。申请不到的哲学家进入等待队列，根据先入先出原则，先申请的哲学家会较先吃饭，因此不会出现饿死的哲学家。

哲学家就餐问题是计算机系统中一个常见且复杂的同步问题，它可为多个竞争进程或线程互斥地访问有限资源问题的解决提供思路，并有人不断提出解决问题的新算法。

4. 旅行商问题

旅行商问题(Traveling Saleman Problem，TSP)又译为旅行推销员问题、货郎担问题，是最基本的路线问题，该问题是在寻求单一旅行者由起点出发，通过所有给定的需求点后，最后再回到原点的最小路径成本。

旅行商问题可描述为：有若干城市，任何两个城市之间的距离都是确定的，现要求一个旅行商从某城市出发，必须经过每个城市且只能在每个城市逗留一次，最后回到原出发城市。如何事先确定好一条最短的路线，使其旅行的费用最少？

如果有3个城市A、B和C，它们互相之间都有往返的飞机，而且起始城市是任意的，则有6种访问每个城市的次序：ABC、ACB、BAC、BCA、CAB、CBA；若有4个城市，则有24种次序，可以用阶乘 $4!=4\times3!=4\times3\times2\times1=24$ 表示；若有5个城市，则有 $5!=5\times4!=120$ 种次序，类似的有 $6!=720$ 等。很显然，路径数呈指数级数规律急剧增长，以达到无法计算的地步，这就是“组合爆炸问题”。因此，寻找切实可行的简化求解方法成为问题的关键。

旅行商问题的应用领域包括：如何规划最合理、高效的道路交通，以减少拥堵；如何更好地规划物流，以减少运营成本；在互联网环境中如何更好地设置节点，以更好地让信息流动等。

7.4 思考与实践

学习提高

7.4.1 问题思考

1. 什么是算法？算法的基本特征是什么？

2. 算法的衡量标准有哪些？
3. 如何对算法进行描述？
4. 什么是数据结构？数据元素相互之间的关系有哪些形式？
5. 常用的数据结构有哪些？
6. 最基本的算法有哪几种？

7.4.2 课外讨论

1. 简述算法在计算机应用上的重要性。
2. 如何判断计算过程是否为一个算法？判断下列过程是否为算法。

S1：开始。

S2：$n<=0$。

S3：$n=n+1$。

S4：重复 S3。

S5：结束。

3. 同一问题可用不同算法解决，如何评价一个算法的优劣？
4. 数据结构中，线性结构和非线性结构的主要区别是什么？
5. 用分治算法解决问题的基本思想是什么？
6. 经典计算机算法问题的现实意义是什么？

7.4.3 实践活动

分析构成递归必须具有的条件，写出斐波那契数列 1、1、2、3、5、8、13、21、34、……的递归算法。

在线作业

第8章 chapter 8

程序设计

计算机之所以能自动连续地进行工作，最根本的原因就在于"存储程序"和"程序控制"。要让计算机完成预定的工作，就需要将计算机处理问题的步骤用计算机能够识别的指令编写出来，这就是程序设计。

8.1 程序设计基础

程序设计是软件开发过程中的一个重要环节。在计算机技术发展的早期，由于机器资源比较昂贵，程序的时间和空间代价往往是设计时关心的主要因素；随着计算机硬件技术的飞速发展和软件规模的日益庞大，程序的结构、可维护性、复用性、可扩展性等成为设计中关注的重要因素。

8.1.1 程序设计的基本概念

程序设计(Programming)是给出解决特定问题程序的过程，是软件构造活动的重要组成部分。由于程序是软件的本体，软件的质量主要通过程序的质量体现，所以，程序设计工作在计算机软件构造中占有重要地位。

1. 程序与程序设计

程序(Program)是指一组预定的工作指令流，它可以直接通过计算机执行。程序设计是程序的形成过程，它使得人类运用逻辑思维能力以及符号处理能力构造程序，使得借助计算机这样的设备能够完成预定的计算。

程序是人类思维的产物，是人类思想火花的时间定格，呈现表态特征。程序尽管固化了人类的智慧，却没有展示动态思维过程。而程序设计却是动态的。程序设计是一种创造性的劳动，反映了人类思维的规律和模式。伴随整个程序构造过程而形成的各种人类思维活动，对程序的最终形成起着核心作用。

2. 程序设计的起源

程序设计并不是计算机诞生后才有的。早在1801年，欧洲纺织业需要一批聪明而又灵活的纺织工人生产有复杂图案的织品。但不管这些工人如何灵巧,生产具有图案的织物既浪费时间,又浪费金钱。有一名叫约瑟夫·玛丽·雅卡尔(Joseph Marie Jacquard)的法国纺织工人仔细研究了织布机和纺织过程中的每个环节,并对机器应执行的每个步骤用打孔卡片实现。这种复杂图案编织的织布机甚至在20世纪70年代还可以在一些提花织布厂看到。约瑟夫·玛丽·雅卡尔虽然是一名织布工人,但却具备一名优秀的程序设计人员的素质,可以称得上是机器编程的第一人。计算机诞生以后,IBM公司将打孔卡片应用到了电子计算机上。

人们将复杂的步骤转换成机器能接受的特定指令,而机器可以按照指令执行任务,这就是程序设计的思想。

3. 程序设计的概念

程序设计是指设计、编制、调试程序的方法和过程。它是目标明确的智力活动。

按照结构性质,程序设计可分为结构化程序设计与非结构化程序设计。前者是指具有结构性的程序设计方法与过程,它具有由基本结构构成复杂结构的层次性,后者反之。按照用户的要求,程序设计可分为过程式程序设计与非过程式程序设计。前者是指使用过程式程序设计语言的程序设计,后者指使用非过程式程序设计语言的程序设计。按照程序设计的成分性质,程序设计可分为顺序程序设计、并发程序设计、并行程序设计、分布式程序设计。按照程序设计风格,程序设计可分为逻辑式程序设计、函数式程序设计、对象式程序设计。

程序设计是软件开发工作的重要部分,而软件开发是工程性的工作,工程性的工作往往遵循必要的规范。程序设计规范是进行程序设计的具体规定。程序设计规范往往会影响程序设计的功效以及软件的可靠性、易读性和易维护性。

8.1.2 程序设计的过程

程序设计不仅是简单的编写代码,而是一个使用程序设计语言产生一系列的告诉计算机该做什么的指令的过程。程序设计是软件开发过程中的一个重要环节。

1. 程序设计的基本步骤

对复杂程度较高的问题,想直接编写程序是不现实的,必须从分析问题描述入手,经过对解题算法的分析、设计,直至程序的编写、调试和运行等一系列过程,最终得到能够解决问题的计算机应用程序。程序设计的基本步骤简述如下。

(1) 分析问题。对于接受的任务,要认真分析,研究给定的条件,分析最后应达到的目标,找出解决问题的规律,从而给出问题的抽象数学模型。数学模型是进一步确定解决所代表数学问题的算法的基础。

(2) 设计算法。根据分析得到的数学模型设计解决问题的算法,并对算法用流程图或其他直观方式进行描述。这些描述方式比较简单、明确,能够比较明显地展示程序设计思想,是进行程序调试的重要参考。这一步也称为“逻辑编程”。数学模型和算法的结合将给出问题的解决方案。

(3) 编写程序。使用某种程序设计语言，根据上述算法描述，将已设计好的算法表达出来。使得非形式化的算法转变为形式化的由程序设计语言表达的算法，这个过程称为程序编制（编码）。程序的编写过程需要反复调试，才能得到可以运行且结果正确的程序。

(4) 程序测试。程序编写完成后必须经过科学、严格的测试，才能最大限度地保证程序的正确性。同时，通过测试可以对程序的性能做出评估。

(5) 编写文档。许多程序是提供给别人使用的，如同正式的产品应当提供产品说明书一样，正式提供给用户使用的程序，必须向用户提供程序说明书。内容应包括程序名称、程序功能、运行环境、程序的装入和启动、需要输入的数据，以及使用注意事项等。

通过上述过程可以看到，程序设计过程是算法、数据结构和程序设计语言统一的过程。问题和算法的最初描述，无论是描述形式还是描述内容，离最终以计算机语言描述的算法（程序）还有相当大的差距。如何从问题描述入手构造解决问题的算法，如何快速、合理地设计出结构和风格良好的高效程序，均涉及多方面的理论和技术，因此形成了计算机科学的一个重要分支——程序设计方法学。设计过程成为算法、数据结构以及程序设计方法学三方面相统一的过程，这三方面又称为程序设计三要素。

2. 程序设计的规范化要求

编写程序必须按照规范化的方法进行，并且养成良好的程序设计风格，确保程序的可读性和可维护性。

(1) 标识符。在程序中会使用大量的标识符。标识符的命名对程序的可读性有很大影响。标识符一般以英文字符、数字或下画线开头，名称应有实际的意义或者采用有含义的英文的缩写，即顾名思义。系统保留字和关键字一般不作标识符。标识符应使用统一的缩写规则和大小写规则。

例如，在 Java 语言中，常量名均采用大写方式，如 NAME；类名和接口名的首字母大写，其余字母小写，如 SimpleButton。

(2) 表达式。表达式是程序设计语言的重要组成部分。表达式的书写应清晰，使用必要的括号，以避免误解。表达式的使用应尽量使用库函数，对于复杂的计算，可先化简，以利于理解。

(3) 函数和过程。函数和过程是模块化设计的重要组成部分。每个模块都是由函数或过程组成的。应尽量提高模块的独立性，减少模块之间的联系。模块的规模设计不要过大，每个模块的语句不要过多，一般控制在一页左右，以便于阅读和理解。

(4) 程序行的排列格式。程序行的排列格式对程序的可读性有很大影响。程序中有很多语句是嵌套的，书写时应使用统一的缩进格式，以便清楚地反映程序的层次结构。

(5) 注释。注释虽然与程序的执行无关，但对程序的可读性和易理解性有直接影响。应当在程序的适当位置添加必要的注释，以说明程序、过程和语句等的功能及注意事项。

8.2 程序设计语言

程序设计语言是一种被标准化的交流工具,用来向计算机发送命令。由于当今所有的计算都需要程序设计语言才能完成,因此对从事计算机科学的人来说,掌握程序设计语言是非常重要的。

8.2.1 程序设计语言概述

程序设计语言(Programming Language)是指用于人与计算机之间通信的语言,是人与计算机之间传递信息的媒介,因为它是用来编写程序的,所以又称为编程语言。

1. 程序设计语言的概念

程序设计语言是用于书写计算机程序的语言。语言的基础是一组记号和一组规则,根据规则书写的记号串就是程序。人们如果想要告诉计算机需要完成的工作,就需要使用程序设计语言编写程序,让计算机去执行。

程序设计语言的描述一般分为语法、语义及语用。语法表示程序的结构或形式,即表示构成语言的各个记号之间的组合规律,但不涉及这些记号的特定含义;语义则是对于程序的解释,即表示按照各种方法所表示的各个记号的特定含义;语用表示了构成语言的各个记号和使用者的关系,涉及记号的来源、使用和影响。语用的实现有一个语境问题。语境是指理解和实现程序设计语言的环境,这种环境包括编译环境和运行环境。

一般来说,程序设计语言包括4种基本成分:数据成分,用于描述程序中所涉及的数据;运算成分,用于描述程序中所包含的运算;控制成分,用于表达程序中的控制构造;传输成分,用于表达程序中数据的传输。

2. 程序设计语言的演化

20世纪40年代至今,程序设计语言有了很大的发展。表8-1列出了一些重要的程序设计语言随时间演化的一个大致过程,从最初的面向机器的二进制机器语言到以助记符标识的符号语言(汇编语言),再到今天的类自然英语表示的高级语言,使得人们在设计程序时,由以机器为主到以解决问题为主,这极大地推动了计算机在各领域的应用。

表8-1 程序设计语言随时间的演化

年代	程序设计语言	范例	功能
1940—1950	机器语言	二进制编码	命令式
1950—1960	汇编语言	ASM、MASM	命令式
	高级语言	LISP	表处理式
		FORTRAN、COBOL等	命令式

续表

年 代	程序设计语言	范 例	功 能
1960—1970	高级语言	BASIC、C 等	命令式
1970—1980	高级语言	Pascal	命令式
		Prolog	函数式
		Smalltalk	面向对象
1980—1990	高级语言	Ada	命令式
		C++	面向对象
		Perl	命令式(服务器脚本语言)
1990 年至今	高级语言	Java、C# 、Python	面向对象
		PHP	命令式(服务器脚本语言)

程序设计语言是软件的重要方面,它的发展趋势是模块化、简明性、形式化、安全性和平台无关性。模块化指不仅语言具有模块成分,程序由模块组成,而且语言本身的结构也是模块化的。简明性涉及的基本概念不多,成分简单,结构清晰,易学易用。形式化是发展合适的形式体系,以描述语言的语法、语义、语用。安全性是创建安全保护机制,构建适当的安全体系和设计环境。平台无关性使设计的程序能够在不同平台上进行移植,不受平台的限制。

3. 程序设计语言的类型

程序设计语言

从发展历程看,程序设计语言的发展经历了机器语言、汇编语言、高级语言等类型。

(1) 机器语言。机器语言是第一代计算机语言。

电子计算机使用的是由"0"和"1"组成的二进制数。二进制是计算机语言的基础。计算机发明之初,人们只能用计算机的语言命令计算机工作,也就是写出一串串由"0"和"1"组成的指令序列交由计算机执行,这种计算机能够认识的语言就是机器语言(图 8-1)。

使用机器语言是十分痛苦的,特别是在程序有错需要修改时,更是如此。用机器语言编写的程序就是一个二进制文件。一条机器语言称为一条指令。由于每台计算机的指令系统各不相同,要想在一台计算机上执行在另一台计算机上编写的程序,必须另编程序,这就造成了重复工作。但机器语言是针对特定型号计算机的语言,运算效率是所有语言中最高的。

(2) 汇编语言。为了减轻使用机器语言编程的痛苦,人们进行了一种有益的改进:用一些简洁的英文字母、符号串替代一个特定的指令的二进制串。例如,用 ADD 代表加法,用 MOV 代表数据传递等,这样一来,人们很容易读懂并理解程序在干什么,纠错及维护都变得方便了,这种程序设计语言称为汇编语言,即第二代计算机语言(图 8-2)。但是,计算机是不认识这些符号的,这就需要一个专门的程序,负责将这些符号翻译成二进制数的机器语言,这种翻译程序称为汇编程序。

```
1101101011000100010 1100
```

图 8-1　机器语言程序

```
MOV DX, OFFSET FILE
MOV AL, 0
MOV AH, 3DH
INT 21H
JC OPERR
MOV HANDLE, AX
MOV BX, HANDLE
MOV DX, OFFSET BUF
MOV CX, 512
MOV AH, 3FH
INT 21H
JC READERR
CMP AX, 0
JE CLOSE
MOV BX, AX
MOV BUF [BX], '$'
MOV DX, OFFSET BUF
MOV AH, 9
INT 21H
JMP READ
```

图 8-2　汇编语言程序

汇编语言同样十分依赖于机器硬件，移植性不好，但效率仍十分高，针对计算机特定硬件而编制的汇编语言程序，能准确发挥计算机硬件的功能和特长，程序精练而质量高，所以至今仍是一种常用而强有力的软件开发工具。

(3) 高级语言。从最初与计算机交流的痛苦经历中，人们意识到，应该设计一种这样的语言：这种语言接近数学语言或人的自然语言，同时又不依赖计算机硬件，编出的程序能在所有计算机上通用。经过努力，1954 年，第一个完全脱离机器硬件的高级语言——FORTRAN 问世。

高级语言是一种与机器的指令系统无关、表达形式更接近被描述的问题的程序设计语言。这里所谓的"高级"并不意味着"高深"，而是表示它有别于与机器相关的机器语言和汇编语言，它独立于计算机系统，能够更容易被人掌握、更便于程序的编写。

```
#include<stdio.h>
void f(int *j);
{
  *j=9;
};

void main()
{
  printf("myProgram\n");
  i=1;
  printf("i"=,i);
  f(&i);
  printf("i=",i);
}
```

图 8-3　高级语言程序

高级语言的发展经历了从早期语言到结构化程序设计语言，从面向过程到非过程化程序语言的发展过程。1970 年，第一个结构化程序设计语言——Pascal 语言出现，标志着结构化程序设计时期的开始。20 世纪 80 年代初开始，在软件设计思想上又发生了一次革命，其成果就是面向对象的程序设计。其方法就是软件的集成化，如同硬件的集成电路一样，生产一些通用的、封装紧密的功能模块，称为软件集成块，它能相互组合完成具体的应用功能，同时又能重复使用。对使用者来说，只关心它的接口(输入量、输出量)及能实现的功能，至于如何实现，那是它内部的事，使用者完全不用关心。C++、Visual Basic、Delphi 就是面向对象程序设计语言的典型代表。

高级语言程序如图 8-3 所示。

高级语言的下一个发展目标是面向应用，也就是说，只需要告诉程序你要干什么，程序就能自动生成算法,自动进行处理,这就是非过程化的程序设计语言。

8.2.2 语言结构与运行环境

计算机程序设计过程中,程序员选择程序设计语言要针对多种因素进行综合考虑,其中包括程序设计语言的结构与运行环境。

1. 程序设计语言的结构

自然语言与程序设计语言基本体系结构对照见表8-2。两者都属于语言的范畴,所以都具备语言的基本结构。但程序设计语言是一种人工的形式化语言,其使用环境局限于计算机。计算机环境比人类生存的社会环境要简单得多,因而计算机程序设计语言也比自然语言简单。

表8-2 自然语言与程序设计语言基本体系结构对照

自然语言	程序设计语言
基本符号	基本符号
词汇	常量、变量、保留字、运算符
短语	表达式
句子	语句
段落	函数
描写	类、包
文章	程序

在计算机程序设计语言中,数据类型是十分重要的概念,它类似于片段语言中的词性。不同的调整词汇有不同的词性,如动词、形容词等。同一种词汇由于使用场合的不同,其含义也会有所改变,如主动与被动等。同样,在计算机程序设计语言中,不同的数据类型定义不同的词性,用于指明该类词汇所表达的数据的性质、大小范围,以及在该类数据上可以施加的基本运算。

数据类型越多,表达就越丰富,可以非常精确地实施各种方式的数据组织。当然,数据类型越多学习起来就会越困难。

局限于计算机的工作环境,计算机程序设计语言中的表达式一般有算术表达式、关系表达式和逻辑表达式三种。算术表达式主要用于各种计算,关系表达式主要用于表达各种基本条件,逻辑表达式主要用于表达复合条件,即组合多个基本条件以表达复杂的条件。

计算机程序设计语言中的语句一般有注释语句、计算赋值语句、输入/输出语句和流程控制语句4种。注释语句用于对程序功能和设计意图的说明,以便实现对程序的理解。赋值语句用于各种数据运算、逻辑运算等,并将运算的结果存放到指定位置。输入/输出语句用于将人们的数据输入计算机或将计算机内部的数据输出给人类,实现人与计算机间的交流。流程控制语句不对数据进行任何处理,它可以将各种处理片段按需要进行各种组合。正是这种组合,可以使人类设计出用于解决各种问题的程序,从而将人类解决问题的思想传达给计算机,利用计算机实现人类解决问题的思想。

函数是某种处理逻辑的抽象,也就是解决问题的抽象。通过函数可以实现各种处理逻辑的重用,也就是将同一种处理方法和思想用于相似的多个不同的数据集。函数可以作为计算赋值语句的一部分参与各种运算。

类是将某个数据集以及该数据集上的多种处理逻辑(函数)统一考虑的一种机制,它比函数的描写力度大,用于刻画问题域中的各种实体,其中数据集反映实体的静态属性,函数集反映实体的动态属性。包一般由多个类组合而成。

为了描述用于解决某个具体问题的程序,一方面涉及问题求解的算法,另一方面涉及计算机程序设计语言的相关知识。针对程序设计语言,除了它的词汇、短语和语句外,每种语言还定义了其自身的篇章结构(程序结构)。正像人们写信一样,除了需要表达的内容和思路(算法)外,还需要注意用词的准确、语句的通顺,以及书写格式。只有按照语言所定义的格式书写的程序,才能通过翻译程序的翻译,最终被计算机正确执行。

尽管不同语言有不同的定义,但总的来说,程序一般包含数据组织说明部分和算法处理逻辑描述部分,这与计算机的基本工作原理相吻合。因此,程序=数据结构+算法。

2. 语言处理系统

使用高级程序设计语言编写的程序称为源程序,必须经过程序设计语言处理系统的翻译后才能执行。程序设计语言处理系统有两种类型,即解释程序和编译程序。

(1) 解释程序。解释程序将高级程序设计语言书写的源程序作为输入,解释一句后就提交计算机执行一句,并不形成目标程序。就像外语翻译中的"口译"一样,说一句翻译一句,不产生全文的翻译文本。这种工作方式非常适合人通过终端设备与计算机会话,如在终端上打一条命令或语句,解释程序就立即将此语句解释成一条或几条指令并提交硬件立即执行且将执行结果反映到终端。

解释程序的突出优点是可简单地实现,且易于在解释执行过程中灵活、方便地插入修改和调试措施,但最大的缺点是执行效率很低。例如,需要多次重复执行的语句,采用编译程序时只需要翻译一次,但在解释程序中却需要重复翻译、重复执行。因此,解释程序一般适用于交互式会话语言,以及在调试状态下运行或运行时间与解释时间差不多的程序。

(2) 编译程序。编译程序是把用高级程序设计语言书写的源程序翻译成等价的计算机汇编语言或机器语言书写的目标程序的翻译程序。编译出的目标程序通常还要经历运行阶段,以便在运行程序的支持下运行,加工初始数据,算出所需的计算结果。

编译程序的实现算法较复杂,这是因为它所翻译的语句与目标语言的指令不是一对一关系,而是一对多关系;同时,也因为它要处理递归调用、动态存储分配、多种数据类型以及语句间的紧密依赖关系。但是,由于高级程序设计语言书写的程序具有易读、易移植和表达能力强等特点,所以编译程序广泛地用于翻译规模较大、复杂性较高,且需要高效运行的高级语言书写的源程序。

3. 语言环境

多数高级语言都有一些不能在编译时刻确定而要到运行时刻才能确定的特性。因此，与这些特征相关联的语言成分等价的目标代码在编译时不能全部生成，需要到运行时才能全部生成。这些语言成分只能采用解释方法处理。多数解释程序都是先对源程序进行处理，把它转换成某种中间形式，然后对中间形式的代码进行解释，而不是直接对源程序进行解释。这就是说，多数高级语言处理系统既非纯编译型，也非纯解释型，而是编译和解释混合型。

一个程序（特别是中、大规模的程序）中难免有错误。发现并排除源程序中的错误是语言处理系统的任务之一。通常，源程序的语法错误和静态语义错误都是由编译程序或解释程序发现的。排错能力的大小是评价编译程序和解释程序优劣的重要标志之一。源程序中的动态语义错误通常要在语言中加入某些排错设施（如跟踪、截断）来发现和排除。处理排错设施的程序是排错程序。

8.2.3 高级语言的分类

随着高级语言的出现和发展，计算机开辟了广泛的应用空间，现在程序员只要选择合适的程序设计语言，就可以解决想要解决的问题。在众多的高级语言中，每种高级语言都有一个它所擅长的方面，适合解决什么方面的问题以及解决问题的方法。一般情况下，根据计算机语言解决问题的方法及解决问题的种类，将计算机高级语言分为如图 8-4 所示的 5 大类。

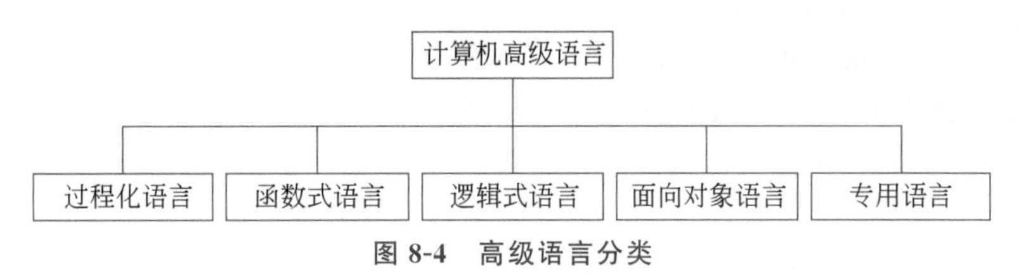

图 8-4　高级语言分类

1. 过程化语言

过程化语言又称为命令式语言或强制性语言，它采用与计算机硬件执行程序相同的方法执行程序。过程化语言的程序实际上是一套指令，这些指令从头到尾按一定的顺序执行，除非有其他指令强行控制，如 FORTRAN、COBOL、Pascal、BASIC、Ada、C 等。

过程化语言要求程序员通过寻找解决问题的算法进行程序设计，即将算法表示成命令的序列。每条指令都是一个为完成特定任务而对计算机系统发出的命令。

C 语言是一种面向过程的计算机程序设计语言，它是目前众多计算机语言中举世公认的优秀的结构化程序设计语言之一。它由美国贝尔研究所于 1972 年推出。1978 年后，C 语言已先后被移植到大、中、小及微型计算机上。

C 语言功能强大，是一种成功的系统描述语言，用 C 语言开发的 UNIX 操作系统就是一个成功的范例；同时，C 语言又是一种通用的程序设计语言，在国际上广泛流行。世界上很多著名的计算机公司都成功地开发了不同版本的C语言,很多优秀的应用程序也都使用C语言开发,它的应用范围广泛,不仅是在软件开发上,而且各类科研都需要用到C语言,具体应用如单片机以及嵌入式系统开发。

2. 函数式语言

函数式语言的语义基础是基于数学函数概念的值映射的λ算子可计算模型。这种语言非常适合进行人工智能等工作的计算。

用函数式语言设计程序实际上就是将预先定义好的"黑盒"连接在一起,如图8-5所示,每个"黑盒"都接收一定的输入并产生一定的输出,通过一系列输入到输出的映射,实现所要求的输入和输出的关系。"黑盒"又称为函数,这也是被称为函数式程序设计的原因。

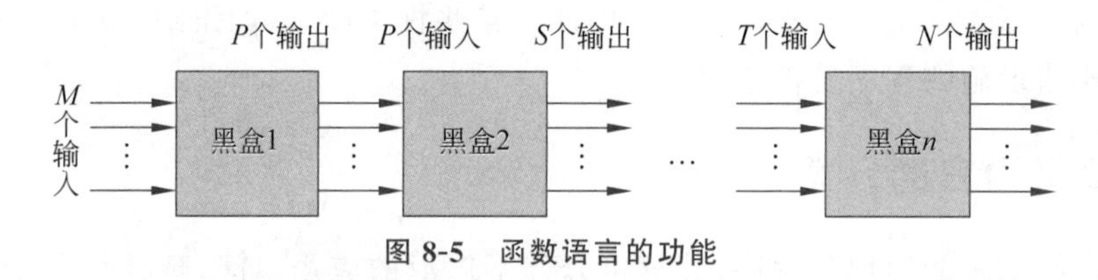

图8-5 函数语言的功能

函数式语言实现的功能主要是定义一系列基本函数,可供其他任何需要者调用;允许通过组合若干基本函数创建新的函数。

LISP和Scheme是函数式语言的代表。LISP语言是20世纪60年代早期由麻省理工学院设计开发的,它把列表作为处理对象,把所有的一切都看成列表。该语言没有统一标准,有多种不同的版本。到20世纪70年代,麻省理工学院开发了Scheme并将其作为函数式语言的标准。Scheme语言定义了一系列的基本函数。将函数和函数的输入列表写在括号内,其结果仍然是一个列表,该列表可作为另一个函数的输入列表。

例如,在Scheme语言中,函数car的作用是从列表中取出第1个元素,函数cdr的作用从列表中取出除第1个元素以外的所有元素。如有列表:

List=4 9 12 42 35 47 26

则

(car List)的结果为4。

(cdr List)的结果为9 12 42 35 47 26。

如果要从List表中取出第4个元素,则可以通过下面的函数组合获得想要的结果。

(car(cdr(cdr(cdr List))))

3. 逻辑式语言

逻辑式语言的语义基础是基于一组已知规则的形式逻辑系统。这种语言主要用在专家系统的实现中。逻辑式语言又称为声明式语言或说明性语言,它依据逻辑推理的原则回答查询,解决问题的基本算法就是反复地归纳总结和推理。构成语句的元素称为谓词,逻辑式语言的理论基础是数字领域中的形式逻辑理论,因为该语言主要是基于事实的推理，系统要收集大量的事实描述，程序一般针对特定的领域，所以比较适合人工智能这样特定的知识领域。最著名的逻辑式语言是 Prolog。

Prolog 语言是 20 世纪 70 年代在法国开发出来的。Prolog 系统中的程序全部由事实和规则组成，程序员的工作就是开发事实和规则的集合，这个集合可以描述问题已知的信息。

例如，描述海龟比蜗牛快的 Prolog 语句为

```
Faster(turtle,snai)
```

而描述兔子比海龟快的 Prolog 语句为

```
Faster(rabbit,turtle)
```

如果用户进行下面的询问：

```
? -Faster(rabbit,snail)
```

则根据已有的事实进行推演，得出肯定的回答（Yes）。

基于逻辑式语言的特点，要求程序员必须学习和掌握相关主题领域的知识，同时还应该掌握如何在逻辑上严谨地定义准则，才能使程序可以进行推导，并产生新的事实。

4. 面向对象语言

用过程化语言编写程序时，对象与操作是完全分开的。面向对象语言设计程序是，对象和操作是绑定在一起使用的。程序员要先定义对象和对象允许的操作及对象的属性，然后通过对象调用这些操作解决问题。

例如，考虑开发一个图形用户界面的系统，屏幕上的图标被实现为对象，这个对象包含描述它怎样反映发生的各种事件的过程的集合，这些事件包括图标（对象）被鼠标单击选中，或者被鼠标在屏幕上拖动等。因此，整个系统就是对象的集合，每个对象都能反映一些特殊的事件。

20 世纪 70 年代以来，面向对象的程序设计语言有了很大的发展，比较典型的面向对象语言有 Smalltalk、C++、Java、C#、Python 等，它们各有一些特性。

（1）Smalltalk。Smalltalk 是 20 世纪 70 年代开发出来的，是一个纯面向对象的语言，并且是完全基于对象和消息概念的第一种计算机语言，它清晰地支持类、方法、消息和继承的概念。所有的 Smalltalk 代码都是由发送到对象的消息链组成的。大量的预先定义的类使得这个系统有强大的功能。

（2）C++。C++ 语言是 20 世纪 80 年代由贝尔实验室在 C 语言的基础上开发出来的，它使用类作为一种新的自定义数据类型，由于 C++ 语言既有数据抽象和面向对象能力，运行性能高，又能与 C 语言相兼容。目前，C++ 语言已成为面向对象程序设计的主流语言。

（3）Java。Java 语言是 20 世纪 90 年代由 Sun 公司在 C 和 C++ 的基础上开发的。

Java是一种简单的、面向对象的、分布式的、解释型的、健壮安全的、结构中立的、可移植的、性能优异的、多线程的静态语言。

Java语言的优良特性使得Java应用具有无比的健壮性和可靠性,这也减少了应用系统的维护费用。Java对对象技术的全面支持和Java平台内嵌的API能缩短应用系统的开发时间并降低成本。Java的编译一次、到处可运行的特性使得它能够提供一个随处可用的开放结构和在多平台之间传递信息的低成本方式。特别是Java企业应用编程接口(Java Enterprise APIs)为企业计算及电子商务应用系统提供了有关技术和丰富的类库。因此,Java语言迅速在各种应用领域受到重视,特别是在Web上的应用。

(4) C#。C#语言是2000年由微软公司开发的。从语言的角度出发,C#与C++就像是亲兄弟,但是用C#语言设计程序时,必须在微软公司开发的.NET框架上。在C#中,只允许单继承,没有全局变量,也没有全局函数。在C#中,所有过程和操作都必须封装在一个类中,C#适合开发基于Web的应用程序。

(5) Python。Python是一种面向对象、解释型的计算机程序设计语言,由Guido van Rossum于1989年年底发明,第一个公开发行版发行于1991年。Python语法简洁而清晰,具有丰富和强大的类库。它能够把用其他语言制作的各种模块(尤其是C/C++)很轻松地连接在一起。常见的一种应用情形是使用Python快速生成程序的原型(有时甚至是程序的最终界面),然后对其中有特别要求的部分用更合适的语言改写。例如,3D游戏中的图形渲染模块,性能要求特别高,就可以用C/C++重写,而后封装为Python可以调用的扩展类库。

5. 专用语言

近十几年来,随着Internet的发展,出现了一些更适合网络环境的程序设计语言,这些语言或者属于上述某一种类型的语言,或者属于上述多种类型混合的语言,适合特殊的任务,称为专用语言,如HTML、Perl、PHP和SQL等。

(1) HTML。HTML(HyperText Markup Language,超文本标记语言)是由格式标记和超链接组成的伪语言。HTML文件由文件头文本和标记组成,一个HTML文件代表一个网页,存储在服务器端,可以通过浏览器访问或下载。浏览器会删除HTML文件中的标记,并将它们解释成格式指令或是链接到其他文件。

(2) Perl。Perl(Practical extraction and report language)是一种解释性语言,是UNIX系统中一个非常有用的工具。它有很强的字符串处理能力,能使程序方便地从字符串中提取所需的信息,轻松地面对复杂的字符串处理。

(3) PHP。PHP(Hypertext Preprocessor)是一种类似于C的语言,来源于C、Perl和Java,但不具备Java中的面向对象特征。PHP程序在服务器上运行,它的运行结果是向客户端输出一个HTML文件。PHP语言的价值在于它是一个应用程序服务器。

(4) SQL。SQL(Structured Query Language)是美国国家标准协会(ANSI)和国际标准化组织(ISO)用于关系数据库的结构化语言。SQL是一种描述性语言,而不是过程化语言,程序员在程序中可直接用SQL描述对数据的操作,不需要编写对数据库操作的算法。

8.3 程序设计方法

随着计算机的快速发展,程序设计方法也随之不断进步。20 世纪 70 年代以前,程序设计方法主要采用流程图,结构化设计(Structure Programming,SP)也趋于成熟,整个 20 世纪 80 年代,SP 是主要的程序设计方法。随着信息系统的加速发展,应用程序日趋复杂化和大型化。20 世纪 80 年代后,面向对象的程序设计(Object Orient Programming,OOP)技术日趋成熟,并逐渐为计算机界所理解和接受。面向对象的程序设计方法和技术是目前软件研究和应用开发中最活跃的一个领域。

8.3.1 结构化程序设计

结构化程序设计的概念是在 20 世纪 60 年代末提出来的,其实质是控制编程的复杂性,强调程序设计风格和程序结构的规范化,提倡清晰的结构。结构化程序设计曾被称为软件发展中的继子程序和高级语言后的第三个里程碑。

1. 结构化程序设计的思想

结构化程序设计方法的主要观点:采用自顶向下、逐步求精的程序设计方法;使用顺序、选择、循环三种基本控制结构构造程序;以模块化设计为中心,将待开发的软件系统划分为若干相互独立的模块,使得完成每个模块的工作变得单纯而明确,为设计一些较大的软件打下良好的基础。

【例 8-1】 读入一组整数,要求统计其中的正整数和负整数的个数。

该任务的顶层模块可设计为以下三个。

M_1:读入数据。

M_2:统计正、负数个数。

M_3:输出结果。

其中,M_2 可继续细化为以下模块。

$M_{2\text{-}1}$:正整数个数为 0,负整数个数为 0。

$M_{2\text{-}2}$:取第一个数。

$M_{2\text{-}3}$:重复执行以下步骤,直到数据统计完。

  $M_{2\text{-}3\text{-}1}$:若该数大于 0,则正整数个数加 1。

  $M_{2\text{-}3\text{-}2}$:若该数小于 0,则负整数个数加 1。

  $M_{2\text{-}3\text{-}3}$:取下一个数。

结构化程序设计又称为面向过程的程序设计。在面向过程的程序设计中,问题被看作一系列需要完成的任务,函数(在此泛指例程、函数、过程)用于完成这些任务,解决问题的焦点集中于函数。其中,函数是面向过程的,即它关注如何根据规定的条件完成指定的任务。

2. 基本控制结构

结构化程序设计使用顺序、选择、循环三种基本控制结构构造程序。

(1) 顺序结构。顺序结构的程序设计是最简单的,只要按照解决问题的顺序写出相应的语句就行,它的执行顺序是自上而下,依次执行,如图 8-6 所示。

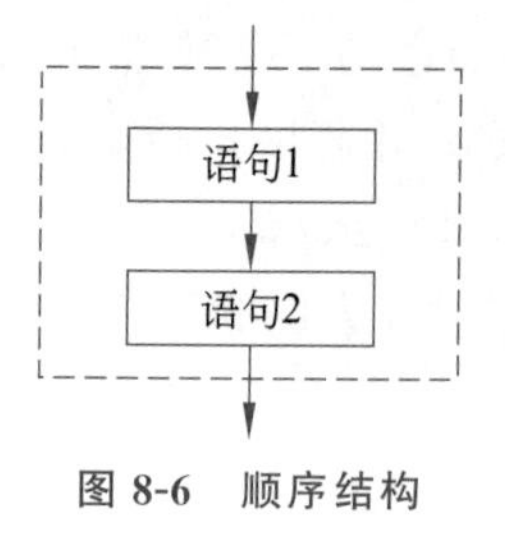

图 8-6 顺序结构

(2) 选择结构。选择结构用于判断给定的条件,根据判断的结果控制程序的流程。使用选择结构语句时,通常要用条件表达式描述条件。选择结构既可以实现单一条件的选择,若满足条件,则输出,若不满足,则不输出;也可以实现多种条件的选择,如根据百分制分数实现按等级输出 ABCDE,如图 8-7 所示。

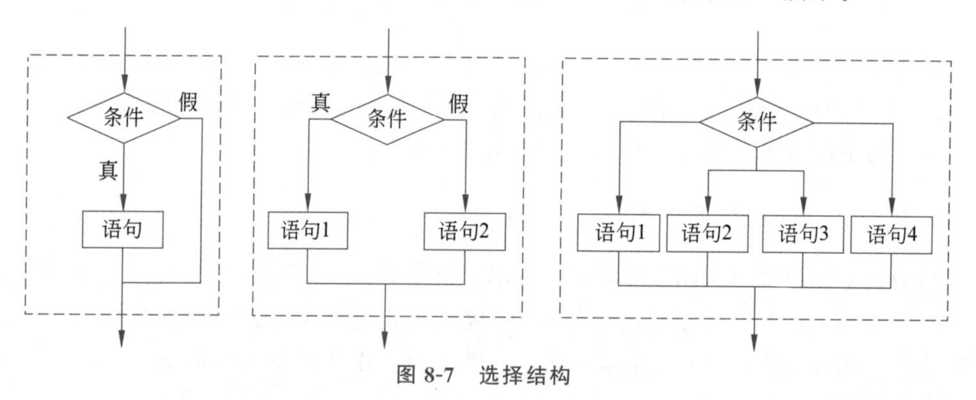

图 8-7 选择结构

(3) 循环结构。循环结构为程序描述重复计算过程提供了控制手段。循环结构可以看成一个条件判断语句和一个转向语句的组合。循环结构的三个要素为循环变量、循环体和循环终止条件,如图 8-8 所示。

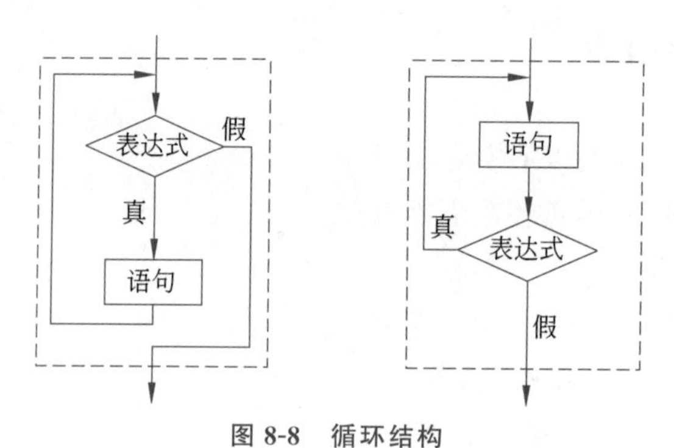

图 8-8 循环结构

8.3.2 面向对象的程序设计

结构化程序设计方法曾一度成为程序设计的主流方法,但到 20 世纪 80 年代末,这种方法开始逐渐暴露出缺陷。首先,结构化程序设计方法难以适应大型软件的设计。在大型多文件软件系统中，随着数据量的增大，由于数据与数据处理相对独立，程序变得越来越难以理解，文件之间的数据沟通也变得困难，还容易产生意想不到的“副作用”。其次，程序可重用性差。结构化程序设计方法不具备建立“软件部件”的工具，即使是面对老问题，数据类型的变化或处理方法的改变都必将导致重新设计。这种额外开销与可重用性相左，称为“重复投入”。这些由结构化程序设计的特点导致的缺陷，其本身无法克服。而越来越多的大型程序设计又要求必须克服它们，最终导致“面向对象”设计方法的产生。

1. 面向对象基本原理

面向对象方法学是面向对象程序开发技术的理论基础。基于该理论基础，人类不但创造出与人类思维方式和手段相对应的面向对象程序设计语言，而且使得程序开发过程与人类的认知过程同步，通过对人类认识客观世界及事物发展过程的抽象，建立了规范化的分析设计方法，由此带来软件模块化特色突出、可读性好、易维护性强等一系列优点。

根据人类对客观世界的认知规律、思维方式和方法，面向对象方法学对复杂的客观世界进行抽象和认识。客观世界(事物)由许多各种各样的被称为对象的实体组成，对象是构成客观事物的基本单元；对象是一个具有封装性和信息隐藏的模块，每个对象都具有各自的内部状态和运动规律，在外界其他对象或环境的影响下，对象本身根据发生的具体事件做出不同的反应；按照对象的属性和运动规律的相似性，可以将相近的对象划分为一类；客观事物具有可分解性及可组合性，复杂的对象由相对简单的对象通过一定的方式组成；不同对象的组合及其间的相互作用和联系构成了各种不同的系统，构成了人们所面对的客观世界。根据这些基本观点，结合人类认知规律制定出进行分析和设计的策略、步骤，就产生了面向对象的分析与设计方法。

2. 面向对象程序设计

面向对象程序设计(Object Oriented Programming，OOP)是一种计算机编程架构。面向对象程序设计的一条基本原则是计算机程序由单个能够起到子程序作用的单元或对象组合而成。

面向对象程序设计＝对象＋类＋继承＋多态＋消息

其中，核心概念是类和对象。

面向对象程序设计以对象为核心，该方法认为程序由一系列对象组成。类是对现实世界的抽象，包括表示静态属性的数据和对数据的操作，对象是类的实例化。对象间通过消息传递相互通信，模拟现实世界中不同实体间的联系。在面向对象的程序设计中，对象是组成程序的基本模块。

(1) 对象。对象是要研究的任何事物，它不仅能表示有形的实体，也能表示无形的(抽象的)规则、计划或事件。对象由数据(描述事物的属性)和作用于数据的操作(体现事物的行为)构成一个独立整体。从程序设计者来看，对象是一个程序模块，从用户来看，对象为他们提供用户所希望的行为。作用于数据的操作通常称为方法。

(2) 类。类是对象的模板,即类是对一组有相同属性和相同操作的对象的定义,一个类所包含的方法和数据描述一组对象的共同属性和行为。类是在对象之上的抽象,对象则是类的具体化,是类的实例。

(3) 继承。继承是子类自动共享父类数据和方法的机制,它由类的派生功能体现。一个类直接继承其他类的全部描述,同时可修改和扩充。类的对象是各自封闭的,如果没有继承性机制,则类中的数据、方法就会出现大量重复。继承不仅支持系统的可重用性,而且促进系统的可扩充性。

(4) 多态。对象根据所接收的消息做出动作,同一消息为不同的对象接收时可产生完全不同的行动,这种现象称为多态性。利用多态性,用户可发送一个通用的信息,而将所有的实现细节都留给接收消息的对象自行决定,使得同一消息可调用不同的方法。

(5) 消息。消息是对象之间进行通信的一种规格说明,一般由三部分组成:接收消息的对象、消息名及实际变元。

面向对象程序设计旨在创建软件重用代码,具备更好的模拟现实世界环境的能力,这使它被公认为自上而下程序设计的最佳选择。面向对象程序设计语言使得复杂的工作条理清晰、编写容易。

面向对象程序开发过程一般分为面向对象分析、面向对象设计和面向对象程序设计三个阶段。通常人们谈论的面向对象程序设计往往是包含这三个过程的广义的程序设计。对于大型程序,前两步尤为重要,应该由专门人员使用规范的面向对象分析与设计工具进行,其输出一般是以各种图表示的静态模型和动态模型,由于它们与程序设计语言(尤其是面向对象程序设计语言)的语法之间有较好的对应关系,因此程序很容易将这些模型转换为面向对象程序。

学习提高

8.4 思考与实践

8.4.1 问题思考

1. 什么是程序?程序的作用是什么?
2. 什么是程序设计?程序设计的基本步骤有哪些?
3. 程序设计语言的发展遵从什么原则?
4. 高级程序设计语言包括哪几种类型?
5. 结构化程序设计的控制结构有哪几种?
6. 面向对象程序设计方法的基本原理是什么?

8.4.2 课外讨论

1. 为什么编写程序必须按照规范化的方法进行?
2. 说明机器语言、汇编语言和高级语言的不同特点和使用场合。
3. 简要谈谈你所了解的一门程序设计语言和使用体会。

4. 简述程序设计语言的发展趋势。

5. 结构化程序设计与面向对象程序设计有什么不同?

6. 谈谈你对著名公式“程序=数据结构+算法”的理解。

8.4.3 实践活动

通过市场调研或互联网搜索,分析热门编程语言及其应用领域。

在线作业

第9章 chapter 9

数据管理与大数据

从20世纪50年代中期开始，计算机应用从科学研究部门扩展到企业管理及政府行政部门，计算机所面对的是数量惊人的各种类型的数据。为了有效地管理和利用这些数据，就产生了计算机数据管理技术。随着数据管理规模的扩大，不断产生新的数据管理技术与手段。大数据的出现，使数据管理进入一个全新的阶段。

9.1 数据管理基础

数据管理即运用计算机对大量不同类型的数据进行组织、管理及利用，是计算机的一个重要应用领域。计算机数据管理的目的是从大量原始数据中抽取、推导出对人们有价值的信息，作为人们行动与决策的依据。人们借助计算机保存和管理复杂的数据，以便方便而充分地利用这些信息资源。

9.1.1 数据与数据管理

对信息资源的开发利用离不开数据管理技术，数据管理技术涉及的主要概念有数据与信息、数据处理与数据管理。

1. 数据与信息

数据(Data)是指对客观事件进行记录并可以鉴别的符号，是对客观事物的性质、状态以及相互关系等进行记载的物理符号或这些物理符号的组合。数据不仅指狭义上的数字，还可以是具有一定意义的文字、字母、数字符号的组合、图形、图像、视频、音频等，也是客观事物的属性、数量、位置及其相互关系的抽象表示。例如，“0、1、2、……”“阴、雨、下降、气温”、学生的档案记录、货物的运输情况等都是数据。

在计算机科学中，数据是所有能输入计算机并被计算机程序处理符号的总称，是用于输入计算机进行处理，具有一定意义的数字、字母、符号和模拟量等的通称。计算机存储和处理的对象十分广泛，表示这些对象的数据也随之变得越来越复杂。

数据的表现形式还不能完全表达其内容，需要经过解释，数据和关于数据的解释是不可分的。例如，95是一个数据，可以是一个同学某门课的成绩，也可以是某个人的体重，还可以是某班的学生人数。数据的解释是指对数据含义的说明，数据的含义称为数据的语义，数据及其语义构成信息（Information）。

数据是信息的表现形式和载体，而信息是数据的内涵，信息加载于数据之上，对数据做出具有含义的解释。数据和信息是不可分离的，信息依赖数据来表达，数据则生动具体地表达出信息。

2. 数据处理与数据管理

数据处理（Data Processing）是将数据转换成信息的过程，包括对数据进行采集、管理、加工、变换和传输等一系列活动。数据处理的目的有两个，其一是从大量的原始数据中抽取和推导出有价值的信息，作为决策的依据；其二是借计算机保存和管理大量复杂的数据，便于人们充分地利用这些信息资源。

数据管理（Data Management）是数据处理的核心，主要包括数据的分类、组织、编码、存储、维护、检索等操作。由于可利用的数据呈爆炸性增长，且数据的种类繁杂，从数据管理角度而言，不仅要使用数据，而且要有效地管理数据。因此，需要一个通用的、使用方便且高效的管理软件，把数据有效地管理起来。数据库技术正是瞄准这一目标，研究、发展并完善起来的。

9.1.2 数据管理技术的发展

数据管理技术通过研究数据的组织结构、存储、设计、管理以及应用的基本理论和实现方法，实现对数据的处理、分析和理解。现代数据管理技术的研究解决了计算机信息处理过程中大量数据无法有效地组织、存储、处理、共享等问题。

几十年来，数据管理技术随着计算机硬件和软件技术的发展而不断发展。到目前为止，数据管理技术的发展经历了三个阶段：人工管理阶段、文件系统阶段和数据库系统阶段。每一阶段的发展以数据存储冗余不断减小、数据独立性不断增强、数据操作更加方便和简单为标志。

1. 人工管理阶段

人工管理阶段主要指从计算机诞生到20世纪50年代中期的这一个时期，计算机的主要应用是科学计算，处理的是数字数据，数据量不大。当时计算机没有操作系统（实际上当时根本没有操作系统的概念），没有数据的管理软件，以批处理方式对数据进行计算。计算机硬件本身也没有磁盘，所使用的“存储设备”是磁带、卡片等。

人工处理阶段数据管理技术的特点体现在以下几方面。

(1) 数据不保存。一是当时计算机所处理的数据量很小，不需要保存；二是计算机本身就没有有效的存储设备。

(2) 数据缺乏独立性和有效的组织方式。这体现在数据依赖于应用程序，缺乏共享性。其原因在于，数据的逻辑结构跟程序是紧密联系在一起的，程序A处理的数据，对程序B而言可能就无法识别，更谈不上处理。解决的办法是修改数据的逻辑结构，或者修改应用程序。显然，这种数据管理方法仅适用于小量数据，对大量数据则是低效的。

(3) 数据为程序所拥有,冗余度高。由于数据缺乏独立性,一组数据只能为一个程序所拥有,而不能同时为多个程序所共享,这就造成了一份数据的多个拷贝,各程序之间存在大量重复的数据,从而产生了大量的冗余数据。

2. 文件系统阶段

文件系统阶段是从20世纪50年代后期到20世纪60年代中期的这一段时间。这个时期中,计算机除了用于科学计算以外,还大量用于数据的管理。这时,计算机已经有了操作系统,并且在操作系统之上开发了一种专门用于数据管理的软件——文件管理系统。在文件管理系统中,数据的批处理方法发展到了文件的批处理方式,且还可以实现一定程度的联机实时处理。计算机硬件本身出现了磁盘、磁鼓等外部存储设备。

计算机的应用从单纯的科学计算逐步转移到数据处理,特别是在该阶段的后期,数据处理已经成为计算机应用的主要目的。主要限于对文件的插入、删除、修改和查询等基本操作。

数据按照一定的逻辑结构组成文件,并通过文件实现数据的外部存储。即数据以文件的方式存储在外部存储设备中,如磁盘、磁鼓等。数据具有一定的独立性。由于数据以文件的方式存储,文件的逻辑结构与存储结构可以自由地进行转换,所以多个程序可以通过文件系统对同一数据进行访问,实现了一定程度的数据共享。文件形式具有多样化,除了数据文件以外还产生了索引文件、链接文件、顺序文件、直接存取文件和倒排文件等。基本上以记录为单位实现数据的存取。

虽然文件系统阶段已经有了很大的进步,但其本质上仍然遗留了一些问题,主要表现在如下几方面。

(1) 数据共享性差、冗余度较大。一个文件基本上只对应一个应用程序,文件仍然是面向应用的。当不同的应用程序使用部分相同的数据时,必须分别建立数据文件。例如,某学校校务处管理学生的档案信息,而校务处管理学生课程学习信息,两者有许多重复的数据,但又无法共享,造成了大量的数据冗余。

(2) 数据不一致性。由于相同的数据在不同的文件中重复存储且各自管理,在应用程序对数据进行更新操作时,容易造成不同应用程序更新的数据不一致的状况。例如,学校校务处更改了某学生的个人信息,而教务处没有更改该生的相应信息,结果造成了同一学生信息不一致的状况。

(3) 数据独立性差。应用程序与数据紧密耦合,当数据结构发生变化时,需要修改相应的应用程序;反之,若应用程序发生变化,也需改变数据结构。

(4) 数据间联系弱。文件与文件之间是独立的,文件间的联系必须通过应用程序来构造。

3. 数据库系统阶段

数据库系统阶段始于20世纪60中后期,一直到现在。这时计算机除了用于科学计算以外,更多时候是用于数据管理,而且数据的量已经很大,管理功能也越来越强大。计算机硬件本身也发生了深刻的变化,出现了大容量磁盘和高主频的CPU等。在软件上,数据的管理软件已经由原来的文件系统上升到了数据库管理系统(DataBase Management System,DBMS)。数据管理的主要特点是将数据集中存放在一个地方,这个地方就是数据库。应用程序要实现对数据库中的数据进行访问,则必须通过数据库管理系统来完成。

数据库系统在数据处理上有了明显的功能提升,主要特点有如下几方面。

(1) 数据组织的结构化。从总体上看,文件系统中的数据是"涣散"的,而数据库中的数据是结构化的,具有统一的逻辑结构。数据的结构化是数据库的主要特征之一,是数据库和文件系统的最大和根本的区别。

(2) 减少数据冗余度,增强数据共享性。从整个系统上看,数据不再面向某一个特定的应用程序,而是面向由所有应用程序组成的系统。所以一个数据可以为多个应用程序所共享,一个应用程序也可以同时访问多个数据。

(3) 数据的一致性。通过建立文件间的关联,使得在对某一个数据进行更新时,与之相关的数据也得到相应的更改。

(4) 较高的数据独立性。在数据库系统中,数据独立性包含两方面,一方面是数据的物理独立性,另一方面是数据的逻辑独立性。数据的物理独立性是指在数据的物理存储结构发生改变时,数据的逻辑结构可以不变的特性;数据的逻辑独立性是指在总体逻辑结构改变时,应用程序可以不变的一种特性。

(5) 具有统一的数据控制功能。这些功能包括数据的安全性控制、完整性控制、并发控制和一致性控制等功能。

从1968年到1970年发生的三大历史事件标志着数据库技术的成熟。一是IBM公司于1968年成功研制层次数据管理系统(Information Management System,IMS);二是美国数据系统语言协商会(Conference On Data System Language, CODASYL)于1969年公布的DBTG报告提出网络数据库系统(CODASYL系统或DBTG系统);三是IBM公司的埃德加·弗兰克·科德(Edgar Frank Codd)于1970年发表一系列论文,奠定了关系数据库系统(Relational DataBase System,RDBS)理论基础。

数据管理技术发展的三个阶段如图9-1所示。

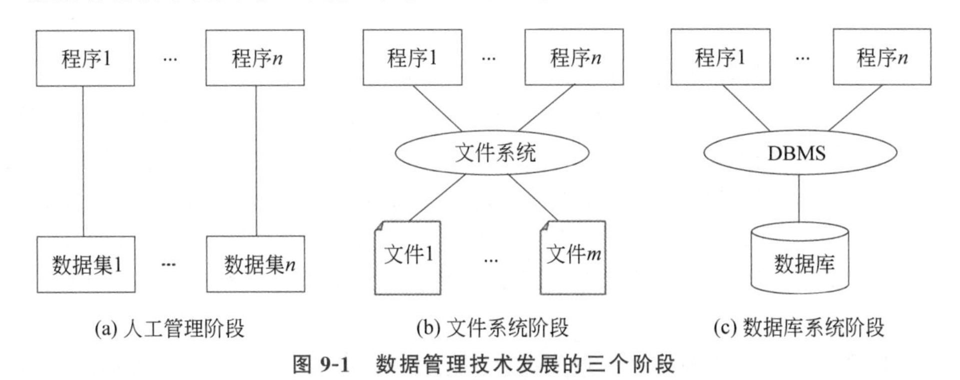

图9-1 数据管理技术发展的三个阶段

数据管理技术发展的三个阶段是一个渐进的过程,它们的区别主要体现在应用程序和数据的关系上。在人工管理阶段,应用程序和数据是"混合"在一起的;在文件系统阶段,应用程序则通过文件系统完成对数据的访问,实现了数据和程序一定程度的分离;在数据库系统阶段,应用程序通过数据库管理系统对数据进行访问,实现了数据和程序的高度分离。

9.1.3 数据模型

数据模型是对现实世界数据特征的抽象。也就是说,数据模型是用来描述数据、组织数据和对数据进行操作的。由于计算机不能直接处理现实世界中的具体事物,所以必须把具体事物转换成计算机能够处理的数据,也就是把现实世界中具体的人、物、活动、概念用数据模型来抽象、表示和处理。数据模型应能满足三方面的要求:一是能比较真实地模拟现实世界;二是容易被人理解;三是便于在计算机上实现。

1. 数据模型的组成要素

数据模型通常由数据结构、数据操作和数据约束三个要素组成。

(1) 数据结构。数据结构用于描述系统的静态特征,包括数据的类型、内容、性质及数据之间的联系等。它是数据模型的基础,也是刻画一个数据模型性质最重要的方面。在数据库系统中,人们通常按照其数据结构的类型命名数据模型。例如,层次模型和关系模型的数据结构就分别是层次结构和关系结构。

(2) 数据操作。数据操作用于描述系统的动态特征,包括数据的插入、修改、删除和查询等。数据模型必须定义这些操作的确切含义、操作符号、操作规则及实现操作的语言。

(3) 数据约束。数据的约束条件实际上是一组完整性规则的集合。完整性规则是指给定数据模型中的数据及其联系所具有的制约和存储规则,用于限定符合数据模型的数据库及其状态的变化,以保证数据的正确性、有效性和相容性。例如,限制一个表中的学号不能重复,或者年龄的取值不能为负,都属于完整性规则。

2. 数据模型的应用层次

为了把现实世界中的具体事物抽象、组织为某一数据库管理系统支持的数据模型,人们常常首先将现实世界抽象为信息世界,然后将信息世界转换为机器世界。

数据模型按不同的应用层次分成三种类型,分别是概念模型、逻辑模型及物理模型。概念模型也称信息模型,它是按用户的观点对数据的建模。逻辑模型是按计算机系统的观点对数据的建模,是具体的数据库管理系统所支持的数据模型。物理模型描述数据在计算机内部的表示方式和存取方法,它不仅与具体的数据库管理系统有关,而且与操作系统和硬件有关,具体实现是数据库管理系统的任务,设计者只设计索引、聚簇等特殊结构。

(1) 概念模型。概念模型是从现实世界到信息世界的第一层抽象,是面向用户、面向现实世界的数据模型,主要用来描述世界的概念化结构,与具体的数据库管理系统无关。采用概念模型,数据库设计人员可以在设计的初始阶段,把主要精力用于了解和描述现实世界,而把具体的一些技术性的问题推迟到以后的阶段去考虑。

概念模型是数据库设计的有力工具,也是用户与数据库设计人员之间进行交流的语言,因此概念模型一方面应该具有较强的语义表达能力,能够方便、直接地表达应用中的各种语义知识,另一方面它还应该简单清晰,易于用户理解。

概念模型的表示方法很多,其中最为常用的是实体-联系方法(Entity-Relationship Approach),简称E-R方法。该方法用E-R图来描述现实世界的概念模型。E-R图提供了表示实体(客观存在并可相互区别的事物)、属性(描述实体或联系的特性)和联系的方法。图9-2描述了学生、课程和教师之间的E-R关系。

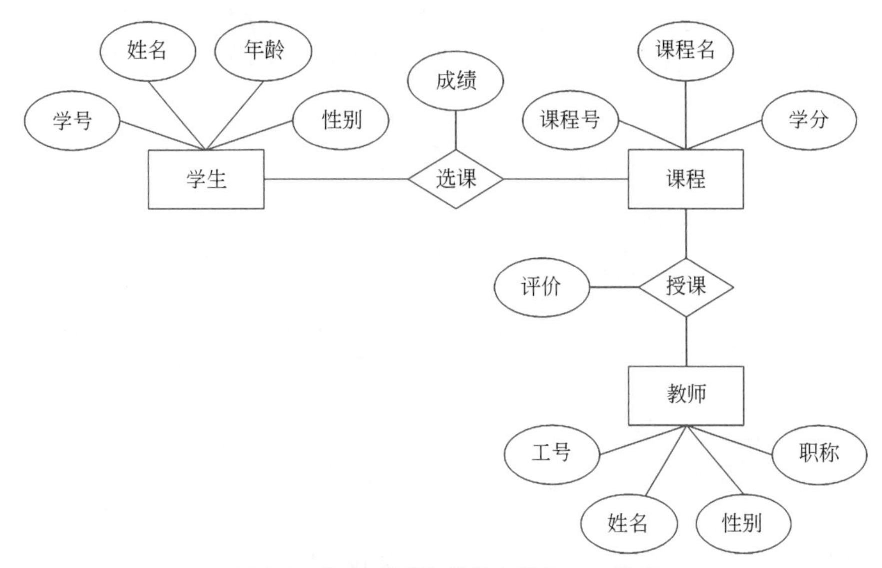

图 9-2 学生、课程和教师之间的 E-R 关系

(2) 逻辑模型。概念模型必须转换成逻辑模型,才能在数据库管理系统中实现。逻辑模型是一种面向数据库系统的模型,是具体的数据库管理系统所支持的数据模型,如网状数据模型、层次数据模型、关系数据模型等。逻辑模型既要面向用户,又要面向系统,主要用于数据库管理系统的实现。

(3) 物理模型。物理模型是一种面向计算机物理表示的模型,描述了数据在存储介质上的组织结构,它不但与具体的数据库管理系统有关,而且与操作系统和硬件有关。每一种逻辑模型在实现时都有其对应的物理模型。数据库管理系统为了保证其独立性与可移植性,大部分物理模型的实现工作由系统自动完成,而设计者只设计索引、聚集等特殊结构。

3. 基本数据模型

数据管理发展过程中产生过三种基本的数据模型,即层次模型(Hierarchical Model)、网状模型(Network Model)和关系模型(Relational Model)。这三种模型是按其数据结构而命名的。前两种结构中实体用记录型表示,而记录型抽象为图的顶点。记录型之间的联系抽象为顶点间的连接弧。整个数据结构与图相对应。其中,层次模型的基本结构是树状结构;网状模型的基本结构是一个不加任何限制条件的无向图。关系模型的结构用单一的二维表的结构表示实体及实体之间的联系,关系模型是目前数据库中常用的数据模型。

(1) 层次模型。层次模型将数据组织成一对多关系的结构,用树状结构表示实体及实体间的联系。现实世界中,很多客观存在的实体之间本来就呈现出一种层次关系,如行政机构、家族关系等。

在层次模型中,每个节点表示一个记录类型(实体)。层次结构的顶级节点被称作根节点。父节点和子节点之间的联系必须是一对一或一对多的联系。每个记录类型可以包含若干字段,字段描述实体的属性。图 9-3 是一个教学层次模型,包括 5 个记录类型,分别是系、教研室、班级、教员和学生。记录类型“系”包括三个字段,分别表示系编号、系名和办公地点。

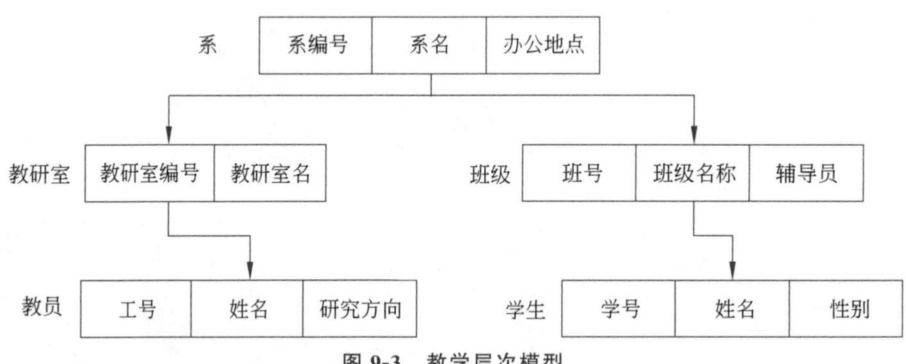

图 9-3 教学层次模型

层次模型中记录之间的联系用有向边表示,在 DBMS 中常用指针实现。这种联系也就是记录之间的存取路径。因此,当数据之间关系简单并且数据访问可以预测时,层次数据库是很高效的。对于有复杂关系的数据,或者记录之间的联系是多对多的,只能通过冗余节点解决,且插入和删除操作限制较多。

(2) 网状模型。网状模型用连接指令或指针来确定数据间的网状连接关系,是具有多对多类型的数据组织方式。

网状模型节点之间的联系不受层次的限制,允许两个节点之间有多种联系,可以更直接地描述复杂的现实世界。与层次模型一样,网状模型中的每个节点表示一个记录类型,每个记录类型可包含若干字段。网状模型在具体实现上只支持一对多的联系,对于记录间的多对多联系,可以将其转换为一对多联系。网状模型的结构比较复杂,不利于用户掌握。

(3) 关系模型。关系模型以记录组或数据表的形式组织数据,以便于利用各种实体与属性之间的关系进行存储和变换,不分层也无指针,是建立空间数据和属性数据之间关系的一种非常有效的数据组织方法。

关系模型是最重要的一种数据模型,是建立在严格的数学基础上的。关系模型中无论是实体还是实体间的联系均由单一的结构类型——关系表示。在实际的关系数据库中的关系也称为表,一个关系数据库就是由若干表组成的。图 9-4 的学生基本信息就是一个关系模型实例。

学号	姓名	性别	年龄	专业
06210101	张自强	男	21	软件工程
06210112	王昊	女	21	软件工程
05220204	李晓明	女	20	计算机科学与技术
07220119	赵彬	男	20	数据科学与大数据技术

图 9-4 关系模型实例

上述实例中，表的一行称为一个元组，表的一列称为一个属性，元组中的一个属性值称为分量。学生基本信息的关系模型中包括 5 个属性，分别是学号、姓名、性别、年龄和专业。“张自强”是第一个元组在姓名列上的分量。通常，对关系的描述可表示为关系名(属性 1，属性 2，…，属性 n)。如图 9-4 所示的关系模型可表示为学生基本信息(学号，姓名，性别，年龄，专业)。

关系模型要求关系必须是规范化的，即要求关系的每个分量必须都是一个不可再分的数据项。

9.2 数据库系统

数据模型

数据库系统是为适应数据处理的需要而发展起来的，它的出现使得普通用户能够方便地将日常数据存入计算机并在需要的时候快速访问它们，从而使计算机的应用走出科研机构，进入各行各业。

9.2.1 数据库系统基础

数据库系统(DataBase System，DBS)是一个采用了数据库技术，有组织地、动态地存储大量相关数据，方便用户访问的计算机系统。

1. 数据库系统的构成

数据库系统的主要组成部分有计算机系统、数据库、数据库管理系统及数据库系统相关人员等。

(1) 计算机系统。计算机系统指用于数据库管理的计算机硬件系统与软件系统。其中，软件系统主要包括支持数据库管理系统运行的操作系统，具有与数据库接口的高级语言及其编译系统，以及其他一些数据库应用开发工具软件。

(2) 数据库。数据库(DataBase，DB)是长期存储在计算机内的、有组织的、可共享的、统一管理的数据集合。数据库中的数据按一定的数学模型组织、描述和存储，具有较小的冗余、较高的数据独立性和易扩展性，并可为各种用户共享。

(3) 数据库管理系统。数据库管理系统(DataBase Management System，DBMS)是对数据进行管理的软件，通常包括数据定义语言及其编译程序、数据操纵语言及其编译程序和数据管理例行程序，是数据库系统的核心。

(4) 数据库系统相关人员。数据库系统的相关人员主要有4类。第一类为系统分析员和数据库设计人员。系统分析员负责应用系统的需求分析和规范说明,他们和用户及数据库管理员一起确定系统的硬件配置,并参与数据库系统的概要设计。数据库设计人员负责数据库中数据的确定、数据库各级模式的设计。第二类为应用程序员,负责编写使用数据库的应用程序。这些应用程序可对数据进行检索、建立、删除或修改。第三类为最终用户,他们利用系统的接口或查询语言访问数据库。第四类是数据库管理员(DataBase Administrator,DBA),其职责包括确定数据库中的信息内容和结构,决定数据库的存储结构和存取策略,定义数据库的安全性要求和完整性约束,监控数据库的使用和运行,负责数据库的性能改进、数据库的重组和重构等。

2. 数据库系统的模式结构

从数据库管理系统的角度看,数据库系统体系结构一般采用"三级模式和两层映像"结构,即外模式、模式和内模式结构及外模式/模式映像和模式/内模式映像,如图9-5所示。外模式和模式之间的映射以及模式与内模式之间的映射由数据库管理系统实现。内模式与数据库物理存储之间的转换则由操作系统完成。

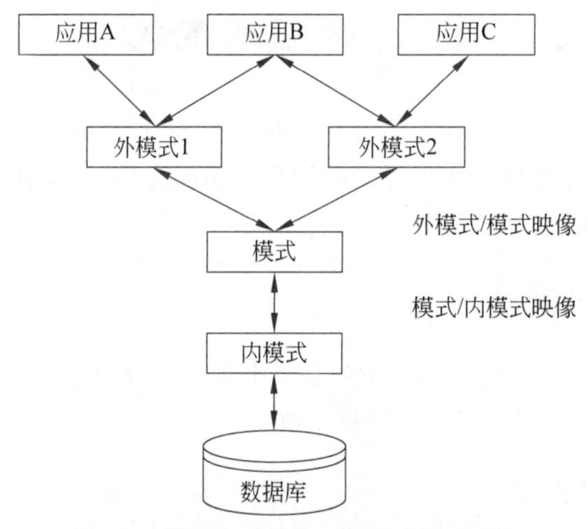

图9-5 数据库系统的三级模式体系结构

(1) 三级模式。三级模式结构是数据库系统内部的系统结构。三级模式包括模式、外模式和内模式。

模式也称逻辑模式或概念模式。它是数据库中对全体数据的逻辑结构和特征的描述,是所有用户的公共数据视图。模式以某一种数据模型为基础,综合考虑所有用户的需求,并将这些需求有机地集成为一个逻辑整体。一个数据库只有一个模式,它是数据库系统三级模式结构的中间层,既不涉及数据的物理存储细节和硬件环境,也与具体的应用程序及程序设计语言无关。

外模式也称子模式或用户模式,它是数据库用户能够看见和使用的局部数据的逻辑结构和特征的描述,是数据库用户的数据视图,是与某一应用有关的数据的逻辑表示。外模式通常是模式的子集。一个数据库可以有多个外模式,但一个应用程序只能使用一个外模式。外模式是保证数据库安全性的一个有力措施，每个用户只能看见和访问所对应的外模式中的数据，数据库中的其余数据是不可见的。

内模式也称存储模式。它是数据库中对数据物理结构和存储方式的描述。内模式中描述了数据的存取路径、物理组织及性能优化、响应时间、存储空间需求、数据是否加密或是否压缩存储等。

(2) 两层映像。数据库系统采用三级模式对数据进行三个级别的抽象，使用户可以不必关心数据在机器中的具体表示方式和存储方式。为了实现三级模式的联系和转换，数据库系统在三级模式之间提供两层映像：外模式/模式映像和模式/内模式映像。正是这两层映像保证了数据库系统中的数据能够具有较高的逻辑独立性和物理独立性。

当模式改变时，通过调整外模式/模式的映像，可以保证外模式不发生改变，而应用程序是依据数据的外模式编写的，从而应用程序不必做修改，保证了数据与程序的逻辑独立性。

当数据库的内模式发生改变，即存储结构发生改变时，只要对模式/内模式映像做相应改变，就可以保持模式不发生改变，从而应用程序也不改变，保证了数据与程序的物理独立性。

数据与程序之间的独立性，使数据的定义和描述可以从应用程序中分离出去。数据库中数据的存取由数据库管理系统负责，因此简化了应用程序的编写，减少了对应用程序的维护和修改。

9.2.2 数据库管理系统

数据库管理系统是一种操纵和管理数据库的系统软件，它对数据库进行统一的管理和控制，以保证数据库的安全性和完整性。用户通过数据库管理系统访问数据库中的数据，数据库管理员也通过数据库管理系统进行数据库的维护工作。

1. 数据库管理系统的功能

数据库管理系统是数据库系统的核心，对数据库的一切操作，如数据的装入、检索、更新、再组织等，都是在它的指挥、调度下进行的。数据库管理系统是用户与物理数据库之间的桥梁，根据用户的命令对数据库执行必要的操作。

数据库管理系统接收应用程序的数据请求和处理请求，对数据库中的数据进行操作，将操作结果返回给应用程序，如图 9-6 所示。

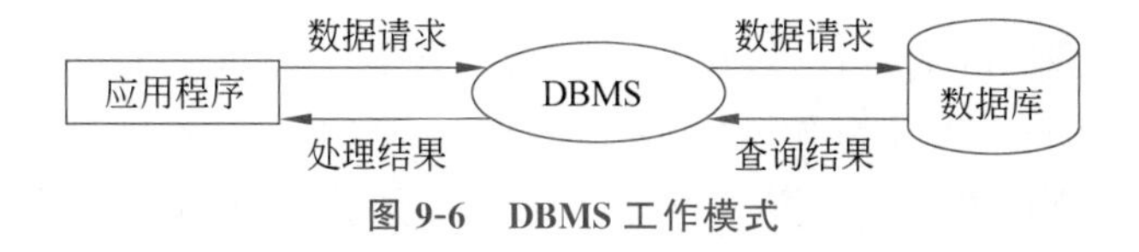

图 9-6 DBMS 工作模式

数据库管理系统的功能一般包括以下几方面。

(1) 数据定义。数据库管理系统提供数据定义语言(Data Definition Language,

DDL),供用户定义数据库的三级模式结构、两级映像以及完整性约束和保密限制等约束。DDL主要用于建立、修改数据库的库结构。DDL描述的库结构仅给出了数据库的框架,数据库的框架信息被存放在数据字典(Data Dictionary,DD)中。

(2) 数据操纵。数据库管理系统提供数据操纵语言(Data Manipulation Language,DML),供用户实现对数据的插入、删除、更新、查询等操作。

(3) 数据库运行管理。数据库的运行管理功能包括多用户环境下的并发控制、安全性检查和存取限制控制、完整性检查和执行、运行日志的组织管理、事务的管理和自动恢复,即保证事务的原子性。这些功能保证了数据库系统能正常运行。

(4) 数据组织、存储与管理。数据库管理系统要分类组织、存储和管理各种数据,包括数据字典、用户数据、存取路径等,须确定以何种文件结构和存取方式在存储级上组织这些数据,如何实现数据之间的联系。数据组织和存储的基本目标是提高存储空间利用率,选择合适的存取方法提高存取效率。

(5) 数据库保护。数据库中的数据是信息社会的战略资源,所以数据的保护至关重要。数据库管理系统对数据库的保护通过4方面实现:数据库的恢复、数据库的并发控制、数据库的完整性控制、数据库的安全性控制。数据库管理系统的其他保护功能还有系统缓冲区的管理以及数据存储的某些自适应调节机制等。

(6) 数据库维护。数据库维护包括数据库的数据载入、转换、转储、数据库的重组合重构以及性能监控等功能。

(7) 通信。数据库管理系统具有与操作系统的联机处理、分时系统及远程作业输入的相关接口,负责处理数据的传送。对网络环境下的数据库系统,还应该包括数据库管理系统与网络中其他软件系统的通信功能以及数据库之间的互操作功能。

2. 数据库管理系统的组成

数据库管理系统通常由以下4部分组成。

(1) DDL及其翻译处理程序。数据库管理系统一般都提供DDL供用户定义数据库的外模式、模式、内模式、各级模式间的映射、有关的约束条件等。用DDL定义的外模式、模式和内模式分别称为源外模式、源模式和源内模式,各种模式翻译程序负责将它们翻译成相应的内部表示,即生成目标外模式、目标模式和目标内模式。这些目标模式描述的是数据库的框架,而不是数据本身。这些描述存放在数据字典(也称系统目录)中,作为数据库管理系统存取和管理数据的基本依据。

例如,根据这些定义,数据库管理系统可以从物理记录导出全局逻辑记录,又从全局逻辑记录中导出用户所要检索的记录。

(2) DML及其编译(或解释)程序。数据库管理系统提供了DML实现对数据库的检索、插入、修改、删除等基本操作。DML分为宿主型DML和自主型DML两类。宿主型DML本身不能独立使用,必须嵌入主语言中。自主型DML又称为自含型DML,它们是交互式命令语言,语法简单,可以独立使用。

(3) 数据库运行控制程序。数据库管理系统提供了一些系统运行控制程序负责数据库运行过程中的控制与管理,包括系统初启程序、文件读写与维护程序、存取路径管理程序、缓冲区管理程序、安全性控制程序、完整性检查程序、并发控制程序、事务管理程序、运行日志管理程序等，它们在数据库运行过程中监视着对数据库的所有操作，控制管理数据库资源，处理多用户的并发操作等。

（4）实用程序。数据库管理系统通常还提供一些实用程序，包括数据的初始装入程序、数据转储程序、数据库恢复程序、性能监测程序、数据库再组织程序、数据转换程序、通信程序等。数据库用户可以利用这些实用程序完成数据库的建立与维护，以及数据格式的转换与通信。

一个设计优良的数据库管理系统应该具有友好的用户界面、比较完备的功能、较高的运行效率、清晰的系统结构和开放性。

3. 常见的数据库管理系统

数据库管理系统产品众多，如 Oracle、DB2、Sybase、SQL Server、MySQL、Access 等，这些产品各以自己特有的功能，在数据库市场上占有一席之地。

（1）Oracle。Oracle 是最早商品化的一个关系型数据库管理系统，也是应用广泛、功能强大的数据库管理系统。Oracle 作为一个通用的数据库管理系统，不仅具有完整的数据管理功能，还是一个分布式数据库系统，支持各种分布式功能，特别是支持 Internet 应用。作为一个应用开发环境，Oracle 提供了一套界面友好、功能齐全的数据库开发工具。Oracle 使用 PL/SQL 执行各种操作，具有可开放性、可移植性、可伸缩性等功能。特别是在 Oracle 8i 中，支持面向对象的功能，如支持类、方法、属性等，使得 Oracle 产品成为一种对象/关系型数据库管理系统。

（2）DB2。DB2 支持从 PC 到 UNIX，从中小型计算机到大型计算机，从 IBM 到非 IBM（如 HP 及 Sun UNIX 系统等）各种不同平台。DB2 既可以在主机上以主/从方式独立运行，也可以在客户机/服务器环境中运行。DB2 数据库核心又称作 DB2 公共服务器，它采用多进程多线索体系结构，可以运行于多种操作系统之上，并根据相应的平台环境调整和优化，以便达到较好的性能。

（3）Sybase。Sybase 是一个典型的 UNIX 或 Windows NT 平台上客户机/服务器环境下的大型数据库系统。Sybase 提供了一套应用程序编程接口和库，可以与非 Sybase 数据源及服务器集成，允许在多个数据库之间复制数据，适于创建多层应用。系统具有完备的触发器、存储过程、规则以及完整性定义，支持优化查询，具有较好的数据安全性。

（4）SQL Server。这是一个典型的关系型数据库管理系统，可以在许多操作系统上运行，它使用 Transact-SQL 完成数据操作。由于 SQL Server 是开放式的系统，其他系统可以与它进行交互操作。SQL Server 具有可靠性、可伸缩性、可用性、可管理性等特点，为用户提供完整的数据库解决方案。

（5）MySQL。MySQL 是一个开放的、多用户、多线程的关系型数据库管理系统，工作模式是基于客户机/服务器结构，支持几乎所有的操作系统。MySQL 是当前网络中使用最多的数据库之一，特别是在 Web 应用上，它占据了中小型应用的绝对优势。这一切都源于它的小巧易用、安全有效、开放式许可和多平台，更主要的是它与 PHP 的完美结合。

(6) Access。作为 Microsoft Office 组件之一的 Access 是在 Windows 环境下运行的桌面型数据库管理系统。使用 Access 无须编写任何代码,通过直观的可视化操作就可以完成大部分数据管理任务。在 Access 数据库中,包括许多组成数据库的基本要素。这些要素包括存储信息的表、显示人机交互界面的窗体、有效检索数据的查询、信息输出载体的报表、提高应用效率的宏、功能强大的模块工具等。它不仅可以通过 ODBC 与其他数据库相连,实现数据交换和共享,还可以与 Word、Excel 等办公软件进行数据交换和共享,并且通过对象链接与嵌入技术在数据库中嵌入和链接声音、图像等多媒体数据。

9.2.3 数据库技术发展与新技术

数据库技术从诞生到现在,形成了坚实的理论基础、成熟的商业产品和广泛的应用的领域,使得数据库成为一个重点研究且被广泛应用的领域。随着信息管理内容的不断扩展和新技术的层出不穷,数据库技术也面临着前所未有的挑战,向着实时性更强、可扩展性更强、更加智能化的方向发展。

1. 数据库技术的发展

数据库技术从 20 世纪 60 年代中期产生至今,一直是最活跃、发展速度最快的计算机技术之一。随着计算机网络、多媒体技术、云计算、人工智能的迅猛发展,数据库的应用得到了更加广泛的拓展,数据库进入了一个新的时期。

传统的数据库技术和其他计算机技术相结合,建立和实现了一系列新型数据库系统。数据库技术与分布式处理技术相结合,形成了分布式数据库系统;数据库技术与并行处理技术相结合,形成了并行数据库系统;数据库技术与面向对象技术相结合,形成了面向对象数据库系统;数据库与多媒体技术相结合,形成了多媒体数据库系统;数据库与人工智能技术相结合,形成了智能知识库系统;数据库技术与模糊技术相结合,形成了模糊数据库系统,等等。

数据库技术与网络通信技术、并行计算技术、人工智能技术、数据挖掘技术等相互渗透,成为当前数据库技术发展的主要特征。新一代数据库系统以更丰富的数据模型和更强大的数据管理功能为特征,满足了更加广泛复杂的新应用需求。

2. 数据库领域新技术

随着计算机软硬件技术的发展,特别是大数据、云计算的出现,数据库技术快速发展,新技术和新系统层出不穷。下面简要介绍几种数据库领域的新技术。

(1) 云数据库。云数据库(Cloud Database)是托管在云计算平台上的数据库,它使用户能够通过互联网存储、管理和访问数据。数据存储在远程服务器上,消除了用户位置处的物理服务器的需求。云数据库可以通过任何有互联网连接的地方进行访问,这使其成为具有远程团队或员工在家办公的企业的理想解决方案。

云数据库提供专业、高性能、高可靠的云数据库服务。云数据库不仅提供 Web 界面进行配置、操作数据库实例,还提供可靠的数据备份和恢复、完备的安全管理、完善的监控、轻松扩展等功能支持。

随着越来越多的企业将业务转移到云上，云数据库变得越来越受欢迎。它提供了可扩展性、可访问性、成本效益、可靠性和安全性等多种优势。然而，它们也存在一些潜在的缺点，包括对互联网的依赖性、隐私问题、数据主权和性能问题等。

(2) 分布式数据库。分布式数据库(Distributed Database)是指数据在物理上分布而在逻辑上集中管理的数据库系统。分布式数据库主要有三个特点：一是透明性，对于用户来说，分布式数据库相当于一个单机数据库，屏蔽了底层多节点、数据物理分散、副本一致性等细节问题；二是数据冗余性，分布式数据库通过多副本来实现系统可靠性和可用性，当某一节点中的数据不可用时，其他数据副本可以继续保证业务的连续性，还可以对数据就近计算，减少网络消耗，提升性能；三是易扩展性。分布式数据库能够通过水平扩展来提升整体的处理能力，数据可以被动态地分布到新增节点之上，消除数据倾斜。

分布式数据库的核心技术包括数据复制，即不同副本之间的数据同步机制；数据分区，即如何将海量数据分布到不同节点中；分布式事务，即解决多节点面临的原子性、一致性、隔离性、持久性挑战。

(3) 主动数据库。传统的数据库系统按照用户的要求提供数据服务，是典型的“服务程序”。它所提供的服务完全是被动的，只有当用户有要求时才为其服务，不会主动地为用户做事情。能够根据各种事件的发生或环境的变化主动为用户提供相应的信息服务的新型的数据库系统，即主动数据库系统。

主动数据库(Active Database)的一个很突出的基本思想是让数据库系统具有主动服务的功能，并以一种统一而方便的机制来实现各种主动服务需求，即要求把主动功能用一种统一的方法与原有的数据库功能集成在一个数据库系统中。这种机制主要通过将一些规划预先嵌入数据库系统的方法来实现。系统提供了一个自动监视模块。它主动地不时检查这些规划中包含的各种事件是否已经发生，一旦发现某事件发生时，就主动触发执行某个动作。显然，这样一来，数据库管理系统就可主动履行一些预先由用户设定的动作，可把诸如完整性约束、存取控制、例外处理、监督和警告、状态开关自动切换、检索策略的切换，乃至复杂的演绎推理和实时处理等功能以一种统一的机制得以实现。

(4) 数据仓库。数据仓库(Data Warehouse，DW)是一种面向商务智能活动的数据管理系统，它通常涉及大量的历史数据，适用于查询和分析。在实际应用中，数据仓库中的数据一般来自应用日志文件和事务应用等广泛来源。

数据仓库能够集中整合多个来源的大量数据，借助数据仓库的分析功能，企业可从数据中获得宝贵的业务洞察，改善决策。同时，随着时间推移，它还会建立一个对于数据科学家和业务分析人员极具价值的历史记录。得益于这些强大的功能，数据仓库可为企业提供一个“单一信息源”，为需要业务智能的企业提供业务流程改进指导，监视时间、成本、质量以及控制。

数据仓库是在数据库已经大量存在的情况下，为了进一步挖掘数据资源、提供决策支持而产生的，它并不是所谓的“大型数据库”。数据仓库的方案建设的目的，是为前端查询和分析作基础，由于有较大的冗余，所以需要的存储也较大。为了更好地为前端应用服务，数据仓库往往注重效率、数据质量、扩展性和面向主题。

数据仓库技术可以将企业多年积累的数据唤醒，不仅能为企业管理好这些海量数据，而且可以挖掘数据潜在的价值。数据仓库排除对于决策无用的数据，提供特定主题的简明视图。

9.3 大 数 据

半个世纪以来，随着计算机技术全面和深度地融入社会生活，信息爆炸已经积累到了一个开始引发变革的程度。它不仅使世界充斥着比以往更多的信息，而且其增长速度也在加快。2012年，《纽约时报》的一篇专栏中写道，"大数据"时代已经降临，在商业、经济及其他领域中，决策将日益基于数据和分析而做出，而并非基于经验和直觉。

9.3.1 大数据基础

大数据是继云计算、物联网之后信息技术行业又一大颠覆性的技术革命。大数据正在体现其科学价值和社会价值，一方面，对大数据的掌握程度可以转换为经济价值的来源；另一方面，大数据已经撼动了世界的方方面面，从商业科技到医疗、政府、教育、经济、人文以及社会的其他各领域。尽管还处在大数据时代的初期，但人们的日常生活已经离不开它了。

1. 大数据的概念与特征

被誉为"数据仓库之父"的比尔·恩门(Bill Inmon)在20世纪90年代开始关注大数据，当时它被称作海量数据。近几年，由于互联网、移动设备、物联网和云计算等相关技术的迅猛发展，使得海量数据的产生呈指数增长，已有的数据库、数据仓库管理系统不再胜任数据管理的需求，使得大数据的概念和问题得到产业界和学术界的广泛关注。

大数据(Big Data)被学术界正式提出始于2008年9月《自然》杂志发表的 *Big Data：Science in the Petabyte Era* 系列专题文章。要解决大数据的获取、存储、处理、检索和使用，首先必须科学地理解大数据的概念及特性。目前，对于大数据尚未有一个公认的定义，不同的定义基本是从大数据的特征出发，通过对这些特征的阐述和归纳试图给出其定义。以下是具有代表性的观点。

IDC："'大数据'是为了更经济地从高频率获取的、大容量的、不同结构和类型的数据中获取价值，而设计的新一代架构和技术。"人们普遍将该定义概括为"4V"，即更大的容量(Volume)、更复杂的多样性(Variety)、更快的生成速度(Velocity)以及其组合带来的第4个因素——价值(Value)。

维基百科：互联网企业日常运营所生成和积累用户网络行为数据量的增长已突破传统计量单位，难以使用现有的数据库管理工具来驾驭数据的获取、存储、搜索、共享、分析和可视化等方面，故称之为大数据。

麦肯锡："大数据指的是所涉及的数据集规模已经超过了传统数据库软件获取、存储、营理和分析的能力。"并指出，"大数据将会是带动未来生产力发展、创新、消费需求增长的指向标。”

Forrester分析师布赖恩·霍普金斯和鲍里斯·埃韦尔松在其撰写的《首席信息官，请用大数据扩展数字视野》报告中，将大数据的特征概括为——海量、多样性、高速和易变性。

2. 大数据产生的背景

大数据产生的背景主要包括如下4方面。

(1) 数据来源和承载方式的变革。由于物联网、云计算、移动互联网等新技术的发展，用户在线的每一次点击，每一次评论，每一个视频点播，就是大数据的典型来源；而遍布地球各个角落的手机、个人计算机及传感器成为数据来源和承载方式。可见，只有大连接与大交互，才有大数据。

(2) 全球数据量出现爆炸式增长。由于视频监控、智能终端、网络商店等的快速普及，使得全球数据量出现爆炸式增长，未来数年数据量会呈现指数增长。根据麦肯锡全球研究院(MGI)估计，全球企业2010年在硬盘上存储了超过7EB(1EB等于10亿GB)的新数据，而消费者在个人计算机和笔记本电脑等设备上存储了超过6EB的新数据。

(3) 大数据已经成为一种自然资源。许多研究者认为：大数据是“未来的新石油”，已成为一种新的经济资产类别。一个国家拥有数据的规模、活性及解释运用的能力，将成为综合国力的重要组成部分。

(4) 大数据日益重要，不被利用就是成本。大数据作为一种数据资产当仁不让地成为现代商业社会的核心竞争力，不被利用就是企业的成本。因为数据资产可以帮助和指导企业对全业务流程进行有效运营和优化，帮助企业做出最明智的决策。

3. 大数据的作用

对大数据的处理分析正在成为新一代信息技术融合应用的节点。移动互联网、物联网、社交网络、数字家庭、电子商务等是新一代信息技术的应用形态，这些应用不断产生大数据。云计算为这些海量、多样化的大数据提供存储和运算平台。通过对不同来源数据的管理、处理、分析与优化，将结果反馈到上述应用中，将创造出巨大的经济价值和社会价值。

大数据是信息产业持续高速增长的新引擎。面向大数据市场的新技术、新产品、新服务、新业态会不断涌现。在硬件与集成设备领域，大数据将对芯片、存储产业产生重要影响，还将催生一体化数据存储处理服务器、内存计算等市场。在软件与服务领域，大数据将推动数据快速处理分析、数据挖掘技术和软件产品的发展。

大数据的利用将成为提高核心竞争力的关键因素。各行各业的决策正在从“业务驱动”转变为“数据驱动”。对大数据的分析可以使零售商实时掌握市场动态并迅速做出应对；可以为商家制定更加精准有效的营销策略提供决策支持；可以帮助企业为消费者提供更加及时和个性化的服务；在医疗领域，可提高诊断准确性和药物有效性；在公共事业领域，大数据也开始发挥促进经济发展、维护社会稳定等方面的重要作用。

大数据时代科学研究的方法手段将发生重大改变。例如，抽样调查是社会科学的基本研究方法。在大数据时代，可通过实时监测、跟踪研究对象在互联网上产生的海量行为数据，进行挖掘分析，揭示出规律性的东西，提出研究结论和对策。

4. 大数据的应用

随着科技的飞速发展,大数据技术逐渐渗透到各个领域(如商业、医疗、教育、交通、体育等),成为推动各领域创新和发展的重要力量。随着技术的不断进步和应用场景的不断扩展,大数据将在更多领域发挥更大的作用,为社会和经济发展带来更多的价值和机遇。

(1) 商业领域。在商业领域,大数据广泛应用于客户分析、市场趋势预测、产品研发、供应链管理等方面。通过分析客户行为数据,企业可以更加准确地了解客户需求,为客户提供更加个性化的产品和服务。通过对市场数据的分析,企业可以把握市场趋势,制定更加精准的市场策略。通过大数据技术,企业可以实时监测供应链的运行状态,及时发现和解决问题,提高供应链的效率和可靠性。

(2) 医疗领域。在医疗领域,大数据广泛应用于疾病预防、诊断、治疗和康复等方面。通过收集和分析个人健康数据,如血压、心率、血糖等,医疗机构可以及时发现和预测潜在的健康问题,为客户提供个性化的健康管理和医疗服务。通过分析病例数据和药物使用数据,医生可以更加准确地诊断和治疗疾病,提高医疗质量和安全性。通过大数据技术,医疗机构还可以对疾病流行趋势进行监测和预测,为疾病预防和控制提供科学依据。

(3) 教育领域。在教育领域,大数据广泛应用于教学研究、学习分析和教育管理等方面。通过收集和分析学生的学习数据,如成绩、出勤率、作业完成情况等,教师可以更加准确地了解学生的学习状况,为学生提供更加个性化的教学服务和辅导。通过大数据技术,教育机构可以监测和预测教育资源的分布和需求,优化教育资源的配置和管理,提高教育的公平性和效率。

(4) 交通领域。在交通领域,大数据广泛应用于交通规划、交通管理和智能交通等方面。通过分析交通数据,如车辆流量、道路拥堵情况、交通事故等,交通管理部门可以制定更加科学合理的交通规划和政策,提高交通效率和安全性。通过大数据技术和物联网技术,智能交通系统可以实现车辆调度、交通诱导、智能停车等功能,提高城市交通的智能化和便捷性。

(5) 体育领域。在体育领域,大数据广泛应用于运动员训练、比赛分析和体育营销等方面。通过收集和分析运动员的身体数据、训练数据等,教练可以更加准确地了解运动员的训练状况和身体状态,为运动员提供更加个性化的训练计划和指导。通过大数据技术,体育机构可以分析比赛数据和观众数据,了解比赛表现和观众需求,为体育营销提供科学依据和精准策略。

9.3.2 大数据技术

大数据领域每年都会涌现出大量新的技术,成为大数据获取、存储、处理分析或可视化的有效手段。大数据技术能够将大规模数据中隐藏的信息和知识挖掘出来,为人类社会经济活动提供依据,提高各领域的运行效率,甚至整个社会经济的集约化程度。

大数据技术平台一般具备的能力有对各种来源和各种类型的海量数据的采集能力,提供不同的存储模型以满足不同场景和需求的能力,灵活的数据处理和计算的能力,数据分析和挖掘的能力,数据可视化并能进行实际应用的能力。

1. 数据采集与预处理

大数据的来源极其广泛，主要有网络数据（如社交网络数据、电子商务交易数据、网上银行交易数据、搜索引擎点击数据）、企业的业务平台产生的日志文件、数据库数据、物联网传感器数据等。数据采集就是将这些数据写入存储系统整合在一起，以便对数据进行综合分析。由于大数据超大规模的体量，以及众多用户的频繁操作访问，使得仅使用传统的数据采集方法难以满足业务需求，因此需要通过专门的采集方法对大数据进行采集。采集形式主要有网络数据采集（如提取网页中的图片、文本等）、系统日志采集（业务平台每天产生大量的日志数据）、数据库数据采集（如关系型数据库的接入）、传感器数据采集（如温度传感器、压力传感器、手机拍照、录制视频）等，常用的工具有网络爬虫工具、Flume、Kafka、Sqoop 等。

由于数据的来源和种类繁多，这些数据有残缺的、有虚假的、有过时的。想要获得高质量的数据分析结果，就必须在数据准备阶段提高数据的质量，即对大数据进行预处理。数据预处理可以对采集到的原始数据进行清洗、填补、平滑、合并、规格化以及检查一致性等，将那些杂乱无章的数据转换为相对单一且便于处理的结构，或者去除没有价值甚至可能对分析造成干扰的数据，为后期的数据分析奠定基础。数据预处理主要包括数据审查、数据清洗、数据转换以及数据验证。

2. 数据存储与管理

大数据几乎涵盖了人们日常生活中可以见到的所有数据类型，包括结构化数据（用表格描述的数据，如关系型数据库中的数据）、半结构化数据（自描述的数据，如 XML 文档、HTML 文档）和非结构化数据（结构不规则或不完整的数据，如图片、音频、视频）。大数据的来源与类型的多样化，使得传统数据存储与管理技术已无力应对，为解决海量数据的高效存储问题，涌现出了包括分布式文件系统、分布式数据库等在内的一系列新的数据存储与管理技术。

经过预处理后的数据，被放到文件系统或数据库系统中进行存储与管理。目前，主要采用 HDFS 分布式文件系统、分布式数据库 HBase、数据仓库 Hive、云数据库等来存储和管理大数据。

3. 数据处理与分析

数据处理与分析是指通过各种算法从大量的数据中找出潜在的有用信息，并研究数据的内在规律和相互间的关系。可以利用传统的统计学、机器学习和数据挖掘方法，并结合高性能的数据处理与分析技术，对数据进行处理与分析，从而得到有价值的结果，更好地服务于生产和生活。

数据处理与分析大多需要在大数据处理平台上进行，借助分布式并行框架，通过结合一系列算法完成。常见的大数据计算模式包括批处理计算、流计算、图计算、迭代计算、查询分析计算，以及离线计算和实时计算等。常用的工具或技术有分布式并行编程模型 MapReduce、分布式资源管理器 YARN、分布式协调服务 ZooKeeper 和基于内存的大数据处理引擎 Spark 等。

4. 数据可视化

数据可视化是指利用可视化手段对数据进行分析,并将分析结果用图表或文字等形式展现出来,从而使读者对数据的分布、发展趋势、相关性和统计信息等一目了然。目前已经有许多数据可视化工具可以满足各种可视化需求,大致可分为信息图表工具、地图工具、时间线工具和高级分析工具。常用的数据可视化工具有 Excel、Tableau、D3Js、RAWGraphs、Processing 等。

可视化是人们理解复杂现象、诠释复杂数据的重要手段和途径,可通过数据访问接口或商业智能门户实现,以直观的方式表达出来。可视化与可视化分析通过交互可视界面来进行分析、推理和决策,可从海量、动态、不确定甚至相互冲突的数据中整合信息,获取对复杂情景的更深层的理解,供人们检验已有预测,探索未知信息,同时提供快速、可检验、易理解的评估和更有效的交流手段。

学习提高

9.4 思考与实践

9.4.1 问题思考

1. 什么是数据处理?什么是数据管理?
2. 数据管理技术的发展经历了哪几个阶段?每个阶段的特点是什么?
3. 数据模型的组成要素有哪些?
4. 什么是数据库系统?有哪些主要组成部分?
5. 数据库管理系统的功能有哪些?
6. 大数据有哪些特征?

9.4.2 课外讨论

1. 谈谈你对数据库技术发展的了解。
2. 试分析数据库系统的模式结构。
3. 说出你接触到的数据库管理系统及其特点。
4. 简述数据库系统的应用。
5. 查阅资料,通过实例说明数据库领域的新技术。
6. 分析大数据技术。

9.4.3 实践活动

电子表格是一种简便的数据处理程序,使用电子表格对全班成绩进行计算和统计分析。

在线作业

第10章 chapter 10

软件与软件工程

软件是信息化的核心,社会发展及人民生活都离不开软件。软件产业体现了一个国家的综合实力,是决定国际竞争地位的战略性产业。提高软件工程的应用水平,对推动软件产业的发展起着十分重要的作用。

10.1 软件与软件危机

随着计算机应用的日益普及和深入,软件的需求量急剧增长。认识软件所固有的特性,了解软件危机带来的风险,对于软件的应用是十分重要的。

10.1.1 软件的概念

软件(Software)是计算机系统的重要组成部分。一般来说,软件是信息的载体,并且提供了对信息的处理能力,如对信息的收集、归纳、计算、传播等。虽然计算机硬件设备提供了物理上的数据存储、传播以及计算能力,但是对于用户来讲,仍然需要软件反映用户特定的信息处理逻辑,从而由对信息的增值取得用户自身效益的增值。

1. 软件的概念

通常,软件是指与计算机系统操作有关的程序、规程、规则及任何与之有关的数据和文档资料的总称。它一般由两部分组成,一是使计算机硬件能完成计算和控制功能的有关计算机指令或计算机可执行的程序;二是计算机不可执行的部分,包括与程序运行相关的数据,以及与软件开发、运行、维护、使用和培训有关的文档。软件的组成如图10-1所示。

通俗地讲,软件包括程序(Program)、数据(Data)及其文档(Documentation)资料。软件运行时,能够提供所要求功能和性能的指令或计算机程序集合;程序能够满意地处理信息的数据结构;文档可以正确描述程序功能需求以及程序如何操作和使用。

2. 软件的特征

软件是计算机软件工程师设计与建造的一种特殊的产品,具有以下特征。

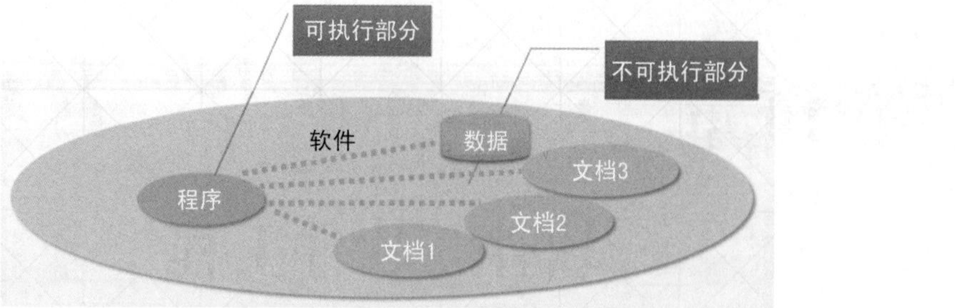

可执行部分
不可执行部分
软件
数据
文档3
程序
文档2
文档1

图 10-1 软件的组成示意图

(1) 软件是无形产品。软件是逻辑的产品,而不是有形的产品,这与物质产品有很大的区别。软件是脑力劳动的结晶,它以程序和文档的形式出现,保存在计算机存储器或其他存储介质上,通过计算机的执行才能体现它的功能和作用。

(2) 软件生产无明显制造过程。虽然在软件开发和硬件制造之间有一些相似之处,但两者本质上是不同的。软件是被开发或设计的,而不是传统意义上被制造的。软件开发完成后,通过复制就产生了大量软件产品。

(3) 软件不会“磨损”。软件不会像设备一样“磨损”,但它存在退化问题。为了适应硬件、系统环境及需求的变化,必须多次修改(维护)软件。而软件的修改会不可避免地引入新的错误,导致软件可靠性下降,当修改成本变得不可接受时,软件就会被抛弃。

(4) 软件开发环境对产品影响较大。软件的开发和运行都离不开相关的计算机系统环境,包括支持它的开发和运行的相关硬件和软件。软件对计算机系统的环境有着不可摆脱的依赖性。

(5) 软件开发过程十分复杂。软件开发时间和工作量难以估计,软件的开发进度几乎没有客观衡量标准,软件开发质量难以评价,软件测试非常困难,软件维护易产生新的问题。从而使得软件开发管理、过程控制及质量保证都十分困难。

(6) 软件具有可复用性。软件开发出来很容易被复制,从而形成多个副本。

3. 软件技术的发展

软件技术的发展经历了程序设计、程序系统、软件工程、高级软件工程等发展阶段,每个阶段具有鲜明的生产方式,决定软件质量的关键因素也不相同。软件技术发展的阶段见表 10-1。

表 10-1 软件技术发展的阶段

阶段	阶段名称	阶段年代	软件的含义	生产方式	决定软件质量的因素
1	程序设计阶段	20 世纪 50—60 年代	程序	个体手工	个人技术水平
2	程序系统阶段	20 世纪 60—70 年代	程序与使用说明	作坊式	开发小组的技术水平
3	软件工程阶段	20 世纪 70—80 年代	程序、数据、文档	工程化	项目经理的管理水平
4	高级软件工程阶段	20 世纪 80 年代后	程序、数据、文档	产业化	团队协作与规范化程度

10.1.2 软件的保护与授权

计算机软件是人类知识、经验、智慧和创造性劳动的成果，具有知识密集和智力密集的特点，是一种非常典型的知识产权。

1. 软件的法律保护

根据《计算机软件保护条例》的规定，计算机软件著作权归属软件开发者。因此，确定计算机著作权归属的一般原则是“谁开发谁享有著作权”。软件开发者指实际组织进行开发工作，提供工作条件完成软件开发，并对软件承担责任的法人或者非法人单位，以及依靠自己具有的条件完成软件开发，并对软件承担责任的公民。

计算机软件作为一种知识产品，要获得法律保护，必须具备三项必要条件：一是原创性，即软件应该是开发者独立设计、独立编制的编码组合；二是可感知性，受保护的软件必须固定在某种有形物体上，通过客观手段表达出来并为人们所知悉；三是可再现性，即把软件转载在有形物体上的可能性。

2. 软件许可

不同的软件一般都有对应的软件许可，用户必须在同意所使用软件的许可证的情况下才能够合法地使用软件。特定软件的许可条款也不能够与法律相违背。

依据许可方式的不同，可将软件区分为以下几类。

(1) 专属软件。专属软件授权通常不允许用户随意地复制、研究、修改或散布该软件。违反此类授权通常会有严重的法律责任。传统的商业软件公司会采用此类授权，例如，微软公司的 Windows 和办公软件。专属软件的源码通常被公司视为私有财产而予以严密的保护。

(2) 自由软件。自由软件授权正好与专属软件相反，赋予用户复制、研究、修改和散布该软件的权利，并提供源码供用户自由使用，仅给予少许其他限制。Linux、Firefox 和 OpenOffice 等可作为此类软件的代表。

(3) 共享软件。通常可免费取得并使用共享软件的试用版本，但在功能或使用期间上受到限制。开发者会鼓励用户付费，以取得功能完整的商业版本。根据共享软件作者的授权，用户可以从各种渠道免费得到它的副本，也可以自由传播。

(4) 免费软件。免费软件是免费提供给公众使用的软件，具有以下特征：受版权保护，不提供源码；可进行存档和发行复制，但此时的发行不得以营利为目的；允许和鼓励修改软件；允许进行反向工程；允许和鼓励开发衍生软件，但这种衍生软件也必须是免费软件。

(5) 公共软件。原作者已放弃权利，著作权过期，或作者已经不可考究的软件。其主要特征有：版权已被放弃，不受版权保护；可以进行任何目的的复制，均不受限制；允许进行修改；允许对该软件进行反向工程；允许在该软件基础上开发衍生软件，并可复制、销售。

认识软件

10.1.3 软件危机

20世纪60年代中期,计算机已经应用在很多行业,解决问题的规模及难度逐渐增加,由于软件本身的特点及软件开发方法等多方面问题,软件的发展速度远远滞后于硬件的发展速度,不能满足社会日益增长的软件需求。软件开发周期长、成本高、质量差、维护困难,导致"软件危机"。

1. 软件危机的特征

软件危机(Software Crisis)是指在计算机软件开发、使用与维护过程中遇到的一系列严重问题。软件危机并不只是"不能正常运行的软件"才具有的,实际上几乎所有软件都不同程度地存在这些问题。

软件危机的主要表现为:软件不能满足用户的需求;软件开发成本严重超标,开发周期大大超过规定日期;软件质量难以保证,可靠性差;软件难以维护;软件开发速度跟不上计算机发展速度,软件漏洞和缺陷使得应用系统面临着极大的安全风险等。

2. 产生软件危机的原因

从软件危机的种种表现和软件作为逻辑产品的特殊性,可以发现导致软件危机产生的原因主要可以概括为以下4点。

(1) 用户需求不明确。在软件被开发出来之前,用户自己也不清楚软件开发的具体需求;用户对软件开发需求的描述不精确,可能有遗漏、有二义性,甚至有错误;在软件开发过程中,用户还会提出修改软件开发功能、界面、支撑环境等方面的要求;软件开发人员对用户需求的理解与用户的本来愿望有差异。

(2) 缺乏正确的理论指导。由于软件开发不同于大多数其他工业产品,其开发过程是复杂的逻辑思维过程,其产品很大程度上依赖于开发人员高度的智力投入。过分地依靠程序设计人员在软件开发过程中的技巧和创造性,加剧了软件开发产品的个性化,这也是发生软件危机的一个重要原因。

(3) 软件开发规模越来越大。随着软件开发应用范围的扩大,软件规模越来越大。大型软件开发项目需要组织一定的人力共同完成,然而多数管理人员缺乏开发大型软件系统的经验,多数软件开发人员又缺乏管理方面的经验。各类人员的信息交流不及时、不准确,有时还会产生误解。软件开发人员不能有效地、独立自主地处理大型软件开发的全部关系和各个分支,因此容易产生疏漏和错误。

(4) 软件开发复杂度越来越高。软件开发不仅是在规模上快速地发展扩大,而且其复杂性也急剧地增加。软件开发产品的特殊性和人类智力的局限性,导致人们无力处理"复杂问题"。"复杂问题"的概念是相对的,一旦人们采用先进的组织形式、开发方法和工具提高了软件开发效率和能力,新的、更大的、更复杂的问题又会摆在人们面前。

在软件的长期发展中,人们针对软件危机的表现和原因,经过不断的实践和总结,越来越清楚地认识到,按照工程化的原则和方法组织软件开发工作,是摆脱软件危机的一个主要出路。

10.2 软件工程

软件工程是为解决“软件危机”而提出来的概念，不同的时期对其有不同的内涵。随着人们对软件系统的研制开发和生产的理解，软件工程所包含的内容也一直处于发展变化之中。

10.2.1 软件工程的概念

为了克服软件危机，1968 年 10 月，北大西洋公约组织(NATO)召开的计算机科学会议上，计算机科学家弗里德里蒂・鲍尔(Friedrich Bauer)首次提出“软件工程(Software Engineering)”的概念。后来，又为软件工程添加了以下定义：“建立和使用合理的工程原理，以经济地获取可靠的且在真实机器上有效运行的软件”。

1. 软件工程的定义

虽然软件工程的概念提出已有 50 多年，但软件工程一直以来都缺乏一个统一的定义，很多学者、组织机构都分别给出了自己认可的定义。

著名软件工程专家巴利・玻姆(Barry W.Boehm)给出的定义是“运用现代科学技术知识来设计并构造计算机程序及为开发、运行和维护这些程序所必需的相关文件资料。”此处，“设计”一词广义上应理解为包括软件的需求分析和对软件进行修改时所进行的再设计活动。

《计算机科学技术百科全书》中的定义为“软件工程是应用计算机科学、数学及管理科学等原理，以工程化方法开发软件的工程。软件工程借鉴传统工程的原则、方法，以提高质量、降低成本和改进算法。”其中，计算机科学、数学用于构建模型与算法，工程科学用于制定规范、设计范型、评估成本及确定权衡，管理科学用于计划、资源、质量、成本等管理。

IEEE 在软件工程术语汇编中的定义是“将系统化的、规范的、可量化的方法应用到软件开发、运行及维护中，即将工程化方法应用于软件；以及对上述方法的研究。”

我国 2006 年的国家标准 GB/T 11457—2006《信息技术-软件工程术语》中对软件工程的定义：应用计算机科学理论和技术以及工程管理原则和方法，按预算和进度，实现满足用户需求的软件产品的定义、开发、发布和维护的工程或进行研究的学科。

概括地说，软件工程是指导计算机软件开发和维护的工程性学科，它以计算机科学理论和其他相关学科的理论为指导，采用工程化的概念、原理、技术和方法进行软件的开发与维护，把经过时间考验而证明是正确的管理技术和当前能够得到的最好的技术方法结合起来，以较少的代价获得高质量的软件并对其进行维护。

2. 软件工程的发展

软件工程的发展已经历了 4 个重要阶段，即传统软件工程阶段、对象工程阶段、软件过程工程阶段以及构件工程阶段。

(1) 传统软件工程。20 世纪 60 年代末到 20 世纪 70 年代为了克服“软件危机”提出“软件工程”的名词，将软件开发纳入工程化的轨道，基本形成软件工程的概念、框架、技术和方法。这一阶段称为传统软件工程阶段。

(2) 对象工程。20 世纪 80 年代中期到 20 世纪 90 年代，面向对象的方法与技术得到发展，研究的重点转移到面向对象的分析与设计，演化为一种完整的软件开发方法和系统的技术体系，称为对象工程阶段。

(3) 软件过程工程。20 世纪 80 年代中期开始，人们在软件开发的实践过程中认识到，提高软件生产率，保证软件质量的关键是“软件过程”，是软件开发和维护中的管理和支持能力，从而逐步形成软件过程工程。

(4) 构件工程。20 世纪 90 年代起，基于构件(Component)的开发方法取得重要进展，软件系统的开发可以通过使用现成的可复用构件组装完成，而无须从头开始构造，以此达到提高效率和质量，降低成本的目的，从而开启构件工程阶段。

3. 软件工程三要素

软件工程是一种层次化的技术。任何工程方法(包括软件工程)必须构建在质量承诺的基础之上，支持软件工程的根基在于质量关注点(Quality Focus)。为了保证软件质量，软件开发团队必须设计良好的软件开发过程，并在开发过程中尽量采用适宜的开发方法和高效的工具。过程(Process)、方法(Method)与工具(Tool)构成软件工程三要素。

软件工程的基础是过程层。软件过程将各技术层次结合在一起，使得合理、及时地开发计算机软件成为可能。软件过程构成了软件项目管理控制的基础，建立了工作环境以便于应用技术方法，提交工作产品(模型、文档、数据、报告、表格等)，建立里程碑，保证质量及正确管理变更。

软件工程方法为构建软件提供技术上的解决方法(“如何做”)。方法覆盖面很广，包括沟通、需求分析、设计建模、编程、测试和技术支持。软件工程方法依赖于一组基本原则，这些原则涵盖了软件工程所有技术领域，包括建模和其他描述性技术等。软件工程方法主要有结构化方法和面向对象方法。

软件工程工具为过程和方法提供自动化或半自动化的工具支持。这些工具可以集成起来，使得一个工具产生的信息可被另外一个工具使用，这样就建立了软件开发的支撑系统，称为计算机辅助软件工程(Computer-Aided Software Engineering，CASE)。

4. 软件工程的基本原理

自 1968 年提出“软件工程”这一术语以来，研究软件工程的专家学者们陆续提出 100 多条关于软件工程的准则或信条。美国著名的软件工程专家巴利·玻姆(Barry W. Boehm)综合学者们的意见并总结了美国天合(TRW)公司多年开发软件的经验，于 1983 年提出了软件工程的 7 条基本原理。玻姆认为，这 7 条原理是确保软件产品质量和开发效率的原理的最小集合。它们是相互独立的，是缺一不可的最小集合；同时，它们又是相当完备的。

(1) 用分阶段的生命周期计划严格管理开发过程。在软件开发与维护的漫长的生命周期中,需要完成许多性质各异的工作。应该把软件生命周期划分成若干阶段,并相应地制订出切实可行的计划,然后严格按照计划对软件的开发与维护工作进行管理。

(2) 坚持进行阶段评审。软件的质量保证工作不能等到编程结束之后再进行。错误的发现与改正越晚,付出的代价越高。因此,在每个阶段都要进行严格的评审,以便尽早发现在软件开发过程中所犯的错误。

(3) 实行严格的产品控制。在软件开发过程中不应随意改变需求,因为改变一项需求往往需要付出较高的代价。但是,在软件开发过程中改变需求又是难免的,只能依靠科学的产品控制技术顺应这种要求。当改变需求时,为了保持软件各配置成分的一致性,必须实行严格的产品控制,一切有关修改软件的建议,都必须按照严格的规程进行评审,获得批准后才能实施修改。

(4) 采用现代程序设计技术。从提出软件工程的概念开始,人们一直把主要精力用于研究各种新的程序设计技术,并进一步研究各种先进的软件开发与维护技术。实践表明,采用先进的技术不仅可以提高软件开发和维护的效率,而且可以提高软件产品的质量。

(5) 应能清楚地审查结果。软件产品是看不见、摸不着的逻辑产品。软件开发人员的工作进展情况可见性差,难以准确度量,从而使得软件产品的开发过程比一般产品的开发过程更难于评价和管理。应该根据软件开发项目的总目标及完成期限规定开发组织的责任和产品标准,从而使得到的结果能够被清楚地审查。

(6) 合理安排软件开发小组的人员。软件开发小组的组成人员的素质应该好,而人数不宜过多。开发小组人员的素质和数量是影响软件产品质量和开发效率的重要因素。随着开发小组人员数量的增加,因为交流情况和讨论问题而造成的通信开销也会急剧增加。因此,组成少而精的开发小组是很重要的。

(7) 必须灵活不断地改进软件工程实践。仅有上述6条原理并不能保证软件开发与维护的过程能赶上时代前进的步伐,跟上技术的不断进步。因此,不仅要积极主动地学习新的软件技术,而且要不断总结经验。例如,收集进度和资源耗费数据、收集出错类型和问题报告数据等。这些数据不仅可以用来评价新的软件技术的效果,而且可以用来指明必须着重开发的软件工具和应该优先研究的技术。

10.2.2 软件工程的框架

目标、过程和原则构成软件工程的框架,此框架给出了软件工程的工程要素及各要素之间的关系,以及软件工程学所研究的主要内容。

1. 软件工程的目标

软件工程的目标是生产具有正确性、可用性以及开销合宜的产品。正确性指软件产品达到预期功能的程度;可用性指软件基本结构、实现及文档为用户可用的程度;开销合宜是指软件开发、运行的整个开销满足用户要求的程度。这些目标的实现无论在理论上还是在实践中均存在很多待解决的问题,它们形成了对软件过程、过程模型及工程方法选取的约束。

一般软件工程的具体目标是在给定成本、进度的前提下,开发出具有适用性、有效性、可修改性、可靠性、可理解性、可维护性、可重用性、可移植性、可追踪性、可互操作性和满足用户需求的软件产品。追求这些目标有助于提高软件产品的质量和开发效率,减少维护的困难。

2. 软件工程的过程

软件工程的过程是生产一个最终能满足需求且达到工程目标的软件产品所需要的步骤,主要包括计划过程、开发过程、动作过程和维护过程。它们覆盖了需求、设计、实现、确认及维护等活动。需求活动包括问题分析和需求分析:问题分析获取需求定义,需求分析生成功能规约。设计活动一般包括概要设计和详细设计:概要设计建立整个软件系统结构,包括子系统、模块以及相关层次的说明、每一模块的接口定义;详细设计产生程序员可用的模块说明,包括每一模块中数据结构的说明及加工描述。实现活动把设计结果转换为可执行的程序代码。确认活动贯穿于整个开发过程,实现完成后的确认,保证最终产品满足用户的要求。维护活动包括使用过程中的扩充、修改与完善。软件工程过程除以上过程外,还有管理过程、支持过程、培训过程等。

3. 软件工程的原则

围绕工程设计、工程支持以及工程项目管理,软件工程提出了如下6条基本实施原则。

(1) 做好全面的用户需求分析。需求分析直接关系到软件开发的成功与否,而用户需求的获取是否完整、全面,又关系到需求分析的正确性。通过访谈、记录、填表、现场观看、实地操作等一系列过程,做好系统的功能需求、性能需求、领域需求各方面的分析,可为实现正确的、符合用户实际需求的软件打好坚实基础。

(2) 选用适宜的开发模型。不同的应用领域、软件系统规模、软硬件环境以及用户等因素之间相互制约和影响,考虑到需求的易变性、系统的维护性和最终的成本收益,应选用适当的开发模型,以满足用户和系统的要求。

(3) 采用合适的设计方法。在软件设计中,通常需要考虑软件的模块化、抽象与信息隐蔽、局部化、一致性以及适应性等特征。合适的设计方法有助于这些特征的实现,以达到软件工程的目标。

(4) 提供高质量的工程支持。“工欲善其事,必先利其器”。在软件工程中,软件工具与环境对软件过程的支持颇为重要。软件工程项目的质量与开销直接取决于对软件工程所提供的开发环境的质量和效用。

(5) 保证有效的维护过程。不同于一般的工程项目,在软件开发过程中,实际编写代码的成本只是整个软件工程成本的很小一部分,甚至可以说是“冰山一角”。而系统维护等任务将占据工程成本的很大一部分。保证有效的维护过程是软件工程成功的重要活动。

(6) 重视软件的过程管理。软件工程的管理直接影响可用资源的有效利用,生产满足目标的软件产品以及提高软件组织的生产能力等问题。因此,仅当软件过程予以有效管理时，才能实现有效的软件工程。

10.2.3 软件工程的方法与环境

自从提出软件工程的概念以来，人们一方面着重于软件开发模型和开发方法的研究，以指导软件开发工作的顺利进行；另一方面着重于软件工具和开发环境的建立，以低成本、高效率的方式辅助软件的开发。软件工程方法、软件工具和软件开发环境构成了软件开发的两大支柱。

1. 软件工程方法

软件工程方法是从不同的软件类型，按不同的观点和原则，对软件开发中应遵循的策略、原则、步骤和必须产生的文档资料做出规定，从而使软件的开发能够规范化和工程化。从20世纪60年代末以来，出现了许多软件工程方法，其中最具影响的是结构化方法(Structured Approach)和面向对象(Objected Oriented，OO)方法。

(1) 结构化方法。结构化方法被称为传统软件工程方法。结构化方法以过程为中心，设计中强调功能和模块化，通过一系列过程的调用和处理完成相应的工作。

结构化方法把软件开发全过程依次划分为需求分析、概要设计、详细设计、编码、测试和维护6个主要阶段，然后顺序地完成每个阶段的任务。每个阶段的开始和结束都有严格的标准，必须经过正式严格的技术审查和管理审查，前一阶段的结束标准就是后一个阶段的开始标准。其中，审查最主要的标准就是每个阶段都应该提交"最新的"高质量的文档。

结构化方法是符合工程学原理的一套体系。它将软件开发过程划分成若干阶段，每个阶段的任务相对独立，而且比较简单，便于不同人员分工协作，从而降低了整个软件开发工程的困难程度；每个阶段都采用科学的管理技术和良好的技术方法，而且在每个阶段结束之前都从技术和管理两个角度进行严格的审查，合格之后才开始下一阶段的工作，这就使软件开发的全过程在一种有条不紊的方式下进行，保证了软件的质量，特别是提高了软件的可维护性。

结构化方法最主要的问题是缺乏灵活性，它要求必须在项目开始前说明全部需求，但这恰恰是非常困难的。当软件规模比较大，并且软件的需求是模糊的或者随时间变化而变化时，结构化方法就会存在很多问题。同时，结构化方法开发效率比较低下，软件中代码的复用率低。低下的开发效率和代码复用率成为结构化方法发展的瓶颈。

(2) 面向对象方法。面向对象方法是一种把面向对象的思想应用于软件开发过程中，指导软件开发活动的系统方法，是建立在"对象"概念基础上的软件工程方法。

与结构化方法不同，面向对象方法把数据和行为看成同等重要的，它是一种以数据为主线，把数据和对数据的操作紧密地结合起来的方法。面向对象方法以对象为中心，是对一系列相关对象的操纵。

面向对象方法的出发点和基本原则，是尽量模拟人类习惯的思维方式，使开发软件的方法和过程尽可能接近人类认识问题和解决问题的方法与过程，从而使描述问题的问题空间与其解空间在结构上尽可能一致。对于大型、复杂及交互性比较强的系统，使用面向对象方法更有优势。

面向对象方法的实施过程包括面向对象分析、面向对象设计及面向对象实现。面向对象分析体现了信息域对问题域的直接映射,符合人们认识客观世界的思维方式,利于用户的理解和沟通,避免因分析员的误解而造成后续的错误。面向对象方法不强调分析和设计的严格区分,从面向对象分析到面向对象设计是一个逐渐扩充模型的过程,分析和设计活动是一个多次反复迭代的过程。面向对象方法在概念和表示方法上的一致性,保证了在各项开发活动之间的平滑过渡。

面向对象方法提供了更好的抽象能力和更多的软件开发方法和工具,能够使用各种不同的设计模式来解决具体问题。面向对象方法具有良好的重用性特征,确保了软件的质量和可靠性。

2. 软件工程工具

软件工具(Software Tools)是用来辅助软件开发、运行、维护、管理和支持等过程中的活动的软件。使用软件工具的目的是提高软件设计的质量和生产效率,降低软件开发和维护的成本。

国家标准 GB/T 11457—2006《信息技术-软件工程术语》中对软件工具的定义为:软件工具是一种计算机程序,用来帮助开发、测试、分析或维护计算机程序或它的文件。例如,比较器、交叉引用生成器、反编译程序、驱动程序、编辑程序、监控程序、测试用例生成器、定时分析器等。

软件工具可用于软件开发的整个过程。软件开发人员在软件生产的各阶段可根据不同的需要选用合适的工具。

根据支持软件工程的工作阶段,软件工具可以分为需求分析工具、设计工具、编码工具、测试工具、运行维护工具和项目管理工具。

3. 软件开发环境

软件开发环境(Software Development Environment,SDE)是支持软件工程化开发和维护而使用的一组软件,它由软件工具和环境集成机制构成。前者用于支持软件开发的相关过程、活动和任务;后者为工具集成和软件的开发、维护及管理提供统一的支持。

环境集成机制主要有数据集成、界面集成、控制集成、平台集成以及方法和过程集成等。其中,数据集成为各种相互协作的工具提供统一的数据模式和数据接口规范,以实现不同工具之间的数据交换;界面集成指环境中的工具界面使用统一的风格,采用相同的交互方法,提供一种相似的视感效果,以减少用户学习不同工具的开销;控制集成用于支持环境中各个工具或开发活动之间的通信、切换、调度和协同工作,并支持软件开发过程的描述、执行和转换;平台集成指在不同的硬件和系统软件之上构造用户界面一致的开发平台,并集成到统一的环境中;方法和过程集成指把多种开发方法、过程模型及其相关工具集成在一起。

软件开发环境支持多种集成机制,可用于支持各种软件的开发活动,包括分析、设计、编程、测试、调试等。

10.3 软件过程

任何生物都有一个产生(形成)、成长、灭亡的生命周期。许多物质(包括软件)也不例外。软件也有一个孕育、诞生、成长、衰亡的过程,这个过程称为软件生命周期。

软件过程(Software Procedure)涉及软件生命周期中相关的过程与活动,其中,活动是构成软件过程的最基本的成分之一。过程活动、活动中所涉及的人员、软件产品、所有资源和各种约束条件是软件过程的基本成分。

10.3.1 软件生命周期

软件工程用于软件开发的指导思想之一就是划分软件生命周期,把软件开发的全过程分阶段、定任务,按先后顺序依次完成。划分软件生命周期的方法有许多种,软件规模、种类、开发方式、开发环境及开发时使用的方法论等都会影响软件生命周期。

在划分软件生命周期的阶段时应遵循一条基本原则,即各阶段的任务彼此间相互独立,同一阶段的各项任务的性质尽可能相同,从而降低每个阶段任务的复杂程度,简化不同阶段之间的联系。

一般软件生命周期由软件计划、软件开发和软件运行三个时期组成,每个时期又划分为若干阶段,如图 10-2 所示。每个阶段有明确的任务,这样使规模大、结构复杂和管理复杂的软件开发变得容易控制和管理。

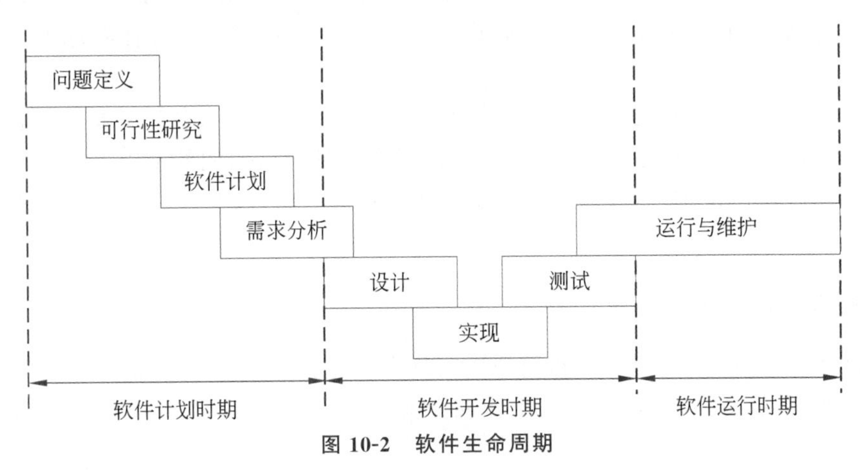

图 10-2 软件生命周期

1. 软件计划时期

软件计划时期的主要特点是所有工作由软件开发方与需求方密切配合、共同完成。这个时期包括问题定义、可行性研究和软件计划、需求分析等阶段。

(1) 问题定义。问题定义主要回答“要解决的问题是什么”,即提出软件需要解决的问题。

(2) 可行性研究和软件计划。可行性研究和软件计划主要回答两个问题,即"这个问题是否有解""是否值得去解"。其主要任务是确定要开发软件的总目标,给出它的功能、性能、可靠性及接口等方面的设想和计划。这个时期主要研究完成该软件任务的可行性研究,探讨解决问题的方案,并对可供使用的资源、成本、可取得的效益和开发进度做出估计,制订完成开发任务的实施计划。

(3) 需求分析。需求分析主要回答"用户提出的软件系统必须完成什么"。其主要任务是确定目标系统必须具备哪些功能。软件设计人员必须与用户充分交流信息,以得出经过用户确认的系统逻辑模型,并写出软件需求规格说明书或功能说明书及初步的系统用户手册,提交管理机构评审。

2. 软件开发时期

软件开发时期是软件设计与实现的重要时期,包括设计、实现和测试等阶段。

(1) 设计。软件设计一般包括概要(总体设计)和详细设计,主要回答"软件系统如何完成以体现用户需求"。在总体设计阶段,设计人员要把已确定了的各项需求转换成一个相应的体系结构,结构中每个组成部分都是意义明确的模块,每个模块都和某些需求相对应。详细设计阶段的任务实现系统步骤的具体化,对系统的每个模块要完成的工作进行具体的描述,并确定输入输出,以便在编码之前可以评价软件质量,并为实现打下基础。

(2) 实现。实现即编码,是将设计阶段的过程描述用某种计算机语言表示出来。在程序编码阶段,程序员的关键任务是根据目标系统的性质和实际环境,选取一种高级程序设计语言,将详细设计的结果翻译成用选定的语言书写的程序,并仔细地测试每个模块的功能。

(3) 测试。软件测试是保证软件质量的重要手段。测试阶段的任务是通过各种类型的测试,使软件符合预定的要求。其主要方式是在设计测试用例的基础上检验软件的各组成部分,包括单元测试、集成测试、系统测试和确认测试,以及由用户对目标系统进行验收测试。

3. 软件运行时期

软件运行时期的主要任务是进行系统的日常运行管理,根据一定的规格对系统进行必要的修改,评价系统的运行效率、工作质量和经济效益,对运行费用和效果进行监理审计。

在运行与维护阶段,可能由于多方面的原因,需要对软件系统进行修改。例如,对软件系统出现的问题进行纠错;为适应外部环境的变化和用户要求而添加新的功能;随着制作工艺的提高,将原来的工作流程做相应的改动;等等。这些修改称为软件维护。软件维护是软件生命周期中最长的阶段,它将伴随着软件的使用而一直存在。

10.3.2 软件过程模型

针对软件生命周期各阶段活动的一般规律,对软件开发过程进行定量度量的量化,为软件工程管理提供阶段性评价，为软件开发过程提供原则和方法，提出了软件过程模型。软件过程模型也称为软件开发模型、软件生命周期模型、软件工程范型。常见的软件过程模型有瀑布模型、演化模型和螺旋模型，以及微软解决框架过程模型。

1. 瀑布模型

瀑布模型是一种线性顺序模型，也称为“传统生命周期”。该模型给出了软件生命周期各阶段的固定顺序，上一阶段完成后才能进入下一阶段，整个过程就像流水下泄，故称为瀑布模型(图 10-3)。

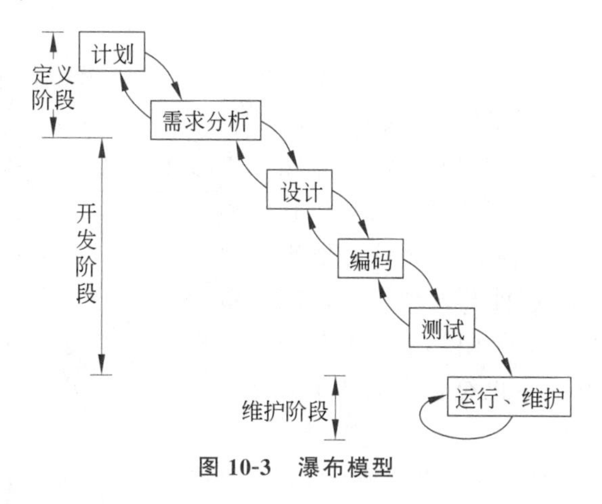

图 10-3 瀑布模型

瀑布模型的特点主要表现在如下几方面。

(1) 阶段间具有顺序性和依赖性。必须等前一阶段的工作完成后，才能开始后一阶段的工作；前一阶段的输出文档就是后一阶段的输入文档。因此，只有前一阶段的输出文档正确，后一阶段的工作才能获得正确的结果。

(2) 推迟实现的观点。缺乏软件工程实践经验的软件开发人员接到软件开发任务以后常常急于求成，总想尽早开始编写程序。但是，如果前面阶段的工作没有做好，过早地进行程序实现，往往导致大量返工，有时甚至发生无法弥补的问题，带来灾难性后果。瀑布模型在编码之前设置了分析、设计等阶段，在分析与设计阶段主要考虑目标系统的逻辑模型，不涉及软件的物理实现。清楚地区分逻辑设计与物理设计，尽可能推迟程序的物理实现，是按照瀑布模型开发软件的一条重要的指导思想。

(3) 质量保证的观点。为了保证所开发软件的质量，在瀑布模型的每个阶段都应坚持注重文档与评审。每个阶段都必须完成规定的文档，没有交出合格的文档就是没有完成该阶段的任务。完整、准确的合格文档不仅是软件开发时期各类人员之间相互通信的媒介，也是运行时期对软件进行维护的重要依据；每个阶段结束前都要对所完成的文档进行评审，以便尽早发现问题，改正错误。

瀑布模型理解起来比较容易，但不便于在实际工作中应用。其原因是多方面的，主要原因是瀑布模型基于这样的假设，前一个环节的工作全部完成之后，才能开展后续阶段的工作。但在软件开发的初始阶段指明软件系统的全部需求是困难的，也是不现实的,并且,确定需求后,用户和软件项目负责人要等相当长的时间才能得到一份软件的最初版本。如果用户对这个软件提出比较大的修改意见,那么整个软件项目将会蒙受巨大的人力、财力和时间方面的损失。

瀑布模型适用的场合:有一个稳定的产品定义和很容易被理解的技术解决方案;对一个定义得很好的版本进行维护或将一个产品移植到一个新的平台上;容易理解但很复杂的项目;质量需求高于成本需求和进度需求的软件项目;开发队伍的技术力量比较弱或者缺乏经验。

2. 演化模型

演化模型又称原型模型,主要针对事先不能完整定义需求的软件项目开发。许多软件开发项目由于人们对软件需求的认识模糊,很难一次开发成功,返工再开发难以避免。因此,人们对要开发的软件给出基本需求,做第一次实验开发,其目标仅在于探索可行性和弄清需求,取得有效的反馈信息,以支持软件的最终设计和实现。通常把第一次实验性开发出的软件称为原型(Prototype)。这种开发模型可以减小由于需求不明给开发工作带来的风险,有较好的效果。相对瀑布模型来说,演化模型更符合人类认识真理的过程和思维。

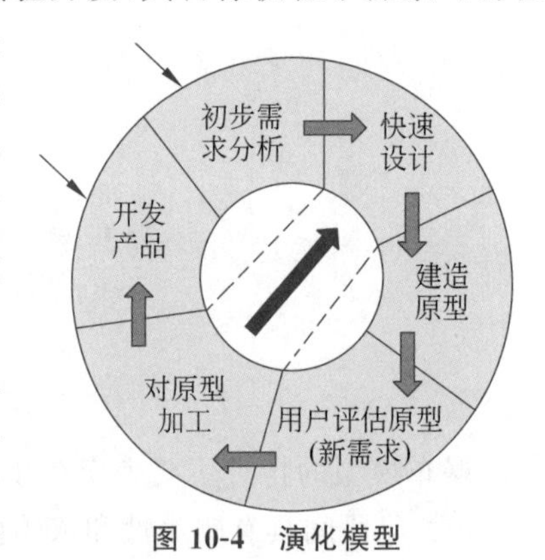

图 10-4 演化模型

演化模型(图 10-4)从需求采集开始,然后是快速设计,集中于软件中对用户可见部分的表示,并最终导致原型的创建。这个过程是一个迭代。原型由用户评估并进一步精化待开发软件的需求,通过逐步调整,以满足用户要求。

3. 增量模型

增量模型融合了瀑布模型的基本成分(重复应用)和原型实现的迭代特征,该模型采用随着日程时间的进展而交错的线性序列,每个线性序列产生软件的一个可发布的"增量"。当使用增量模型时,第一个增量往往是核心的产品,即第一个增量实现了基本的需求,但很多补充的特征还没有发布。客户对每个增量的使用和评估都作为下一个增量发布的新特征和功能,这个过程在每个增量发布后不断重复,直到产生了最终的完善产品。增量模型强调每个增量均发布一个可操作的产品。

增量模型与其他演化方法一样,本质上是迭代的,但与原型实现不一样的是其强调每个增量均发布一个可操作产品。早期的增量是最终产品的"可拆卸"版本,但提供了为用户服务的功能,并且为用户提供了评估的平台。增量模型的特点是引进了增量包的概念,无须等到所有需求都出来,只要某个需求的增量包出来即可进行开发。虽然某个增量包可能还需要进一步适应客户的需求并且更改,但只要这个增量包足够小,其影响对整个项目来说是可以承受的。

采用增量模型的优点是人员分配灵活,刚开始不用投入大量人力资源。如果核心产品很受欢迎,则可增加人力实现下一个增量。当配备的人员不能在设定的期限内完成产品时,它提供了一种先推出核心产品的途径。这样即可先发布部分功能给客户,对客户起到镇静剂的作用。此外,增量能够有计划地管理技术风险。增量模型的缺点是如果增量包之间存在相交的情况且未得到很好的处理,则必须做全盘系统分析,这种模型将功能细化后分别开发的方法较适合需求经常改变的软件开发过程。

4. 螺旋模型

螺旋模型是瀑布模型与演化模型相结合,并增加两者所忽略的风险分析而产生的一种模型,该模型通常用来指导大型软件项目的开发。螺旋模型将开发划分为制订计划、风险分析、实施工程和客户评估 4 类活动。沿着螺旋线每转一圈,表示开发出一个更完善的新的软件版本,如图 10-5 所示。如果开发风险过大,开发机构和客户无法接受,项目有可能就此中止;多数情况下,会沿着螺旋线继续下去,自内向外逐步延伸,最终得到满意的软件产品。

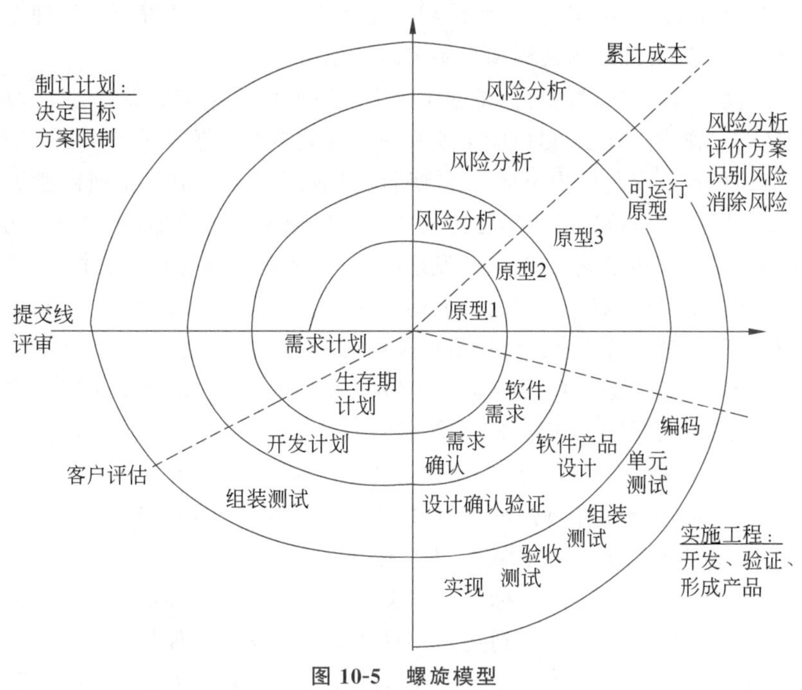

图 10-5 螺旋模型

螺旋模型的每个周期都包括制订计划(需求定义)、风险分析、实施工程以及客户评估 4 个阶段。螺旋模型从第一个周期的计划开始,一个周期、一个周期地不断迭代,直到整个软件系统开发完成。

5. 喷泉模型

喷泉模型是一种以用户需求为动力、以对象为驱动的模型,主要用于描述面向对象的软件开发过程。该模型认为软件开发过程自下而上周期的各阶段是相互重叠和多次

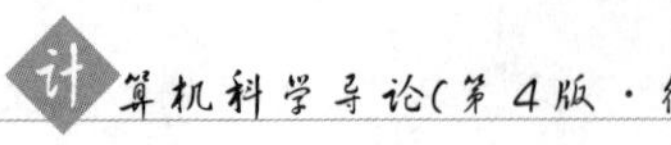

反复的，就像水喷上去又落下来，类似一个喷泉。各开发阶段没有特定的次序要求，并且可以交互进行，可以在某个开发阶段中随时补充其他任何开发阶段中的遗漏。

喷泉模型不像瀑布模型那样，需要分析活动结束后才开始设计活动，设计活动结束后才开始编码活动。该模型的各阶段没有明显的界线，开发人员可以同步进行开发。其优点是可以提高软件项目的开发效率，节省开发时间，适应于面向对象的软件开发过程。由于在各开发阶段是重叠的，所以在开发过程中需要大量的开发人员，不利于项目的管理。

6. 微软解决框架过程模型

微软解决框架过程模型将软件开发过程划分为5个主要阶段，即规划阶段、设计阶段、开发阶段、稳定阶段和发布阶段。

(1) 规划阶段。规划阶段的目标是创建一个关于项目的目标、限定条件和解决方案的架构。团队的工作重点在于，确定业务问题和机会、确定所需的团队技能、收集初始需求、创建解决问题的方法、确定目标、假设和限定条件及建立配置与变更管理。交付成果包括远景/范围文档、项目结构文档和初始风险评估文档。

(2) 设计阶段。设计阶段的目标是创建解决方案的体系结构和设计方案、项目计划和进度表。团队的工作重点在于，尽可能早地发现尽可能多的问题及了解项目何时收集到足够的信息以向前推进。交付成果包括功能规格说明书、主项目计划和主项目进度表。

(3) 开发阶段。开发阶段的目标是完成功能规格说明书中所描述的功能、组件和其他要素。团队的主要工作包括编写代码、开发基础架构、创建培训课程和文档，以及开发市场和销售渠道。交付成果包括解决方案代码、构造版本、培训材料、文档(包括部署过程、运营过程、技术支持、疑难解答等文档)、营销材料及更新的主项目计划、进度表和风险文档。

(4) 稳定阶段。稳定阶段的目标是提高解决方案的质量，满足发布到生产环境的质量标准。团队的工作重点在于提高解决方案的质量、解决准备发布时遇到的突出问题、实现从构造功能到提高质量的转变、使解决方案稳定运行及准备发布。交付成果包括试运行评审、发布版本(包括源代码、可执行文件、脚本、安装文档、最终用户帮助、培训材料、运营文档、发布说明等)、测试和缺陷报告及项目文档。

(5) 发布阶段。发布阶段的目标是把解决方案实施到生产环境之中。团队的工作重点在于，促进解决方案从项目团队到运营团队的顺利过渡，确保用户认可项目的完成。交付成果包括运营及支持信息系统、所有版本的文档、装载设置、配置、脚本和代码及项目收尾报告。

学习提高

10.4 思考与实践

10.4.1 问题思考

1. 什么是软件？软件有哪些特征？
2. 软件危机产生的主要原因是什么？

3. 什么是软件工程?
4. 构成软件工程的要素包括哪些方面?
5. 软件生命周期分为哪几个时期?各包括哪些阶段?
6. 软件过程模型主要有哪几种?

10.4.2 课外讨论

1. 软件危机的主要特征有哪些?结合自己的实践谈谈看法。
2. 软件工程的核心思想是什么?
3. 为什么要提出软件生命周期的概念?
4. 试比较各种软件工程方法的特点。
5. 分析微软公司的软件过程模型。
6. 如何理解软件定义一切?

10.4.3 实践活动

通过查询资料和企业调查,了解并分析软件工程研究与应用的最新进展。

在线作业

第11章 chapter 11

思政教育

信息与信息系统

信息同能源、材料并列为当今世界三大资源。信息资源牵动着经济增长、体制改革、社会变迁和发展,信息资源管理技术也从单一走向综合。用于管理与应用信息资源的信息系统成为当前及未来信息化推进的关键因素之一。

11.1 信息与信息管理

只要事物之间的相互联系和相互作用存在,就有信息产生。人类社会的一切活动都离不开信息,信息早就存在于客观世界,只不过人们首先认识了物质,然后认识了能量,最后才认识了信息。信息具有使用价值,能够满足人们的特殊需要,可用来为社会服务。

社会经济的发展正在从以物质与能源为经济结构的重心,向以信息为经济结构的重心转变,这一历史进程即为信息化。

11.1.1 信息

在人类社会的早期,人们对信息的认识比较广义而且模糊,对信息的含义没有明确的定义。到了20世纪,特别是中期以后,科学技术的发展,特别是信息科学技术的发展,对人类社会产生了深刻的影响,迫使人们开始深入探讨信息的准确含义。

1. 信息的概念

人类生活离不开信息。早在远古时代,我们的祖先就懂得了用“结绳记事”“烽火告急”“信鸽传书”等方法存储、传递、利用和表达信息。

随着社会的进步和经济的发展,人们社会活动的深度与广度不断增加,信息的概念也在各个领域得到广泛的应用。通俗地讲,信息是人们关心的事物的情况。例如,某产品的市场需求和销售利润的变化对生产或经销此产品的企业来说,是很重要的信息。气象的变化、股市的涨落、竞争对手的行踪,对于与这些情况有关的个人或群体来说都是信息。

不难理解,同一事物的情况对于不同的个人或群体具有不同的意义。某个事物的情况只有对了解情况者的行为或思维活动产生影响时,才能称为信息。

信息的一般定义为：事物之间相互联系、相互作用的状态的描述称为信息(Information)。

由此定义可知，只有当事物之间相互联系、相互作用时，才有信息。一个事物由于另一事物的影响而使前者的某种属性起了变化，从信息的观点看，是因为前者得到了后者的某种信息。

本质上讲，信息存在于物质运动和事物运动的过程中，是一种非物质的资源。信息的作用就在于把物质、能源构成的混浊、杂乱的世界变成有序的世界，减少人的不确定性。信息奠基人香农认为“信息是用来消除随机不确定性的东西”，这一定义被人们看作经典性定义并加以引用。信息量的大小取决于信息内容消除人们认识的不确定程度。消除的不确定程度大，则信息量就大；消除的不确定程度小，则信息量就小。如果事先就确切地知道信息内容，信息量就等于零。

与信息相关的概念有数据、情报与知识。

数据(Data)是信息的表达形式，信息是数据表达的内容。数据是对客观事物状态和运动方式记录下来的符号(如数字、字符、图形等)，不同的符号可以有相同的含义。数据处理后仍是数据，处理数据是为了便于更好地解释数据，只有经过解释，数据才有意义，才能成为信息。

情报(Intelligence)是信息的一个特殊的子集，是具有机密性质的一类特殊信息。情报要从很多信息中挖掘出来。

知识(Knowledge)是具有抽象和普遍性质的一类特殊信息。信息是知识的原材料，知识是信息加工的产物。知识是反映各种事物的信息进入人们大脑，对神经细胞产生作用后留下的痕迹。

例如，气温计上的温度指示的是数据；今天最低气温为0°，表达信息；水在0°结冰，是知识；今年冬天平均气温非常低，燃料将短缺，是情报。

综上所述，对数据进行整理和预测后得到信息，信息中的一部分为情报；对信息进行提炼和挖掘后得到知识。

2. 信息的基本属性

信息具有以下基本属性。

(1) 信息存在的普遍性。信息是事物存在方式和运动状态的表现，因为宇宙间的万事万物都有其独特的存在方式和运动状态，所以必然存在着反映其存在方式和运动状态的信息。这种普遍存在着的信息具有绝对性和客观性。绝对性表现为客观的物质世界先于人类主体而存在，因此信息的存在不依主体而转移；客观性表现为信息不是虚无缥缈的东西，它的存在可以被人感知、获取、存储、处理、传递和利用。

(2) 信息在时间与空间上的传递性。信息在时间上的传递是信息的存储。信息在空间中的传递是通信。当然，信息在空间上的传递也需要时间，但它在空间中传递的速度是一个有限值。尤其是在现代通信技术支持下，信息在空间上转移的时间越来越短，甚至可以忽略不计。信息在时间和空间中传递的性质十分重要，它不仅使人类社会能够进行有效的信息交流和沟通，而且能够进行知识和信息的积累与传播。

(3) 信息对物质载体的独立性。信息表征事物的存在和运动,通过人类创造的各种符号、代码和语言表达,通过竹、帛、纸、磁盘、光盘等物质记录和存储,通过光、声、电等能量载荷和传递。离开这些物质载体,信息便无法存在。但是,信息具体由哪种物质载体表达和记录,都不会改变信息的性质和含义,这说明信息对物质载体具有独立性。信息的物质载体的转换并不改变事物存在的方式和运动状态的表现形式。信息的这一性质使得人们有可能对信息进行各种加工处理和变换。

(4) 信息对认识主体的相对性。由于人们的观察能力、认识能力、理解能力和目的不同,他们从同一事物中获得的信息量也各不相同。即使他们的这些能力和目的完全相同,但他们在观察事物时选择的角度不同,侧重不一样,他们获得的有关同一事物的信息肯定也不同。信息的这一性质说明实际得到的信息量是因人而异的。

(5) 信息对利用者的共享性。由于信息可以脱离其发生源或独立于其物质载体,并且在利用中不被消耗,因而可以在同一时间或不同时间提供给众多的用户利用,这就是信息的共享性。信息能够共享是信息的一种天然属性,也是信息不同于物质和能量的重要特征。信息在时间和空间上实现最大限度的共享,可以提高信息利用效率,节约生产成本,但共享给现代信息管理中信息产权的保护和控制带来了很大难度。

(6) 信息产生和利用的时效性。从信息产生的角度看,信息表征的是特定时刻事物存在的方式和运动状态,由于所有的事物都在不断变化,过了这一时刻,事物的存在方式和运动状态必然会改变,表征这一"方式"和"状态"的信息也会随之改变,即所谓时过境迁。从信息利用的角度看,信息仅在特定的时刻才能发挥其效用。一条及时的信息可能价值连城,使濒临破产的企业扭亏为盈,成为行业巨头;一条过时的信息则可能分文不值,或使企业丧失难得的发展机遇,酿成灾难性后果。

3. 信息资源

在人类社会中,一切活动都离不开信息。人们为了实现某种目标,需要确定行动方案,也就是要进行决策。信息的效用在于对决策的影响。过去,由于生产规模小,科学技术水平低,人们社会活动的广度与深度都比较小,效率也不高,人工处理信息,凭经验做出决策,就能够适应人们社会生活的需要,信息问题的重要性与紧迫性没有充分显露出来。随着科学技术的突飞猛进和社会生产力的迅速发展,人们进行信息交流的深度与广度不断增加,信息量急剧增长,传统的信息处理与决策方法和手段已不能适应社会的需要,信息的重要性和信息处理问题的紧迫性空前提高。

面对日益复杂和不断发展、变化的社会环境,特别是企业间日趋激烈的竞争形势和用户对产品及服务在品种、质量、数量、交货期等方面越来越苛刻的要求,一个人、一个企业要在现代社会中求生存、谋发展,就必须及时、准确地了解当前的问题与机会,掌握社会需求状况与市场竞争形势,了解相关科学技术的最新成就与发展趋势。也就是说,必须具备足够的信息和强有力的信息收集与处理手段。因此,在现代社会中,人类赖以生存与发展的战略资源除了物质、能量外,还有信息被称为信息资源。

现在信息资源的概念已得到广泛应用。信息资源通常包括信息(消息、知识、技术)及其载体;信息采集、传输、加工、存储的各类设施和软件;制造上述硬件、软件的关键设施；有关信息采集、加工、传输、存储、利用的各种标准、规范、规章、制度、方法、技术等。信息资源的占有与利用水平是一个国家或企业的综合实力与竞争能力的重要标志。

11.1.2 信息管理

认识信息

信息管理(Information Management，IM)是一个发展的概念，它一般存在狭义和广义两种基本理解。狭义的信息管理认为信息管理就是对信息本身的管理，即以信息科学理论为基础，以信息生命周期为主线，研究信息的“采集、整理、存储、加工(变换)、检索、传输和利用”的过程；广义的信息管理认为信息管理不单单是对信息的管理，还包括对涉及信息活动的各种要素，如对信息、技术、人员、组织进行合理组织和有效控制。一般讲到的信息管理指广义的信息管理。

1. 信息管理的概念

信息管理是信息人员围绕信息资源的形成与开发利用，以信息技术为手段，对信息资源实施计划、组织、指挥、协调和控制的社会活动。在信息管理概念中，包括信息资源的管理和信息活动的管理。

信息资源是经过人类开发与组织的信息、信息技术、信息人员要素的有机集合。虽然人们常常把信息和信息资源看作等同的概念，但信息资源概念的外延大于信息的外延。信息资源既包括信息，又包括信息人员、信息技术及设施；而信息仅指信息内容及其载体。

信息活动是指人类社会围绕信息资源的形成、传递和利用而开展的管理活动与服务活动。从过程上看，可以分为两个阶段：一是信息资源的形成阶段，其活动特点以信息的“产生、记录、传播、采集、存储、加工、处理”为过程，目的在于形成可供利用的信息资源；二是信息资源的开发利用阶段，以对信息资源的“检索、传递、吸收、分析、选择、评价、利用”等活动为特征，目的是实现信息资源的价值，达到信息管理的目标。从层次和规模上看，信息活动又可以分为个人信息活动、组织信息活动和社会信息活动。

相对而言，信息资源管理主要针对信息管理的静态方面，关心的是信息资源开发和利用的程度；而信息活动管理主要针对信息管理的动态方面，关注的是信息资源开发利用的过程和效果。

2. 信息管理的过程

信息管理的过程包括信息收集、信息传输、信息加工和信息存储。信息收集就是对原始信息的获取。信息传输是信息在时间和空间上的转移，因为信息只有及时准确地送到需要者的手中，才能发挥作用。信息加工包括信息形式的变换和信息内容的处理。信息的形式变换是指在信息传输过程中，通过变换载体，使信息准确地传输给接收者。信息的内容处理是指对原始信息进行加工整理，深入揭示信息的内容。经过信息内容的处理，输入的信息才能变成所需要的信息，才能被适时有效地利用。信息送到使用者手中，有的并非使用完后就无用了，有的还需留作事后的参考和保留，这就是信息存储。通过信息存储可以从中揭示出规律性的事物，也可以重复使用。

11.1.3 信息化

20世纪90年代以来,信息技术不断创新,信息产业持续发展,信息网络普及,信息化成为全球经济社会发展的显著特征,并逐步演化为一场全方位的社会变革。

1. 信息化的概念

关于信息化的表述,在学术界做过较长时间的研讨。如有的人认为,信息化就是计算机、通信和网络技术的现代化;有的人认为,信息化就是从物质生产占主导地位的社会向信息产业占主导地位社会转变的发展过程;也有的人认为,信息化就是从工业社会向信息社会演进的过程,等等。

对"信息化"概念较为正式的界定,可参考《2006—2020年国家信息化发展战略》,其具体叙述为:信息化是充分利用信息技术,开发利用信息资源,促进信息交流和知识共享,提高经济增长质量,推动经济社会发展转型的历史进程。

信息化是一个国家由物质生产向信息生产、由工业经济向信息经济、由工业社会向信息社会转变的动态的、渐进的过程。与城镇化、工业化类似,信息化也是一个社会经济结构不断变换的过程。这个过程表现为信息资源越来越成为整个经济活动的基本资源,信息产业越来越成为整个经济结构的基础产业,信息活动越来越成为经济增长不可或缺的一支重要力量。

信息化的过程是一个渐进的过程,可以从4方面理解其含义。首先,信息化是一个相对概念,它所对应的是社会整体及各个领域的信息获取、处理、传递、存储、利用的能力和水平;其次,信息化是一个动态的、发展中的概念,信息化是向信息社会前进的动态过程,它所描述的是可触摸的有形物质产品起主导作用向难以触摸的信息产品起主导作用转变的过程;第三,信息化是一个渐进的动态过程,它是从工业经济向信息经济、从工业社会向信息社会逐渐演进的动态过程,每个新的进展都是前一阶段的结果,同时又是下一发展阶段的新起点;最后,信息化是技术革命和产业革命的产物,是一种新兴的最具有活力和高渗透性的科学技术。

2. 信息化的层次

信息化代表了一种信息技术被高度应用,信息资源被高度共享,从而使得人的智能潜力以及社会物质资源潜力被充分发挥,个人行为、组织决策和社会运行趋于合理化的理想状态。信息化可分为产品信息化、企业信息化、产业信息化、国民经济信息化、社会生活信息化等多种层次。

(1) 产品信息化。产品信息化是信息化的基础,有两个层面的含义:一是产品所含各类信息比重日益增大、物质比重日益降低,产品日益由物质产品的特征向信息产品的特征迈进;二是越来越多的产品中嵌入了智能化元器件,使产品具有越来越强的信息处理功能。

(2) 企业信息化。企业信息化指企业在产品的设计、开发、生产、管理、经营等多个环节中广泛利用信息技术,并大力培养信息人才,完善信息服务,加速建设企业信息系统。

(3) 产业信息化。产业信息化指农业、工业、服务业等传统产业广泛利用信息技术,大力开发和利用信息资源,建立各种类型的数据库和网络,实现产业内各种资源、要素的优化与重组,从而实现产业的升级。

(4) 国民经济信息化。国民经济信息化指在经济大系统内实现统一的信息大流动,使金融、贸易、投资、计划、通关、营销等组成一个信息大系统,使生产、流通、分配、消费等经济的4个环节进一步连成一个整体。国民经济信息化是世界各国急需实现的近期目标。

(5) 社会生活信息化。社会生活信息化指包括经济、科技、教育、军事、政务、日常生活等在内的整个社会体系采用先进的信息技术,建立各种信息网络,大力开发有关人们日常生活的信息内容,丰富人们的精神生活,拓展人们的活动时空。社会生活极大程度信息化就标志着进入了信息社会。

3. 信息化产生的影响

信息技术发展和应用所推动的信息化,给人类经济和社会生活带来了深刻的影响。信息化与经济全球化推动着全球产业分工深化和经济结构调整,改变着世界市场和世界经济竞争格局。从全球范围看,信息化产生的影响主要表现在如下三方面。

(1) 信息化促进产业结构的调整、转换和升级。电子信息产品制造业、软件业、信息服务业、通信业、金融保险业等一批新兴产业迅速崛起,传统产业如煤炭、钢铁、石油、化工、农业在国民经济中的比重日渐下降。信息产业在国民经济中的主导地位越来越突出。国内外已有专家把信息产业从传统的产业分类体系中分离出来,称其为农业、工业、服务业之后的"第四产业"。

(2) 信息化成为推动经济增长的重要手段。信息经济的一个显著特征就是技术含量高、渗透性强、增值快,可以很大程度上优化对各种生产要素的管理及配置,从而使各种资源的配置达到最优状态,降低生产成本,提高劳动生产率,扩大社会的总产量,推动经济增长。在信息化过程中,通过加大对信息资源的投入,可以在一定程度上替代各种物质资源和能源的投入,减少物质资源和能源的消耗,改变传统的经济增长模式。

(3) 信息化引起生活方式和社会结构的变化。随着信息技术的不断进步,智能化的综合网络遍布社会各个角落,信息技术正在改变人类的学习方式、工作方式和娱乐方式。数字化的生产工具与消费终端广泛应用,人类已经生活在一个被各种信息终端所包围的社会中。信息逐渐成为现代人类生活不可或缺的重要元素之一。一些传统的就业岗位被淘汰,劳动力人口主要向信息部门集中,新的就业形态和就业结构正在形成。一大批新的就业形态和就业方式被催生,如弹性工时制、家庭办公、网上求职、灵活就业等。商业交易方式、政府管理模式、社会管理结构也在发生变化。

信息化浪潮的持续深入使人类社会日渐超越"工业社会",而呈现"信息社会"的基本特征。主要表现在信息技术促进生产的自动化,生产效率显著提升,科学技术作为第一生产力得到充分体现;信息产业形成并成为支柱产业;信息和知识成为重要社会财富;管理在提高企业效率中起到了决定性作用;服务业经济形成并占据重要的经济份额。

信息化在迅猛发展的同时,也给人类带来了负面、消极的影响,主要体现在信息化对全球和社会发展的影响极不平衡,信息化给人类社会带来的利益并没有在不同的国家、地区和社会阶层得到共享。数字化差距或数字鸿沟加大了发达国家和发展中国家的差距,也加大了一个国家经济发达地区与经济不发达地区间的差距。信息技术的广泛应用使劳动者对具体劳动的依赖程度逐渐减弱,对劳动者素质(特别是专业素质)的要求逐渐提高,从而不可避免地带来一定程度上的结构性失业。数字化生活方式的形成使人类对信息手段和信息设施及终端的依赖性越来越强,在基础设施不完善、应急机制不健全的情况下,一旦发生紧急状况,将对生产、生活造成极大影响。此外,信息安全与网络犯罪、信息爆炸与信息质量、个人隐私权与文化多样性的保护等,成为信息化带给人类社会的新的挑战。

11.2 信息系统基础

无论是从事专业研究、经济活动,还是处理社会日常事务,都涉及信息发现、信息组织和信息利用等信息管理活动,并与各种信息系统发生联系。信息系统与每个人息息相关,已成为各专业领域人才必备的基本知识。

11.2.1 信息系统概述

信息系统是各领域、行业实施现代化管理的基础,其主要任务是最大限度地利用计算机及网络技术加强企业的信息管理,通过对企业拥有的人力、物力、财力、设备、技术等资源的调查和了解,建立正确的数据,加工处理并编制成各种信息资料及时提供给管理人员,以便进行正确的决策,不断提高企业的管理水平和经济效益。

1. 信息系统的概念

信息系统(Information Systems,IS)是一个人造系统,由信息源、信息处理器、信息存储器、信息管理者及信息用户等部分组成。其中,信息源是信息的产生地;信息处理器负责信息的传输、加工;信息存储器负责信息的存储;信息管理者负责系统的设计、实现、运行和维护;信息用户是信息系统的使用者。信息系统的目的是及时、正确地收集、加工、存储、传递和提供信息,实现组织中各项活动的管理、调节和控制。信息系统的概念结构如图 11-1 所示。

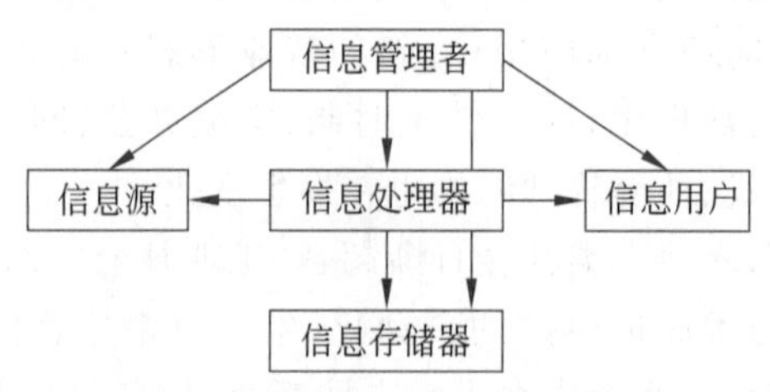

图 11-1 信息系统的概念结构

将信息系统的基本结构和工作原理加上各种科学管理方法或创新成果,就构成多种多样的信息系统，应用于社会的各种组织或个人，以改进工作效果，提高工作和生活质量，如电子纳税系统、家用理财系统、市场分析与预报系统、旅游方案咨询系统、计算机全自动科学配菜系统等。

企业进行的各项生产经营及其管理活动必然伴随有反映其状态与方式的信息，这些信息在企业中流转，形成信息流。一个企业存在各种各样的信息流，不同的信息流控制不同的企业活动。多种信息流组织在一起，用于管理和控制企业的各种活动，就形成了信息流的网络，再加上信息处理工具、方法与手段就构成了企业信息系统。

2. 信息系统的功能

信息系统具有 5 个基本功能，即输入、存储、处理、输出和控制。

(1) 输入。信息系统的输入功能取决于系统所要达到的目的及系统的能力和信息环境的许可。

(2) 存储。存储功能指的是信息系统存储各种信息资料和数据的能力。数据进入信息系统后，经过加工处理形成对管理有用的信息。由于绝大多数信息具有多次、长期利用的价值，因此，必须将这些信息进行存储保管，以便随时调用。信息的存储包括物理存储和逻辑组织两方面。物理存储是指将信息存储在适当的介质上；逻辑组织是指按信息的内在联系组织和使用数据，把大量的信息组织成合理的结构。

(3) 处理。通过各种途径和方法采集的信息，必须按照不同的要求，经综合加工处理，才能成为有用的信息。信息处理一般需经真伪鉴别、排错校验、分类整理与加工分析 4 个环节。信息处理包括排序、分类、归并、查询、统计、结算、预测、模拟，以及进行各种数学运算。信息处理系统以计算机为基础完成信息加工工作。

(4) 输出。信息系统的各种功能都是为了保证最终实现最佳的输出功能。

(5) 控制。对构成系统的各种信息处理设备进行控制和管理，对整个信息加工、处理、传输、输出等环节通过各种程序进行控制。

3. 信息系统的特性

信息系统的特征主要表现在整体性、层次性、开放性等方面。

(1) 整体性。信息系统是一个有机整体系统，从整体出发，具体地分析其内部各组成部分之间的相互关系，从而可以解释和掌握它的整体性及规律。以系统的观点，构成信息系统的要素有硬件、软件、数据文件和数据库、相关人员以及制度规范、管理思想与理论等。这些要素相互作用构成了信息系统，硬件、系统软件和应用软件为系统的实施提供了物理设施，影响系统的响应速度、传输范围等特性；数据资源和数据库是应用软件的基础，其结构的好坏决定了应用软件的生命周期；管理制度规范影响系统的结构，制约着系统功能的发挥。正是这些要素互相作用、互相制约，才使得信息系统有条不紊地运行。

(2) 层次性。层次性是指组成系统的各要素存在种种差异，从而使系统组织在地位与作用、结构与功能上表现出等级秩序性。系统的层次区分是相对的，一个系统往往是更大系统的组成要素，它本身也还有更深层次的子系统。相对区分的层次之间又是相互联系的，相邻上下层之间、多个层次之间都会有相互联系、相互作用，甚至多个层次之间也会有协同作用。

信息系统是多层次结构,按照管理活动的不同,自底向上可分为生产作业层、经营管理层和战略决策层。生产作业层的管理活动属于基层管理,主要包括作业控制和业务处理;经营管理层的管理活动属于中层管理,保证在管理控制活动中正确地制定各项计划并进行有效管理;战略决策层的管理活动涉及总体目标和长远发展规划,为组织制定战略计划提供参考。

(3) 开放性。开放性是指系统具有不断与外界环境进行物质、能量、信息交换的性质和功能,系统向环境开放是系统得以向上发展的前提,也是系统得以稳定存在的条件。系统不能孤立地存在于环境中,必须与环境交换物质、能量与信息,才能生成、存在与发展,这就要求系统的结构是开放性结构。系统既要内部开放,又要对外开放。系统内部开放,即各子系统相互作用,才能形成系统的结构。系统对外开放,即与其他系统相互作用形成更大的系统,使自己成为更大系统的子系统。

4. 信息系统的分类

信息系统是一个内涵广泛的概念,它可以进行如下分类。

(1) 数据处理系统。数据处理系统(Data Processing System,DPS)的任务是处理组织的业务、控制生产过程和支持办公事务,并更新有关的数据库。数据处理系统通常由业务处理系统、过程控制系统和办公自动化系统三部分组成。业务处理系统的目标是迅速、及时、正确地处理大量信息,以提高管理工作的效率和水平;过程控制系统主要指用计算机控制正在进行的生产过程;办公自动化系统以先进技术和自动化办公设备(如文字处理设备、电子邮件、轻印刷系统等)支持部分办公业务活动。

(2) 管理信息系统。管理信息系统(Management Information System,MIS)是对一个组织机构进行全面管理的以计算机系统为基础的集成化的人机系统,具有分析、计划、预测、控制和决策功能。它把数据处理功能与管理模型的优化计算、仿真等功能结合起来,能准确、及时地向各级管理人员提供决策用的信息。其主要特点是对实际系统人、财、物等优化仿真模拟,一般都是对实际系统综合业务的实时处理,解决的问题大多是结构化和半结构化的。

(3) 决策支持系统。决策支持系统(Decision Support System,DSS)是计算机科学、人工智能、行为科学和系统科学相结合的产物,是以支持半结构化和非结构化决策过程为特征的一类计算机辅助决策系统,用于高级管理人员进行战略规划和宏观决策。它为决策者提供分析问题、构造模型、模拟决策过程以及评价决策效果的决策支持环境,帮助决策者利用数据和模型在决策过程中通过人机交互设计和选择方案。

(4) 数据挖掘系统。随着数据库技术的迅速发展以及数据库管理系统的广泛应用,人们积累的数据越来越多。这些激增的数据背后隐藏着许多重要的、有用的信息,人们希望能从这些海量的数据中找出具有规律性的信息帮助我们进行更有效的活动。目前的数据库系统虽然可以实现高效的查询、统计等功能,但无法发现数据中存在的这些关系和规则,因而无法根据现有的数据预测未来的发展趋势。因此,数据挖掘(Data Mining,DM)技术应运而生。数据挖掘系统是指从大型数据库或数据仓库中提取隐含的、未知的、非平凡的及有潜在应用价值的信息或模式的高级数据处理过程。

(5) 办公自动化系统。办公自动化(Office Automation,OA)系统是以先进的技术设备为基础,由办公人员和技术设备共同构成的人机信息处理系统。其用户主要是办公室从事日常办公事务的工作人员,其目的是充分利用设备资源和信息资源,提高办公效率和质量。

11.2.2 信息系统的应用类型

根据应用功能和服务对象,信息系统可分为国家经济信息系统、企业管理信息系统、事务型信息系统、办公型信息系统和专业型信息系统等应用类型。

1. 国家经济信息系统

国家经济信息系统是一个包含各综合统计部门在内的国家级信息系统。这个系统纵向联系各省、市、县,直至各重点企业的经济信息系统,横向联系外贸、能源、交通等各行业信息系统,形成一个纵横交错、覆盖全国的综合经济信息系统。

国家经济信息系统的主要功能有:收集、处理、存储和分析与国民经济有关的各类经济信息,及时、准确地掌握国民经济的运行状况,为国家经济部门、各级决策部门及企业提供经济信息;为统计工作现代化服务,完成社会经济统计和重大国情国力调查的数据处理任务,进行各种统计分析和经济预测;为中央和地方各级政府部门制定社会、经济发展计划提供辅助决策手段;为中央和地方各级的经济管理部门进行生产调度、控制经济运行提供信息依据和先进手段;为各级政府部门的办公事务处理提供现代化的技术。

2. 企业管理信息系统

企业管理信息系统面向各类企业,如工厂、制造业、商业企业、建筑企业等。这类系统主要进行管理信息的加工处理,一般应具备对企业生产监控、预测和决策支持的功能。企业复杂的管理活动给管理信息系统提供了典型的应用环境和广阔的应用舞台。大型企业的管理信息系统都很大,人、财、物、产、供、销以及质量、技术应有尽有,同时技术要求也很复杂,因而常被作为典型的管理信息系统进行研究,从而有力地促进了管理信息系统的发展。

3. 事务型信息系统

事务型信息系统主要处理企业基础性和重复性的业务,主要是实现业务自动化,用基于计算机技术的信息采集、存储、传递等手段替换传统的信息处理方式。事务型信息系统的主要目的是整理企业里杂乱无章的数据和流程,减少手工操作的错误率,提高处理速度,同时增加信息存储和传递的数量。事务型信息系统的最大特点是以更高的准确度、更快的速度代替人的部分或全部工作。

管理信息系统与事务型信息系统的区别在于管理信息系统更强调管理方法的作用,强调利用信息分析组织的经营运转情况,利用模型对组织的经营活动各个细节进行分析、预测和控制,以科学的方法优化对各种资源的分配,并合理地组织经营活动。

4. 办公型信息系统

办公型信息系统支持行政机关办公管理自动化,对提高领导机关的办公质量和效率,改进服务水平具有重要意义。其主要特点是办公自动化和无纸化,与其他各类管理信息系统有很大不同。在行政机关办公服务管理系统中,主要应用局域网、打印、传真、印刷、缩微等办公自动化技术,提高办公事务效率。行政机关办公型信息系统要与下级各部门行政机关信息系统互连,也要与上级行政首脑决策服务系统整合,为行政首脑提供决策支持信息。

5. 专业型信息系统

专业型信息系统是指从事特定行业或领域的信息系统,如人口管理信息系统、材料管理信息系统、科技人才管理信息系统、房地产管理信息系统等。这类信息系统的专业性很强,信息也相对专业,主要功能是收集、存储、加工、预测等。

另一类专业型信息系统,如地理信息系统、铁路运输管理信息系统、电力建设管理信息系统、银行信息系统、民航信息系统、邮电信息系统等,其特点是具有很强的综合性,包含上述各种管理信息系统的特点,有时也称为综合型信息系统。

11.3 信息系统的应用

信息系统发展到现在,以其高速、低成本为前提,追求系统处理问题的效率和效益,广泛应用于社会各个领域,应用系统多种多样,应用范围不断扩大,已经成为信息社会中必不可少的工具。

11.3.1 决策支持系统

决策支持系统是辅助决策者通过数据、模型和知识,以人机交互方式进行半结构化或非结构化决策的计算机应用系统。它为决策者提供分析问题、建立模型、模拟决策过程和方案的环境,调用各种信息资源和分析工具,帮助决策者提高决策水平和质量。

1. 决策的概念

决策是人们为了达到某种目的而进行的有意识的、有选择的行为,在一定条件的制约下,为了实现一定的目标,从可能的选择方案中做出决定,以求达到较为满意的结果。科学地进行决策是人们从事各项工作得以顺利进行的基本保证。

决策按其性质可分为结构化决策、非结构化决策及半结构化决策三类。结构化决策是指对某一决策过程的环境及规则能用确定的模型或语言描述,以适当的算法产生决策方案,并能从多种方案中选择最优解的决策。非结构化决策是指决策过程复杂,不可能用确定的模型和语言描述其决策过程,更无所谓最优解的决策。半结构化决策则介于二者之间，这类决策可以建立适当的算法产生决策方案，使决策方案得到较优的解。非结构化和半结构化决策一般用于一个企业及组织的中、高管理层，其决策者一方面需要根据经验进行分析判断，另一方面也需要借助计算机为决策提供各种辅助信息，及时做出正确有效的决策。

每个决策过程都必须经过若干步骤实现。决策的过程包括提出问题、收集资料、确定目标、拟订方案、分析评价、方案确定和实施的全过程。整个决策过程与决策者的主观能动性、经验、知识、智慧和判断力是分不开的，人以外的任何机器、任何系统都无法取代这一决策过程。

2. 决策支持系统

决策支持系统(Decision Support System，DDS)是为决策者提供有价值的信息及创造性思维与学习的环境，能够帮助决策者解决半结构化和非结构化问题的交互式计算机信息系统。决策支持系统是管理人员大脑的延伸，其作用是辅助人们执行决策过程，帮助决策者提高决策的科学性、准确性，减少决策中的失误，提高决策的有效性。

决策支持系统的基本模式是人机交互系统、数据库系统和模型库系统三个子系统的有机结合(图 11-2)。人机交互系统是决策支持系统与用户的接口，其突出的特点是灵活方便。决策支持系统中的数据既包括企业内部的数据，也包括与企业有关的来自外部的数据，在决策过程中，特别是对高层决策者来说，外部数据极为重要。但是，数据是面向过去的，因为它反映了已经发生过的事实，利用决策支持系统中的模型，就可以把面向过去的数据转换成面向现在或者面向将来的有意义的信息，模型体现了决策者解决问题的方法。

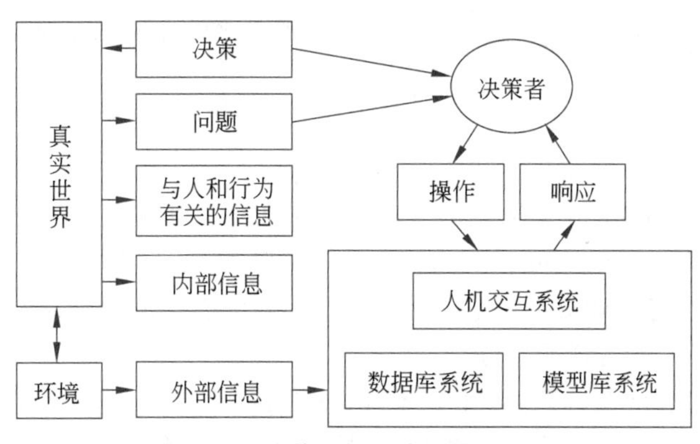

图 11-2 决策支持系统的基本模式

3. 决策支持系统的发展

自从 20 世纪 70 年代决策支持系统概念被提出以来，决策支持系统已经得到了很大的发展。

1980 年提出了决策支持系统三部件结构(对话部件、数据部件、模型部件)，明确了决策支持系统的基本组成，极大地推动了决策支持系统的发展。

20世纪80年代末至20世纪90年代初,决策支持系统开始与专家系统(Expert System, ES)相结合,形成智能决策支持系统(Intelligent Decision Support System,IDSS)。智能决策支持系统充分发挥了专家系统以知识推理形式解决定性分析问题的特点,又发挥了决策支持系统以模型计算为核心的解决定量分析问题的特点,充分做到了定性分析和定量分析的有机结合,使得解决问题的能力和范围得到了一个大的发展。智能决策支持系统是决策支持系统发展的一个新阶段。

20世纪90年代中期出现了数据仓库(Data Warehousing,DW)、联机分析处理(On-Line Analysis Processing,OLAP)和数据挖掘(Data Mining,DM)新技术,DW+OLAP+DM逐渐形成新决策支持系统的概念。新决策支持系统的特点是:从数据中获取辅助决策信息和知识,完全不同于传统决策支持系统用模型和知识辅助决策。把数据仓库、联机分析处理、数据挖掘、模型库、数据库、知识库结合起来形成的决策支持系统称为综合决策支持系统(Synthetic Decision Support System,SDSS)。综合决策支持系统用于实现更有效的辅助决策。

随着Internet的普及,网络环境的决策支持系统以新的结构形式出现。决策支持系统的决策资源(如数据资源、模型资源、知识资源)将作为共享资源,以服务器的形式在网络上提供并发共享服务,为决策支持系统的应用提供了便利条件。

决策支持系统已逐步应用于大、中、小型企业中的预算分析、预算与计划、生产与销售、研究与开发等部门,并开始应用于军事决策、工程决策、区域开发等方面。

11.3.2 企业信息系统

现代企业的组织结构与信息系统存在着相互依赖和相互促进的关系,信息系统的发展和应用对企业的管理结构产生了重要的影响,使企业成为信息系统应用的最重要的领域之一。

1. 企业资源计划

企业资源计划(Enterprise Resource Planning,ERP)也称为企业资源规划,由美国著名管理咨询公司Gartner Group Inc.于1990年提出,并迅速为全世界商业企业所接受。企业资源计划系统,是指建立在信息技术基础上,以系统化的管理思想为企业决策层及员工提供决策运行手段的管理平台。

ERP是整合了企业管理理念、业务流程、基础数据、人力物力、计算机硬件和软件的企业资源管理系统。ERP是先进的企业管理模式,是提高企业经济效益的解决方案。其主要宗旨是:对企业所拥有的人、财、物、信息、时间和空间等综合资源进行综合平衡和优化管理,协调企业各管理部门,围绕市场导向开展业务活动,提高企业的核心竞争力,从而取得最好的经济效益。

ERP强调对企业管理的事前控制能力,把设计、制造、销售、运输、仓储和人力资源、工作环境、决策支持等方面的作业看作一个动态的、可事前控制的有机整体。ERP系统将上述各环节整合在一起,它的核心是管理企业现有资源,合理调配和准确利用现有资源,为企业提供一套能够对产品质量、市场变化、客户满意度等关键问题进行实时分析、判断的决策支持系统。

ERP集中反映出现代企业管理的理论与方法，同时也强调因地制宜的原则。但是，现今的ERP软件还不完善，远没有达到客户的需求，甚至也没有实现软件供应商们自己做出的承诺。用户需要的是更周密的供应链计划、更灵活地实施，希望ERP不仅能适合今天的业务流程，而且能够迅速改革，适应将来的新模式。

在企业中，ERP主要包括三方面的内容：生产控制（计划、制造）、物流管理（分销、采购、库存管理）和财务管理（会计核算、财务管理）。这三大系统本身就是集成体，它们互相有相应的接口，能够很好地整合在一起对企业进行管理。随着企业对知识管理及人力资源管理的重视和加强，越来越多的ERP厂商将人力资源管理、知识管理等纳入了ERP系统。

2. 客户关系管理

客户关系管理（Customer Relationship Management，CRM）是一个不断加强与客户交流，不断了解客户需求，并不断对产品及服务进行改进和提高，以满足客户需求的连续的过程。其内涵是企业利用信息技术和网络技术实现对客户的整合营销，是以客户为核心的企业营销的技术实现和管理实现。客户关系管理注重的是与客户的交流，企业的经营是以客户为中心，而不是传统的以产品或以市场为中心。为方便与客户沟通，客户关系管理可以为客户提供多种交流的渠道。

CRM的核心思想是：客户是企业的一项重要资产，客户关怀的是CRM的中心，客户关怀的目的是与所选客户建立长期和有效的业务关系，在与客户的每个“接触点”上都更加接近客户、了解客户，最大限度地增加利润和利润占有率。

客户关系管理系统的功能可归纳为：市场营销中的客户关系管理、销售过程中的客户关系管理、客户服务过程中的客户关系管理。在市场营销过程中，可有效帮助市场人员分析现有的目标客户群体，帮助市场人员进行精确的市场投放。销售是客户关系管理系统中的主要组成部分，可有效缩短工作时间，帮助管理人员提高整个公司的成单率、缩短销售周期，从而实现最大效益的业务增长；客户服务主要用于快速及时地获得问题客户的信息及客户历史问题记录等，有针对性且高效地为客户解决问题，提高客户满意度，提升企业形象。

3. 供应链管理

供应链是由供应商、制造商、仓库、配送中心和渠道商等构成的物流网络。同一企业可能构成这个网络的不同组成节点，但更多的情况下是由不同的企业构成这个网络中的不同节点。在某个供应链中，同一企业可能既在制造商、仓库节点，又在配送中心节点等占有位置。在分工越细、专业要求越高的供应链中，不同节点基本是由不同企业组成的。

供应链管理的目标是在满足客户需要的前提下，对整个供应链（从供货商、制造商、分销商到消费者）的各环节进行综合管理，例如，从采购、物料管理、生产、配送、营销到消费者的整个供应链的货物流、信息流和资金流，把物流与库存成本降到最小。

供应链管理的基本要求体现在信息资源共享、扩大客户需求以及实现多赢。供应链管理采用现代科技方法,以最优流通渠道使信息迅速、准确地传递,在供应链的各企业间实现资源共享;消费者大多要求提供产品和服务的前置时间越短越好,为此供应链管理通过生产企业内部、外部及流通企业的整体协作,大大缩短产品的流通周期,加快物流配送的速度,从而在最短的时间内满足客户个性化的需求;供应链管理把供应链的供应商、分销商、零售商等联系在一起,并对之优化,使各个相关企业形成了一个融会贯通的网络整体。在这个网络中,各企业仍保持着个体特性,但它们为整体利益的最大化共同合作,实现共赢。

11.3.3 电子商务系统

电子商务系统是在 Internet 和其他网络的基础上,以实现企业电子商务活动为目标,满足企业生产、销售、服务等生产和管理的需要,支持企业的对外业务协作,从运作、管理和决策等层次全面提高企业信息化水平,为企业提供商业智能的信息系统。

1. 电子商务的概念

电子商务(Electronic Commerce,EC)是指通过网络以电子数据流通的方式在全世界范围内进行并完成的各种商务活动、交易活动、金融活动和相关的综合服务活动。实际上,电子商务主要是一种借助于计算机网络技术,通过电子交易手段完成金融、物资、服务和信息等价值交换,快速而有效地从事各种商务活动的最新方法。电子商务的应用有利于满足企业、供应商和消费者提高产品质量和服务质量、加快服务速度、降低费用等方面的需求,帮助企业和个人通过网络查询和检索信息支持决策。

电子商务的目标可以概括为:加强企业与供应商之间的联系;加快资金周转速度,降低企业的综合成本;减少产品流通时间;加快对消费者需求的响应速度;提高服务质量,实现信息系统的一体化;建立企业站点,树立企业形象,提高企业知名度,增强市场竞争力。

2. 电子商务的特殊性

电子商务就其本质而言,仍然是“商务”,其核心仍然是商品的交换,与传统商务活动的差别主要体现在商务活动的形式和手段上。电子商务的特殊性体现在如下几方面。

(1) 采用最先进信息技术的买卖方式。电子商务交易各方将自己的各类供求意愿按照一定的格式输入电子商务网络,电子商务网络便会根据用户的要求寻找相关信息并为用户提供多种买卖选择。一旦用户确认,电子商务就会协助完成合同的签订、分类、传递和款项收付等全套业务。这就为卖方以较高的价格卖出产品,买方以较低的价格购入商品和原材料提供了一个非常好的途径。

(2) 虚拟的市场交换场所。电子商务能够跨越时空,实时地为用户提供各类商品和服务的供应量、需求量、发展状况及买卖双方的详细情况,从而使买卖双方能够更方便地研究市场,更准确地了解市场和把握市场。

(3) 注重“现代信息技术”和“商务”。一方面,“电子商务”概念包括的“现代信息技术”应涵盖各种使用电子技术为基础的通信方式;另一方面,对“商务”一词应做广义解释，使其包括契约型或非契约型的一切商务性质的关系所引起的各种事项。如果把“现代信息技术”看作一个子集，把“商务”看作另一个子集，电子商务覆盖的范围应当是这两个子集形成的交集，即“电子商务”标题下可能广泛涉及的Internet、内部网和电子数据交换在贸易方面的各种用途(图 11-3)。

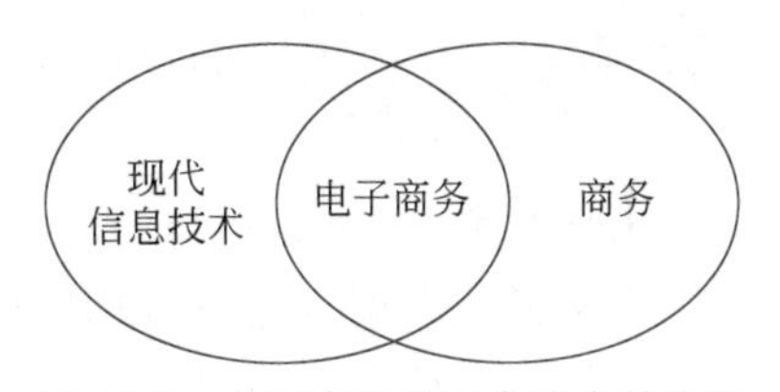

图 11-3 电子商务是两个集合的交集

(4) 电子商务不等于商务电子化。真正的电子商务绝不仅是企业前台的商务电子化，它包括后台在内的整个运作体系的全面信息化，以及企业整体经营流程的优化和重组。也就是说，建立在企业全面信息化的基础上，通过电子手段对企业的生产、销售、库存、服务以及人力资源等环节实行全方位控制的电子商务才是真正意义上的电子商务。

3. 电子商务系统

电子商务系统是保证以电子商务为基础的网上交易实现的体系。

市场交易是由参与交易双方在平等、自由、互利的基础上进行的基于价值的交换。网上交易同样遵循上述原则。作为交易中的两个有机组成部分，一是交易双方信息沟通，二是双方进行等价交换。在网上交易，其信息沟通是通过数字化的信息沟通渠道实现的，一个首要条件是交易双方必须拥有相应的信息技术工具，才有可能利用基于信息技术的沟通渠道进行沟通。同时，要保证能通过 Internet 进行交易，必须要求企业、组织和消费者连接到 Internet，否则无法利用 Internet 进行交易。在网上进行交易，交易双方在空间上是分离的，为保证交易双方进行等价交换，必须提供相应货物配送手段和支付结算手段。货物配送仍然依赖传统物流渠道，对于支付结算，既可以利用传统手段，也可以利用先进的网上支付手段。此外，为保证企业、组织和消费者能够利用数字化沟通渠道，保证交易顺利进行，需要由专门提供这方面服务的中间商(即电子商务服务商)参与。

企业通过实施电子商务实现企业经营目标，需要电子商务系统提供网上交易和管理等全过程的服务。因此，电子商务系统具有广告宣传、咨询洽谈、网上订购、网上支付、电子账户、服务传递、意见征询、业务管理等各项功能。

11.4 思考与实践

学习提高

11.4.1 问题思考

1. 什么是信息？其基本属性是什么？
2. 什么是信息资源管理？什么是信息活动管理？
3. 信息系统有哪些功能？
4. 什么是决策支持系统？
5. 常见的企业信息系统有哪些？

6. 电子商务的特殊性体现在哪些方面?

11.4.2 课外讨论

1. 为什么说“在人类社会中,一切活动都离不开信息”?
2. 举例说明数据、信息和知识的区别。
3. 简要说明信息管理的过程。
4. 分析网络环境下信息系统的体系结构。
5. 分析信息系统成败的主要因素。
6. 根据应用实例说明信息系统给人们的生活带来哪些变化。

11.4.3 实践活动

信息时代的每个人都需要及时了解并获取最新的信息,以保持竞争力并与时俱进。调查现阶段有哪些高效的信息获取渠道。

在线作业

第12章 chapter 12

信息安全

信息是社会发展和人类生存的重要资源。随着信息的获取、使用和控制的斗争愈演愈烈，信息安全成为维护国家安全、社会稳定、安全生产、稳定生活的一个焦点，世界各国都给予其极大的关注。在网络信息技术高速发展的今天，信息安全已变得至关重要。如何保护信息，使其不被非法获取、盗用、篡改和破坏，已成为人们十分关注和亟待解决的问题。

12.1 信息安全基础

在信息时代，信息安全可理解为保障信息的机密性、完整性、可用性、真实性、可控性，防御和对抗在信息领域威胁国家政治、经济、文化等安全，而采取有效策略的过程。信息安全不仅关系信息自身的安全，更对国家安全具有重大的战略价值。

12.1.1 信息安全概述

信息安全包括的范围很大。大到国家军事、政治等机密安全，小到如防范商业企业机密泄露、防范青少年对不良信息的浏览、个人信息的泄露等。网络环境下的信息安全体系是保证信息安全的关键，包括计算机安全操作系统、各种安全协议、安全机制(如数字签名、信息认证、数据加密等)，直至安全系统，其中任何一个安全漏洞都可以威胁到全局安全。

1. 信息安全的定义

关于信息安全，有以下一些具有代表性的定义方式。

国内学者给出的定义是：“信息安全保密内容分为实体安全、运行安全、数据安全和管理安全4方面。”

我国相关立法给出的定义是：“保障计算机及其相关的和配套的设备、设施(网络)的安全，运行环境的安全，保障信息安全，保障计算机功能的正常发挥，以维护计算机信息系统的安全。”

英国BS7799信息安全管理标准给出的定义是：“信息安全是使信息避免一系列威胁，保障商务的连续性，最大限度地减少商务损失，最大限度地获取投资和商务的回报，涉及的是机密性、完整性、可用性。”

美国国家安全局信息保障官员给出的定义是：“因为术语‘信息安全’一直仅表示信息的机密性，在国防部内部用‘信息保障’来描述信息安全，也叫‘IA’。它包含5种安全服务，包括机密性、完整性、可用性、真实性和不可抵赖性。”

国际标准化委员会给出的定义是：“为数据处理系统而采取的技术的和管理的安全保护，保护计算机硬件、软件、数据不因偶然的或恶意的原因而遭到破坏、更改、泄露。”

由此可见，机密性、真实性、可控性、可用性这4个基本属性实际上就是信息安全的4个核心属性，可以反映出信息安全的基本概貌。

通常认为，信息安全是指信息系统(包括硬件、软件、数据、人、物理环境及其基础设施)受到保护，不受偶然的或者恶意的原因而遭到破坏、更改、泄露，系统连续、可靠、正常地运行，信息服务不中断，最终实现业务连续性。其根本目的就是使内部信息不受内部、外部、自然等因素的威胁。

当前，信息安全问题的根源主要是计算机与互联网(Internet)相连造成的。开放性和资源共享是网络安全的根源；微型计算机的安全结构过于简单，操作系统存在安全隐患；现代企业运行会涉及不同组织的多个信息系统，形成系统的系统，但不同系统的连接会造成系统运行的不确定性和不可预见性，从而增加系统的风险；计算机系统成为不法分子的主要攻击目标。

2. 信息安全的目标

无论在计算机上存储、处理和应用，还是在通信网络上传输，信息都可能被非授权访问而导致泄密，被篡改破坏而导致不完整，被冒充替换而导致否认，也有可能被阻塞拦截而导致无法存取。这些破坏可能是有意的，如黑客攻击、病毒感染；也可能是无意的，如误操作、程序错误等。

信息安全的目标是保护信息的机密性、完整性、可用性、可控性和不可抵赖性。机密性是指保证信息不被非授权访问，即使非授权用户得到信息，也无法知晓信息的内容，因而不能使用；完整性是指维护信息的一致性，即在信息生成、传输、存储和使用过程中不应发生人为或非人为的非授权篡改；可用性是指授权用户在需要时能不受其他因素的影响，方便地使用所需信息，这一目标是对信息系统的总体可靠性要求；可控性是指信息在整个生命周期内都可由合法拥有者加以安全的控制；不可抵赖性是指保障用户无法在事后否认曾经对信息进行的生成、签发、接收等行为。

事实上，信息安全是一种意识、一个过程，而不是某种技术就能实现的。进入21世纪后，信息安全的理念发生了巨大的变化，目前倡导一种综合的安全解决方法：针对信息的生存周期，以“信息保障”模型作为信息安全的目标，即信息的保护技术、信息使用中的检测技术、信息受影响或受攻击时的响应技术和受损后的恢复技术为系统模型的主要组成元素。在设计信息系统的安全方案时，综合使用多种技术和方法，以取得系统整体的安全性。

3. 信息安全的威胁及其特征

信息安全所面临的主要威胁有窃听、重传、伪造、篡改、拒绝服务攻击、行为否认、非授权访问和传播病毒。表 12-1 列出了这些信息安全威胁的特征。

表 12-1　信息安全威胁的特征

威　　胁	特　　征
窃听	攻击者通过监听网络数据获得敏感信息
重传	攻击者先获得部分或全部信息，而以后将此信息发送给接收者
伪造	攻击者将伪造的信息发送给接收者
篡改	攻击者对合法用户之间的通信信息进行修改、删除、插入，再发送给接收者
拒绝服务攻击	攻击者通过某种方法使系统响应减慢甚至瘫痪，阻碍合法用户获得服务
行为否认	通过实体否认已经发生的行为
非授权访问	没有预先经过同意，就使用网络或计算机资源
传播病毒	通过网络传播计算机病毒，其破坏性非常高，而且用户很难防范

12.1.2　信息安全体系结构

随着信息技术的发展与应用，信息安全的内涵在不断地延伸，从最初的信息机密性发展到信息的完整性、可用性、可控性和不可否认性等，进而又发展为“攻(攻击)、防(防范)、测(检测)、控(控制)、管(管理)、评(评估)”等方面的基础理论和实施技术。

人们借助信息安全体系结构(Information Security Architecture，ISA)能够更清晰地梳理信息系统中所需安全理论和技术的相关知识及其联系，加深理解其内涵。

信息安全体系结构可以从不同的方面分解，主要方式有面向应用的信息安全体系结构和面向网络的 OSI 信息安全体系结构。

1. 面向应用的信息安全体系结构

面向应用的信息安全体系是构成信息系统的组件、环境和人员(用户和管理者)的物理安全、运行安全、数据安全、内容安全和管理安全的综合，见图 12-1。

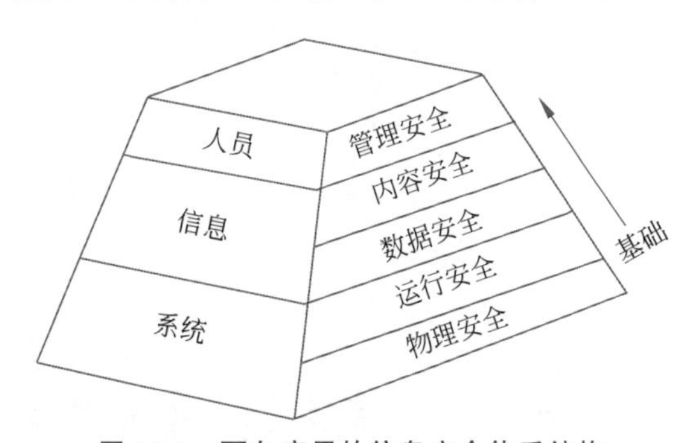

图 12-1　面向应用的信息安全体系结构

(1) 物理安全。物理安全是整个信息系统安全的基础，包括实体安全和环境安全，它们都是研究如何保护网络与信息系统物理设备，主要涉及网络与信息系统的机密性、可用性、完整性等属性。物理安全技术则用来解决两方面的问题,一方面是针对信息系统实体的保护;另一方面针对可能造成信息泄露的物理问题进行防范。

物理安全技术包括防盗、防火、防静电、防雷击、防信息泄露以及物理隔离等安全技术;基于物理环境的容灾技术和物理隔离技术也属于物理安全技术范畴。

物理安全是信息安全的必要前提,如果不能保证信息系统的物理安全,其他一切安全内容均没有意义。

(2) 运行安全。运行安全是指网络及信息系统运行过程和运行状态的保护,主要涉及网络与信息系统的真实性、可控性、可用性等。运行安全主要技术包括身份认证、访问控制、防火墙、入侵检测、恶意代码防治、容侵技术、动态隔离、取证技术、安全审计、预警技术以及操作系统安全等。

(3) 数据安全。数据安全是主要关注信息系统中存储、传输和处理过程中的数据的安全性及数据备份和恢复,避免非法冒充、窃取、篡改、抵赖现象,主要涉及信息的机密性、真实性、完整性、不可否认性等。数据安全技术主要包括认证、鉴别、完整性检验、数字签名、公钥基础设施、安全传输协议等技术。

(4) 内容安全。内容安全主要包括两方面内容,一方面指对合法的信息内容加以安全保护;另一方面是指针对非法信息内容实施监管。内容安全的难点在于如何有效地理解信息内容,甄别其合法性,涉及的主要技术包括文本识别、图像识别、音视频识别、隐写术、数字水印以及内容过滤等。

(5) 管理安全。管理安全指通过对人的信息行为的规范和约束,实现对信息机密性、完整性、可用性及可控性的保护。管理安全主要涉及的内容包括安全策略、法律法规、安全组织、安全教育等。

2. 面向网络的OSI信息安全体系结构

OSI(开放系统互连)信息安全体系结构定义了一种在网络每一层提供安全性的系统方法。它定义了安全服务和安全机制,可以在OSI模型的七层中的每一层使用,为通过网络传输的数据提供安全性,见图12-2。

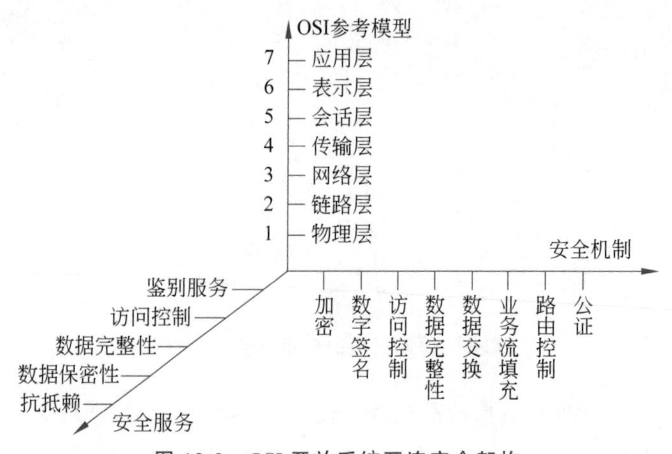

图12-2 OSI开放系统互连安全架构

(1) 安全服务。安全服务(Security Service)是指计算机网络提供的安全防护措施,可用于维护组织安全的不同服务,有助于防止任何潜在的安全风险。

安全服务包括鉴别服务验证用户或设备身份以授予或拒绝对系统或设备的访问权限;访问控制涉及使用策略和过程来确定允许谁访问系统内的特定资源;数据完整性涉及使用技术来确保数据在传输或存储期间未被篡改或以任何方式更改;数据保密性负责保护信息不被访问或泄露给未授权方;抗抵赖涉及使用技术来创建消息来源和传输的可验证记录,这可用于防止发件人否认他们发送了消息。

(2) 安全机制。为识别任何安全漏洞或对组织的攻击而构建的机制称为安全机制(Security Mechanism)。安全机制负责保护系统、网络或设备免受未经授权的访问、篡改或其他安全威胁。

安全机制中,加密(Encryption)涉及使用算法将数据转换为只能由具有适当解密密钥的人读取的形式,可用于保护通过网络传输的数据,或保护存储在设备上的数据;数字签名涉及使用密码技术为数字文档或消息创建唯一的、可验证的标识符,可用于确保文档或消息的真实性和完整性;访问控制利用某个实体经鉴别的身份或关于该实体的信息或该实体的权标,进行确定并实施实体的访问权;数据完整性包含单个的数据单元或字段的完整性、数据单元串或字段串的完整性;数据交换通过信息交换以确保实体身份;业务流填充是一种用于向网络流量流添加额外数据以试图掩盖流量的真实内容并使其更难分析的技术;路由控制允许为特定数据传输选择特定的物理安全路由,并允许路由更改;公证即在两个或三个实体之间进行通选的数据的性能,可由公证机制来保证。安全服务与安全机制的对应关系见表12-2。

表12-2 安全服务与安全机制的对应关系

安全服务		安全机制							
		加密	数字签名	访问控制	数据完整性	数据交换	业务流填充	路由控制	公证
鉴别服务	对等实体鉴别	Y	Y			Y			
	数据源鉴别	Y	Y						
访问控制	访问控制服务			Y					
数据完整性	有恢复功能的连接完整性	Y			Y				
	无恢复功能的连接完整性	Y			Y				
	选择字段连接完整性	Y			Y				
	无连接完整性	Y	Y		Y				
	选择字段非连接完整性	Y	Y		Y				
数据保密性	连接保密性	Y						Y	
	无连接保密性	Y						Y	
	选择字段保密性	Y							
	流量保密性	Y					Y	Y	

续表

安全服务		安全机制							
		加密	数字签名	访问控制	数据完整性	数据交换	业务流填充	路由控制	公证
抗抵赖	源发方抗抵赖		Y		Y				Y
	接收方抗抵赖		Y		Y				Y

3. 信息安全管理体系

要实现组织中信息的安全性、高效性和动态性管理,就需要依据信息安全管理模型和信息安全管理标准构建信息安全管理体系。信息安全管理体系(Information Security Management System, ISMS)组织以信息安全风险评估为基础的系统化、程序化和文件化的管理体系,包括建立、实施、运行、监视、评审、保持和改进信息安全等一系列的管理活动。

信息安全管理体系功能有:强化员工的信息安全意识,规范组织的信息安全行为;对组织的关键信息资产进行全面系统的保护,维持竞争优势;在信息系统受到侵袭时,确保业务持续开展并将损失降到最低程度;使组织的生意伙伴和客户对组织充满信心;使组织定期地考虑新的威胁和脆弱点,并对系统进行更新和控制;促使管理层坚持贯彻信息安全保障体系。

信息安全管理体系构建流程见图 12-3。

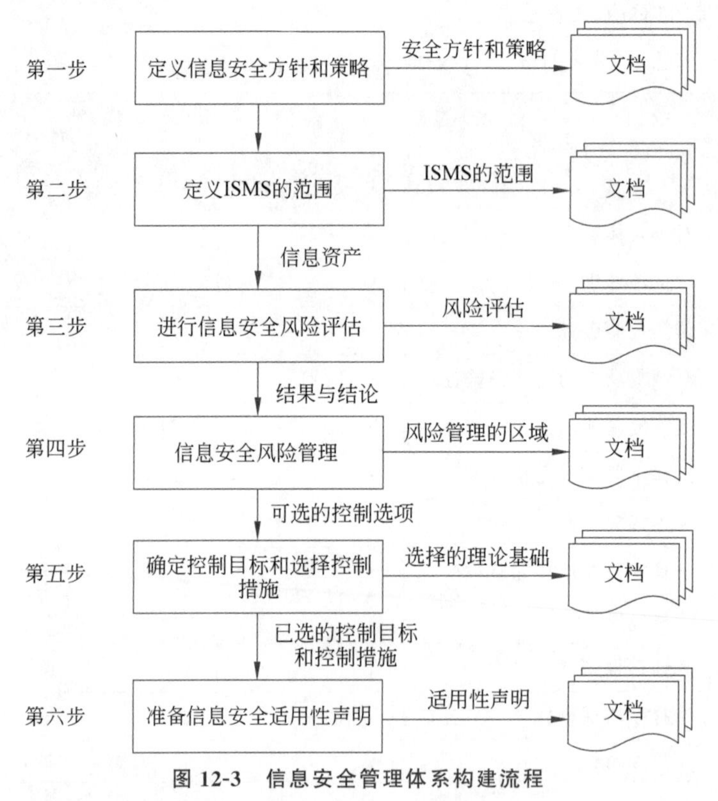

图 12-3 信息安全管理体系构建流程

12.1.3 网络安全

计算机网络环境下的信息安全体系是保证信息安全的关键。从历史的角度看，信息安全早于网络安全。随着信息化的深入，信息安全和网络安全内涵不断丰富。信息安全随着计算机网络的发展提出了新的目标和要求，网络安全技术在此过程中也得到不断创新和发展。

1. 网络安全的概念

从狭义来说，计算机网络安全涉及计算机网络系统的硬件、软件及其系统中的数据受到保护，不因偶然或者恶意的原因而遭受到破坏、更改以及泄露。确保计算机网络系统连续、可靠、正常地运行而不中断。计算机网络安全从本质上来讲就是计算机网络上的信息安全。

从广义来说，凡是涉及计算机网络上信息的保密性、完整性、可用性、不可否认性和可控性的相关技术和理论都是计算机网络安全的研究领域。所以广义的计算机网络安全还包括网络设备的物理安全性，如场地的环境保护、防火措施、防静电措施、防火防潮措施、电源保护措施、空调设备保护措施以及防止计算机辐射等。

计算机网络安全的具体含义同时也会随着不同"角度"的变化而变化。从用户（个人、企业）的角度来说，希望涉及个人隐私或商业利益的信息在网络上传输时受到有机密性、完整性和不可否认性的保护，避免其他人或对手利用窃听、冒充、篡改和抵赖等手段侵犯，即用户的利益和隐私不被非法窃取和破坏。

从计算机网络运行和管理者角度来说，希望其网络的访问、读写等操作受到保护和控制，避免出现后门、病毒、非法存取、拒绝服务以及资源被非法占用、非法控制等威胁，最终达到制止和防御黑客攻击的目的。

对安全保密部门来说，希望对非法的、有害的或涉及国家机密的信息进行过滤，防止机要信息泄露对社会产生危害，给国家造成损失。

从社会教育和意识形态角度来讲，网络上不健康的内容会对社会的稳定和人类的发展造成阻碍，必须对其进行控制。

2. 网络安全面临的威胁

计算机网络安全面临的主要威胁包括计算机网络实体威胁以及计算机网络系统威胁。实体是指计算机网络中涉及的关键设备，具体包括各类计算机（服务器、工作站等）、网络通信设备（路由器、交换机、集线器、调制解调器等）、存放数据的媒体（磁盘、U 盘、移动硬盘、光盘等）、传输线路、供配电系统、防雷系统和抗电磁干扰系统等。计算机网络系统威胁主要表现在网络中的敏感数据有可能泄露或被修改以及从内部网向公众网传送的信息可能被他人窃听或篡改等。

（1）来自自然灾害的威胁。常见的自然灾害有风、雨、雷、电、地震等，计算机网络系统作为一种以电为能源的系统，组成该系统的硬件设备很有可能会受到自然灾害的影响而导致信息的丢失。

(2) 由于操作失误造成的损失。计算机网络系统的操作者由于操作失误容易造成信息泄露,从而导致计算机网络不安全现象产生。计算机网络世界是虚拟的,攻击者利用一些诈骗手段对用户进行欺骗,造成用户操作失误,导致信息泄露,造成经济上的损失。

(3) 来自黑客的恶意攻击。除了自然灾害和用户操作失误引发的计算机网络安全隐患外,黑客的恶意攻击也是引发计算机网络安全隐患的重要原因之一。黑客攻击有两种方式,一种是主动攻击,以破坏计算机网络用户的信息为主要目的,主动对计算机网络用户发起攻击;另一种是被动攻击,攻击者主要是为了盗取计算机用户的信息,而不会破坏计算机的正常工作。

(4) 来自计算机恶意程序的破坏。计算机恶意程序往往被黑客夹杂在所设计的程序当中,很难被发现。计算机恶意程序一旦成功入侵计算机,会破坏计算机系统的正常运行,甚至引发计算机网络安全问题。

3. 网络安全体系结构

计算机网络安全涉及立法、技术、管理等诸多方面,包括网络信息系统本身的安全问题即计算机网络实体威胁以及信息、数据的安全问题即计算机网络系统威胁。计算机网络安全保障体系就是从实体安全、平台安全、数据安全、通信安全、应用安全、运行安全以及管理安全等层面上进行综合的分析和管理。

(1) 实体安全。实体安全包含机房安全、设施安全、动力安全等方面。机房安全涉及机房的温度、湿度、电磁、噪声、防尘、防静电等环境安全,以及门禁、围墙等防盗安全;设施安全包括通信设备可靠性、通信线路安全性、辐射控制与防泄露等;动力安全主要涉及电源的保障。实体安全防护的目标是防止攻击者通过破坏业务系统的外部物理特性以达到使系统停止服务的目的,或防止攻击者通过物理接触方式对系统进行入侵。

(2) 平台安全。平台安全包括操作系统漏洞检测与修复、网络基础设施(路由器、交换机、防火墙等)漏洞检测与修复、通用基础应用程序漏洞检测与修复、网络安全产品部署、整体网络系统平台安全综合测试以及模拟入侵与安全优化。

(3) 数据安全。数据安全包括介质与载体安全保护、数据访问控制(如系统数据访问控制检查、标识与鉴别等)、数据完整性、数据可用性、数据监控和审计以及数据存储与备份安全。

(4) 通信安全。通信安全包括通信及线路安全。为保障系统之间通信的安全采取的措施有:通信线路和网络基础设施安全性测试与优化、安装网络加密设施、设置通信加密软件、设置身份鉴别机制、设置并测试安全通道以及测试各项网络协议运行漏洞等方面。

(5) 应用安全。应用安全包括业务软件的程序安全性测试,业务交往的防抵赖,业务资源的访问控制验证,业务实体的身份鉴别检测,业务现场的备份与恢复机制检查,业务数据的唯一性、一致性、防冲突检测,业务数据的保密性,业务系统的可靠性以及业务系统的可用性。

(6) 运行安全。以网络安全系统工程方法论为依据,为运行安全提供的实施措施有:应急处置机制和配套服务、网络系统安全性监测、网络安全产品运行监测、定期检查和评估、系统升级和补丁提供、跟踪最新安全漏洞及通报、灾难恢复机制与预防、系统改造管理、网络安全专业技术咨询服务。

(7) 管理安全。管理是信息安全的重要手段，为管理安全设置的机制有：人员管理、培训管理、应用系统管理、软件管理、设备管理、文档管理、数据管理、操作管理、运行管理、机房管理。通过实施管理安全，为以上各方面建立安全策略，形成安全制度，并通过培训和促进措施，保障各项管理制度落到实处。

12.2 信息安全防护

信息安全的意义

随着计算机网络的纵深发展以及大数据时代的到来，在享受信息便利的同时，信息安全问题也日益凸显。面对这样的大环境，应当提高信息安全意识，掌握信息安全防护技术与方法，维护自身权益。

信息安全防护主要体现在密码学应用、物理安全、信息内容安全、数据安全以及计算机病毒防范等方面。

12.2.1 密码学基础

自古以来，密码主要应用于军事、政治、外交等机要部门，因而密码学的研究工作本身也是秘密进行的。然而，随着计算机科学、通信技术、微电子技术的发展，计算机网络的应用进入了人们的日常生活和工作中，从而产生了保护隐私、敏感，甚至秘密信息的需求，而且这样的需求在不断扩大，于是密码学的应用和研究逐渐公开化，并呈现出空前的繁荣。

1. 密码学基本概念

密码学(Cryptology)起源于保密通信技术，是结合数学、计算机、信息论等学科的一门综合性、交叉性学科。密码学又分为密码编制学(Cryptography)和密码分析学(Cryptanalysis)两部分。密码编制学主要研究如何设计编码，使得信息编码后除指定接收者外的其他人都不能读懂。密码分析学主要研究如何攻击密码系统，实现加密消息的破译或消息的伪造。

密码学涉及的基本术语有以下概念。

明文(Plaintext)：用密码(Cipher)保护前的、可以被一般人识读的原始消息(Message)。

密文(Ciphertext)：用密码保护后的、不能被一般人识读的秘密消息。

加密(Encryption，Encipherment)：将明文转换为密文的过程。

解密(Decryption，Decipherment)：从密文恢复出明文的过程。

密钥(Key)：用于加密和解密的、起“钥匙”作用的秘密信息，一切秘密皆寓于密钥之中。密钥空间中的元素个数称为密钥量。

2. 密码系统

一个密码系统主要由以下部分构成。

明文空间 M：全体明文的集合。

密文空间 C：全体密文的集合。

密钥空间 K：全体密钥的集合，其中每个密钥 k 均由加密密钥 K_e 和解密密钥 K_d 组成，即 $K=(K_e,K_d)$，在某些情况下，$K_e=K_d$。

加密算法 E：一组以 K_e 为参数的由 M 到 C 的变换，即 $C=E(K_e,M)$，可简写为 $C=E_{K_e}(M)$。

解密算法 D：一组以 K_d 为参数的由 C 到 M 的变换，可表示为 $M=D(K_d,C)$，可简写为 $M=D_{K_d}(C)$。

密码系统模型如图 12-4 所示。

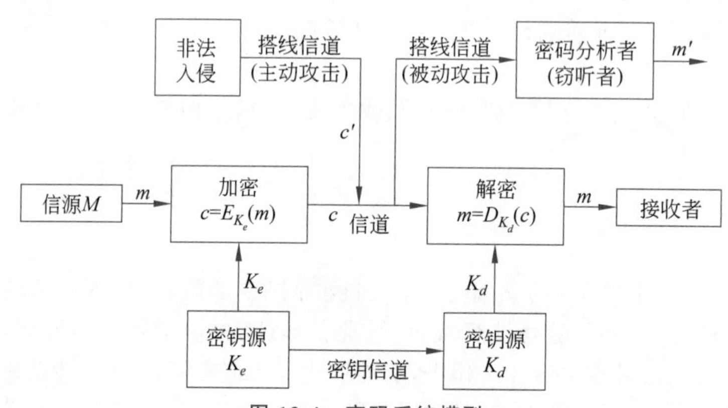

图 12-4 密码系统模型

从图 12-4 可以了解密码系统工作的大体流程以及可能存在的被攻击的情形。信息的发送者通过一个加密算法将消息明文 m 加密为密文 c，然后通过不安全的信道传送给接收者，接收者接到密文 c 后用已知的密钥 K_d 进行解密得到明文 m。而在信息的传输过程中，可能会有主动攻击者冒充发送者传送 c' 给接收者，干扰或者破坏通信；也可能会有被动攻击者盗取密文 c，那么密码分析者的工作就是在不知道 K_d 的情况下通过 c 恢复出 m。以上两种攻击行为在现实生活中非常常见。

3. 密码体制

密码体制(Cryptosystem)是密码系统实现加密和解密功能所采用的密码方案。常用的两种主要的密码体制为对称密码体制和非对称密码体制。

(1) 对称密码体制。对信息进行明文/密文变换时，加密与解密使用相同密钥的密码体制，称为对称密码体制。在该体制中，记 E_k 为加密函数，密钥为 k；D_k 为解密函数，密钥为 k；m 表示明文消息，c 表示密文消息。对称密码体制的特点可以表示如下。

$$D_k(E_k(m))=m \quad (\text{对任意明文信息 } m)$$

$$E_k(D_k(c))=c \quad (\text{对任意密文信息 } c)$$

利用对称密码体制，可以为传输或存储的信息进行机密性保护。为了对传输信息提供机密性服务，通信双方必须在数据通信之前协商一个双方共知的密钥(即共享密钥)。如何安全地在通信双方得到共享密钥(即密钥只被通信双方知道，第三方无从知晓密钥的值)属于密钥协商的问题。假定通信双方已安全地得到了一对共享密钥 k,此时通信一方(称发送方)为了将明文信息 m 秘密地通过公网传送给另一方(称接收方),可使用某种对称加密算法 E_k 对 m 进行加密,得到密文 c。

$$c = E_k(m)$$

发送方通过网络将 c 发送给接收方,在公网上可能存在各种攻击,当第三方截获到信息 c 时,由于其不知道 k 值,因此 c 对其是不可理解的,这就达到了秘密传送的目的。在接收方,接收者利用共享密钥 k 对 c 进行解密,复原明文信息 m,即

$$m = D_k(c) = D_k(E_k(m))$$

图 12-5 可以表示出利用对称密码体制为数据提供加密保护的流程。

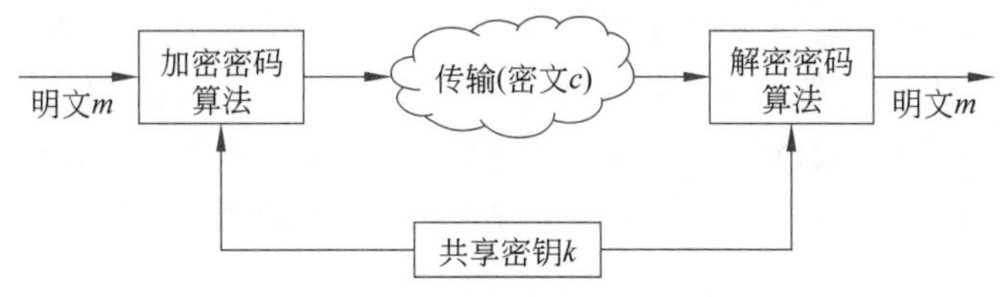

图 12-5 对称密码保密体制模型

对于存储中的信息,信息的所有者利用对称加密算法 E 及密钥 k 将明文信息变化为密文 c 进行存储。由于密钥 k 是信息所有者私有的,因此第三方不能从密文中恢复明文信息 m,从而达到对信息的机密性保护的目的。

(2) 非对称密码体制。对信息进行明文/密文变换时,使用不同密钥的密码体制称为非对称密码体制。在非对称密码体制中,每个用户都具有一对密钥,一个用于加密,另一个用于解密。其中,加密密钥可以在网络服务器、报刊等场合公开,解密密钥则属于用户的私有秘密,只有用户一人知道。这要求所有非对称密码体制具有如下特点:由公开的加密密钥推导出私有解密密钥在实际上不可行。所谓实际上不可行,即理论上是可以推导的,但实际上几乎不可能满足推导的要求,如计算机的处理速度、存储空间的大小等限制,或者说,推导者为推导解密密钥所花费的代价是无法承受的或得不偿失的。

假设明文仍记为 m,加密密钥为 k_1,解密密钥为 k_2,E 和 D 仍表示相应的加密/解密算法,则非对称密码体制有如下特点。

$$D_{k2}(E_{k1}(m)) = m \quad (对任意明文\ m)$$

$$E_{k1}(D_{k2}(c)) = c \quad (对任意密文\ c)$$

利用非对称密码体制,可对传输或存储中的信息进行机密性保护。

在通信中,发送方 A 为了将明文 m 秘密地发送给接收方 B,需要从公开刊物或网络服务器等处查询 B 的公开加密密钥 k_1(k_1 也可以通过其他途径得到,如由 B 直接通过网络告知 A)。在得到 k_1 后,A 利用加密算法将 m 转换为密文 c 并发送给 B。

$$c = E_{k1}(m)$$

在 c 的传输过程中,第三方不知道 B 的密钥 k_2,因此,不能从 c 中恢复明文信息 m,因此达到机密性保护。接收到 c 后,B 利用解密算法 D 及密钥 k_2 进行解密。

$$m = D_{k2}(E_{k1}(m)) = D_{k2}(c)$$

非对称密码体制对传输信息的保护如图 12-6 所示。

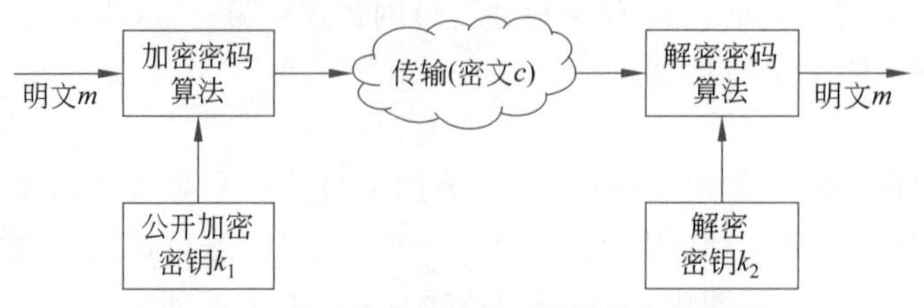

图 12-6 非对称密码体制对传输信息的保护

对于存储信息 m 的机密性保护，非对称密码体制有类似的工作原理：信息的拥有者使用自己的公钥 k_1 对明文 m 加密生成密文 c 并存储起来，其他人不知道存储者的解密密钥 k_2，因此无法从 c 中恢复出明文信息 m。只有拥有 k_2 的用户，才能对 c 进行恢复。

非对称密码体制也称公钥密码体制。与对称密码体制相比，采用非对称密码体制的保密体系的密钥管理较方便，而且保密性比较强，但实现速度比较慢，不适于通信负荷较重的应用。

12.2.2 物理安全

物理安全是保护计算机网络设备、设施以及其他媒体免遭地震、水灾、火灾等环境因素的破坏，以及免遭人为误操作和各种计算机犯罪行为导致的破坏过程。它是整个计算机网络安全的前提。计算机网络系统面临的物理安全威胁主要包括三方面。

1. 环境安全

环境主要是对计算机网络系统所处环境的区域保护和灾难保护。环境安全具体包括自然环境威胁(如地震、洪水、风暴、龙卷风等)以及人为环境威胁(如火灾、漏水、温度湿度变化、通信中断、电力中断、电磁泄漏等)。要求计算机场地具有防火、防水、防盗措施和设施，有拦截、屏蔽、均压分流、接地防雷等设施，有防静电、防尘设备以及将温度、湿度和洁净度控制在一定的范围等。

2. 设备安全

设备安全主要是对计算机网络系统设备的安全保护，包括设备的防毁、防盗、防电磁信号辐射泄漏、防止线路截获以及对 UPS、存储器和外部设备的保护等。

3. 媒体安全

媒体安全主要包括媒体数据的安全及媒体本身的安全。目的是保护媒体数据的安全删除和媒体的安全销毁，防止媒体实体被盗以及媒体设备的防毁和防霉等。

12.2.3 信息内容安全

信息内容安全是指信息内容的产生、发布和传播过程中对信息内容本身及其相应执行者行为进行安全防护、管理和控制。信息内容安全的目标是要保证信息利用的安全，即在获取信息内容的基础上，分析信息内容是否合法，确保合法内容的安全，阻止非法内容的传播和利用。

1. 信息内容安全保护

信息内容安全保护涉及政治性、健康性、保密性、隐私性、产权性、破坏性等，其内涵如表 12-3 所示。

表 12-3 信息内容安全保护内涵

类别	内涵
政治性	防止来自国内外反动势力的攻击、诬陷和西方的和平演变图谋
健康性	剔除反动、暴力和黄色内容等
保密性	防止国家和企业机密被窃取、泄露和流失
隐私性	防止个人隐私被盗取、倒卖、滥用和扩散
产权性	防止知识产权被剽窃、盗用等
破坏性	防止病毒、垃圾邮件、网络蠕虫等恶意信息耗费网络资源

2. 信息内容安全体系架构

信息内容安全体系架构包含信息内容获取、信息内容分析与识别、信息内容管理和控制，以及信息内容安全规范及法规，如图 12-7 所示。

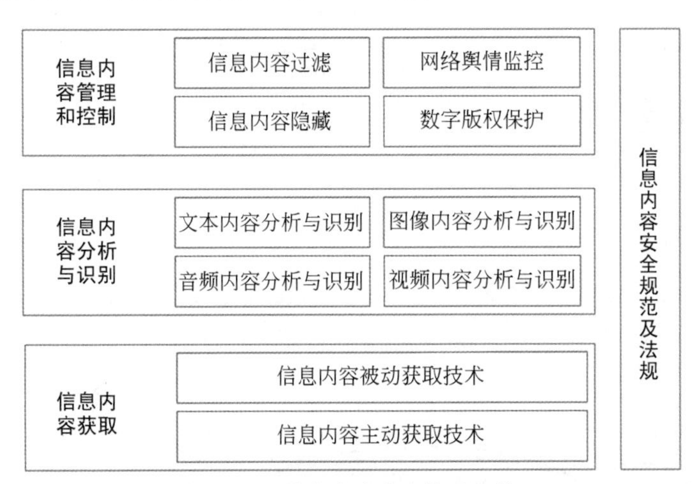

图 12-7 信息内容安全体系架构

信息内容获取技术包括信息内容主动获取技术和信息内容被动获取技术。主动获取技术通过向网络注入数据包后的反馈来获取信息，其特点是接入方式简单，能够获取更广泛的信息内容。但会对网络造成额外的负担。被动获取技术是在网络出入口上通过镜像或旁路侦听方式获取网络信息，接入需要网络管理者的协作。其获取的内容仅限于进出本地网络的数据流,但不会对网络造成额外流量。

信息内容分析与识别技术包括文本内容、图像内容、音频内容和视频内容的分析与识别技术。信息内容控制和管理技术包括信息过滤技术(信息的选择性传播)、信息隐藏技术(将某一个机密信息秘密隐藏于另一公开的媒介信息中)、网络舆情监控及数字水印与版权保护。

12.2.4 数据安全

数据安全通常有两方面的含义:一是数据本身的安全,指采用现代密码算法对数据进行主动保护;二是数据的防护安全,即采用现代信息存储手段对数据进行主动防护。

1. 数据备份与数据容灾

数据备份和数据容灾是保证数据安全的主要手段。

(1) 数据备份。数据备份(Data Backup)是将数据以某种方式加以保留,以便在系统遭受破坏或其他特定情况下,重新加以恢复的一个过程。数据备份不是数据复制,是为降低备份数据所占用的额外空间,需要改变数据格式、进行压缩等操作。

数据备份是为达到数据恢复和重建的目标所进行的一系列备份步骤和行为。在灾难发生前,通过对主系统进行备份并加强管理,保证其完整性和可用性。在灾难发生后,利用备份数据,实现主系统的还原恢复。

按照备份策略,数据备份分为完全备份(对系统中所有的数据进行备份)、增量备份(只对上次备份后产生变化的数据进行备份)及差分备份(只对上次进行完全备份后产生变化的数据进行备份)。三种备份方式之间的关系如图 12-8 所示。

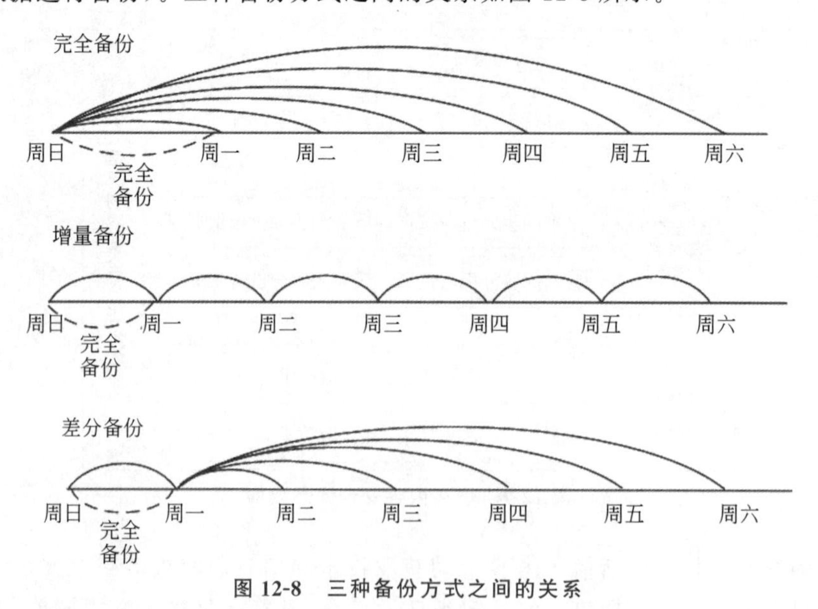

图 12-8 三种备份方式之间的关系

(2) 数据容灾。数据容灾是指建立一个异地的数据系统,该系统是本地关键应用数据的一个可用复制。在本地数据及整个应用系统出现灾难时,系统至少在异地保存有一份可用的关键业务的数据。该数据可以是与本地数据的完全实时复制,也可以比本地数据略微落后,但一定是可用的。采用的主要技术是数据备份和数据复制技术。

2. 数据容灾备份系统

在建立容灾备份系统时会涉及多种技术,主要有远程镜像技术、快照技术和互连技术。

(1) 远程镜像技术。远程镜像技术在主数据中心和备援中心之间的数据备份时用到。镜像是在两个或多个存储系统上产生同一个数据的镜像视图的信息存储过程。远程镜像是容灾备份的核心技术,可分为同步远程镜像和异步远程镜像。

同步远程镜像是指通过远程镜像软件,将本地数据以完全同步的方式复制到异地,每个本地的I/O事务均需等待远程复制的完成确认信息,方予以释放。同步镜像使远程副本总能与本地机要求复制的内容相匹配。当主站点出现故障时,用户的应用程序切换到备份的替代站点后,被镜像的远程副本可以保证业务继续执行而没有数据的丢失。但它存在往返传播造成延时较长的缺点,只限于在相对较近的距离上应用。

异步远程镜像保证在更新远程存储视图前完成向本地存储系统的基本I/O操作,而由本地存储系统提供给请求镜像主机的I/O操作完成确认信息。远程的数据复制是以后台同步的方式进行的,这使本地系统性能受到的影响很小,传输距离长,对网络带宽要求小。但是,许多远程的从属存储子系统的写没有得到确认,当某种因素造成数据传输失败,可能出现数据一致性问题。为了解决这个问题,目前大多采用延迟复制的技术(本地数据复制均在后台日志区进行),即在确保本地数据完好无损后进行远程数据更新。

(2) 快照技术。快照是通过软件对要备份的磁盘子系统的数据快速扫描,建立一个要备份数据的快照逻辑单元号(Logical Unit Number,LUN)和快照Cache。在快速扫描时,把备份过程中即将要修改的数据块同时快速复制到快照Cache中。在正常业务进行的同时,利用快照逻辑单元号实现对原数据的一个完全的备份。它可使用户在正常业务不受影响的情况下(主要指容灾备份系统),实时提取当前的在线业务数据,可大大增加系统业务的连续性,为实现系统真正的7天×24小时运转提供保证。

(3) 互连技术。互连技术基于IP的SAN(千兆位速率的网络)的互连协议,将主数据中心SAN中的信息通过现有的TCP/IP网络,远程复制到备援中心SAN中。当备援中心存储的数据量过大时,可利用快照技术将其备份到磁带库或光盘库中。这种基于IP的SAN的远程容灾备份,可以跨越LAN、MAN和WAN,成本低、可扩展性好,具有广阔的发展前景。

12.2.5 计算机病毒防范

计算机病毒(Computer Virus)的防范是信息安全性建设中重要的一环,杀毒不如防毒,防范计算机病毒,可掌握工作的主动权。防范计算机病毒包括严格的管理和有效的技术两方面。要制定相应的管理制度,避免蓄意制造、传播病毒的事件发生,同时采取有效的技术措施防止计算机病毒的感染和蔓延。

1. 计算机病毒的概念

计算机病毒是一组人为设计的程序,这些程序隐藏在计算机系统中,通过自我复制来传播,满足一定条件即被激活,从而给计算机系统造成一定损害甚至严重破坏。计算机病毒不单单是计算机技术问题,而且是一个严重的社会问题。

一般来讲,凡是能够引起计算机故障,能够破坏计算机中的资源(包括硬件和软件)的代码,统称为计算机病毒。计算机病毒的定义有多种版本,国内流行的是采用1994年2月18日颁布实施的《中华人民共和国计算机信息系统安全保护条例》中的定义:"计算机病毒,是指编制或者在计算机程序中插入的破坏计算机功能或者毁坏数据,影响计算机使用,并能自我复制的一组计算机指令或者程序代码"。

计算机病毒起源于1988年11月2日发生在美国的莫里斯事件,这是一场损失巨大、影响深远的大规模"病毒"疫情。美国康耐尔大学一年级研究生罗特·莫里斯写了一个"蠕虫"程序。该程序利用UNIX系统中的某些缺点,利用finger命令查联机用户名单,然后破译用户口令,用Mail系统复制、传播本身的源程序,再调用网络中远地编译生成代码。从11月2日早上5点开始,到下午5点使联网的6000多台UNIX、VAX、Sun工作站受到感染。尽管莫里斯蠕虫程序并不删除文件,但无限制的繁殖抢占大量时间和空间资源,使许多联网计算机被迫停机。直接经济损失6000多万美元,莫里斯也受到了法律的制裁。

计算机病毒具有传染性、潜伏性、寄生性、破坏性、隐蔽性等特性。此外,还具有其他很多的特征,如破坏的不可预见性、病毒爆发的可触发性、病毒变异的衍生性、病毒的针对性等。由于计算机病毒的上述特征,给我们对计算机病毒的预防、检测与清除工作带来了很大的难度和更高的挑战。

计算机病毒的主要来源有:从事计算机工作的人员和业余爱好者的恶作剧、寻开心制造出的病毒;软件公司及用户为保护自己的软件被非法复制而采取的报复性惩罚措施;旨在攻击和摧毁计算机信息系统和计算机系统而制造的病毒,蓄意进行破坏;等等。

2. 计算机病毒传播途径

根据国际计算机安全协会(International Computer Security Association,ICSA)对计算机病毒传播媒介的统计报告显示,电子邮件已经成为最重要的计算机病毒传播途径,此外,传统的U盘、光盘等传播方式也占据了相当的比例,而其他通过互联网的计算机病毒传播途径近年来也呈快速上升趋势。计算机病毒大多利用硬件设备和网络进行传播。不可移动的计算机硬件设备,如利用专用集成电路芯片进行传播,这种计算机病毒虽然极少,但破坏力却极强,目前尚没有较好的检测手段对付。移动存储设备,如U盘、光盘、硬盘等,也是计算机病毒感染的重灾区。组成网络的每台计算机都能连接到其他计算机,数据也能从一台计算机发送到其他计算机上。如果发送的数据感染了计算机病毒,接收方的计算机将自动被感染,因此,有可能在很短的时间内感染整个网络中的计算机。

随着Internet的高速发展,计算机病毒也走上了高速传播之路,已经成为计算机病毒的第一传播途径。除了传统的文件型计算机病毒以文件下载、电子邮件的附件等形式传播外，新兴的电子邮件计算机病毒，如“美丽莎”计算机病毒、“我爱你”计算机病毒等则是完全依靠网络来传播的。甚至还有利用网络分布计算技术将自身分成若干部分，隐藏在不同的主机上进行传播的计算机病毒。

3. 计算机病毒的检测与预防

根据计算机病毒的特性可知，计算机病毒具有很强的隐蔽性和极大的破坏性，因此在日常工作中检测与预防计算机病毒就成为系统安全运行的关键。

(1) 病毒的检测。分析计算机病毒的特性，可以看出计算机病毒具有很强的隐蔽性和极大的破坏性。因此在日常生活中如何判断病毒是否存在于系统中是非常关键的工作。一般用户可以根据下列情况来判断系统是否感染病毒：计算机的启动速度较慢且无故自动重启，工作中机器出现无故死机现象，桌面上的图标发生了变化，桌面上出现了奇怪的提示信息、特殊的字符，在运行某一正常的应用软件时系统经常报告内存不足，文件中的数据被篡改或丢失，音箱无故发生奇怪声音，系统不能识别存在的硬盘，邮箱总是发出一些奇怪的信息或邮箱中发现了大量的不明来历的邮件，打印机的速度变慢或者打印出一系列奇怪的字符，等等。

(2) 病毒的预防。计算机一旦感染病毒，可能给用户带来无法恢复的损失，因此在使用计算机时，要采取一定的措施来预防病毒，从而最低限度地降低损失。

不使用来历不明的程序或软件；在使用移动存储设备之前应先杀毒，在确保安全的情况下再使用；安装防火墙，防止网络上的病毒入侵；安装最新的杀毒软件，并定期升级，实时监控；养成良好的计算机使用习惯，定期优化、整理磁盘，养成定期全面杀毒的习惯；对于重要的数据信息要经常备份，以便在计算机遭到破坏后能及时得到恢复；在使用系统盘时，应对 U 盘进行写保护操作。

计算机病毒及其防御措施都是在不停地发展和更新的，因此我们应做到认识病毒、了解病毒，及早发现病毒并采取相应的措施，从而确保计算机系统安全工作。

12.3 网络安全技术

网络安全是指通过采用各种技术和管理措施，使网络系统正常运行，从而确保网络的可用性、完整性和保密性。网络安全的具体含义会随着“角度”的变化而变化。例如，从用户的角度来说，他们希望涉及个人隐私或商业利益的信息在网络上传输时受到机密性、完整性和真实性的保护；而从企业的角度来说，最重要的是内部信息的安全加密以及保护。

建立一个有效的网络系统防护体系，已经成为刻不容缓的问题。随着网络应用的深入与普及，网络安全技术得到普遍重视，常见的有防火墙、入侵检测、访问控制、系统容灾和虚拟专用网等。

12.3.1 防火墙

防火墙是一种重要的网络防护措施。在网络中，“防火墙”是指一种将内部网和公众访问网(如 Internet)分开的方法,它实际上是一种隔离技术。防火墙是在两个网络通信时执行的一种访问控制尺度,它能允许你“同意”的人和数据进入你的网络,同时将你“不同意”的人和数据拒之门外,最大限度地阻止网络中的入侵者访问你的网络。换句话说,如果不通过防火墙,公司内部的人就无法访问 Internet,Internet 上的人也无法和公司内部的人进行通信。从专业角度讲,防火墙是位于两个(或多个)网络间,实施网络之间访问控制的一个组件集合。

1. 防火墙的作用

防火墙(图 12-9) 的作用主要有如下几方面。

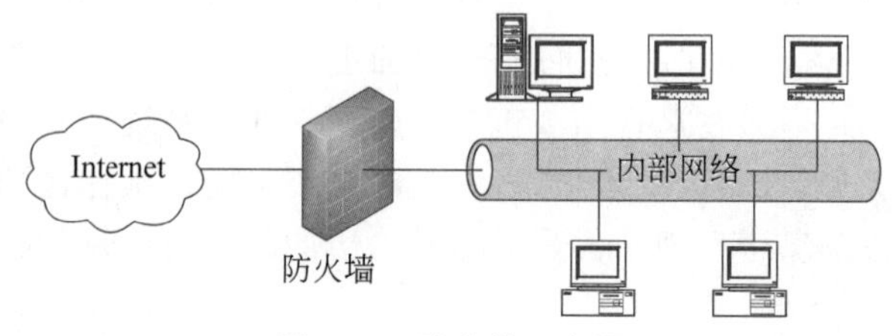

图 12-9 防火墙示意图

(1) 防火墙是网络安全的屏障。一个防火墙(作为阻塞点、控制点)能极大地提高一个内部网络的安全性,并通过过滤不安全的服务而降低风险。由于只有经过精心选择的应用协议才能通过防火墙,所以网络环境变得更安全。

(2) 防火墙可以强化网络安全策略。通过以防火墙为中心的安全方案配置,能将所有的安全软件(如口令、加密、身份认证、审计等)都配置在防火墙上。与将网络安全问题分散到各个主机上相比,防火墙的集中安全管理更经济。例如,在网络访问时,一次一密口令系统和其他的身份认证系统完全可以不必分散在各主机上,而集中在防火墙身上。

(3) 对网络存取和访问进行监控。如果所有的访问都经过防火墙,那么,防火墙就能记录这些访问并做出日志记录,同时也能提供网络使用情况的统计数据。当发生可疑动作时,防火墙能进行适当的报警,并提供网络是否受到探测和攻击的详细信息。另外,通过收集网络的使用和误用情况,可以了解防火墙是否能够抵挡攻击者的探测和攻击,也可以了解防火墙的控制是否充足。

(4) 防止内部信息的外泄。通过利用防火墙对内部网络的划分,可实现内部网重点网段的隔离,从而限制了局部重点或敏感网络安全问题对全局网络造成的影响。再者,隐私是内部网络非常关心的问题,一个内部网络中不引人注意的细节可能包含有关安全的线索而引起外部攻击者的兴趣,甚至因此而暴露了内部网络的某些安全漏洞。使用防火墙就可以隐蔽那些透漏内部细节的服务,如 Finger、DNS 等。

2. 防火墙的基本类型

防火墙有多种形式,有的以软件形式运行在普通计算机系统上,有的以硬件形式单独实现,也有的以固件形式设计在路由器中。从实现原理上分,防火墙的技术包括 4 大类：网络级防火墙、应用级网关、电路级网关和规则检查防火墙。

(1) 网络级防火墙。网络级防火墙也称包过滤型防火墙，在网络层对数据包进行分析、选择和过滤。系统内设置的访问控制表(又叫规则表)，规定允许哪些类型的数据包可以流入或流出内部网络。通过检查每个 IP 数据包的源地址、目的地址、所用端口号、协议状态等因素或它们的组合确定是否允许该数据包通过。其次，通过定义基于 TCP 或 UDP 数据包的端口号，防火墙能够判断是否允许建立特定的连接，如 Telnet、FTP 连接。其优点是速度快、逻辑简单、成本低、易于安装和使用、网络性能和透明度好；缺点是配置困难、容易出现漏洞，而且为特定服务开放的端口存在潜在的危险。

(2) 应用级网关。应用级网关能够检查进出的数据包，通过网关复制传递数据，防止在受信任服务器和客户机与不受信任的主机间直接建立联系。应用级网关工作在应用层，针对特定的网络应用服务协议使用指定的数据过滤逻辑，并在过滤的同时对数据包进行必要的分析、登记和统计，形成报告。应用级网关有较好的访问控制，是目前最安全的防火墙技术，但实现困难，而且有的应用级网关缺乏“透明度”。在实际使用中，用户在受信任的网络上通过防火墙访问 Internet 时，经常会发现存在延迟，并且必须多次登录，才能访问 Internet 或 Intranet。

(3) 电路级网关。电路级网关又称为线路级网关，工作在会话层。电路级网关用来监控受信任的客户或服务器与不受信任的主机间的 TCP 握手信息，以决定该会话是否合法。

(4) 规则检查防火墙。规则检查防火墙集成了包过滤防火墙、应用级网关和电路级网关的特点。但不同于应用级网关的是，它并不打破客户机/服务器模式分析应用层的数据，它允许受信任的客户机和不受信任的主机建立直接连接。规则检查防火墙依靠某种算法识别进出的应用层数据，这些算法通过已知合法数据包的模式比较进出数据包，这样，从理论上就能比应用级代理在过滤数据包上更有效。

3. 防火墙的使用

防火墙具有很好的保护作用。入侵者必须首先穿越防火墙的安全防线，才能接触目标计算机。可以将防火墙配置成许多不同的保护级别。高级别的保护可能会禁止一些服务，如视频流等。

在具体应用防火墙技术时，还要考虑两方面：一是防火墙是不能防病毒的，尽管有不少的防火墙产品声称其具有这个功能；二是防火墙技术的另外一个弱点在于数据在防火墙之间的更新是一个难题，如果延迟太大，将无法支持实时服务请求，并且，防火墙采用滤波技术，滤波通常使网络的性能降低 50%以上，如果为了改善网络性能而购置高速路由器，就会大大增加经济预算。

总之，防火墙是企业网安全问题的流行方案，即把公共数据和服务置于防火墙外，使其对防火墙内部资源的访问受到限制。作为一种网络安全技术，防火墙具有简单实用的特点，并且透明度高，可以在不修改原有网络应用系统的情况下达到一定的安全要求。

12.3.2 入侵检测

人们发现只被动地从防御的角度构造安全系统是不够的。入侵检测就是一种主动安全保护技术。它像雷达警戒一样,作为防火墙之后的第二道安全闸门,在不影响网络性能的前提下,对网络进行监控,从计算机网络的若干关键点收集信息,通过分析这些信息,看看网络中是否有违反安全策略的行为和遭到攻击的迹象,从而扩展系统管理员的安全管理能力,提高信息安全基础结构的完整性。

1. 入侵检测系统

入侵检测系统(Intrusion Detection System,IDS)是对计算机和网络系统资源上的恶意使用行为进行识别和响应的处理,它的主要工作内容包括监视并分析用户和系统的行为,审计系统配置和漏洞,评估敏感系统和数据的完整性,识别攻击行为、对异常行为进行统计,自动收集与系统相关的补丁,审计、识别、跟踪违反安全法规的行为,使用诱骗服务器记录黑客行为。

一般来说,入侵检测系统可分为主机型和网络型。主机型入侵检测系统往往以系统日志、应用程序日志等作为数据源,当然,也可以通过其他手段(如监督系统调用)从所在的主机收集信息进行分析。主机型入侵检测系统保护的一般是所在的系统。网络型入侵检测系统的数据源则是网络上的数据包。往往将一台计算机的网卡设于混杂模式,监听所有本网段内的数据包并进行判断。网络型入侵检测系统一般担负着保护整个网段的任务。

2. 入侵检测过程

入侵检测过程分为信息收集、信息分析和结果处理三个步骤。

(1) 信息收集。入侵检测的第一步是信息收集。收集的内容包括系统、网络、数据及用户活动的状态和行为。由放置在不同网段的传感器或不同主机的代理收集信息,包括系统和网络日志文件、网络流量、非正常的目录和文件改变、非正常的程序执行。

(2) 信息分析。收集到的有关系统、网络、数据及用户活动的状态和行为等信息被送到检测引擎,检测引擎驻留在传感器中,一般通过三种技术手段进行分析:模式匹配、统计分析和完整性分析。当检测到某种误用模式时,就产生一个告警并发送给控制台。

(3) 结果处理。控制台按照告警产生预先定义的响应采取相应措施,可以是重新配置路由器或防火墙、终止进程、切断连接、改变文件属性,也可以只是简单的告警。

3. 入侵检测技术的发展

入侵检测技术的发展趋势主要有以下几方面。

(1) 改进分析技术。采用当前的分析技术和模型,会产生大量的误报和漏报,难以确定真正的入侵行为。改进趋向是采用协议分析和行为分析等新的分析技术。协议分析是通过对数据包进行结构化协议分析来识别入侵企图和行为,这种技术比模式匹配检测效率高，并能对一些未知的攻击特征进行识别，具有一定的免疫功能。行为分析技术不仅简单分析单次攻击事件，还可以根据前后发生的事件确认是否确有攻击发生、攻击行为是否生效，是入侵检测技术发展的趋势。

（2）提高对大流量网络的处理能力。随着网络流量的不断增大，对获得的数据进行实时分析的难度加大，这导致对所在入侵检测系统的要求越来越高。入侵检测产品能否高效地处理网络中的数据是衡量入侵检测产品的重要依据。

（3）向高度可集成性发展。集成网络监控和网络管理的相关功能。入侵检测可以检测网络中的数据包，当发现某台设备出现问题时，可立即对该设备进行相应的管理。未来的入侵检测系统将会结合其他网络管理软件，形成入侵检测、网络管理、网络监控三位一体的工具。

12.3.3 访问控制

访问控制指防止对任何资源进行未授权的访问，从而使计算机系统在合法的范围内使用。访问控制是系统保密性、完整性、可用性和合法使用性的重要基础，是网络安全防范和资源保护的关键策略之一。

1. 访问控制的概念

访问控制是指系统对用户身份及其所属的预先定义的策略组限制其使用数据资源能力的手段，通常用于系统管理员控制用户对服务器、目录、文件等网络资源的访问。

访问控制包括主体、客体和控制策略三个要素。主体是指提出访问资源具体请求，是某一操作动作的发起者；客体是指被访问资源的实体；控制策略是主体对客体的相关访问规则集合，体现了一种授权行为，也是客体对主体某些操作行为的默认。

访问控制的主要功能包括保证合法用户访问受保护的网络资源，防止非法的主体进入受保护的网络资源，或防止合法用户对受保护的网络资源进行非授权的访问。访问控制首先需要对用户身份的合法性进行验证，同时，利用控制策略进行选用和管理工作。当用户身份和访问权限验证之后，还需要对越权操作进行监控。

访问控制的内容包括认证、控制策略实现和安全审计。认证包括主体对客体的识别及客体对主体的检验确认。控制策略通过合理地设定控制规则集合，确保用户对信息资源在授权范围内的合法使用。既要确保授权用户的合理使用，又要防止非法用户侵权进入系统，使重要信息资源泄露。同时，对合法用户，也不能越权行使权限以外的功能及访问范围。系统可以自动根据用户的访问权限，对计算机网络环境下的有关活动或行为进行系统的、独立的检查验证，并做出相应的评价与审计。

2. 访问控制策略

访问控制策略主要有自主访问控制（Discretionary Access Control，DAC）、强制访问控制（Mandatory Access Control，MAC）和基于角色的访问控制（Role-Based Access Control，RBAC）。

（1）自主访问控制。自主访问控制是在确认主体身份及所属组的基础上，根据访问者的身份和授权决定访问模式,是对访问进行限定的一种控制策略。所谓自主,是指具有授予某种访问权力的主体(用户)能够自己决定是否将访问控制权限的某个子集授予其他的主体或从其他的主体收回他所授予的访问权限。在自主访问控制中,信息总是可以从一个实体流向另一个实体,即使对于高度机密的信息也是如此,因此,如果对自主访问不加以控制,就会产生严重的安全隐患。

(2) 强制访问控制。强制访问控制依据主体和客体的安全级别决定主体是否有对客体的访问权。在强制访问控制中,每个用户及文件都被赋予一定的安全级别,只有系统管理员,才可确定用户和组的访问权限,用户不能改变自身或任何客体的安全级别。系统通过比较用户和访问文件的安全级别,决定用户是否可以访问该文件。强制访问控制可通过使用敏感标签对所有用户和资源强制执行安全策略,一般采用三种方法,即限制访问控制、过程控制和系统限制。强制访问控制常用于多级安全军事系统,对专用或简单系统较有效,但对通用或大型系统并不太有效。

(3) 基于角色的访问控制。角色指完成一项任务必须访问的资源及相应操作权限的集合。角色作为一个用户与权限的代理层,表示为权限和用户的关系,所有的授权应该给予角色,而不是直接给用户或用户组。

基于角色的访问控制通过对角色的访问控制,使权限与角色相关联,用户通过成为适当角色的成员而得到其角色的权限。为了完成某项工作,用户可依其责任和资格分派相应的角色,角色可依新需求和系统合并赋予新权限,而权限也可根据需要从某角色中收回。基于角色的访问控制减小了授权管理的复杂性,减少了管理开销,提高了企业安全策略的灵活性。

12.3.4 虚拟专用网

虚拟专用网(Virtual Private Network,VPN)也称虚拟网,指的是在公用网络上建立专用网络的技术。之所以称为虚拟网,主要是因为整个VPN的任意两个节点之间的连接并没有传统专网所需的端到端的物理链路,而是架构在公用网络服务商所提供的网络平台,如Internet、ATM(异步传输模式)、Frame Relay(帧中继)等之上的逻辑网络,用户数据在逻辑链路中传输。

1. 虚拟网的概念

在传统的企业网络配置中,要进行异地局域网之间的互联,传统的方法是租用DDN(数字数据网)专线或帧中继。这样的通信方案必然导致高昂的网络通信/维护费用。对于移动用户(移动办公人员)与远端个人用户而言,一般通过拨号线路(Internet)进入企业的局域网,而这样必然带来安全上的隐患。

虚拟专用网指的是依靠ISP(Internet服务提供商)和其他NSP(网络服务提供商),在公用网络中建立专用的数据通信网络的技术。在虚拟专用网中,任意两个节点之间的连接并没有传统专网所需的端到端的物理链路,而是利用某种公众网的资源动态组成的。所谓虚拟,是指用户不再需要拥有实际的长途数据线路,而是使用Internet公众数据网络的长途数据线路。所谓专用网络,是指用户可以为自己制定一个最符合自己需求的网络。

由于VPN是在Internet上临时建立的安全专用虚拟网络，所以用户就节省了租用专线的费用，在运行的资金支出上，除了购买VPN设备，企业付出的仅仅是向企业所在地的ISP支付一定的上网费用，节省了长途电话费。这就是VPN价格低廉的原因。

目前，VPN主要采用4项技术保证安全，这4项技术分别是隧道技术、加解密技术、密钥管理技术、使用者与设备身份认证技术。

2. 虚拟网的作用

由于VPN的出现，用户可以从以下几方面获益。

(1) 实现网络安全。具有高度的安全性，对于现在的网络极其重要。VPN以多种方式增强了网络的智能和安全性。首先，它在隧道的起点，在现有的企业认证服务器上提供对分布用户的认证。另外，VPN支持安全和加密协议，如SecureIP(IPsec)和Microsoft点对点加密(MPPE)。

(2) 简化网络设计。网络管理者可以使用VPN替代租用线路实现分支机构的连接。这样就可以将对远程链路进行安装、配置和管理的任务减少到最小，可以极大地简化企业广域网的设计，同时简化了与远程用户认证、授权和记账相关的设备和处理。

(3) 降低成本。VPN能够让移动员工、远程员工、商务合作伙伴和其他人利用本地可用的高速宽带网(如ADSL、有线电视或者WiFi网络)连接到企业网络。只支付Internet使用费用，就可以显著降低通信成本。此外，VPN还使企业不必投入大量的人力和物力去安装和维护远程访问设备，大大节省了设备费用。另外，由于VPN独立于初始协议，这就使得远端的接入用户可以继续使用传统设备。

(4) 容易扩展。如果企业想扩大VPN的容量和覆盖范围，只需与新的ISP签约，或者与原有的ISP重签合约，提高VPN能力，真正达到要连就连、要断就断。

(5) 完全控制主动权。借助VPN，企业可以利用ISP的设施和服务，同时又完全掌握着自己网络的控制权，如用户的查验、访问权、网络地址、安全性和网络变化管理等重要工作。

(6) 支持新兴应用。VPN可以支持各种高级的应用，如IP语音、IP传真，还有各种协议，如RSIP、IPv6、MPLS、SNMPv3等。

12.4 思考与实践

学习提高

12.4.1 问题思考

1. 什么是信息安全？信息安全的目标包括哪些内容？
2. 信息安全所面临的主要威胁有哪些方面？
3. 信息内容安全体系架构包含哪些方面？

4. 密码学的基本思想是什么?

5. 什么是计算机病毒? 如何防范计算机病毒?

6. 防火墙的作用主要有哪些?

12.4.2 课外讨论

1. 结合实际说明信息安全的重要性。

2. 分析网络安全体系结构。

3. 简要叙述常用的两种密码体制。

4. 网络攻击的手段多种多样,请说出几种常见的形式。

5. 假如你是一个企业的网络管理员,举例说明如何最大限度地保证企业信息的安全。

6. 对于一个企业,保障其信息安全并不能为其带来直接的经济效益,相反,还会付出较大的成本,那么企业为什么需要信息安全?

12.4.3 实践活动

调查了解校园网中网络安全应用了哪些技术,采用了哪些措施。

在线作业

第13章 chapter 13

人工智能

思政教育

20世纪70年代以来，人工智能被称为世界三大尖端技术(空间技术、能源技术、人工智能)之一，也被认为是21世纪三大尖端技术(基因工程、纳米科学、人工智能)之一。近30年来人工智能获得了迅速的发展，在很多学科领域都获得了广泛应用，并取得了丰硕的成果，已成为新一轮科技革命和产业变革的重要驱动力量。

13.1 人工智能基础

人工智能(Artificial Intelligence，AI)是研究使用计算机来模拟人的某些思维过程和智能行为(如学习、推理、思考、规划等)的学科，主要包括计算机实现智能的原理、制造类似于人脑智能的计算机，使计算机能实现更高层次的应用。

人工智能涉及计算机科学、心理学、哲学和语言学等学科。可以说几乎涉及自然科学和社会科学的所有学科，其范围已远远超出了计算机科学的范畴。

13.1.1 人工智能概述

人工智能是智能学科重要的组成部分，它企图了解智能的实质，并生产出一种新的能以人类智能相似的方式做出反应的智能机器。人工智能从诞生以来，理论和技术日益成熟，应用领域也不断扩大，可以设想，未来人工智能带来的科技产品，将会是人类智慧的"容器"。人工智能可以对人的意识、思维的信息过程进行模拟。

1. 人工智能的概念

人类的许多活动，如下棋、竞技、解题、游戏、规划和编程，甚至驾车和骑车都需要"智能"。如果机器能够执行这种任务，就可以认为机器已具有某种性质的"人工智能"。

人工智能的研究往往涉及对人的智能本身的研究，但人们对自身智能的理解都非常有限，对构成人的智能的必要元素也了解有限，所以很难定义人工智能。

美国斯坦福大学尼尔逊(Nils John Nilsson)教授对人工智能下了这样一个定义："人工智能是关于知识的学科——怎样表示知识以及怎样获得知识并使用知识的科学。"而美国麻省理工学院的温斯顿(Patrick Winston)教授认为："人工智能就是研究如何使计算机去做只有人才能做的智能工作。"这些表述说明了人工智能学科的基本思想和基本内容,即人工智能是研究人类智能活动的规律,构造具有一定智能的人工系统,研究计算机如何完成以人类的智力才能胜任的工作,也就是研究如何应用计算机来模拟实现人类某些智能行为的基本理论、方法和技术。

到底什么是人工智能?目前看来,斯图尔特·罗素(Stuart Russell)和彼得·诺维格(Peter Norvig)在他们的《人工智能:一种现代的方法》(*Artificial Intelligence: A Modern Approach*)一书中的定义较为准确:人工智能是有关"智能主体的研究与设计"的学问,而"智能主体"是指一个可以观察周边环境并做出行动以达到目标的系统。这个定义既强调了人工智能可以根据环境感知做出主动反应,又强调人工智能所做出的反应必须达成目标,同时没有给人造成"人工智能是对人类思维方式或人类总结的思维法则的模仿"这种错觉。

无论是学术界还是工业界,关于人工智能并没有一个统一的定义,但大体上形成了以下共识:人工智能是计算机科学领域为一个广泛的分支,试图让机器模拟人类的智能,涉及构建能够执行通常需要人类智能才能完成的任务的智能化机器。

2. 人工智能的发展

科学家早在计算机出现之前就希望能够制造出可以模拟人类思维的机器,杰出的数学家布尔(George Boole)通过对人类思维进行数学化精确的刻画,奠定了智慧机器的思维结构与方法。当计算机出现后,人类开始真正有了一个可以模拟人类思维的工具。

1936年,24岁的英国数学家图灵(Alan Turing)提出了"自动机"理论,把研究会思维的机器和计算机的工作大大向前推进了一步,他也因此被称为"人工智能之父"。

1943年,心理学家沃伦·麦卡洛克(Warren McCulloch)和数学家沃尔特·皮茨(Walter Pitts)提出了第一个神经元模型,这是神经网络的基础。1950年,图灵提出了"图灵测试",成为评判一个机器是否具备人类智慧的标准。

1956年8月,在美国达特茅斯(Dartmouth),LISP语言创始人约翰·麦卡锡(John McCarthy)、人工智能与认知学专家马文·明斯基(Marvin Minsky)、信息论创始人克劳德·香农(Claude Shannon)、计算机科学家艾伦·纽厄尔(Allen Newell)、诺贝尔经济学奖得主赫伯特·西蒙(Herbert Simon)等有远见卓识的青年科学家聚在一起,讨论用机器来模仿人类学习以及其他方面的智能等问题。两个月时间的讨论虽然没有达成共识,但是却为会议内容起了一个名字:人工智能。1956年被公认为人工智能的元年。"让机器来模仿人类学习以及其他方面的智能"也就成了人工智能要实现的根本目标。

达特茅斯会议之后,人工智能进入起步期。在经历第一个低谷及应用发展期、第二个低谷及稳步发展期后,在达特茅斯会议50年后的2006年,杰弗里·辛顿(Geoffrey Hinton)教授和他的学生在《科学》杂志上发表了文章,开辟了深度学习发展的时代。标志着人工智能进入蓬勃发展期。人工智能的发展历程如图13-1所示。

2010年后,得益于大数据和计算机算力的不断提升,深度学习迅速占领了机器学习领域的制高点。在深度学习的带动下,强化学习也越来越受到人们的重视,而成为机器学习的另一个热点。这样,机器学习有了突飞猛进的发展,有力地推动了人工智能的发

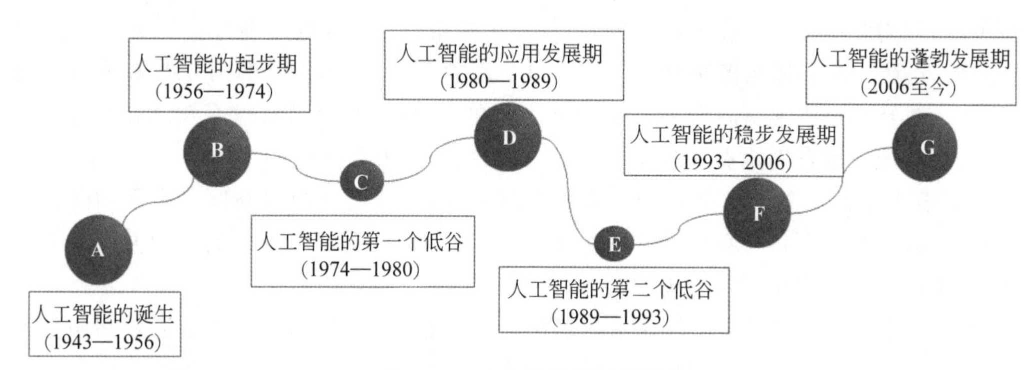

图 13-1 人工智能发展历程

展和繁荣,极大地改变了人工智能的面貌、生态和社会地位,使人工智能彻底走出象牙塔而进入企业,进入社会,进入千家万户。

人工智能取得了显著的进步和突破,主要得益于大数据、计算能力及算法创新三个主要因素。随着互联网、物联网、社交媒体等的发展,人们可以获取到海量的数据,为人工智能提供了丰富的训练材料和测试场景;随着芯片技术、云计算、分布式计算等的发展,人们可以拥有更强大和更便捷的计算资源,这为人工智能提供了更高效的运行平台和优化手段;随着理论研究、实验验证、开源共享等的发展,人们可以拥有更先进和更多样的算法,这为人工智能提供了更强大和更灵活的学习能力和解决方案。

根据斯坦福的报告,在未来的十几年里,人工智能将继续沿着以下三个方向发展。

(1) 深度学习。深度学习(Deep Learning,DL)是一种基于多层神经网络的机器学习方法,可以从大量数据中自动提取特征和规律。深度学习已经在计算机视觉、自然语言处理、语音识别等领域取得了令人瞩目的成果,并将继续在其他领域发挥作用。深度学习也将面临一些挑战和问题,如可解释性、可靠性、可扩展性等。

(2) 强化学习。强化学习(Reinforcement Learning, RL)是一种基于试错和奖励机制的机器学习方法,可以让机器自主地学习如何在复杂和不确定的环境中做出最优的决策。强化学习已经在游戏、机器人、控制等领域取得了令人惊叹的成果,并将继续在其他领域发挥作用。强化学习也将面临一些挑战和问题,如安全性、稳定性、可迁移性等。

(3) 通用人工智能。通用人工智能(Artificial General Intelligence,AGI)是指能够像人类一样在各种领域和任务中表现出智能的人工智能,是人工智能的终极目标。通用人工智能目前还是一个遥远和富有争议的概念,但也有一些研究者和机构在探索和尝试。通用人工智能将带来巨大的机遇和风险,如创造力、合作性、道德性等。

3. 人工智能的影响

人工智能的发展已经改变了人们的生活方式,提高了人们的生活质量,促进了各领域的创新和进步。同时,人工智能也带来了一些挑战和风险,如伦理、安全、就业、社会公平等。

(1) 交通。人工智能将使得自动驾驶汽车更加普及和安全,从而提高交通效率和降低交通事故。人工智能也将使得公共交通更加便捷和舒适,从而减少拥堵和污染。人工智能还将使得空中交通更加灵活和创新,从而拓展旅行和运输的可能性。

(2) 教育。人工智能将使教育资源更加丰富和平等,从而提高教育质量和降低教育成本。人工智能也将使得教育方式更加个性化和互动化,从而增强学习效果和兴趣。人工智能还将使得教育内容更加多元和更新,从而拓展知识和技能的范围。

(3) 医疗。人工智能将使得医疗服务更加准确和及时,从而提高医疗水平和降低医疗错误。人工智能也将使得医疗设备更加先进和便携,从而增强医疗效率和便利。人工智能还将使得医疗数据更加完善和共享,从而促进医疗创新和协作。

(4) 娱乐。人工智能将使得娱乐内容更加丰富和多样,从而提高娱乐质量和满足不同的需求。人工智能也将使得娱乐方式更加真实和沉浸,从而增强娱乐体验和感受。人工智能还将使得娱乐创作更加简单和自由,从而拓展娱乐参与和表达的空间。

(5) 家居。人工智能将使得家居设备更加智能和自动,从而提高家居舒适度和降低家居负担。人工智能也将使得家居环境更加适应和优化,从而增强家居安全度和节约家居资源。人工智能还将使得家居互动更加友好和有趣,从而促进家居情感和社交的发展。

(6) 就业。人工智能将使得一些传统的职业被取代或改变,从而导致就业结构和就业质量的变化。人工智能也将使得一些新的职业和需求出现,从而创造就业机会和就业多样性。人工智能还将使得就业教育和培训更加重要和必要,从而提升就业技能和就业竞争力。

(7) 经济。人工智能将使得经济生产更加高效和创新,从而提高经济增长和经济质量。人工智能也将使得经济分配更加不平衡和复杂,从而导致经济差距和经济风险。人工智能还将使得经济治理更加困难和具有挑战,从而需要经济规则和经济合作。

(8) 社会。人工智能将使得社会服务更加便捷和普惠,从而提高社会福利和社会公平。人工智能也将使得社会关系更加复杂和多元,从而导致社会冲突和社会分化。人工智能还将使得社会文化更加丰富和多样,从而促进社会创新和社会融合。

(9) 伦理。人工智能应该如何向用户、监管者、公众等透露其原理、数据、结果等信息,以便增加其可信度、可解释性、可审查性等;应该如何承担其造成的错误、损害、影响等后果,以及如何分配其责任主体、责任标准、责任机制等;应该如何保护其收集、处理、使用等过程中涉及的个人或敏感信息,以及如何平衡其隐私权利、隐私利益、隐私风险等;应该如何防止其被恶意攻击、篡改、滥用等行为,以及如何保证其安全性、稳定性、可控性等;应该如何避免其在设计、实施、评估等过程中出现的歧视、偏见、不公等现象,以及如何确保其公平性、平等性、多样性等;应该如何尊重和保护人类的价值、尊严、自由等基本权利,以及如何与人类的情感、道德、信仰等基本特征相协调;等等。

13.1.2 人工智能技术研究

人工智能的发展历经多次繁荣与衰落的周期轮回。每个领域均出现过突破性的成果,但是每个独立的成果局限在自己的子领域中,人工智能距离达到人类通用且泛化的智能水平仍然相差甚远。

1. 人工智能的学术流派

人工智能的研究发展已有60多年的历史。在此期间,不同学科或学科背景的学者对人工智能做出了各自的解释,提出了不同观点,由此产生了不同的学术流派。对人工智能研究影响较大的有符号主义(Symbolism)、连接主义(Connectionism)和行为主义(Actionism)三大学术流派。

(1) 符号主义。符号主义流派认为人工智能源于数理逻辑。数理逻辑从19世纪末得到迅速发展,到20世纪30年代开始用于描述智能行为。计算机出现后,又在计算机上实现了逻辑演绎系统。其有代表性的成果为启发式程序LT逻辑理论家,它证明了38条数学定理,表明了可以应用计算机研究人的思维过程,模拟人类智能活动。正是这些符号主义者,早在1956年首先采用"人工智能"这个术语。后来又发展了启发式算法、专家系统、知识工程理论与技术,并在20世纪80年代取得很大发展。

符号主义曾长期一枝独秀,为人工智能的发展做出重要贡献,尤其是专家系统的成功开发与应用,对人工智能走向工程应用和实现理论联系实际具有特别重要的意义。在人工智能的其他学派出现之后,符号主义仍然是人工智能的主流派别。这个学派的代表人物有纽厄尔(Newell)、西蒙(Simon)和尼尔逊(Nilsson)等。

(2) 连接主义。连接主义流派认为人工智能源于仿生学,特别是对人脑模型的研究。其代表性成果是1943年由生理学家麦卡洛克(McCulloch)和数理逻辑学家皮茨(Pitts)创立的脑模型,即MP模型,开创了用电子装置模仿人脑结构和功能的新途径。它从神经元开始进而研究神经网络模型和脑模型,开辟了人工智能的又一发展道路。

20世纪60—70年代,连接主义尤其是对以感知机(Perceptron)为代表的脑模型的研究出现过热潮,由于受到当时的理论模型、生物原型和技术条件的限制,脑模型研究在20世纪70年代后期至20世纪80年代初期落入低潮。直到霍普菲尔德(Hopfield)教授在1982年提出用硬件模拟神经网络以后,连接主义才又重新抬头。1986年,鲁梅尔哈特(Rumelhart)等提出多层网络中的反向传播(Back Propagation,BP)算法。此后,连接主义势头大振,从模型到算法,从理论分析到工程实现,为神经网络计算机走向市场打下基础。现在,对人工神经网络(Artificial Neural Network,ANN)的研究热情仍然较高,但研究成果没有像预想的那样好。

(3) 行为主义。行为主义流派认为人工智能源于控制论。控制论思想早在20世纪40—50年代就成为时代思潮的重要部分,影响了早期的人工智能工作者。维纳(Wiener)和麦卡洛克(McCulloch)等提出的控制论和自组织系统以及钱学森等人提出的工程控制论和生物控制论,影响了许多领域。

控制论把神经系统的工作原理与信息理论、控制理论、逻辑以及计算机联系起来。早期的研究工作重点是模拟人在控制过程中的智能行为和作用,如对自寻优、自适应、自镇定、自组织和自学习等控制论系统的研究,并进行"控制论动物"的研制。到20世纪60—70年代,上述这些控制论系统的研究取得一定进展,播下智能控制和智能机器人的种子,并在20世纪80年代诞生了智能控制和智能机器人系统。

行为主义是20世纪末才以人工智能新学派的面孔出现的,引起许多人的兴趣。这一学派的代表作首推布鲁克斯(Brooks)的六足行走机器人,它被看作新一代的"控制论动物",是一个基于"感知-动作"模式模拟昆虫行为的控制系统。

2. 人工智能的核心要素

人工智能的核心要素包括知识(Knowledge)、数据(Data)、算法(Algorithm)和算力(Computing Power),如图13-2所示。人工智能核心技术的突破是推动人工智能产业升级的驱动力。知识资源、数据基础、核心算法、运算能力协同发展,共同促进人工智能涌现新活力。而人才(Talent)是人工智能的根本。

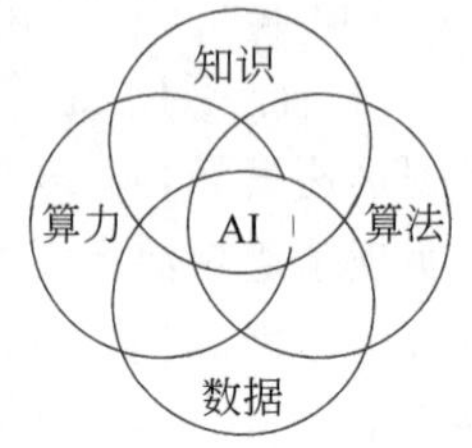

图13-2 人工智能的核心要素

(1) 知识。知识是人们通过体验、学习或联想而对世界客观规律性认识和理解。知识是人工智能的重要基础,知识的科学内涵包括知识表示、知识推理、知识应用。知识获取是其瓶颈问题。

知识是人工智能之源(Source),人工智能的发展源于知识,并依赖知识。专家系统、模糊计算、知识图谱、知识库等都是以知识为基础发展起来的。

(2) 数据。数据是事实或观察的结果,指所有能输入计算机并被程序处理的数字、字母、符号、影像信号和模拟量等各种介质的总称。从计算智能数据迅速发展到互联网和物联网的海量数据,数据为人工智能提供"原材料"。5G网络使数据传输速度更快、时延更小,应用更广泛、更有效。

数据是人工智能之基(Foundation),并促进人工智能的发展升级。计算智能取决于数据而不是知识;神经计算、进化计算等都是以数据为基础而发展起来的。

(3) 算法。算法是解题方案准确而完整的描述,是一系列求解问题的清晰指令,代表着用系统方法描述问题求解的策略机制。算法是人工智能的策略性内涵。基于神经计算的算法已获得广泛应用。认知计算与认知决策算法、类脑计算、普适计算与普适算法以及进化计算与基于群体迭代的进化算法等研究也取得进展。

算法是人工智能之魂(Source),也是人工智能软实力的核心。A*算法、深度学习算法、遗传算法等是算法的代表。

(4) 算力。算力是机器在数学上的归纳和转换能力,即把抽象复杂的数学表达式或数字通过数学方法转换为可以理解的数学式子的能力。算力为人工智能提供了执行能力。从处理器配备的高端部件以及芯片组、内存和硬盘质量提高计算能力。出现了新芯片和新计算(云计算、量子计算等)等新的计算架构。

算力是人工智能之力(Power),也是人工智能硬实力的关键保证。计算能力的不断增强和计算速度的不断提高,将极大地促进人工智能的发展。

3. 人工智能的基本技术

人工智能的基本技术包括推理技术、搜索技术、知识表示与知识库技术、归纳技术及联想技术。

(1) 推理技术。几乎所有的人工智能领域都要用到推理,因此,推理技术是人工智能的基本技术之一。逻辑是人脑思维的规律,也是推理的理论基础。机器推理或人工智能用到的逻辑,主要包括经典逻辑中的谓词逻辑和由它经某种扩充、发展而来的各种逻辑,后者通常称为非经典或非标准逻辑。

(2) 搜索技术。搜索就是为了达到某一"目标"而连续地进行推理的过程。搜索技术就是对推理进行引导和控制的技术。事实上,所有智能活动的过程,都可看作或抽象为一个"问题求解"过程。而问题求解过程实质上就是在显式的或隐式的问题空间中进行搜索的过程。

搜索技术也是一种规划技术。因为对于有些问题,其解就是由搜索而得到的"路径"。在人工智能研究的初期,"启发式"搜索算法一度是人工智能的核心课题。现在,对启发式搜索的研究已取得了不少成果,如著名的 A * 算法和 AO * 算法就是两个重要的启发式搜索算法。启发式搜索仍然是人工智能的重要研究课题之一。

(3) 知识表示与知识库技术。知识表示是指知识在计算机中的表示方法和表示形式,它涉及知识的逻辑结构和物理结构。知识库技术包括知识的组织、管理、维护、优化等技术。对知识库的操作要靠知识库管理系统的支持。显然,知识库与知识表示密切相关。知识表示也隐含着知识的运用,知识表示和知识库是知识运用的基础,同时也与知识的获取密切相关。

(4) 归纳技术。归纳技术是指机器自动提取概念、抽取知识、寻找规律的技术,与知识获取及机器学习密切相关。归纳可分为基于符号处理的归纳和基于神经网络的归纳。基于符号处理的归纳技术除归纳学习方法外,还有基于数据库的数据挖掘和知识发现(Knowledge Discovering from Database,KDD)。

(5) 联想技术。联想是最基本、最基础的思维活动,它几乎与所有的人工智能技术息息相关。联想的前提是联想记忆或联想存储,其特点包括可以存储许多相关(激励、响应)模式;通过自组织过程可以完成多种存储;以分步、稳健的方式存储信息;可以根据接收到的相关激励模式产生并输出适当的响应模式;即使输入激励模式失真或不完全,仍然可以产生正确的响应模式;可在原存储中加入新的存储模式。

人工智能的基本理论和技术仍在不断发展和完善之中,所以,人工智能的基本技术也是人工智能研究的基本课题。

13.2 人工智能的分支领域

人工智能的应用

大多数人工智能研究课题都涉及许多智能分支领域,大致包括 4 方面,即智能感知、智能推理、智能学习和智能行动。

13.2.1 智能感知

人在感知周围环境时依赖于自身的视觉、听觉、触觉等自然感知能力,而当机器像人一样具备理解语言、识别图像、聆听声音等感知能力时,机器就有了认知世界以及响应世界的可能。智能感知就是指利用人工智能技术,对环境、物体和人体的信息进行感知、识别和理解，其核心是通过对传感器采集到的各种数据，如图像、声音、位置信息等进行分析，从而实现对环境、物体和人体的智能化认知和理解。

智能感知是人工智能的重要内涵之一。随着人工智能研究的深入，自然语言处理、机器视觉、模式识别等作为人工智能在机器感知层面的重要研究内容，已经在许多领域得到了广泛应用。

1. 自然语言处理

自然语言处理(Natural Language Processing, NLP)研究能实现人与计算机之间用自然语言进行有效通信的各种理论和方法。自然语言处理并不是一般地研究自然语言，而在于研制能有效地实现自然语言通信的计算机系统，特别是其中的软件系统。

实现人机间自然语言通信意味着要使计算机既能理解自然语言文本的意义，也能以自然语言文本来表达给定的意图、思想等。前者称为自然语言理解(Natural Language Understanding,NLU)，后者称为自然语言生成(Natural Language Generation,NLG)。

自然语言理解就是计算机怎样理解自然语言以及具备和正常人一样的语言理解能力，其核心问题是自然语言是如何传递信息的？人如何理解语义并掌握真正的信息？自然语言理解在生活中的应用无处不在，如机器翻译、语音助手、聊天机器人，技术已经达到可以使计算机、手机等电子设备快速明白人类意图的水平。

自然语言生成就是将计算机语言转换成人能够理解的自然语言，涉及自然语言处理的很多领域，如翻译、写新闻、写诗词、视觉问答等。

2. 机器视觉

机器视觉(Machine Vision)是人工智能正在快速发展的一个分支。简单地说，机器视觉就是用机器代替人眼来做测量和判断。机器视觉的主要任务是通过分析图像，对图像中所涉及的场景或物体生成一组描述信息。机器视觉模拟了人类“看”的能力，这种能力包括对外界图像或视频的获取、处理、分析理解和应用等一系列能力的综合。

典型的机器视觉系统包括图像捕捉、光源系统、图像数字化模块、数字图像处理模块、智能判断决策模块和机械控制执行模块。机器视觉系统的输入是图像(或者图像序列)，输出是对这些图像的感知描述。这组描述与这些图像中的物体或场景息息相关，并且这些描述可以帮助机器来完成特定的后续任务，指导机器人系统与周围的环境进行交互。

实践中，机器视觉的研究逐步形成几个重要研究分支：目标制导的图像处理；图像处理和分析的并行算法；从二维图像提取三维信息；序列图像分析和运动参量求值；视觉知识的表示；视觉系统的知识库等。

机器视觉的应用主要包括检测和机器人视觉两方面。检测分为高精度定量检测(如显微照片的细胞分类、机械零部件的尺寸和位置测量)和不用量器的定性或半定量检测(如产品的外观检查、装配线上的零部件识别定位、缺陷性检测与装配完全性检测)；机器人视觉用于指引机器人在大范围内的操作和行动，如从料斗送出的杂乱工件堆中拣取工件并按一定的方位放在传输带或其他设备上(即料斗拣取问题)。小范围内的操作和行动，还需要借助于触觉传感技术。

3. 模式识别

模式识别(Pattern Recognition)是指对表征事物或现象的各种形式的(数值的、文字的和逻辑关系的)信息进行处理和分析，以对事物或现象进行描述、辨认、分类和解释的过程，是计算机科学和人工智能的重要组成部分。模式识别以图像处理与机器视觉、语音语言信息处理、脑网络组、类脑智能等为主要研究方向，研究人类模式识别的机理以及有效的计算方法。

模式识别又常称作模式分类。应用计算机对一组事件或过程进行辨识和分类，所识别的事件或过程可以是文字、声音、图像等具体对象，也可以是状态、程度等抽象对象。这些对象与数字形式的信息相区别，称为模式信息。模式识别所分类的类别数目由特定的识别问题决定。

以模式识别技术为基础构造的模式识别系统已被广泛应用于文字识别、语音识别、指纹识别、遥感图像识别和医学诊断等方面，并已取得了显著成效。一个模式识别系统(Pattern Recognition System)通常由数据获取、预处理、特征提取和选择、分类器设计、分类决策5个基本单元组成，如图13-3所示。

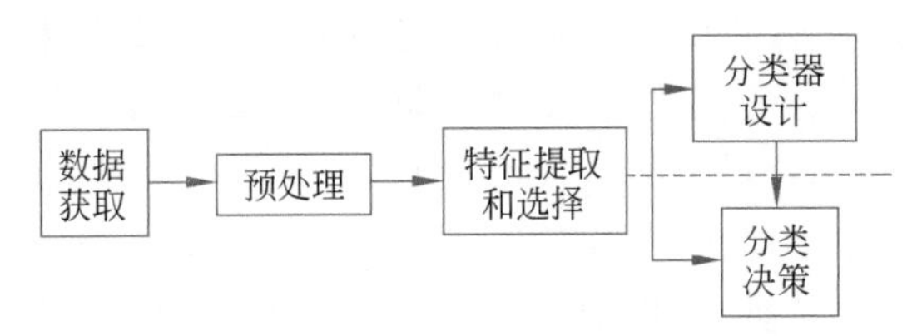

图13-3 模式识别系统基本组成

13.2.2 智能推理

智能推理也称机器推理或自动推理，是人工智能最基本的研究方向。要实现人工智能，就必须将推理的功能赋予机器，实现机器推理。智能推理的研究包括智能搜索、问题求解、自动定理证明及专家系统。

1. 智能搜索

在浩瀚的信息海洋中，人们只有依靠搜索引擎才能迅速找到所需的信息，因此产生了越来越多的搜索引擎。各种搜索引擎的功能侧重并不一样，依靠单一的搜索引擎不能完全提供人们需要的信息，因此需要将各种搜索引擎无缝地融合在一起，于是智能搜索引擎也随之诞生。

智能搜索是结合了人工智能技术的新一代搜索引擎。它除了能提供传统的快速检索、相关度排序等功能，还能提供用户角色登记、用户兴趣自动识别、内容的语义理解、智能信息化过滤和推送等功能。智能搜索设计追求的目标是根据用户的请求，从可以获得的网络资源中检索出对用户最有价值的信息。

智能搜索具有信息服务的智能化、人性化特征,允许用户采用自然语言进行信息的检索,为他们提供更方便、更确切的搜索服务。

2. 问题求解

从人工智能初期的智力难题、棋类游戏、简单数学定理证明等问题的研究中开始形成和发展起来的一大类解题技术,称为问题求解,简称解题。解题技术主要包括问题表示、搜索和行动计划等内容。对问题求解做更广泛的理解是,为了实现给定目标而展开的动作序列的执行过程。这样,一切人工智能系统便都可归结为问题求解系统。

问题求解系统一般由全局数据库、算子集和控制程序三部分组成。全局数据库用来反映当前问题、状态及预期目标;算子集用来对数据库进行操作运算;控制程序用来决定下一步选用什么算子并在何处应用。

问题求解的标志性应用是下棋程序。1997 年 5 月,IBM 公司研制的深蓝(DeepBlue)计算机战胜了国际象棋大师卡斯帕洛夫(Kasparov)。另一种问题求解程序把各种数学公式符号汇编在一起,其性能达到很高的水平,并正在为许多科学家和工程师所应用。

3. 自动定理证明

自动定理证明的任务是对数学中提出的定理或猜想寻找一种证明或反证的方法。定理证明是最典型的逻辑推理问题之一,很多非数学领域的任务如医疗诊断、信息检索、规划制定和难题求解,都可以转换成一个定理证明问题。

自动定理证明的方法主要有自然演绎法、判定法、定理证明器及计算机辅助证明。自然演绎法的基本思想是依据推理规则,从前提和公理中可以推出许多定理,如果待证明的定理恰在其中,则定理得证;判定法对一类问题找出统一的计算机上可实现的算法解,一个著名的成果是我国数学家吴文俊教授于 1977 年提出的初等几何定理证明方法;定理证明器研究一切可判定问题的证明方法;计算机辅助证明以计算机为辅助工具,利用机器的高速度和大容量,帮助人们完成手工证明中难以完成的大量计算、推理和穷举。

4. 专家系统

专家系统实现了人工智能从理论研究走向实际应用、从一般推理策略探讨转向运用专门知识的重大突破。专家系统是一个智能计算机程序系统,其内部含有大量的某个领域专家水平的知识与经验,它能够应用人工智能技术和计算机技术,根据系统中的知识与经验,进行推理和判断,模拟人类专家的决策过程,以便解决那些需要人类专家处理的复杂问题。简而言之,专家系统是一种模拟人类专家解决领域问题的计算机程序系统。

专家系统的一般结构如图 13-4 所示,其中,知识库是专家系统的核心,包含专家对某一特定领域的知识和经验;推理机针对当前问题的条件或已知信息,反复匹配知识库中的规则,获得新的结论,以得到问题求解结果(答案)。专家系统采用人工智能中的知识表示和知识推理技术来模拟通常由领域专家才能解决的复杂问

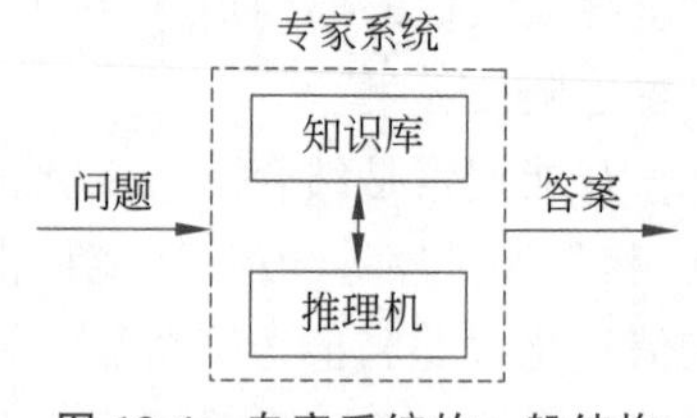

图 13-4 专家系统的一般结构

题,可以解决解释、预测、诊断、设计、规划、监视、修理、指导和控制等问题。专家系统在医疗、金融、工业、环保等领域得到了广泛的应用。

13.2.3 智能学习

智能学习专门研究计算机怎样模拟或实现人类的学习行为,以获取新的知识或技能,并重新组织已有的知识结构使之不断改善自身的性能。智能学习是人工智能的核心,是使计算机具有智能的根本途径。

1. 机器学习

机器学习就是机器自己获取知识,包括对人类已有知识的获取(类似于人类的书本知识学习);对客观规律的发现(类似于人类的科学发现);对自身行为的修正(类似于人类的技能训练和对环境的适应)。机器学习与人类思考的类比见图13-5。

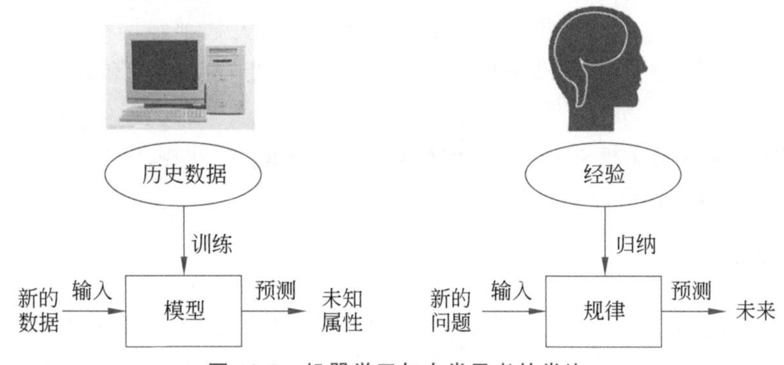

图13-5 机器学习与人类思考的类比

机器学习方法是计算机利用已有的数据(经验),得出某种模型(迟到的规律),利用此模型预测未来的一种方法。机器学习与人类思考的经验过程是类似的,不过它能考虑更多的情况,执行更加复杂的计算。事实上,机器学习的一个主要目的就是把人类思考归纳经验的过程转换为计算机通过对数据的处理计算得出模型的过程。经过计算机得出的模型能够以近似于人的方式解决很多灵活复杂的问题。

机器学习的基本原理可以分为监督学习、无监督学习和强化学习三种类型。

(1) 监督学习。在监督学习中,训练数据包括输入和输出两部分。输入是待学习的数据,输出是对应的标签或目标值。计算机通过对输入和输出之间的映射关系进行学习,从而实现对新数据的预测和决策。常见的监督学习算法包括线性回归、逻辑回归、支持向量机等。

(2) 无监督学习。在无监督学习中,训练数据只有输入部分,没有输出标签或目标值。计算机通过对输入数据进行聚类、降维等操作,从而发现数据中的结构和模式。常见的无监督学习算法包括K均值聚类、主成分分析等。

(3) 强化学习。在强化学习中,计算机需要通过与环境的交互来获得奖励或惩罚。计算机通过对环境的观察和响应,不断调整自己的行为策略,从而实现最大化奖励的目标。常见的强化学习算法包括Q-Learning、策略梯度等。

机器学习已经有了十分广泛的应用,如数据挖掘、计算机视觉、自然语言处理、生物特征识别、搜索引擎、医学诊断、检测信用卡欺诈、证券市场分析、DNA序列测序、语音和手写识别、战略游戏和机器人运用等。

2. 人工神经网络

人脑是一个功能特别强大、结构异常复杂的信息处理系统,其基础是神经元及其互联关系。对人脑神经元和人工神经网络的研究,可创造出新一代人工智能机器。

人工神经网络从信息处理角度对人脑神经元网络进行抽象,建立某种简单模型,按不同的连接方式组成不同的网络。神经网络是一种运算模型,由大量的节点(或称神经元)相互连接构成。每个节点代表一种特定的输出函数。网络自身通常都是对自然界某种算法或者函数的逼近,也可能是对一种逻辑策略的表达。

人工神经网络是由大量处理单元互连组成的非线性、自适应信息处理系统。它是在现代神经科学研究成果的基础上提出的,试图通过模拟大脑神经网络处理、记忆信息的方式进行信息处理。人工神经网络具有自学习功能、联想存储功能和高速寻找优化解的能力。

目前,神经网络已在模式识别、图像处理、组合优化、自动控制、信息处理、机器人学习和其他领域获得日益广泛的应用。

3. 计算智能

计算智能(Computational Intelligence)不同于传统的逻辑思维和推理,而是借助于模糊逻辑、神经网络、进化算法等技术,通过计算机模拟人类智能的各种能力,包括学习能力、适应能力、决策能力等,使计算机可以更加智能化地理解和处理现实世界复杂的问题。

计算智能涉及神经计算、模糊计算、进化计算等研究领域。神经计算研究人工神经网络建模和信息处理,可视为“神经”+“计算”。在实际应用中,很多情况下难以用真和假二值逻辑描述,需要采用模糊逻辑,它可以处理真值不是0或1的情况,如“很冷”“有些热”等,这称为模糊计算。进化计算受生物进化过程中“优胜劣汰”的自然选择机制和遗传信息的传递规律的影响,通过程序迭代模拟这一过程,把要解决的问题看作环境,在一些可能的解组成的种群中,通过自然演化寻求最优解。

13.2.4 智能行动

智能行动是人工智能的实际应用,包括智能检索、数据挖掘与知识发现、智能管理、智能控制和智能机器人。

1. 智能检索

智能检索以文献和检索词的相关度为基础,综合考查文献的重要性等指标,对检索结果进行排序,以提供更高的检索效率。智能检索系统的主要功能包括友好的检索交互界面设计、灵活的需求更改功能、优良的学习与扩展功能、符合用户需求或偏好的检索结果排序功能、挖掘用户偏好的功能。

智能信息检索系统面临的问题有：理解以自然语言陈述的询问；如何根据存储的事实演绎出答案；理解询问和演绎答案所需要的知识都有可能超出该学科领域数据库所表示的知识范围，怎样表示和应用常识。

2. 数据挖掘与知识发现

数据挖掘与知识发现是人工智能和数据库领域研究的热点问题。数据挖掘是一种发现并提取大型数据集中隐藏模式和信息的方法。它使用统计分析和人工智能等多种技术，通过挖掘数据中的规律和关联性，帮助用户发现有用的知识。

数据挖掘通过分析每个数据，从大量数据中寻找其规律，主要包括数据准备、规律寻找和规律表示三个步骤。数据准备是从相关的数据源中选取所需的数据并整合成用于数据挖掘的数据集；规律寻找是用某种方法将数据集所含的规律找出来；规律表示是尽可能以用户可理解的方式将找出的规律表示出来。数据挖掘的任务有关联分析、聚类分析、分类分析、异常分析、特异群组分析和演变分析等。

近年来，数据挖掘引起了信息产业界的极大关注，其主要原因是存在大量数据可以广泛使用，并且迫切需要将这些数据转换成有用的信息和知识。获取的信息和知识可以广泛用于各种应用，包括商务管理、生产控制、市场分析、工程设计和科学探索等。

3. 智能管理

智能管理(Intelligent Management，IM)研究如何提高计算机管理系统的智能水平，以及智能管理系统的设计理论、方法与实现技术。

智能管理是建立在个人智能结构与组织(企业)智能结构基础上实施的管理，既体现了以人为本，也体现了以物为支撑基础。根据管理者与被管理者的智能结构，以及组织机构本身的智能结构，采用适当的管理模式、方法，以能达到预期效果。

智能管理应用领域非常广泛，如智能组合调度与指挥方法已被应用于汽车运输调度、列车的编组与指挥、空中交通管制以及军事指挥等系统。

4. 智能控制

智能控制是具有智能信息处理、智能信息反馈和智能控制决策的控制方式，是人工智能与控制理论结合发展的高级阶段，主要用来解决那些用传统方法难以解决的复杂系统的控制问题。智能控制研究对象的主要特点是具有不确定性的数学模型、高度的非线性和复杂的任务要求。

智能控制是驱动智能机器自主地实现其目标的过程，是实现在尽可能少的人的干预下就能够独立地驱动智能机器实现其目标的自动控制。智能控制系统的智能包括：先验智能，有关控制对象及干扰的先验知识，可以从一开始就考虑到控制系统的设计中；反应性智能，在实时监控、辨识及诊断的基础上，对系统及环境变化的正确反应能力；优化智能，包括对系统性能的先验性优化及反应性优化；组织与协调智能，表现为对并行耦合任务或子系统之间的有效管理与协调。

5. 智能机器人

智能机器人是人工智能领域一个十分重要的应用领域和热门的研究方向。智能机器人的研制几乎需要所有的人工智能技术,还涉及其他许多科学技术门类和领域。

智能机器人具备形形色色的内部信息传感器和外部信息传感器,如视觉、听觉、触觉、嗅觉。除具有感受器外,它还有效应器作为作用于周围环境的手段,称为自整步电动机,它们使手、脚、鼻子、触角等动起来。智能机器人至少要具备三个要素:感觉要素、反应要素和思考要素。

智能机器人能够理解人类语言,用人类语言同操作者对话,在它自身的"意识"中单独形成了一种使它得以"生存"的外界环境——实际情况的详尽模式。它能分析出现的情况,调整自己的动作以达到操作者所提出的全部要求;能拟定所希望的动作,并在信息不充分的情况下和环境迅速变化的条件下完成这些动作。

按照开发内容和目的区分,可将机器人分为工业机器人、服务机器人和特种机器人三类。其中,工业机器人(Industrial Robot)是应用于生产过程与环境的机器人,如焊接、喷漆、装配机器人;服务机器人(Service Robot)是服务于人的机器人,如助老助残机器人、康复机器人、清洁机器人、护理机器人、医疗机器人、教育娱乐机器人等;特种机器人(Special Robots)是特殊环境下作业的机器人,如核工业机器人、极地科考机器人、反恐防暴机器人、军用机器人、救援机器人等。

智能机器人的研究和应用体现出广泛的学科交叉,涉及众多的课题,如机器人体系结构、机构、控制、智能、视觉、触觉、力觉、听觉、机器人装配、恶劣环境下的机器人以及机器人语言等。机器人已在各种工业、农业、商业、旅游业、空中和海洋以及国防等领域获得越来越广泛的应用。

13.3 新一代人工智能

人工智能概念的提出已经过去60多年,在互联网技术、大数据技术、物联网技术等新兴技术的驱动下,人工智能得到加速发展。与60年前相比,新一代人工智能结合了多个学科的优势,具有更高的水平,以提高人的智力能力活动为主要目标,并融入人们的日常生活。

13.3.1 新一代人工智能的发展

新一代人工智能的新理论、新技术、新平台将和社会需求相结合,形成广泛的新应用,显示出强大的延展性和渗透性。

1. 新一代人工智能发展特征

在数据、运算能力、算法模型、多元应用的共同驱动下,人工智能的定义正从用计算机模拟人类智能演进到协助引导提升人类智能，通过推动机器、人与网络相互连接融合，更为密切地融入人类生产生活，从辅助性设备和工具进化为协同互动的助手和伙伴。

新一代人工智能发展具有如下主要特征。

(1) 大数据成为人工智能持续快速发展的基石。随着新一代信息技术的快速发展，计算能力、数据处理能力和处理速度实现了大幅提升，机器学习算法快速演进，大数据的价值得以展现。与早期基于推理的人工智能不同，新一代人工智能是由大数据驱动的，通过给定的学习框架，不断根据当前设置及环境信息修改、更新参数，具有高度的自主性。例如，在输入 30 万张人类对弈棋谱并经过 3 千万次的自我对弈后，人工智能 AlphaGo 具备了媲美顶尖棋手的棋力。随着智能终端和传感器的快速普及，海量数据快速累积，基于大数据的人工智能也因此获得了持续快速发展的动力来源。

(2) 文本、图像、语音等信息实现跨媒体交互。计算机图像识别、语音识别和自然语言处理等技术在准确率及效率方面取得了明显进步，并成功应用在无人驾驶、智能搜索等行业。随着互联网、智能终端的不断发展，多媒体数据呈现爆炸式增长，并以网络为载体在用户之间实时、动态传播，文本、图像、语音、视频等信息突破了各自属性的局限，实现跨媒体交互，智能化搜索、个性化推荐的需求进一步释放。未来人工智能将逐步向人类智能靠近，模仿人类综合利用视觉、语言、听觉等感知信息，实现识别、推理、设计、创作、预测等功能。

(3) 基于网络的群体智能技术开始萌芽。随着互联网、云计算等信息技术的快速应用及普及，大数据不断累积，深度学习及强化学习等算法不断优化，人工智能研究的焦点已从单纯用计算机模拟人类智能，打造具有感知智能及认知智能的单个智能体，向打造多智能体协同的群体智能转变。群体智能充分体现了“通盘考虑、统筹优化”思想，具有去中心化、自愈性强和信息共享高效等优点，相关的群体智能技术已经开始萌芽并成为研究热点。例如，我国研究开发了固定翼无人机智能集群系统，并于 2017 年实现了无人机的集群飞行。

(4) 自主智能系统成为新兴发展方向。随着生产制造智能化改造升级的需求日益凸显，通过嵌入智能系统对现有的机械设备进行改造升级成为更加务实的选择。自主智能系统正成为人工智能的重要发展及应用方向。例如，沈阳机床以 i5 智能机床为核心，打造了若干智能工厂，实现了“设备互连、数据互换、过程互动、产业互融”的智能制造模式。

(5) 人机协同正在催生新型混合智能形态。人类智能在感知、推理、归纳和学习等方面具有机器智能无法比拟的优势，机器智能则在搜索、计算、存储、优化等方面领先于人类智能，两种智能具有很强的互补性。人与计算机协同，互相取长补短将形成一种新的增强型智能。这种智能是一种双向闭环系统，既包含人，又包含机器组件。其中，人可以接受机器的信息，机器也可以读取人的信号，两者相互作用，互相促进。在此背景下，人工智能的根本目标已经演进为提高人类智力活动的能力，更智能地陪伴人类完成复杂多变的任务。

2. 新一代人工智能应用面临的挑战

人工智能正在改变人们的工作方式和生活方式，它使得许多人类曾经认为不可能完成的任务变得可能。随着人工智能技术的发展，新一代人工智能的应用面临着诸多挑战。

(1) 如何创造出智能新产品。创造智能新产品是人工智能应用的重点领域,智能新产品包括智能应用软件(语音识别、机器翻译、图像识别、智能交互、知识处理等)、智能基础软件(各种智能芯片、智能插件、零部件、传感器、网络智能设备)、智能自主产品(汽车、轨道交通、车联网、无人机、船、机床、机械等)、虚拟现实与增强现实(艺术、玩具和教育产品)、可穿戴产品(人工智能的手机、车载智能终端、智能手表、智能耳机、智能眼镜、健康检测与康复产品),以及智能家居产品(建筑智能设备、家电、家具等产品的智能化)等。

(2) 如何成功创造出新的智能应用系统。创造新的智能应用系统是人工智能应用的关键问题,新一代智能应用系统见表13-1。

表13-1 新一代智能应用系统

智能系统	系统描述
智能企业	对设计、生产、管理、物流和营销等业务链的智能优化,生产线智能调度与重构,生产设备网络化、生产数据集成化、生产过程透明化、生产现场无人化、运营管理智能化等系统
智能制造	智能自主的装备与系统、制造云服务、流程智能制造系统、离散智能制造系统、网络化协同制造系统、远程智能诊断、运维和服务新模式
智能物流	智能化分拣、仓储、装卸、搬运,集成信息平台,产品质量及安全追溯,配货调度智能化
智能金融	金融大数据智能、金融产品智能设计和服务创新、智能客服、金融风险智能预警与防控系统
智能商务	市场分析与决策、产品与广告的创新设计、个性化定制服务、产品安全与信用保证等系统
智能农业	智能化装备与农田作业智能系统,智能农业信息检测网络,农业大数据分析决策系统
智能教育	个性化智能学习,交互式主动学习、智能校园、智能图书馆系统
智能医疗	城市便捷精准的智能医疗体系、智能医院、智能医疗诊断、新药辅助研发、医药智能监管、流行病智能检测和防控、健康养老大数据智能分析与服务等系统

(3) 如何让社会智力增加智能。社会智力增加智能是人工智能的普惠领域,如智慧法庭,建设智慧法庭数据与知识平台,推进审判体系和审判能力的智能增强;智能城市,推进对基础设施和土、水、气等环境的深度认知,对城市规划、建设、管理、运营的智能优化;智能交通监控,研发车联自动驾驶与车路协同的技术体系、交通智能化疏导和运行协调系统,提高覆盖地、轨、空、海的综合交通智能监管和服务能力;智能化检测预警与综合应对,围绕反恐、犯罪侦查、食品安全、信息安全、自然灾害防治等公共安全提高智能化检测预警与综合应对水平;等等。

13.3.2 新一代人工智能理论与技术

推动新一代人工智能的发展,需要理论与技术的支撑。突破应用基础理论瓶颈,研发部署关键共性技术,是新一代人工智能发展的理论基础与技术保障。

1. 新一代人工智能基础理论

人工智能的基础研究是促进学科交叉融合,推动人工智能持续发展与深度应用的科学基础。新一代人工智能基础理论涉及以下8方面。

（1）大数据智能理论。研究数据驱动与知识引导相结合的人工智能新方法、以自然语言理解和图像图形为核心的认知计算理论和方法、综合深度推理与创意人工智能理论与方法、非完全信息下智能决策基础理论与框架、数据驱动的通用人工智能数学模型与理论等。

（2）跨媒体感知计算理论。研究超越人类视觉能力的感知获取、面向真实世界的主动视觉感知及计算、自然声学场景的听知觉感知及计算、自然交互环境的言语感知及计算、面向异步序列的类人感知及计算、面向媒体智能感知的自主学习、城市全维度智能感知推理引擎。

（3）混合增强智能理论。研究"人在回路"的混合增强智能、人机智能共生的行为增强与脑机协同、机器直觉推理与因果模型、联想记忆模型与知识演化方法、复杂数据和任务的混合增强智能学习方法、云机器人协同计算方法、真实世界环境下的情境理解及人机群组协同。

（4）群体智能理论。研究群体智能结构理论与组织方法、群体智能激励机制与涌现机理、群体智能学习理论与方法、群体智能通用计算范式与模型。

（5）自主协同控制与优化决策理论。研究面向自主无人系统的协同感知与交互，面向自主无人系统的协同控制与优化决策，知识驱动的人机物三元协同与互操作等理论。

（6）高级机器学习理论。研究统计学习基础理论、不确定性推理与决策、分布式学习与交互、隐私保护学习、小样本学习、深度强化学习、无监督学习、半监督学习、主动学习等学习理论和高效模型。

（7）脑智能计算理论。研究类脑感知、类脑学习、类脑记忆机制与计算融合、类脑复杂系统、类脑控制等理论与方法。

（8）量子智能计算理论。探索脑认知的量子模式与内在机制，研究高效的量子智能模型和算法、高性能高比特的量子人工智能处理器、可与外界环境交互信息的实时量子人工智能系统等。

2. 新一代人工智能的关键共性技术

新一代人工智能关键共性技术以算法为核心，以数据和硬件为基础，以提升感知识别、知识计算、认知推理、运动执行、人机交互能力为重点，推进开放兼容、稳定成熟的技术体系的形成。

（1）知识计算引擎与知识服务技术。研究知识计算和可视交互引擎，研究创新设计、数字创意和以可视媒体为核心的商业智能等知识服务技术，开展大规模生物数据的知识发现。

（2）跨媒体分析推理技术。研究跨媒体统一表征、关联理解与知识挖掘、知识图谱构建与学习、知识演化与推理、智能描述与生成等技术，开发跨媒体分析推理引擎与验证系统。

（3）群体智能关键技术。开展群体智能的主动感知与发现、知识获取与生成、协同与共享、评估与演化、人机整合与增强、自我维持与安全交互等关键技术研究，构建群智空间的服务体系结构,研究移动群体智能的协同决策与控制技术。

(4) 混合增强智能新架构和新技术。研究混合增强智能核心技术、认知计算框架,新型混合计算架构,人机共驾,在线智能学习技术,平行管理与控制的混合增强智能框架。

(5) 自主无人系统的智能技术。研究无人机自主控制和汽车、船舶、轨道交通自动驾驶等智能技术,服务机器人、空间机器人、海洋机器人、极地机器人技术,无人车间/智能工厂智能技术,高端智能控制技术和自主无人操作系统。研究复杂环境下基于计算机视觉的定位、导航、识别等机器人及机械手臂自主控制技术。

(6) 虚拟现实智能建模技术。研究虚拟对象智能行为的数学表达与建模方法,虚拟对象与虚拟环境和用户之间进行自然、持续、深入地交互等问题,智能对象建模的技术与方法体系。

(7) 智能计算芯片与系统。研发神经网络处理器以及高能效、可重构类脑计算芯片等,新型感知芯片与系统、智能计算体系结构与系统,人工智能操作系统。研究适合人工智能的混合计算架构等。

(8) 自然语言处理技术。研究短文本的计算与分析技术,跨语言文本挖掘技术和面向机器认知智能的语义理解技术,多媒体信息理解的人机对话系统。

3. 人工智能技术发展的主要问题

尽管人工智能技术得到快速发展,但同时也存在发展隐患,其主要问题有以下三方面。

(1) 数据隐私和安全问题。人工智能技术的应用需要大量的数据支撑,而这些数据往往涉及个人隐私和安全问题。例如,人工智能技术在图像识别和自然语言处理等领域的应用需要使用用户的图片和语音数据,如果这些数据没有得到充分的保护和管理,就可能会引发用户的隐私泄露和安全问题。

(2) 技术瓶颈和算法局限性。虽然人工智能技术的发展速度很快,但是目前仍然存在一些技术瓶颈和算法局限性。例如,深度学习技术虽然在处理大规模数据方面有很大的优势,但是仍然面临着模型训练的效率和准确性等问题。此外,人工智能技术的应用还存在一些算法局限性,例如,无法处理高维度的数据和非结构化数据等。

(3) 伦理和社会问题。人工智能技术的应用涉及许多伦理和社会问题,例如,人工智能技术的自主性和智能化是否会对人类社会产生负面影响,人工智能技术的应用是否会对就业和社会结构产生影响等。

学习提高

13.4 思考与实践

13.4.1 问题思考

1. 什么是人工智能?
2. 人工智能的研究有哪三大学术流派?
3. 人工智能包括哪些核心要素?

4. 人工智能的基本技术包括哪些方面?
5. 人工智能有哪些分支领域?
6. 新一代人工智能的关键共性技术有哪些?

13.4.2 课外讨论

1. 人工智能能否超过人类智能? 为什么?
2. 大力发展人工智能的意义是什么?
3. 分析机器学习的基本原理。
4. 了解并分析新一代智能应用系统的应用。
5. 调查分析人工智能相关产业的发展现状。
6. 根据自己的调查,分析人工智能技术对日常生活的影响。

13.4.3 实践活动

调查分析你身边的人工智能技术的应用。

在线作业

第14章 chapter 14

计算机学科体系

计算机科学(Computer Science,CS)是系统性研究信息与计算的理论基础以及它们在计算机系统中如何实现与应用的实用技术的学科,它通常被形容为对那些创造、描述以及转换信息的算法处理的系统研究。

科学技术的进步、计算机应用的深入和普及、人类科学思想体系的变革和人们科学观念的变化,对计算机学科体系不断提出新的挑战。

14.1 计算机学科概论

计算机科学是信息时代最关键的科学与技术之一,在信息社会中起着重要作用。尽管计算机科学的名字里包含"计算机"这几个字,但实际上计算机科学相当数量的领域都不涉及计算机本身的研究。因此,一些新的名字被提出来。现在的研究倾向于术语"计算科学(Computing Science)",以精确强调两者之间的不同。

14.1.1 计算机学科基础

计算机学科是研究计算机的设计、制造和利用计算机进行信息获取、表示、存储、处理控制等的理论、原则、方法和技术的学科。计算机学科包括科学和技术两方面,计算机科学侧重研究现象揭示规律,计算机技术则侧重研制计算机和研究使用计算机进行信息处理的方法和技术手段。

1. 计算机学科的发展

20世纪40年代至20世纪50年代末,对计算机学科研究的主流方向主要集中在计算模型、计算机设计和科学计算方面。由于计算机应用主要是大量的科学计算,与数学关系密切,加之在设计计算机的过程中对逻辑和布尔代数的基本要求,导致大量从事数学研究的人员转入计算机学科领域。在学科发展的早期,数学、电子学、程序设计是支撑计算机科学发展的主要专业基础。

20世纪60年代,计算机学科进入蓬勃发展的时期。面对学科发展中遇到的许多重大问题,如怎样实现高级语言的编译系统、如何设计各种新语言、如何提高计算机的运算速度和存储容量、如何设计操作系统、如何设计和实现数据库管理系统、如何保证软件的质量等问题，发展出了一大批理论、方法和技术，如形式语言与自动机、形式语义学、软件开发方法学、算法理论、高级语言理论、并发程序设计、程序理论等。学科的发展体现为三个显著的特点：一是学科研究渗透社会生活的各个方面，广泛的应用需求推动学科持续高速发展；二是人们开始认识到软件和硬件之间有一个相互依托、互为借鉴，以推动计算机设计和软件发展的问题；三是计算机理论和工程技术方法两者缺一不可，且常常紧密结合在一起。

从20世纪80年代起，针对集成电路芯片可预见的设计极限和一些深入研究中所遇到的困难，如软件工程、计算模型、计算语言、大规模复杂问题的计算与处理、大规模数据存储与检索、人工智能、计算可视化等方面出现的问题，人们开始认识到学科正在走向深化。除了寄希望于光电子技术研究取得突破、成倍提高机器运算速度外，人们更加重视理论和技术的研究，从而推动了计算机体系结构、并行与分布式算法、形式语义学、计算机基本应用技术、各种非经典逻辑及计算模型的发展，推出了并行计算机、计算机网络和各种工作站，带动了软件开发水平和程序设计方法技术的提高。

由于长期以来学科的理论研究滞后于技术的发展，技术和工程应用发展速度开始受到制约。计算机学科的研究形成了一大批更为细小的方向，有些理论性较强，有些技术性较强，有些则与其他学科产生了密切的联系。在未来的一段时间里，计算机学科的研究重点将集中在新的综合方向上，如新一代计算机体系结构、并行与分布式软件开发方法学研究、人工智能理论及其应用、计算机应用的关键技术等。

2. 计算机学科的特点

计算机学科作为一门年轻的学科，有自己独特的特点，主要表现在学科新且发展迅速、理论基础与工程技术双重突出、与其他学科相互渗透与支撑等方面。

形成一门学科体系，远比某项新技术的发明推广要难得多。计算机科学与技术被社会所认识始于20世纪60年代，并逐步形成一门新学科。正是这种“新”，计算机学科对社会发展产生了极大的影响，推动着整个社会迅速由工业化向信息化过渡。也正是这种“新”使学科整个知识结构不像其他学科那么全面、严密，新的发现、新的发展，反过来都对学科基础及学科教育不断提出新的要求。

计算机学科的发展速度是惊人的，没有哪一门学科有如此的发展速度，并一直受到社会各阶层的关注。计算机知识更新周期短，刚学会的技术，过不了多久又有更新、更先进的技术代替它。这种高陈旧率、高淘汰率使从事计算机事业的人付出的劳动也是高度复杂和超负荷的。

在计算机学科领域，理论是根基，技术是表现，两者互为依托。计算机学科这种具有科学性与工程性的“双重性”特点，使其与数学这样的理科学科一样具有严格的理论要求，也与工程技术为主的工科学科一样具有工程技术与实践性要求。

计算机学科与其他学科相结合，改进了研究工具和研究方法，促进了其他学科的发展。过去，人们主要通过实验和理论两种途径进行科学技术研究，计算机学科的出现，使计算和模拟成为科学研究工作的第三条途径。计算机与有关的实验观测仪器相结合，可对实验数据进行现场记录、整理、加工、分析和绘制图表,显著地提高实验工作的质量和效率。计算和模拟作为一种新的研究手段,常使一些学科衍生出新的分支学科。例如,空气动力学、气象学、弹性结构力学和应用分析等所面临的“计算障碍”,在计算机学科的推动下,衍生出计算空气动力学、气象数值预报等边缘分支学科。利用计算机进行定量研究,在人口普查、社会调查和自然语言研究等社会科学和人文学科中也发挥了重大的作用。

3. 计算机学科的构成

计算机科学与技术是研究计算机及其周围各种现象与规模的科学。计算机学科的分支没有一个统一的标准。一般认为,计算机科学与技术包括5个分支学科,即理论计算机科学、计算机系统结构、计算机组织与实现、计算机软件和计算机应用。

(1) 理论计算机科学。理论计算机科学研究的对象是计算机基本理论,包括自动机理论、形式语言理论、程序理论、算法分析以及计算复杂性理论等。自动机是现实自动计算机的数学模型,或者说是现实计算机程序的模型。自动机理论的任务就在于研究这种抽象机器的模型;形式语言理论研究程序设计语言以及自然语言的形式化定义、分类、结构等有关理论,以及识别各类语言的形式化模型及其相互关系;程序理论是研究程序逻辑、程序复杂性、程序正确性证明、程序验证、程序综合、形式语言学,以及程序设计方法的理论基础;算法分析研究各种特定算法的性质;计算复杂性理论研究算法复杂性的一般性质。

(2) 计算机系统结构。计算机系统结构是程序设计者所见的计算机属性,着重于计算机的概念结构和功能特性,硬件、软件和固件子系统的功能分配及其界面的确定。计算机系统结构研究计算机的总体结构、计算机的各种新型体系结构以及进一步提高计算机性能的各种新技术。

使用高级语言的程序设计者所见到的计算机属性,主要是软件子系统和固件子系统的属性,包括程序语言以及操作系统、数据库管理系统、网络软件等的用户界面。使用机器语言的程序设计者所见到的计算机属性,则是硬件子系统的概念结构(硬件子系统结构)及其功能特性,包括指令系统(机器语言)以及寄存器定义、中断机构、输入/输出方式、机器工作状态等。硬件子系统的典型结构是冯·诺依曼结构。当初,它是为解非线性、微分方程而设计的,并未预见到高级语言、操作系统等的出现,以及适应其他应用环境的特殊要求。在相当长的一段时间内,软件子系统都是以这种冯·诺依曼结构为基础而发展的。但是,其间不相适应的情况逐渐暴露出来,从而推动了计算机系统结构的变革。

(3) 计算机组织与实现。计算机组织与实现是研究组成计算机的功能、部件间的相互连接和相互作用,以及有关计算机实现的技术,均属于计算机组织与实现的任务。

在计算机系统结构确定分配给硬件子系统的功能及其概念结构之后,计算机组织的任务就是研究各组成部分的内部构造和相互联系,以实现机器指令级的各种功能和特性。随着计算机功能的扩展和性能的提高,计算机包含的功能部件也日益增多,其间的互连结构日趋复杂。现代已有三类互连方式,分别以中央处理器、存储器或通信子系统为中心,与其他部件互连。以通信子系统为中心的组织方式,使计算机技术与通信技术紧密结合,形成了计算机网络、分布计算机系统等重要的计算机研究与应用领域。

与计算机组织与实现有关的技术范围相当广泛,包括计算机的元件技术、器件技术、数字电路技术、组装技术以及有关的制造技术和工艺等,也包括计算机网络结构、数据通信与网络协议、网络服务、网络安全等技术。

(4) 计算机软件。计算机软件的研究领域主要包括程序设计、支撑环境与可视化技术、软件工程等方面。其目标是研究在软件过程中采用形式化方法,使软件研究与维护过程中的各种工作尽可能多地由计算机自动完成,创造一种适应软件发展的软件、固件与硬件高度综合的高效能计算机。

程序设计指设计和编制程序的过程,是计算机软件研究和发展的基础环节。程序设计研究的内容包括有关的基本概念、规范、工具、方法以及方法学等。根据实际需求设计新颖的程序设计语言,即定义程序设计语言的词法规则、语法规则和语义规则。研究与程序设计语言相应的翻译系统(如编译系统)的基本理论、原理和实现技术。

支撑环境研究如何自动地对计算机系统的资源进行有效的管理,并最大限度地方便用户使用计算机。可视化技术研究如何用图形和图像直观地表征数据,即用计算机生成、处理、显示能在屏幕上逼真运动的三维形体,并能与人进行交互式对话。

软件工程是指导计算机软件开发和维护的工程学科,研究如何采用工程的概念、原理、技术和方法开发和维护软件,涉及软件开发全过程有关的对象、结构、方法、工具和管理等方面。

(5) 计算机应用。计算机科学与技术之所以能作为一门学科而存在,是和它的广泛应用分不开的。今天的社会正处在向信息化社会过渡的阶段,作为信息处理的主要工具,计算机的广泛应用必将在社会进程中发挥越来越大的作用。

计算机应用研究的主要任务是根据新的技术平台和实际需求对已有的应用系统进行升级、改造,使其功能更加强大,更加便于使用;研究如何打破计算机的传统应用领域,扩大计算机在国民经济以及社会生活中新的应用范畴。

14.1.2 计算机学科的基本问题

任何一个学科的发展总是围绕着学科的基本问题,以及在扩展学科应用领域的过程中围绕着一些必须解决的重大问题,不断地向前发展,若干方向构成了学科的主流方向,也就构成了学科发展的基本问题。计算机学科的基本问题是:计算的平台与环境问题、计算过程的能行操作与效率问题,以及计算的正确性问题。

1. 计算的平台与环境问题

为了实现计算,除了应用人脑这个无与伦比的计算机外,人们更希望能有真正代替人脑的物化产品,所以首先想到要发明和制造自动计算机器。也就是说,计算机是实现自动计算的物化平台。作为计算平台,它除了能实现计算功能外,在使用上还必须方便,这就是所谓的计算环境问题。

从计算机的发展历史可清楚地看到,正是这个基本问题的要求推进计算机技术不断发展,从最早的卡片、纸带穿孔输入到DOS命令操作,到可视化人机界面;从单纯的屏幕、文字打印输出到多媒体三维动态、虚拟现实等。不难看出,关于计算机平台和环境问题涉及计算机科学理论研究中指出的各种计算模型。各种实际的计算机系统、高级程序设计语言、计算机体系结构、软件开发工具与环境、编译程序、操作系统等都是围绕解决这一基本问题而发展的。

2. 计算过程的能行操作与效率问题

计算过程的能行操作与效率问题也是学科的基本问题。一个实际问题在判明为可计算的性质后,从具体解决这个问题着眼,必须按照能行操作的特点与要求给出实际解决该问题的一步一步的具体能行操作,同时还必须确保这种过程的开销成本是使用者能够承受的,如计算的时间、对存储容量的要求等。

围绕这一基本问题,学科中发展了大量与之相关的研究内容与分支方向。例如,数值与非数值计算方法、算法设计与分析、结构化程序设计技术与效率分析等。以计算机部件为背景的集成电路技术、快速算法、数学系统逻辑设计、程序设计方法学、自动布线、RISC(精简指令集计算机)技术、人工智能的推理技术等分支学科的内容都是围绕这一基本问题展开和发展而形成的。计算过程的能行性与效率问题的核心是基于某一恰当计算模型的方法问题,这也就是在学科发展的早期为什么被看成算法的学问的根本所在,因为当时计算平台与环境和计算的正确性问题还不很突出,从中也反映了算法问题在计算机科学与技术中的地位。

3. 计算的正确性问题

计算的正确性是任何计算工作都不能回避的问题,特别是对用各种自动计算机器进行的计算。一个计算问题在给出了能行操作序列并解决了效率问题之后,必须保证计算结果的正确性,否则计算是无任何意义的。

围绕这一基本问题,学科发展了一些相关的分支学科与研究方向。例如,算法理论、程序理论(程序描述与验证的理论基础)、程序设计语言的语义学、程序测试技术、电路测试技术、软件工程技术(形式化的软件开发方法学)、计算语言学、容错理论与技术、Petri网理论、CSP理论、CCS理论、进程代数与分布式事件代数、分布式网络协议等都是为解决这一基本问题而发展形成的。

计算的正确性问题常常可以归结为各种语义描述与求值问题,一般表现为先发展某种合适的计算模型,再用计算模型描述各种语义。只有语义的正确性,才能保证计算(广义的)的正确性,所以计算的正确性与计算模型的选择、语义的描述是连在一起的,这也从一个侧面揭示了语义学在整个学科中的地位。这也就是为什么“语言”在编制大型软件时是有讲究的原因。任何一种语言必须表达明确、语义无误,不会自相矛盾,才能保证计算过程和计算结果的正确性,所以语义研究在计算机研究中占着重要的地位。

以上三个基本问题并不是孤立地只出现在某些学科分支方向,而是普遍出现在学科的各分支学科和研究方向中,是学科研究与发展中经常面对而又必须解决的问题。

14.2 计算机学科方法论

计算机学科方法论是对计算机领域认识和实践过程中的一般方法及其性质特点、内在联系和变化规律进行系统研究的学问，是认知计算学科的方法与工具，也是计算学科领域的理论体系。计算机学科方法论主要包括形态、核心概念和典型方法三方面的内容。

14.2.1 计算机学科的形态

计算机学科的三种主要学科形态分别为抽象、理论与设计，它们是计算机学科认知领域中最基本的三个概念，反映了人们的认识从感性认识(抽象)到理性认识(理论)，再由理性认识(理论)回到实践(设计)中的科学思维方法。

1. 抽象形态

科学抽象是指在思维中对同类事物去除其现象的、次要的方面，抽取其共同的、主要的方面，从而做到从个别中把握一般，从现象中把握本质的认知过程和思维方法。抽象就是抽出事物的本质特性而忽略它们的细节。抽象的结果是概念、符号和模型。

按客观现象的研究过程，抽象形态包括以下步骤。

(1) 确定可能世界(环境)并形成假设。

(2) 建造模型并做出预测。

(3) 设计实验并收集数据。

(4) 对结果进行分析。

抽象源于现实世界。建立对客观事物进行抽象描述的方法，建立具体问题的概念模型，实现对客观世界的感性认识。

2. 理论形态

科学认识由感性阶段上升为理性阶段，就形成了科学理论。科学理论是经过实践检验的系统化了的科学知识体系，它是由概念、原理以及对这些概念、原理的理论论证所组成的体系。理论是从抽象到抽象的升华，它们已经完全脱离现实事物，不受现实事物的限制，具有精确的、优美的特征，因而更能把握事物的本质。

在计算机学科中，按统一、合理的理论发展过程看，理论形态包括以下步骤。

(1) 表述研究对象的特征，对概念进行抽象(定义和公理)。

(2) 假设对象之间的基本性质和对象之间可能存在的关系(定理)。

(3) 确定这些关系是否为真(证明)。

(4) 解释结果。

理论源于数学。建立完整的理论体系，建立具体问题的数学模型，从而实现对客观世界的理性认识。

3. 设计形态

设计源于工程学,用于系统或设备的开发,以实现给定的任务。设计形态和抽象、理论两个形态具有许多共同的特点。设计必须以对自然规律的认识为前提。设计必须创造出相应的人工系统和人工条件,还必须认识自然规律在这些人工系统中和人工条件下的具体表现形式。设计形态的主要特征与抽象、理论两个形态的主要区别是设计形态具有较强的实践性、社会性、综合性。

在计算机学科中,从为解决某个问题而实现系统或装置的过程看,设计形态包括以下步骤。

(1) 需求分析。

(2) 建立规格说明。

(3) 设计并实现该系统。

(4) 对系统进行测试、分析、改进与完善。

设计源于工程。在对客观世界的感性认识和理性认识的基础上,完成一个具体的任务;对工程设计中所遇到的问题进行总结,提出问题,由理论界去解决它。

4. 三个学科形态的内在联系

三个学科形态实际上反映了计算机学科领域内从事工作的三种文化方式:抽象主要以实验方式揭示对象的性质和相互间的关系;理论关心的是以形式化方式揭示对象的性质和相互之间的关系;设计是以生产方式对这些性质和关系的一种特定的实现,完成具体而有用的任务。

抽象和设计阶段出现了理论;理论和设计阶段需要抽象(模型化);理论和抽象阶段需要设计去实现,验证在现实中是否可行。

抽象、理论和设计三个学科形态的划分有助于正确理解三个学科形态的地位与作用。在计算机学科中,人们还完全可以从抽象、理论和设计三个形态出发独立地开展工作,这种工作方式可以使研究人员将精力集中在所关心的学科形态中,从而促进计算机理论研究的深入和技术的发展。

14.2.2 计算机学科的核心概念

计算机学科的核心概念是学科的思想、原则、方法与技术过程的集中体现,深入了解这些概念并加以适当地运用,是成为成熟的计算机科学家或工程师的标志之一。

1. 核心概念的基本特点

核心概念是方法论的重要组成内容,是具有普遍性、持久性的重要思想、原则和方法。核心概念在本学科的不少分支学科中经常出现,甚至在学科中普遍出现;在各分支领域及抽象、理论总结和设计三个过程的各层面上都有很多实例,虽然在各学科中的具体解释在形式上有差异,但相互之间存在着重要联系;在理论上有可延展和变形的作用,在技术上有高度的独立性;一般都在数学、科学与工程中出现。

2. 计算机学科中的核心概念

计算机学科中常用的12个核心概念简述如下。

(1) 绑定。绑定(Binding)是通过将一个抽象的概念与附加特性相联系,从而使一个抽象概念具体化的过程。例如,把一个进程与一个处理机、一种类型与一个变量名、一个库目标程序与子程序中的一个符号引用等分别关联起来。

绑定在许多计算机领域中都存在很多实例。面向对象程序设计中的多态性特征将这一概念发挥得淋漓尽致。程序在运行期间的多态性取决于函数名与函数体相关联的动态性,只有支持动态绑定的程序设计语言,才能表达运行期间的多态性,而传统语言通常只支持函数名与函数体的静态绑定。

(2) 大问题的复杂性。随着问题规模的扩大,复杂性(Complexing)呈非线性增加的效应。假如编写的程序只是处理全班近百人的成绩排序,选择一个最简单的排序算法就可以。但是,如果编写的程序负责处理全省几十万考生的高考成绩排序,就必须认真选择一个排序算法,因为随着数据量的增大,一个不好的算法的执行时间可能是按指数级增长的,从而使用户最终无法忍受等待该算法的输出结果。

软件设计中的许多机制正是面向复杂问题的。例如,在一个小程序中标识符的命名原则是无关重要的,但在一个多人合作开发的软件系统中,这种重要性会体现出来;自由灵活、随意操控的程序语句会带来方便,但复杂程序中控制流的无序弊远大于利;结构化程序设计已取得不错的成绩,但在更大规模问题求解时保持解空间与问题空间结构的一致性显得更重要。

从某种意义上说,程序设计技术发展至今的两个里程碑(结构化程序设计的诞生和面向对象程序设计的诞生)都是由应用领域的问题规模与复杂性不断增长驱动的。

(3) 概念和形式模型。概念和形式模型(Conceptual and Format Models)包括对一个想法或问题进行形式化、特征化、可视化和思维的各种方法。例如,在逻辑、开关理论和计算理论中的形式模型;基于形式模型的程序设计语言的风范及相关概念模型;诸如抽象数据类型、语义数据类型以及用于指定系统设计的图形语言,如数据流和实体关系图。

概念和形式模型主要采用数学方法进行研究。例如,用于研究计算能力的常用计算模型有图灵机、递归函数、λ演算等;用于研究并行与分布式特性的常用并发模型有Petri网、CCS、π演算等。

只有跨越形式化与非形式化的鸿沟,才能到达软件自动化的彼岸。在程序设计语言的语法方面,由于建立了完善的概念和形式模型,包括线性文法与上下文无关文法、有限自动机与下推自动机、正则表达式与巴克斯范式等,所以对任何新设计语言的词法分析与语法分析可实现自动化。

(4) 一致性和完备性。在计算机中,一致性和完备性(Consistency and Completeness)概念的具体体现包括诸如正确性、健壮性、可靠性这类与之相关的概念。一致性包括用作形式说明的一组公理的一致性、观察到的事实与理论的一致性、一种语言或接口设计的内部一致性等。正确性可看作部件或系统的行为对声称的设计说明的一致性。完备性包括给出的一组公理使其能获得预期行为的充分性、软件和硬件系统功能的充分性,以及系统处于出错和非预期情况下保持正常行为的能力。

一致性与完备性是一个系统必须满足的两个性质。一致性是一个相对的概念,通常是在对立统一的双方之间应满足的关系,例如,实现相对于规格说明的一致性(即程序的正确性)、数据流图分解相对于原图的一致性、函数实现相对于函数原型中参数、返回值、异常处理的一致性等。完备性也应该是一个相对的概念,通常是相对于某种应用需求而言的。完备性与简单性经常会产生矛盾,应采用折中的方法获得结论。

(5) 效率。效率(Efficiency)是关于诸如空间、时间、人力、财力等资源耗费的度量,如一个算法的空间和时间复杂性理论的评估。可行性是表示某种预期的结果(如项目的完成或元件制作的完成)被达到的效率,以及一个给定的实现过程较之替代的实现过程的效率。

与其他商品的生产一样,软件生产不能单纯追求产品的性能,同样重要的是提高产品的性能价格比。软件产业追求的目标不仅是软件产品运行的效率,而且包括软件产品生产的效率。考虑效率的最佳方法是将多个因素综合起来,通过折中获得结论。

(6) 演化。演化(Evolution)即更改的事实及其意义。更改对各层次所造成的冲击,以及面对更改,抽象、技术和系统的适应性及充分性。

(7) 抽象层次。抽象层次(Levels of Abstraction)即抽象的本质和使用。抽象使用在处理复杂事物、构造系统、隐藏细节及获取重复模式方面,具有不同层次的细节和指标的抽象能够表示一个实体或系统。例如,硬件描述的层次、在目标层级内指标的层次、在程序设计语言中类的概念,以及在问题解答中从规格说明到编码提供的详细层次。

抽象源于人类自身控制复杂性能力的不足。我们无法同时把握太多的细节,复杂的问题迫使我们将这些相关的概念组织成不同的抽象层次。日常生活中,“is-a”关系是人们对概念进行抽象和分类的结果,例如,苹果是一种水果,水果是一种植物等。将这种“is-a”关系在程序中直接表达出来而形成的继承机制,是面向对象程序设计最重要的特征之一。

(8) 空间有序。空间有序(Ordering in Space)是局部性和近邻性的空间概念。除了物理上的定位(如在网络和存储中)外,还包括组织方式的定位(如处理机进程、类型定义和有关操作的定位),以及概念上的定位(如软件的辖域、耦合、内聚等)。

(9) 时间有序。时间有序(Ordering in Time)是按事件排序中的时间概念,包括在形式概念中把时间作为参数(如在时态逻辑中)、时间作为分布于空间的进程同步的手段、时间算法执行的基本要素。时间有序作为一种和谐的美存在,其最大特点是在生命周期中表现出的对称性。有对象创建就有对象消亡,有构造函数就有析构函数,有保存屏幕就有恢复屏幕,有申请存储空间就有释放存储空间,等等。

时间有序与空间有序是天生的一对。程序中时间的有序应尽量与空间的有序保持一致,如果一个对象的创建与消亡分别写在两个毫无关联的程序段中,潜在的危害性是可想而知的。

(10) 重用。重用(Reuse)是在新的情况或环境下,特定的技术、概念或系统成分可被再次使用的能力。例如,可移植性、软件库和硬件部件的重用、促进软件成分重用的技术，以及促进可重用软件模块开发的语言抽象等。

软件重用的对象除源代码外，还包括规格说明、系统设计、测试用例等，软件生命周期中越前端的重用意义越重大。现有的许多努力都是面向源代码一级的重用，如程序的模块化、封装与信息隐藏、数据抽象、继承、异常处理等机制。

软件重用被认为是软件行业提高生产率的有效途径，然而，许多技术与非技术因素阻碍了软件重用的应用与推广。从技术上看，只要形式化方法的研究没有重大突破，软件重用就不可能有质的飞跃。而非技术因素也不可小觑，其中包括许多社会的、经济的，甚至心理的因素。

(11) 安全性。安全性(Security)是对正当请求的响应及对不合适的非预期的请求的抗拒以保护自己的能力，以及计算机设备承受灾难事件(如自然灾害、人为破坏)的能力。例如，在程序设计语言中为防止数据对象和函数的误用而提供的类型检测和其他概念，数据的保密，数据库管理系统中特权的授权和取消，在用户接口上把用户出错减少到最小的特性，计算机设备的实际安全性度量，一个系统中各层次的安全机制。

一个容易被忽略的安全性是如何在程序设计过程中防止程序员无意犯错(这些错误通常不会是有意的)；而另一个容易被忽略的安全性是如何在人机交互过程中防止用户无意犯错(在大多数情况下，这些错误也不会是有意攻击)。一个用户界面友好的软件系统除了用户操作方便外，还应提供这方面的帮助。

(12) 折中和结论。折中和结论(Tradeoff and Consequences)是存在于所有计算机领域各层次上的基本事实。例如，在算法研究中空间和时间的折中，对于矛盾的设计目标所采取的折中(如易用性与完备性、灵活性与简单性、低成本与高可靠等)，硬件设计的折中，在各种制约下优化计算能力所蕴含的折中。一个节省时间的算法通常占用较多空间，而节省空间的算法往往在时间上并非最佳，选用哪种算法取决于程序的应用环境。

14.2.3 计算机学科的典型方法

计算机学科的典型方法主要有数学方法和系统科学方法。

1. 数学方法

数学方法用数学语言表达事物的状态、关系和过程，经推导形成解释和判断，包括问题的描述与变换，如内涵与外延方法、构造性方法、公理化方法、模型化方法等。

数学方法的基本特征是高度抽象，高精确，具有普遍意义。

(1) 内涵与外延方法。内涵与外延是哲学的两个基本概念。内涵是指一个概念所反映的事物的本质属性的总和，也就是概念的内容。外延是指概念所界定的所有对象的集合，即所有满足概念定义属性的对象的集合。内涵与外延的方法广泛出现在计算机科学的许多分支学科中，是一个能对无穷对象的集合做分类处理的方法。为了对被研究对象做概念上的抽象，需要内涵与外延方法。

(2) 构造性方法。构造性方法是整个计算机学科中最本质的方法。这是一种能够对论域为无穷的客观事物按其有限构造特征进行处理的方法。构造性方法以递归、归纳和迭代技术为代表形式。除了在递归函数论中使用递归定义和归纳证明技术，在方程求根和函数计算中使用迭代技术外,在程序设计语言的文法定义和自然演绎逻辑系统的构造中,在关系数据理论模型和对象模型的研究中,以及在编译方法、软件工程、计算机原理、算法设计和程序设计中均大量使用了递归、归纳和迭代等构造性方法。

(3) 公理化方法。公理化方法也是计算机学科的一种典型方法,它能帮助学生认识一个系统如何严格表述,帮助学生认识完备性和无矛盾性对一个公理系统的重要性,以及每一条公理深刻的背景、独立性和作用。

(4) 模型化方法。模型化方法也称为仿真方法,通过研究模型来揭示事物原型的形态、特点和本质。模型化方法把所考察的实际问题的复杂过程和关系简化为若干组成要素,根据其特征,用一些图形、符号把这些要素的作用、地位和相互关系抽象出来,成为一种理想化的代表,从而构造相应的"模型",通过对模型的研究,使实际问题得以解决。

2. 系统科学方法

系统科学方法将研究的对象看成一个整体,以使思维对应于适当的抽象级别上,并力争系统的整体优化。系统科学方法一般遵循整体性、动态、最优化、模型化等原则。

系统科学方法主要包括系统分析法(如结构化方法、原型法、面向对象方法等)、黑箱方法、功能模拟方法、整体优化方法、信息分析方法、自底向上、自顶向下、分治法、模型化、逐步求精等。

14.3 计算机学科知识体系

计算机学科是以计算机为研究对象的一门学科,它是一门研究范畴十分广泛、发展非常迅速的新兴学科。在计算机学科领域,基础理论、核心技术和应用支持互为依托。不但要重视计算机技术,更重要的是要重视计算机的数学理论基础、计算机思维的方法论、计算机学科知识的交叉性,只有这样,才能真正有所提高,有所收获。

14.3.1 计算机学科思维与知识层次

计算机学科是理论与实践融合的一门新兴学科。计算机成熟技术在各行业的成功应用,体现了其先进的技术性;而围绕一些重大的背景问题的理论研究,体现了其科学性。科学性与技术性有力推动了计算机学科向深度和广度发展。

1. 计算机学科思维

计算机学科的发展影响着人类的思维方式。计算机学科研究作为高级的思维活动,需要计算机科学工作者具备发展思维、计算思维、数据思维、结构思维 4 种必要的思维能力。

(1) 发展思维。发展思维是从历史发展中找到定位、借鉴经验、发现机遇的古为今用的思维。通过发展思维,可以在人类文明发展史中找到自己的价值定位,培养科学研究的兴趣;可以学习优秀科学家坚忍不拔的意志,培养科学研究的定力;可以站在巨人的肩膀上进行增量式创新,发现科学研究的机遇和契机。

(2) 计算思维。计算思维是尝试利用计算解决问题,将研究对象转换为可计算的问题的思维。计算思维建立在计算过程的能力和限制之上,由人与机器执行。计算方法和模型使人们敢于去处理那些原本无法由个人独立完成的问题求解和系统设计。

计算思维是问题解决的过程,该过程包括制定问题,利用计算机和其他工具解决问题;符合逻辑地组织和分析数据;通过抽象(如模型、仿真等)再现数据;通过算法思想(一系列有序步骤)支持自动化的解决方案;分析可能的解决方案,找到最有效的方案;将问题求解过程推广并移植到更广泛的问题中。

计算思维是人类求解问题的一条途径,但决非要使人类像计算机那样地思考。配置了计算机设备,人们就能用自己的智慧去解决那些在计算机时代之前不敢尝试的问题,实现"只有想不到,没有做不到"的境界。

(3) 数据思维。数据思维是以数据为中心,应用和设计计算机的思维。人类从依靠自身判断做决定到依靠数据做决定的转变,是数据思维做出的最大贡献之一。

从大量数据中发现规律,是数据思维的体现之一。数据是计算的对象,也是计算的结果。信息存在于数据中,需要创新途径使现实世界中的模拟信号转换为可用字节表示的数据。数据思维研究的就是将研究对象转换为可用字节表示的数据。数据思维的体现之二是以数据为中心设计计算机,提高系统的效率。

数据思维要求在设计计算机体系结构和算法时考虑原始数据的存储(取决于问题大小)、工作集的大小、存储访问的局部性和并发性,要对数据的采集、净化、存储、移动、运算等整个生命周期的全部阶段予以考虑。

(4) 结构思维。结构思维是通过创新系统的体系结构而不是单纯扩张系统的硬件资源的方法提升系统性能和效率的思维。体系结构是算法的基础,决定了效率并最终决定效果。计算机的进步在后摩尔定律时代将更多地依靠体系结构创新,通过创新结构,优化算法,提高效率,实现效果。

2. 计算机学科知识层次

根据学科特点,计算机学科知识层次可以分为学科应用层、专业基础层和基础理论层,外加数学、物理等其他学科的基础支撑层。

(1) 学科应用层。学科应用层包括人工智能应用与系统,信息、管理与决策,移动计算,计算可视化,科学计算,计算机设计制造和自动控制等各个方向。

(2) 专业基础层。专业基础层是为学科应用层提供技术和环境的一个层面,包括软件开发方法学、计算机网络与通信技术、程序设计科学、计算机体系结构和计算机系统基础等。

(3) 理论基础层。理论基础层主要包括计算机的数字理论、高等逻辑、信息理论、算法理论、网络理论、模型论、计算复杂性理论、程序设计语言理论和形式语义学等。理论基础层是较为高级的部分,是计算机科学与技术的基础。

(4) 基础支撑层。计算机学科实际上是在数学与物理学的基础上综合发展而形成的学科,它与数学、物理学有千丝万缕的联系。物理学为其硬件提供了基础,数学为其软件提供了支持。

3. 计算机学科知识的特点

计算机学科以数学和电子科学为重要基础。以离散数学为代表的应用数学是描述学科理论、方法和技术的主要工具,而微电子技术和程序设计技术则是反映学科产品的主要技术形式。

在计算机学科中,无论是理论研究的成果,还是技术研究的成果,最终目标都要体现在计算机软件产品的程序指令系统应能机械地、严格地按照程序指令执行,绝不能无故出错。计算机系统的这一客观属性和特点决定了计算机的设计、制造,以及各种软件系统开发的每一步都应该是严密的、精确无误的。由于离散数学的构造性特征与反映计算机学科本质的能行性之间天然一致,从而使离散数学的构造性特征决定了计算机学科的许多理论同时具有理论、技术、工程等多重属性,决定了其许多理论、技术和工程的内容是相互渗透在一起的,是密不可分的。与大多数工程科学的工作方式不同,在几乎所有高起点的、有学术深度的计算机学科的研究与开发中,企图参照经验科学的工作方式、通过反复实验获得数据、经分析后指导下一步的工作,从而推进科研与开发工作的方式是行不通的,原因是有学术深度的问题其复杂性早已大大超出专家们的直觉和经验所能及的范围。

应用计算机技术解决问题可以采用硬件的方法,也可以采用软件的方法,甚至还可以采用电子线路和机械的方法,只是机械的方法因成本太高、精度难以保证而早已弃之不用。但无论采用哪种方法,都必须提供处理该问题的计算过程描述,即详细地给出计算的每一步应该怎么做。这在计算机学科中称为算法。于是,算法成为计算机学科的一个重要内容,也有人称算法为计算机学科的首要问题或者核心问题。在计算机科学的研究中,发现或创立一个新算法是一个实质性的贡献。

计算机学科在发展中广泛采用了其他学科行之有效的工程方法,如在软件开发中首先采用开发工具和环境,进而开发软件方法;在计算机的设计中,广泛使用标准组件的方法;在软件的设计和质量检查中广泛使用软件测试技术、标准化技术等。

抽象描述与具体实现相分离是计算机学科发展过程中一个重要的内在特点,它不仅决定了一大批计算机科学与技术工作者的工作方式,而且使学科的研究与开发在很短的几十年里就已进入比较深层的阶段。

学科发展的另一个重要的特点是几乎在学科各个方向和各个层面,一旦研究工作走向深入,研究内容则比较复杂,人们首先是发展相应的计算模型和数学工具,然后依靠计算模型和数学工具将研究工作推向深入。例如,网络协议描述、程序设计语言语义描述、并发程序的语义描述、并发控制的机制、计算机系统结构的刻画与分类、人工智能逻辑基础的语义模型等都引入了新的计算模型。

如果把计算机科学与技术放在一个更大的信息科学与信息处理的背景下审视和认识,就不难发现学科发展的一个内在特点,这就是近几十年来随着学科发展的不断深化,研究对象的数据或信息表示的地位明显突出,一种方法求解一个问题的质量和效率,往往更多取决于对象的表示,而不是取决于施加在对象之上的运算或操作过程本身。这也说明了为什么数据与信息表示理论一直受到计算机科学家的重视。从整个学科发展的趋势看，针对大量信息处理问题，问题如何表示已经成为能否较好地处理问题的关键，处理方法的好坏往往更多地取决于表示方法。

计算机学科日渐深化的特点决定了学科领域专利技术科学含量的不断上升，也决定了学科领域新产品技术含量的不断上升。过去那种依靠个人的灵性和出人意料的浅显的新思想、新技术、小发明和新产品异军突起的时代已经过去。相反，产业的竞争更多地已经逐步转化为企业背后高能力、高智力的优秀专业人才之间的竞争，甚至已转移到人才培养质量的竞争。

14.3.2 计算机学科知识体系

ACM/IEEE CC2020 是由 ACM 和 IEEE-CS 联合组织全球计算机教育专家共同制定的计算机类专业课程体系规范，是国内外计算机专业制定课程体系时的重要指导。CC2020 旨在通过对课程体系进行版本更新，研究当前计算领域的课程设计，并提供教学指导方针，以应对未来计算教育面临的挑战。

1. CC2020 胜任力模型

CC2020 采用“胜任力”(Competency)，融合知识(Knowledge)、技能(Skills)和品行(Dispositions)三方面的综合能力培养，加强对职业素养、团队精神等方面的要求。

CC2020 采用“计算”(Computing)一词作为计算机工程、计算机科学和信息技术等所有计算机领域的统一术语。同时采用“胜任力”来代表所有计算教育项目的基本主导思想。其目标就是从知识、技能和品行三方面培养，使学生胜任未来计算相关工作内容，如图 14-1 所示。

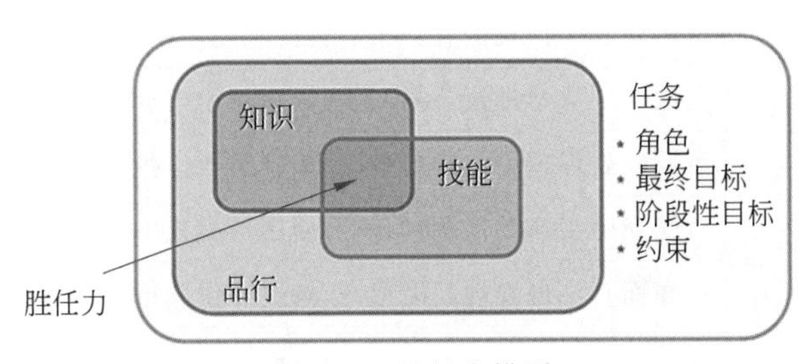

图 14-1 胜任力模型

知识、技能、品行是构成胜任力的三要素。知识对应胜任力的“了解”维度，是对事实的理解。在 CC2020 中，知识被分为计算知识和基础专业知识两个维度。

技能是指应用知识主动完成任务的能力和策略。技能表达了知识的应用，是胜任力的“诀窍”维度，又分为认知技能和专业技能。认知技能分为 6 个技能等级，包括记忆、理解、应用、分析、评估和创造；专业技能包括沟通、团队精神、演示和解决问题。

品行构成胜任力的“知道为什么”维度，并规定任务执行的必要特征或质量。品行塑造了熟练参与“了解”和“诀窍”的辨别力，包含社交情感技能、行为和态度，这些都是表征执行任务的倾向。CC2020 描述了 11 种与元认知意识有关的品行元素，包括主动性、自我驱动、热情、目标导向、专业性、责任心、适应性、协作合作、相应式、细致和创新性,还包括如何与他人合作以实现共同目标或解决方案。

2. CC2020 知识领域

CC2020 中将计算学科知识维度做了区分,分为计算知识和基础专业知识两类,每一类又被进一步细分,形成 34 个计算知识元素(见表 14-1)和 13 项基础专业知识元素(见表 14-2)。

表 14-1 计算知识元素

用户和组织	系统建模	系统架构和基础设施	软件开发	软件基础	硬件
社会问题和专业实践 安全策略和管理 信息系统管理和领导力 企业级架构 项目管理 用户体验设计	安全问题和原则 系统分析和设计 需求分析和规范 数据和信息管理	虚拟系统和服务 智能系统(人工智能) 物联网 并行和分布式计算 计算机网络 嵌入式系统 集成系统技术 平台技术 安全技术和实现	软件质量、审核和验证 软件过程 软件建模和分析 软件设计 基于平台的开发	图形和可视化 操作系统 数据结构、算法和复杂性 程序设计语言 程序设计基础 计算系统基础	架构和组织 数字设计 电路和电子 信号处理

表 14-2 基础专业知识元素

知识元素	释义
分析与批判性思维	将复杂信息简化,并评估结果,以做出正确决定的思想过程
协作与团队精神	将具有挑战性的任务分配至更简单的任务中,通过共同努力高效完成
伦理与跨文化视野	个体在其价值观的背景下看待问题的不同角度和伦理观点
数学与统计	抽象使用数学理论,特别是在数据收集与分析方面
多任务优化管理	可同时处理若干问题任务,并根据重要性排序
口头交流与表达	对受众感兴趣的话题和目标,使用可视化工具进行实时口头传达信息
问题解决和故障排除	逻辑而有序地发现问题根源,解决并使其重新运行起来
项目和任务的组织规划	为项目的组织与计划提供决策,以取得成功的结果
质量保障/控制	根据规定的质量标准使用技术、方法和工艺来识别和防止故障发生
关系管理	保持企业与其客户或其他企业之间持续接触的策略
研究与自学/学习者	可自行开始承担工作项目,而不需要指导或激励的一类人
时间管理	有效利用时间、有成效地开展工作的能力
书面交流	使用书面形式在人与组织之间互动,提供有效信息传递方式

14.4 思考与实践

学习提高

14.4.1 问题思考

1. 计算机学科的特点有哪些？
2. 计算机学科的基本问题是什么？
3. 计算机学科的 12 个核心概念是什么？
4. 计算机学科的典型方法有哪些？
5. 计算机学科思维体现在哪些方面？
6. 什么是胜任力模型？包括哪些元素？

14.4.2 课外讨论

1. 简述计算机学科的发展。
2. 如何理解计算机的学科形态？
3. 谈谈你对计算机学科的典型方法的看法。
4. 简述计算机学科与其他学科的联系。
5. 为什么说计算机学科具有科学性与工程性的“双重性”特点？
6. 简述计算机学科知识体系中你初步了解的内容。

14.4.3 实践活动

了解你所在专业的人才培养目标和课程体系。

在线作业

第15章 chapter 15

思政教育

计算机伦理、道德与法规

通常，伦理是指在处理人与人、人与社会相互关系时应遵循的道理和准则；道德是人们共同生活及其行为的准则和规范；法律是国家制定或认可的行为规范，由国家强制力保障实施。

计算机科学的发展为人类的道德进步提供了良好的机遇，但同时计算机科学带来的涉及伦理、道德、法规诸方面的负效应，也给社会发展提出了前所未有的难题与挑战。

伦理、道德与法规

15.1 计算机伦理学

计算机伦理是信息与网络时代人们应当遵守的基本道德。深刻认识信息时代计算机伦理道德的重要性，借鉴国外计算机伦理理论及实践的经验教训，深入研究信息网络时代的伦理道德问题，构建中国特色的计算机伦理或道德规范体系，具有重要的理论价值和现实意义。

15.1.1 计算机伦理学概述

计算机伦理学是对计算机行业从业人员职业道德进行系统规范的新兴学科。它涉及计算机高新技术的开发和应用，信息的生产、存储、交换和传播中的广泛伦理道德问题。随着当代信息与网络技术的飞速发展，计算机伦理学已引起全球的普遍关注。

1. 计算机伦理学的产生与发展

计算机技术引起的社会利益冲突和建立新的道德秩序的需要，是西方计算机伦理学研究兴起与发展的根本原因。1985年，美国著名哲学杂志《形而上学》发表了泰雷尔·贝奈姆的《计算机与伦理学》和杰姆斯·摩尔的《什么是网络伦理学》两篇论文，成为西方计算机伦理学兴起的重要标志。此后，随着计算机技术的进一步发展，特别是Internet的出现，计算机技术在应用中引起的社会伦理问题日渐成为西方哲学界、科技界和全社会关注的一个热点。西方计算机伦理学的理论研究与教学，引起了包括计算机工程师、信息技术公司经理、专业人员和社会各界对计算机伦理问题的广泛关注，推动了计算机行业职业道德规范和信息网络技术行为准则的确立。

在计算机伦理学的学科性质界定上，一些西方国家的学者把它纳入“应用伦理学”或“规范伦理学”的范畴，强调计算机伦理学的“实用性”，希望通过研究具体行为的规范性指导方针，来解决信息技术带来的一系列具体道德问题。许多学者认为，可以借助传统的伦理学理论和原则，把它们作为计算机信息伦理问题的指导方针和确立规范性判断的依据。戴博拉·约翰逊和斯平内洛在他们的著作中都分别把以边沁和密尔为代表的功利主义，以康德和罗斯为代表的义务论，以霍布斯、洛克和罗尔斯为代表的权利论，这三个目前在西方社会中影响最大的经典道德理论作为他们构建计算机伦理学的理论基础。

西方学者在把西方社会认可的一般伦理价值观念，应用到计算机伦理分析领域的基础上，进一步探讨了计算机伦理学的一些基本原理和原则问题。

美国学者斯平内洛在《信息技术的伦理方面》一书中提出了计算机道德是非判断应当遵守的三条一般规范性原则：一是“自主原则”，在信息技术高度发展的境况下，尊重自我与他人的平等价值与尊严，尊重自我与他人的自主权利；二是“无害原则”，人们不应该用计算机和信息技术给他人造成直接的或间接的损害，这一原则被称为“最低道德标准”；三是“知情同意原则”，人们在信息交换中，有权知道谁会得到这些数据以及如何利用它们，没有信息权利人的同意，他人无权擅自使用这些信息。

西方学者还对计算机“职业”“职业人员”“职业道德”的特殊性问题做了探讨。韦克特和爱德尼认为，由于计算机技术广泛的社会性应用，计算机和信息技术专家并非是传统意义上的职业人员或专业人员，他们对社会公众有着特殊的职责。韦克特和爱德尼倡言：“一个真正的计算机职业人员不仅应当是自我领域的专家，而且也应当使自己的工作适应人类文明的一般准则，具有这方面的道德自律能力与渴望。”

2. 建设计算机伦理的重要性

信息时代的来临，迫切需要全社会高度重视计算机伦理的建设。

现代计算机是一种强大的工具，如何使用它，完全取决于人自己，取决于人的伦理道德价值指向。计算机技术的迅速发展，把人类推向一个必须由自己选择未来的“十字路口”。一方面，计算机技术的使用，能给人类生活的方方面面带来巨大福利，推动人类文明发展；另一方面，不正确的使用，又可能给人类带来巨大灾难。因此，必须借助道德理性的力量，依靠人类的伦理自觉精神趋利避害，规范和约束计算机技术的研究与应用方向，使之造福于全社会。

在网络广泛应用的今天，黑客与计算机病毒、垃圾邮件等已经成为一大公害。一项研究报告显示，每年由于病毒等网络破坏行为导致全球经济损失高达160多亿美元，每年全球因垃圾邮件造成的损失也高达20亿美元。计算机病毒的发作越来越频繁，传播速度越来越快，造成的破坏越来越严重。这些事件一再告诫人们，科学技术越发展，越要求人“道德自律”。计算机应用技术越发达，越要求相关联的个人具备与之相适应的计算机应用道德素养。

计算机技术依然处在探索与发展的过程中，必须借助人类特有的伦理智慧和道德精神的指引，才能防止研究与应用的急功近利，把技术上的“不确定性”对社会可能带来的危害降到最低程度。在技术开发与应用的过程中，如何使企业与个人能为社会利益、他人利益和人类利益着想,重视道德的"自律"与"他律",尽最大的努力,确保和增加新技术的正效应,将始终是计算机伦理的神圣责任。

3. 构建计算机伦理的基本原则

计算机道德是在计算机应用领域调节人与人、人与社会特殊利益关系的道德价值观念和行为规范。从计算机伦理的特点看,一方面,它作为与计算机技术密切联系的职业伦理和场所境遇伦理,反映了这一高新技术对人们道德品质和素养的特定要求,体现出人类道德进步的一种价值标准和行为尺度。遵守一般的、普遍的计算机道德,是当今世界从事计算机相关工作和活动的基本"游戏规则",是信息社会的基本公德。另一方面,它作为一种新型的道德意识和行为规范,受一定的经济、政治制度和文化传统的制约,具有一定的民族性和特殊性。

从实际情况出发,在构建计算机伦理方面,应当遵循以下几项基本原则。

(1) 促进人类美好生活原则。科学技术的发展与进步必须与人类追求美好生活的愿望相一致,服务于人类共同体的整体利益与长远利益。促进人类美好生活的原则,意味着计算机技术的研究开发者必须充分考虑这一技术可能给人类带来的影响,对不合理运用技术的可能性予以排除或加以限制;计算机技术的运用者必须确保其对技术的应用会增进整个人类的福祉且不对任何个人和群体造成伤害;信息网络空间的传输协议、行为准则和各种规章制度都应服务于信息的共享和美好生活的创造。

(2) 平等与互惠原则。每个网络社会成员都享有平等的权利和义务互惠。无论网络用户在现实生活中拥有何种社会地位、职务和个人爱好,不管他的文化背景、民族和宗教是什么,在网络社会中,他们都应被给予某个特定的网络身份,即用户名、网址或口令。网络提供的一切服务和便利,他都应该得到,而网络共同体的所有规范,他也应该遵守并履行一个网络行为主体所应该履行的义务。任何一个网络成员和用户都必须认识到,他既是网络信息和网络服务的使用者和享受者,也是网络信息的生产者和提供者,同时也享有网络社会交往的平等权利和互惠的道德义务。

(3) 自由与责任原则。自由与责任原则主张计算机网络行为主体在不对他人造成不良影响的前提下,有权利自由选择自己的行为方式,同时对其他行为主体的权利和自由给以同样的尊重。网络空间的广阔性和无中心特征,激发了人心中的自主意识,为个体一定程度地实现自主权提供了可能。与此同时,网络主体对自己的行为也必须担负道德责任,成熟理性主体所享受的自由都是合理的、正当的,都是"自律的""守规矩的",而不是"放任的"和"随意的"。自由与责任原则要求人们在网络活动中实现"自主",即充分尊重自我与他人的平等价值与尊严,尊重自我与他人的自主权利。

(4) 知情同意原则。知情同意原则在评价与信息隐私相关的问题时,可以起到很重要的作用。知识产权的维护也适用知情同意原则。人们在网络信息交换中,有权知道是谁在使用以及如何使用自己的信息,有权决定是否同意他人得到自己的数据。没有信息权利人的同意或默许,他人无权擅自使用这些信息。

(5) 无害原则。无害原则要求任何网络行为对他人、网络环境和社会至少是无害的。这是最低的道德标准,是网络伦理的底线伦理。网络病毒、网络犯罪、网络色情等,都是严重违反无害原则的行为。无害原则认为，无论动机如何，行为的结果是否有害应成为判别道德与不道德的基本标准。由于计算机网络行为产生的影响无比快速和深远，因此行为主体必须小心谨慎地考虑和把握可能产生的后果，防止传播谣言或有害信息，杜绝任何有害举动，避免伤害他人与社会。

4. 计算机伦理学的内容

计算机伦理学的内容主要包括隐私保护、预防计算机犯罪、知识产权保护、软件盗版、病毒扩散、黑客以及行业行为规范等。

(1) 隐私保护。隐私保护是计算机伦理学最早的课题。传统的个人隐私包括姓名、出生日期、身份证号码、婚姻、家庭、教育、病历、职业、财务情况等数据，现代个人数据还包括电子邮件地址、个人域名、IP 地址、手机号码以及在各网站登录所需的用户名和密码等信息。随着计算机信息管理系统的普及，越来越多的计算机从业者能够接触到各种各样的保密数据。这些数据不仅局限为个人信息，更多的是企业或单位用户的业务数据，它们同样是需要保护的对象。

(2) 预防计算机犯罪。如同任何技术一样，计算机技术也是一柄双刃剑，它的广泛应用和快速发展，一方面使社会生产力获得极大解放，另一方面又给人类社会带来前所未有的挑战，其中尤以计算机犯罪为甚。

计算机犯罪是信息时代的一种高科技、高智能、高度复杂化的犯罪。信息技术的发展带来了前所未有的犯罪形式，如电子资金转账诈骗、自动取款机诈骗、非法访问、设备通信线路盗用等。我国《刑法》对计算机犯罪的界定包括：违反国家规定，侵入国家事务、国防建设、尖端科学技术领域的计算机信息系统的；违反国家规定，对计算机信息系统功能进行删除、修改、增加、干扰，造成计算机信息系统不能正常运行的；违反国家规定，对计算机信息系统中存储、处理或者传输的数据和应用程序进行删除、修改、增加的操作，后果严重的；故意制作、传播计算机病毒等破坏性程序，影响计算机系统正常运行的。

(3) 知识产权保护。知识产权是指人们就其智力劳动成果所依法享有的专有权利，通常是国家赋予创造者对其智力成果在一定时期内享有的专有权或独占权。知识产权从本质上说是一种无形财产权，它的客体是智力成果或者知识产品，是一种无形财产或者一种没有形体的精神财富，是创造性的智力劳动所创造的劳动成果。它与房屋、汽车等有形财产一样，都受国家法律的保护，都具有价值和使用价值。

以自己的名义展示别人的工作成果就构成剽窃。随着个人计算机和互联网的普及，剽窃变得轻而易举。然而，在任何时代、任何社会环境下，剽窃都是不道德的。计算机行业是一个以团队合作为基础的行业，从业者之间可以合作，他人的成果可以参考、公开利用，但是不能剽窃。

(4) 软件盗版。软件盗版问题是一个全球化的问题，几乎所有的计算机用户都在已知或不知的情况下使用着盗版软件。我国已于 1991 年宣布加入保护版权的伯尔尼国际公约，并于 1992 年修改了版权法，将软件盗版界定为非法行为。然而，在互联网资源极大丰富的今天，软件反盗版更多依靠的是计算机从业者和使用者的自律。

(5) 病毒扩散。病毒、蠕虫、木马，这些字眼已经成为计算机类新闻中的常客。如计算机病毒“熊猫烧香”就是一种蠕虫的变种,而且是经过多次变种而来的,能够终止大量的反病毒软件和防火墙软件进程。由于“熊猫烧香”可以盗取用户名与密码,因此带有明显的牟利目的,其制作者已被定为破坏计算机信息系统罪并被判处有期徒刑。计算机病毒和信息扩散对社会的潜在危害远远不止网络瘫痪、系统崩溃这么简单,如果一些关键性的系统(如医院、消防、飞机导航等)受到影响发生故障,其后果是直接威胁人们的生命安全。

(6) 黑客。黑客和某些病毒制造者的想法是类似的,他们或自娱自乐,或显示威力,或炫耀技术,以突破别人认为不可逾越的障碍为乐。黑客们通常认为只要没有破坏意图,不进行导致危害的操作,就不算违法。但是,对于复杂系统而言,系统设计者自己都不能轻易下结论说什么样的修改行为不会对系统功能产生影响,更何况没有参与过系统设计和开发工作的其他人员。无意的损坏同样会导致无法挽回的损失。

(7) 行业行为规范。随着整个社会对计算机技术的依赖性不断增加,由计算机系统故障和软件质量问题带来的损失和浪费非常惊人。如何提高和保证计算机系统及计算机软件的可靠性一直是科研工作者的研究课题,我们可以将其称为一种客观的手段或保障措施。而如何减少计算机从业者主观(如疏忽大意)导致的问题,则只能由从业者自我监督和约束。

15.1.2 计算机职业伦理规范

随着当代信息与网络技术的飞速发展,计算机伦理已引起全球性的关注。下面简要介绍美国计算机伦理学的理论研究与计算机职业伦理规范建设的情况,以便我们能借鉴其中的一些有益经验,结合我国的具体情况,构建具有中国特色的计算机伦理理论与实践规范体系。

1. 计算机伦理的研究与实践

美国计算机伦理研究比较注意面向实践,关注当代计算机信息和网络技术引起的各种现实道德问题。这些问题涉及计算机软件与硬件的设计、信息技术产品的销售、服务和应用、网络的设置与信息传播等广泛领域。

美国计算机伦理问题研究中比较集中研究的现实道德问题有:计算机信息技术(包括软件、硬件、网络、专家系统)的知识产权问题,计算机犯罪、“黑客”与网络安全问题,信息与网络时代的个人隐私权的保护问题,信息技术产品对消费者和社会的责任问题,信息网络技术应用者个人的自由权利与道德责任问题,为控制国际互联网“色情音像”“攻击言论”“虚拟伤害”而建立审查制度的问题,企业信息技术与反不正当竞争的问题等。

由于这些计算机伦理现实问题直接涉及社会方方面面的利益,美国计算机伦理的研究已引起全社会包括舆论传媒的关注。近年来,一些计算机伦理道德认识上的进展,直接促进了计算机行业道德新规范的出台,法律规范的修订,推动了计算机伦理实践活动的开展。

中国计算机学会是中国计算机及相关领域从业者的学术团体。为了确保计算机及相关领域的工作造福人类,保护公众利益,促进人类社会的可持续发展,该学会于2003

年 7 月制定《中国计算机学会职业伦理与行为守则》提出了一般伦理原则和职业伦理原则，以及行为规范，为计算机专业人员的具体行为提供了规范指引。

2. 美国计算机职业伦理规范

美国从 20 世纪 90 年代起全面制定了各种计算机伦理规范。1992 年 10 月，美国计算机协会（ACM）执行委员会为了规范人们的道德行为，指明道德是非，表决通过了经过修订的《美国计算机协会（ACM）伦理与职业行为规范》。

《美国计算机协会（ACM）伦理与职业行为规范》主要有 8 项准则，对个人在从事与计算机有关活动中应当承担的道德责任做了简洁的陈述，确定了承诺的各项内容。其目的是为专业人员的业务行为中做出合乎道德的选择提供一个准则，同时也可以为是否举报违反职业道德准则的行为提供一个判断的标准。

准则一，造福社会与人类。这是关系到所有人生活质量的原则，确认了保护人类基本权利及尊重一切文化多样性的义务。计算机专业人员的一个基本目标，是将计算机系统的负面影响，包括对健康及安全的威胁减至最小。在设计或完成系统时，计算机专业人员必须尽力确保他们的劳动成果将用于对社会负责的领域，以满足社会的需要，并且不会对健康与安全造成危害。除了社会环境的安全，人类福祉还包括自然环境的安全。因此，设计和开发系统的计算机专业人员必须对可能破坏环境的行为保持警惕，并引起他人的注意。

准则二，避免伤害他人。“伤害”的意思是引起有害或负面的后果，例如，人们不希望看到的信息丢失、财产损失、财产破坏或有害的环境影响。这一准则禁止以损害用户、普通公众、雇员和雇主的方式运用计算机技术。有害行为包括对文件和程序的有意破坏和修改，它会导致资源的严重损失或人力资源不必要的耗费。善意的行为，包括那些为完成既定任务的行为，也有可能造成意外的伤害。在这样的事件中，负责任的个人或集体有义务尽可能地消除或减轻负面后果。为避免造成无意过错，在设计和实现的过程中要对决策影响范围的潜在后果进行细心考虑。

为尽量避免对他人的非故意伤害，计算机专业人员必须尽可能在执行系统设计和检验公认标准时减少失误。另外，对系统的社会影响进行评估，常常需要揭示对他人造成严重伤害的可能性。如果计算机专业人员就系统特征对用户、合作者或上级主管做了歪曲，那他必须对任何伤害性后果承担个人责任。

在工作情境下，计算机专业人员对任何可能对个人或社会造成严重危害的系统危险征兆负有必不可少向上报告的责任。如果他的上级主管没有采取措施减轻这些危险，为了有助于解决问题或降低风险，也可以“越级报告”。然而，对于违规行为轻率或错误的报告本身可能是有害的。因此，在报告违规之前，必须对相关的各个方面进行全面评估，尤其是对风险及责任的估计应当可靠。建议在报告之前事先征询其他计算机专业人员的意见。

准则三，诚实可信。诚实是信任的一个重要组成部分，缺少信任的组织将无法有效运转。诚实的计算机专业人员不会在某个系统或系统设计上故意不诚实或弄虚作假，相反，他会彻底公开系统所有的局限性及存在的问题。计算机专业人员有义务对其个人资格,以及任何可能关系到自身利益的情况持诚实的态度。美国计算机协会的会员要努力避免人们对美国计算机协会本身、协会及下属单位的立场和政策产生误解。

准则四,公平而不歧视。公平而不歧视体现了平等、宽容、尊重他人以及公平、正义原则的价值。在一个公平的社会里,每个人都拥有平等的机会参与计算机资源的使用或从中获益,而无须考虑他们的种族、性别、宗教信仰、年龄、身体、民族等其他类似因素。

准则五,尊重包括著作权和专利权在内的各项产权。在大多数情况下,对著作权、专利权、商业秘密和许可证协议条款的侵犯是被法律禁止的。即使在软件得不到足够保护时,对其各项权利的侵犯仍然有违职业行为准则。对软件的复制只应在适当的授权下进行,绝不能纵容未经授权的复制行为。

准则六,尊重知识产权。计算机专业人员有义务保护知识产权的完整性。具体地说,即使在其(如著作权或专利权)未受明确保护的情况下,也不得将他人的意念或成果据为己有。

准则七,尊重他人的隐私。在人类文明史上,计算机及通信技术使得个人信息的搜集和交换具有了前所未有的规模,因而,侵犯个人及群体隐私的可能性也大大增加。专业人员有责任维护个人数据的隐私权及完整性。这包括采取预防措施确保数据的准确性,以及防止这些数据被非法访问或泄露给无关人员。此外,必须制定程序允许个人检查他们的记录和修正错误信息。

这一准则的含义是,系统只能搜集必要的个人信息,对这些信息的保存和使用周期必须有明确的规定并强制执行,为某个特殊用途搜集的个人信息,未经当事人的同意,不得用于其他目的。这些原则适用于电子通信(包括电子邮件),在没有用户或者拥有系统操作与维护方面合法授权人员同意的情况下,阻止窃取或监听用户电子数据(包括短信)的进程。系统正常运行和维护期的用户数据检测,除非有明显违反法律、组织规章或本《规范》的情况发生,必须在最严格的保密级别下进行。即使发生上述情况,相关信息的情况和内容也只允许透露给正当的权威机构。

准则八,保密。当一个人直接或间接地做出保密的承诺,当此人能够在履行职责以外获取私人的信息时,诚实原则同样适用于信息保密的问题。承诺为雇主、客户和用户保密的所有职责都是符合伦理要求的,除非法律或本《规范》的其他原则要求他们服从更高层次的职责。

3. 中国计算机学会职业伦理与行为守则

《中国计算机学会职业伦理与行为守则》简称《守则》,是中国计算机学会对会员职业行为的基本道德要求。《守则》以规范会员行为,促进会员在工作和志愿服务中保持道德和职业上的卓越水准,激励和引导计算机专业人员以负责任的态度行事,促进整个计算机行业的健康发展为目的。

《守则》规定的计算机专业人员一般伦理原则如下。

(1) 人类福祉。计算机专业人员在研究和实践中应该充分关注人类的福祉,认识到所有人都是计算机与信息技术活动的利益相关者,须承担服务公众利益的责任,利用自己的技能为社会造福。计算机专业人员应积极促进本地和全球环境的可持续发展。

(2) 诚实守信。计算机专业人员应当诚实地面对专业、行业和公众,应当坦率地回应专业问题,包括自身的能力、资质以及专业困难,不得虚假宣传、故意误导、隐瞒重要信息等,应该遵守合同、协议等相关规定,不得利用信息不对称等手段谋取私利。

(3) 公平公正。计算机专业人员应该努力为所有人提供公平参与的机会。应该尽可能设计具有包容性的技术和产品,并采取措施避免设计、创建可能剥夺人们权利或压迫人们的系统或技术。

(4) 避免伤害。计算机专业人员的一个基本目标是最大限度地减少计算机相关技术所带来的负面后果,包括对健康、安全和隐私的威胁。

(5) 尊重原则。计算机专业人员应当遵守国家的法律法规和相关的行业法规,不得从事非法活动,包括但不限于传播淫秽、色情、暴力等不良信息等。应该尊重他人的知识产权,尊重个人隐私。

《守则》规定的职业伦理原则如下。

(1) 追求卓越。计算机专业人员应努力追求卓越,保持职业的声誉和信誉,为社会和行业的发展做出贡献。努力维护最高的学术诚信和职业道德标准,帮助建立一个更美好、可持续的计算机行业和整个社会的未来。

(2) 保持专业。计算机专业人员需要持续学习和适应,以保持其专业性和竞争力。应该积极参与职业培训和学术交流,关注行业新闻和趋势,并加强技术研究和积累。应该不断提高自身的管理、沟通、协作等软技能,以更好地适应工作环境和需求。

(3) 同行评议。计算机专业人员应该主动接受同行评议和审核,从中获得反馈和建议,提高自己的工作质量和水平;应尊重同行评议和审核的过程,并遵守学术诚信和道德规范,维护学术和职业的公平和正义;应接受批评和建议,并在必要时进行修改和改进。

(4) 尽职尽责。计算机专业人员应该尽职尽责,全面了解所承担的工作,包括技术、行业、市场和社会等方面,以便更好地为客户或雇主提供服务。

(5) 维护专业形象。计算机专业人员应该努力维护计算机行业的形象和声誉,与公众分享技术知识,培养计算思维,增进公众对计算的理解,促进计算机技术的普及和推广。

15.2 职业理想与职业道德

职业理想的形成对以后职业道德的建立具有很大的影响。选择职业前,树立正确的职业理想,将会对正确地选择职业、建立高尚的职业道德起到不可估量的作用。

15.2.1 职业理想

职业理想是人们在职业上依据社会要求和个人条件,借想象而确立的奋斗目标,即个人渴望达到的职业境界。它是人们实现个人生活理想、道德理想和社会理想的手段,并受社会理想的制约。职业理想是人们对职业活动和职业成就的超前反映,与人的价值观、职业期待、职业目标密切相关,与世界观、人生观密切相关。

1. 职业理想的特点

职业理想具有差异性、发展性、时代性等特点。

(1) 差异性。职业是多样性的。一个人选择什么样的职业,与他的思想品德、知识结构、能力水平、兴趣爱好等都有很大的关系。政治思想觉悟、道德修养水准以及人生观决定着一个人的职业理想方向。知识结构、能力水平决定着一个人的职业理想追求的层次。个人的兴趣爱好、气质性格等非智力因素以及性别特征、身体状况等生理特征也影响着一个人的职业选择。因此,职业理想具有一定的个体差异性。

(2) 发展性。一个人的职业理想的内容会因时因地因事的不同而变化。随着年龄的增长、社会阅历的增强、知识水平的提高,职业理想会由朦胧变得清晰,由幻想变得理智,由波动变得稳定。因此,职业理想具有一定的发展性。孩提时代,想当一名警察,长大后却成了一名教师的事实就说明了这一点。

(3) 时代性。社会的分工、职业的变化,是影响一个人职业理想的决定因素。生产力发展的水平不同、职业理想社会实践的深度和广度不同,人们的职业追求目标也会不同,因为职业理想总是一定的生产方式及其所形成的职业地位、职业声望在一个人头脑中的反映。计算机的诞生演绎出与计算机相关的职业,如计算机工程师、软件工程师、计算机打字员等职业。国家向社会发布的新职业基本上都集中在现代服务业,主要是管理、策划创意、设计和制作。其特点是:不仅要求从业人员有较高的理论知识素养,而且要求从业人员有较强的动手能力,属于高技能人才中的知识技能型人才。

2. 实现职业理想的条件

实现职业理想从了解自己开始,并要了解职业、了解社会、树立正确的人生观和职业观。

(1) 了解自己。从自身出发,从自己的所受教育、自己的能力倾向、自己的个性特征、身体健康状况出发,准确定位,瞄准适合自己的岗位去不懈努力。

(2) 了解职业。每种职业都有与之相适应的职业能力要求。除了具备观察、思维、表达、操作、职业理想、公关等一般能力之外,一些特殊行业还有特殊要求,如计算能力、空间判断能力等。有选择地、有针对性地培养自己的能力,主动去适应并接受职业岗位的挑战是十分重要的。

(3) 了解社会。了解社会的需求是成功择业并就业的关键。了解社会主要是要了解社会需求量、竞争系数和职业发展趋势。社会需求量是指一定时期职业需求的总量。这是一个动态的又相对稳定的数量。竞争系数是指谋求同一种职业的劳动者人数的多少。在其他条件一定的情况下,竞争系数越大,职业概率越小。社会地位高、工作条件好、工资待遇优的职业,想要谋取的人数多,相应的竞争系数就大。职业发展趋势是指职业未来发展的态势。有些职业一时需求量大,竞争激烈,但随着社会的发展将日趋衰落;有些职业暂时处于冷落状况,但随着社会的发展会日益兴旺。因此,加强对社会职业需求的分析和预测,了解社会职业岗位需求情况极其重要。

(4) 树立正确的人生观。人生观是人们对于人生目的和人生意义的根本看法和根本态度。持不同人生观的人，其职业理想也一定不同。要根据时代的要求，根据社会发展的要求，坚持以辩证唯物主义和历史唯物主义的立场、观点和方法看待人生，不断加强学习，不断提高自己的思想素质、文化素质、能力素质，树立正确的价值观、苦乐观、幸福观、荣辱观。

(5) 树立正确的职业观。职业观是人们选择职业与从事职业所持的基本观点和基本态度，是理想在职业问题上的反映，是人生观的重要组成部分。职业观具有三个基本要素：维持生活、发展个性、承担社会义务。正确的职业观把三个基本要素统一起来，以承担社会义务作为主导方向。

15.2.2 职业道德

计算机职业道德是指在计算机行业及其应用领域所形成的社会意识形态和伦理关系下，调整人与人之间、人与知识产权之间、人与计算机之间，以及人和社会之间的关系的行为规范总和。

计算机的广泛应用一方面为社会带来了巨大的福祉，另一方面也带来了诸如计算机犯罪、危害信息安全、侵犯知识产权、计算机病毒、信息垃圾、信息污染、黑客攻击等一系列涉及道德、伦理方面的负效应。当前，计算机从业人员越来越多，工作性质的特殊性使他们比普通用户更为广泛、更为普遍地受到这些负效应的影响；此外，由于计算机从业人员拥有丰富的专业知识，如果不注意加强计算机职业道德修养的培养和提高，可能会引发更严重的社会问题。

1. 职业道德基础规范

计算机职业作为一种特定职业，有较强的专业性和特殊性，从事计算机职业的工作人员在职业道德方面有许多特殊的要求，但作为一名合格的职业计算机工作人员，首先要遵守一些最基本的通用职业道德规范，包括敬业、守信、公正、认真、合作。敬业，即用一种严肃的态度对待自己的工作，勤勤恳恳，兢兢业业，尽职尽责；守信，是指信守承诺；公正，即处理问题时，要站在公正的立场上，按照同一标准和同一原则办事；认真，是做好任何工作的根本，任何产品的开发都是一项系统工程，任何一个部分的缺陷都会引起整个系统的故障，甚至崩溃，在工作过程中要对自己负责的工作精益求精；计算机行业的一个重要特点是讲究团队合作，一方面要做好自己的工作而不能总是指望他人，另一方面又要在合作中主动去帮助他人。

2. 职业道德的核心原则

任何一个行业的职业道德都有其最基础、最具行业特点的核心原则，计算机行业也不例外。世界知名的计算机道德规范组织 IEEE-CS/ACM 软件工程师道德规范和职业实践(SEEPP)联合工作组曾就此专门制定过一个规范，根据此项规范，计算机从业人员职业道德的核心原则主要有以下两项。

(1) 以公众利益为最高目标。计算机专业人员应当对其工作承担完全的责任；用公益目标节制软件工程师、企业、客户和用户的利益；批准和推广软件工作以大众利益为前提,应在确信软件是安全的、符合规格说明的、经过合适测试的、不会降低生活品质、不会影响隐私权、不会对环境带来危害的条件下进行;当有理由相信有关的软件和文档,可能对用户、公众或环境造成任何实际或潜在的危害时,应向适当的人或主管部门揭露;通过合作全力解决由于软件及其安装、维护、支持或文档引起的社会严重关切的各种事件;在所有有关软件、文档、方法和工具的表述中,力求正确,避免欺骗;认真考虑诸如资源分配、经济缺陷和其他可能影响使用软件益处的各种因素;应致力于将自己的专业技能用于公益事业和公共教育的发展。

(2) 注意满足客户和企业的利益。在保持与公众利益一致的原则下,计算机专业人员应注意满足客户和企业的利益。在其胜任的领域提供服务,对其经验和教育方面的不足应持诚实和坦率的态度;不明知故犯使用非法或非合理渠道获得的软件;在客户或企业了解和同意的情况下,只在适当准许的范围内使用客户或企业的资产;保证他们遵循的规范文档按要求经过授权批准;只要工作中接触的机密文件不违背公众利益和法律,对这些文件所记载的信息必须严格保密;根据其判断,如果一个项目有可能失败,或费用过高,或违反知识产权法规,或存在问题,就应立即确认、记录、收集证据并报告客户或公司;当他们知道软件或文档有涉及社会关切的明显问题时,应确认、记录和报告给公司或客户;不接受不利于为他们企业工作的外部工作;不提倡与公司或客户的利益冲突,除非出于符合更高道德规范的考虑,在此情况下,应通报公司或涉及这一道德规范的当事人。

3. 职业道德的基本要求

法律是道德的底线。计算机从业人员职业道德的最基本的要求,就是遵守国家关于计算机管理的法律法规。我国的计算机信息法规制定较晚,但是各级具有立法权的政府机关制定了一批管理计算机行业的法律法规,如《全国人民代表大会常务委员会关于维护互联网安全的决定》《计算机软件保护条例》《互联网信息服务管理办法》《互联网电子公告服务管理办法》等。严格遵守这些法律法规是计算机专业人员职业道德的最基本要求。

除了以上基础要求外,作为一名计算机职业从业人员,还有一些其他的职业道德规范应当遵守。例如,按照有关法律、法规和有关企业内部规定建立计算机信息系统;以合法的用户身份进入计算机信息系统;在工作中尊重各类著作权人的合法权利;在收集、发布信息时尊重相关人员的名誉、隐私等合法权益。

4. 计算机专业技术人员的道德责任

计算机专业技术人员具有如下8项道德责任。

道德责任一,不论是专业工作的过程,还是其产品,都努力实现最高的品质、效能和尊严。追求卓越也许是专业人员最重要的职责。计算机专业人员必须努力追求品质,并认识到品质低劣的系统可能会导致严重的负面效果。

道德责任二,获得和保持专业能力。把获得与保持专业能力当作自身职责的人才可能优秀。一个专业人员必须制定适合自己各项能力的标准,然后努力达到这些标准。可以通过自学、出席研讨会、交流会、讲习班或加入专业组织等方法提升自己的专业知识和技能。

道德责任三,熟悉并遵守与业务有关的现有法规。美国计算机协会会员必须遵守现有的地方、国家及国际法规,除非有至上的道德依据允许他或她不这么做。还应当遵守所加入的组织的政策和规程,但除了服从之外,还应保留自我判断的能力,有时候,现有的法规和章程可能是不道德或不合适的,因此必须给予质疑。

当法律或规章缺乏坚实的道德基础,或者与另一条更重要的法律相冲突时,违背现有的法规有可能是合乎道德的。如果一个人因为某条法律或规章看上去不道德,或因为任何其他原因而决定违反它时,这个人必须对其行为及其后果承担一切责任。

道德责任四,接受和提供适当的专业评价。高质量的专业工作,尤其在计算机专业领域内,不可缺少专业的评价和批评。只要时机合适,各个会员就应当寻求和利用同事的评价,同时对他人的工作提供自己的评价。

道德责任五,对计算机系统及它们的效果做出全面而彻底的评估,包括分析可能存在的风险。在评价、推荐和发布系统及其他产品时,计算机专业人员必须尽可能给予生动、全面、客观的介绍。计算机专业人员处于受到人们特殊信赖的位置,因而也就承担着特殊的责任来向单位、客户、用户及公众提供客观、可靠的评估。专业人员在评估时还必须排除自身利益的影响。正如避免伤害准则所要求的,系统任何危险的征兆都必须通报给有机会或者有责任去解决相关问题的人。

道德责任六,遵守合同、协议和分派的任务。遵守诺言是正直和诚实的表现。对于一个计算机专业人员,还应确保系统各部分正常运行。同样,当一个人和别的团队一起承担项目时,此人有责任向该团队通报工作的进程。

如果一个计算机专业人员感到无法按计划完成分派的任务时,他或她有责任要求变动。在接受工作任务前,必须经过认真的考虑,全面衡量对雇主或客户的风险和利害关系。这里依据的主要原则是:一个人有义务对专业工作承担个人责任,但在某些情况下,可能要优先考虑其他的伦理原则。

一个具体任务不应该完成的判断可能不被接受。尽管有明确的考虑和理由支持专业人员不应该完成一个具体的任务,但在工作任务还没有变动时,合同和法律仍然要求他或她按指令继续完成自己分派到的任务。当然,是否继续完成自己的工作,最终取决于计算机专业人员个人的道德判断。不管做出怎样的决定,他或她都必须承担其后果。无论如何,"违心"执行任务并不意味着专业人员可以不对其行为的负面效果承担道德责任。

道德责任七,促进公众对计算机技术及其影响的了解。计算机专业人员有责任与公众分享专业知识,促进公众了解计算机技术,包括计算机系统及其局限和影响。在此隐含一条道德义务,即计算机专业人员有责任驳斥一切有关计算机技术的错误观点。

道德责任八,只在授权状态下使用计算机及通信资源。窃取或者破坏有形及无形的电子财产是"避免伤害他人"准则所禁止的。而对某个计算机或通信系统的入侵和非法使用,则为本《守则》所反对。"入侵"包括在没有明确授权的情况下,访问通信网络及计算机系统或系统内的账号或文件。只要没有违背歧视原则,个人和组织有权限制对他们系统的访问。未经许可,任何人不得进入或使用他人的计算机系统、软件或数据文件。

在使用系统资源,包括通信端口、文件系统空间、其他的系统装置及计算机时间之前,必须经过适当的批准。

5. 计算机组织者的道德准则

计算机组织者须遵循如下6项基本道德准则。

准则一,重视组织单位成员的社会责任,促进成员全面承担这些责任。任何类型的组织都具有公众影响力,因此它们必须承担社会责任。如果组织的章程和立场倾向于社会的福祉,就能够减少对社会成员的伤害,进而服务于公共利益,履行社会责任。因此,除完成质量指标外,组织领导者还必须鼓励全面参与履行社会责任。

准则二,组织人力和物力,设计并建立提高劳动生活质量的信息系统。组织领导者有责任确保计算机系统逐步升级,而不是降低劳动生活质量。实现一个计算机系统时,组织必须考虑所有员工的个人及职业上的发展、人身安全和个人尊严。在系统设计过程和工作场所中,应当考虑运用适当的人机工程学标准。

准则三,肯定并支持对一个组织所拥有计算机和通信资源的正当及合法使用。因为计算机系统既可以成为损害组织的工具,也可以成为帮助组织的工具。组织领导必须清楚地定义什么是对组织所拥有计算机资源的正当使用,什么是不正当的使用。虽然这些规则的数目和涉及的范围应当尽可能小一些,但一经制定,它们就应该得到彻底的贯彻实施。

准则四,在评估和确定人们的需求过程中,要确保用户及受系统影响的人已经明确表达了他们的要求,同时还必须确保系统将来能满足这些需求。系统的当前用户、潜在用户以及其他可能受这个系统影响的人,他们的要求必须得到评估并列入需求报告。系统认证应确保已经照顾到了这些需求。

准则五,提供并支持保护用户及其他受系统影响人尊严的政策。设计或实现有意无意地贬低某些个人或团体的系统,在伦理上是不能被接受的。处于决策地位的计算机专业人员应确保所设计和实现的系统是保护个人隐私和重视个人尊严的。

准则六,组织成员学习计算机系统的原理和局限创造条件。受教育的机会是促使所有组织成员全身心投入的一个重要因素。必须让所有成员有机会提高计算机方面的知识和技能,包括提供能让他们熟悉特殊类型系统的效果和局限的课程。特别是,必须让专业人员了解围绕着过于简单的模型,沉溺于任何现实操作条件下都不大可能实现的构想和设计,以及与这个行业复杂性有关的问题,构建系统所要面对的危害。

15.3 信息产业的法律法规

以法律法规调整和规范社会行为是现代文明社会的重要特征。随着依法治国方略的确定,我国社会主义法制建设的步伐明显加快,法律体系逐步健全。由于信息产业的特殊性,不仅要掌握法律基础知识,也要了解与信息产业相关的法律法规。学习法律知识既是时代的要求,也是自身健康成长、成才和全面发展所必需的。

15.3.1 网络信息安全法律体系

网络是继报纸、广播、电视之后出现的第四大传媒。随着互联网的迅猛发展，计算机网络信息安全问题也日益突出，尤其是网络犯罪、网络病毒、黑客入侵等安全问题亟待解决。国家针对网络信息安全已经陆续制定了一系列法律法规。

1. 我国网络信息安全法律体系

有互联网以来，我国对网络信息安全的立法工作就一直没有中断过。1994年2月18日，国务院发布了《中华人民共和国计算机信息安全保护条例》，这是我国第一部有关网络信息安全管理的法律法规，意味着我国的网络信息安全进入了有法可依的阶段。随后，国家和地方政府以及行业主管部门相继颁布实施了一系列网络信息安全方面的法律法规、规章及公约，初步形成了具有中国特色的多层面的网络信息安全法律体系。

(1) 网络信息安全法律。网络信息安全法律是指由全国人民代表大会常务委员会制定的涉及网络以及网络信息安全的法律，如《中华人民共和国个人信息保护法》(2021年8月)、《中华人民共和国数据安全法》(2021年6月)、《中华人民共和国密码法》(2019年10月)、《中华人民共和国网络安全法》(2016年11月)、《中华人民共和国电子商务法》(2018年9月)、《中华人民共和国电子签名法》(2004年8月)等。

(2) 网络信息安全行政法规。网络信息安全行政法规是指由国务院及国务院规定的较大城市以上的地方人大及其常委会制定的法规，如《关键信息基础设施安全保护条例》(2021年8月)、《信息网络传播权保护条例》(2013年2月)、《互联网上网服务营业场所管理条例》(2016年7月)、《计算机软件保护条例》(2013年2月)等，以及众多的地方性法规。

(3) 网络信息安全部门规章。网络信息安全行政部门规章是有关网络及其网络行为的现行的行政部门规章，涉及国家多个部委，在网络法律体系中占到一半以上，如《个人信息出境标准合同办法》《互联网信息服务深度合成管理规定》《互联网用户账号信息管理规定》《互联网信息服务算法推荐管理规定》《网络安全审查办法》《网络信息内容生态治理规定》《区块链信息服务管理规定》《电信和互联网用户个人信息保护规定》等。

(4) 网络信息安全司法解释。网络信息安全司法解释是指由最高人民法院、最高人民检察院就有关法条以及法律执行过程中出现的问题进行的规范性的专门解释。虽然它在网络法律体系中仅占百分之几，但它在规范网络及其网络行为上的作用不容低估，如《最高人民法院最高人民检察院关于办理非法利用信息网络、帮助信息网络犯罪活动等刑事案件适用法律若干问题的解释》《最高人民法院关于审理利用信息网络侵害人身权益民事纠纷案件适用法律若干问题的规定》《最高人民法院、最高人民检察院关于办理利用信息网络实施诽谤等刑事案件适用法律若干问题的解释》等。毫无疑问，这些司法解释对于完善我国网络及其网络行为的法律法规是重要的补充，理所当然地成为我国网络法律体系的重要组成部分。

(5) 网络信息安全规范性文件。网络信息安全规范性文件在规范行业内部行为、操守行业自律上有一定的促进作用，如《互联网跟帖评论服务管理规定》《互联网用户公众账号信息服务管理规定》《互联网新闻信息服务新技术新应用安全评估管理规定》等。

众多法律法规的制定和适用,对我国网络事业的发展和互联网的正常运行起到了强有力的规范作用,对我国网络信息安全也有较大的促进作用。

2. 网络信息安全法律体系的特点

我国网络信息安全法律体系的特点包括如下几方面。

(1) 多部门协同治理。网络安全法律体系由公安、工信、网信等多个部门协同治理,形成了全面、多层次的网络安全保障体系。

(2) 坚持网络主权和国家安全。网络安全法律体系坚持网络主权和国家安全,保障国家信息基础设施和网络空间的安全。

(3) 依法治理。网络安全法律体系依法治理,强化对网络违法犯罪行为的打击和惩治。

(4) 普及网络安全意识。网络安全法律体系注重普及网络安全意识,促进网络安全技术研究和人才培养。

(5) 加强国际合作。网络安全法律体系加强国际合作,与各国开展对话、协商、合作,共同维护网络空间的和平与稳定。

15.3.2 网络信息安全法律

我国网络安全与信息化法律有《中华人民共和国网络安全法》(2016年)、《中华人民共和国个人信息保护法》(2021年)、《中华人民共和国电子商务法》(2018年)、《中华人民共和国数据安全法》(2021)、《中华人民共和国密码法》(2019年10月)、《中华人民共和国电子签名法》(2004年)等。

1. 网络安全法

《中华人民共和国网络安全法》是为保障网络安全,维护网络空间主权和国家安全、社会公共利益,保护公民、法人和其他组织的合法权益,促进经济社会信息化健康发展而制定的法律,包括总则、网络安全支持与促进、网络运营安全、网络信息安全、监测预警与应急处置、法律责任、附则等。

网络安全法的制定,明确了部门、企业、社会组织和个人的权利、义务和责任;规定了国家网络安全工作的基本原则、主要任务和重大指导思想、理念;将成熟的政策规定和措施上升为法律,为政府部门的工作提供了法律依据,体现了依法行政、依法治国要求;建立了国家网络安全的一系列基本制度,这些基本制度具有全局性、基础性特点,是推动工作、夯实能力、防范重大风险所必需。

网络安全法的基本原则包括网络空间主权原则,网络安全与信息化发展并重原则,以及共同治理原则。明确规定要维护我国网络空间主权;遵循积极利用、科学发展、依法管理、确保安全的方针,既要推进网络基础设施建设,鼓励网络技术创新和应用,又要建立健全网络安全保障体系,提高网络安全保护能力,做到“双轮驱动、两翼齐飞”;采取措施鼓励全社会共同参与,政府部门、网络建设者、网络运营者、网络服务提供者、网络行业相关组织、高等院校、社会公众等都应根据各自的角色参与到网络安全治理工作中来。

网络安全法规定，国家实行网络安全等级保护制度。网络运营者应当保障网络免受干扰、破坏或者未经授权的访问，防止网络数据泄露或者被窃取、篡改。为此需要制定内部安全管理制度和操作规程；采取相关技术措施来防范计算机病毒和网络攻击、网络侵入等危害网络安全行为；采取技术措施来监测、记录网络运行状态、网络安全事件，并留存相关的网络日志，时间不能少于6个月；采取措施来进行数据分类、重要数据备份和加密等。

网络安全法具有如下特点。

(1) 机密性。机密性指信息不泄露给非授权的个人、实体和过程，或供其使用的特性。在网络系统的各层次上都有不同的机密性及相应的防范措施。

(2) 完整性。完整性指信息未经授权不能被修改、不被破坏、不被插入、不延迟、不乱序和不丢失的特性。

(3) 可用性。可用性指合法用户访问并能按要求顺序使用信息的特性，即保证合法用户在需要时可以访问到信息及相关资料。

2. 个人信息保护法

个人信息是以电子或者其他方式记录的与已识别或者可识别的自然人有关的各种信息，不包括匿名化处理后的信息。其中，“匿名化”是指个人信息经过处理无法识别特定自然人且不能复原的过程。

个人信息保护法的实质功能是一部个人信息处理活动行为规范法，个人信息保护的真正立法目的有两个：一个是“保护个人信息权益”，另一个是“促进个人信息合理利用”。

个人信息处理遵循5项重要原则：遵循合法、正当、必要和诚信原则；采取对个人权益影响最小的方式，限于实现处理目的的最小范围原则；处理个人信息应当遵循公开、透明原则；处理个人信息应当保证个人信息质量原则；采取必要措施确保个人信息安全原则等。

个人在个人信息处理活动中具有的权利如下。知情同意权，收集和使用公民个人信息必须遵循合法、正当、必要原则，且目的必须明确并经用户的知情同意。决定权，有权限制、拒绝或撤回他人对其个人信息的处理；查阅复制权，个人有权向个人信息处理者查阅、复制其个人信息。个人信息转移权，个人请求将个人信息转移至其指定的个人信息处理者，符合国家网信部门规定条件的，个人信息处理者应当提供转移的途径。更正补充权，个人发现其个人信息不准确或者不完整的，有权请求个人信息处理者更正、补充。删除权，在5种情形下，个人信息处理者应当主动删除个人信息，个人信息处理者未删除的，个人有权请求删除。这5种情况是：处理目的已实现、无法实现或者为实现处理目的不再必要；个人信息处理者停止提供产品或者服务，或者保存期限已届满；个人撤回同意；个人信息处理者违反法律、行政法规或者违反约定处理个人信息；法律、行政法规规定的其他情形。规则解释权，个人有权要求个人信息处理者对其个人信息处理规则进行解释说明。

3. 电子商务法

我国《电子商务法》是为了保障电子商务各方主体的合法权益、规范电子商务行为、维护市场秩序、促进电子商务持续健康发展而制定的法律。

(1) 促进发展。促进发展是指国家依法促进电子商务持续健康高质量地发展。新发展理念要求电子商务的发展是持续健康的,是以人民为中心的发展,发展的最终目的是使人民充分享受互联网和电子商务带来的便利和利益。

(2) 规范秩序。规范秩序是指国家依法规范电子商务的行为,维护电子商务市场秩序。规范电子商务行为、调整社会关系是电子商务立法的逻辑起点。

(3) 权益保障。权益保障是指国家依法保障电子商务主体的合法权益。电子商务法保障的是所有参与电子商务活动的各方主体的合法权益,既包括消费者,也包括电子商务经营者和第三方电子商务平台经营者。

电子商务法立法的基本原则主要体现在以下几方面。

(1) 鼓励创新原则。电子商务立法把促进电子商务持续健康发展放在首位,鼓励发展电子商务新业态、新模式、新技术,为创新发展留有空间。由于电子商务发展迅猛,变化极快,立法不宜对电子商务具体业态和模式做具体规定。

(2) 公平诚信原则。从事电子商务活动,应当遵循自愿平等公平诚信原则,遵守法律和商业道德,建立完善电子商务信用体系。

(3) 规范监管原则。根据电子商务发展的特点,完善和创新电子商务监管。规范监管的要义在于依法、合理、适度、有效。其度的把握尤其重要,既非任意的强化监管,又非无原则的放松监管,而是宽严适度、合理有效。

(4) 社会共治原则。运用互联网思维,采取互联网办法,鼓励支持电子商务各方主体共同参与电子商务市场治理,建立符合电子商务发展特点的协同管理体系,推动形成有关部门、电子商务行业组织、电子商务经营者、消费者等共同参与的市场治理体系。

(5) 线上线下一致原则。平等对待线上线下商务活动,促进线上线下融合发展。从电子商务法调整对象看,电子商务法律所调整的是通过互联网等信息网络销售商品或者提供服务的经营活动。这种活动,既有线上的经营活动,也有线下的经营活动。因此,二者必须保持一致。

(6) 数据信息开发利用和保护均衡原则。维护电子商务交易安全,依法保护电子商务用户数据信息,鼓励电子商务数据信息交换共享,保障电子商务数据信息依法有序自由流动和合理利用。

4. 数据安全法

数字化改革推动我国生产模式的变革,随着经济数字化、政府数字化、企业数字化的建设,数据已经成为我国政府和企业最核心的资产。对数据掌控、利用以及保护的能力,已成为衡量国家之间竞争力的核心要素。

从2015年国务院发布《促进大数据发展行动纲要》开始,2018年国务院发布《科学数据管理办法》,2020年国务院发布《关于构建更加完善的要素市场化配置体制机制的意见》,2021 年 3 月新华社公布了《中华人民共和国国民经济和社会发展第十四个五年规划和 2035 年远景目标纲要》,数据安全政策导向明确,国家数据战略清晰。2021 年 6 月 10 日,第十三届全国人大常委会第二十九次会议通过的数据安全法,是数据领域的基础性法律,也是国家安全领域的一部重要法律。

数据安全法对数据处理和数据安全给出了明确定义,维护了数据安全的原则,包括从中央到地方再到各行业的数据安全责任划分,检测评估与认证服务工作开展的范围及支撑力度,全民开展数据安全保护义务描述,以及数据安全法律责任的明确。

国家建立数据分类分级保护制度,对数据实行分类分级保护,并确定重要数据目录,加强对重要数据的保护。对行业组织提出了制定安全行为规范、加强行业自律、指导会员加强数据安全保护的要求。这项法规有效地消灭了灰色地带,对各行业都形成了法律约束,有效杜绝了数据的随意共享和流转。

5. 密码法

密码法是为了规范密码应用和管理,促进密码事业发展,保障网络与信息安全,维护国家安全和社会公共利益,保护公民、法人和其他组织的合法权益而制定的法律。密码是指采用特定变换的方法对信息等进行加密保护、安全认证的技术、产品和服务。密码工作坚持总体国家安全观,遵循统一领导、分级负责,创新发展、服务大局,依法管理、保障安全的原则。

国家加强核心密码、普通密码的科学规划、管理和使用,加强制度建设,完善管理措施,增强密码安全保障能力。鼓励商用密码技术的研究开发、学术交流、成果转化和推广应用,健全统一、开放、竞争、有序的商用密码市场体系,鼓励和促进商用密码产业发展。

6. 电子签名法

随着电子商务和电子政务的迅猛发展,电子签名的应用范围愈加广泛。为了规范电子签名行为,确立电子签名的法律效力,维护有关各方的合法权益,电子签名法应运而生。可靠的电子签名与手写签名或者盖章具有同等的法律效力。

法律所称电子签名,是指数据电文中以电子形式所含、所附用于识别签名人身份并表明签名人认可其中内容的数据。数据电文是指以电子、光学、磁或者类似手段生成、发送、接收或者存储的信息。

电子签名需要第三方认证,由依法设立的电子认证服务提供者提供认证服务。

15.3.3 计算机软件著作权保护

计算机软件著作权保护的法律依据是《计算机软件著作权保护条例》。《计算机软件著作权保护条例》是根据《中华人民共和国著作权法》制定的,其目的是保护计算机软件著作权人的权益,调整计算机软件在开发、传播和使用中发生的利益关系,鼓励计算机软件的开发与应用,促进软件产业和国民经济信息化的发展。

1. 软件著作权保护的概念

《计算机软件著作权保护条例》中,计算机软件(简称软件)是指计算机程序及其有关文档。计算机程序是指为了得到某种结果而可以由计算机等具有信息处理能力的装置执行的代码化指令序列,或者可以被自动转换成代码化指令序列的符号化指令序列或者符号化语句序列。同一计算机程序的源程序和目标程序为同一作品。文档是指用来描述程序的内容、组成、设计、功能规格、开发情况、测试结果及使用方法的文字资料和图表等,如程序设计说明书、流程图、用户手册等。

《计算机软件著作权保护条例》涉及的主要有软件开发者和软件著作权人。软件开发者是指实际组织开发、直接进行开发,并对开发完成的软件承担责任的法人或者其他组织;或者依靠自己具有的条件独立完成软件开发,并对软件承担责任的自然人。软件著作权人是指依照条例的规定,对软件享有著作权的自然人、法人或者其他组织。受条例保护的软件必须由开发者独立开发,并已固定在某种有形物体上。

根据条例,软件著作权人享有表15-1的各项权利。

表 15-1 软件著作权人享有的权利

序号	权　利	释　义
1	发表权	决定软件是否公之于众的权利
2	署名权	表明开发者身份,在软件上署名的权利
3	修改权	对软件进行增补、删节,或者改变指令、语句顺序的权利
4	复制权	将软件制作一份或者多份的权利
5	发行权	以出售或者赠予方式向公众提供软件的原件或者复制件的权利
6	出租权	有偿许可他人临时使用软件的权利,但是软件不是出租的主要标的的除外
7	信息网络传播权	以有线或者无线方式向公众提供软件,使公众可以在其个人选定的时间和地点获得软件的权利
8	翻译权	将原软件从一种自然语言文字转换成另一种自然语言文字的权利
9	其他权利	应当由软件著作权人享有的其他权利

2. 软件著作权保护的内容

软件著作权保护主要有如下内容。

(1) 对软件著作权主体进行保护。软件著作权人是受法律保护的软件著作权主体,软件著作权人主要包括享有软件著作权的公民、法人或者其他组织。一般来说,软件著作权属于软件开发者,其他情况著作权的归属都需通过正式签订的书面合同约定来确定。

(2) 对软件著作权的客体进行保护。软件著作权的客体包括计算机程序及其有关文档,都会依法受到保护。

(3) 对软件著作权人享有的权利进行保护。软件著作权人享有的发表权、署名权、修改权、复制权、发行权、出租权、信息网络传播权、翻译权都会得到保护。软件著作权人可以许可他人行使其软件著作权,并有权获得报酬。软件著作权人也可转让全部或部分著作权,并有权获得报酬。

(4) 对软件的合法复制品所有人的权利给予保护。软件的合法复制品所有人是指通过合法途径取得合法的软件复制品的人。简单来说,就是通过正规渠道得到正版软件者。他们依法享有使用处置权、为防止损坏的复制权、必要的修改权。不可提供他人第三方使用。

(5) 对软件著作权专有许可合同使用者和受让者给予保护。软件著作权可以全部或者部分转让,也可以就某些权利进行专有许可使用,经转让或专有许可而获得软件著作权者依法受到保护。

3. 侵犯软件著作权的行为及其法律责任

除法律法规另有规定外,有下列侵权行为的,应当根据情况,承担停止侵害、消除影响、赔礼道歉、赔偿损失等民事责任:未经软件著作权人许可,发表或者登记其软件的;将他人软件作为自己的软件发表或者登记的;未经合作者许可,将与他人合作开发的软件作为自己单独完成的软件发表或者登记的;在他人软件上署名或者更改他人软件上的署名的;未经软件著作权人许可,修改、翻译其软件的;其他侵犯软件著作权的行为。

除法律法规另有规定外,未经软件著作权人许可,有下列侵权行为的,应当根据情况,承担停止侵害、消除影响、赔礼道歉、赔偿损失等民事责任;同时损害社会公共利益的,由著作权行政管理部门责令停止侵权行为,没收违法所得,没收、销毁侵权复制品,可以并处罚款;情节严重的,著作权行政管理部门可以没收主要用于制作侵权复制品的材料、工具、设备等;触犯刑律的,依照刑法关于侵犯著作权罪、销售侵权复制品罪的规定,依法追究刑事责任:复制或者部分复制著作权人的软件的;向公众发行、出租、通过信息网络传播著作权人的软件的;故意避开或者破坏著作权人为保护其软件著作权而采取的技术措施的;故意删除或者改变软件权利管理电子信息的;转让或者许可他人行使著作权人的软件著作权的。

15.4 思考与实践

学习提高

15.4.1 问题思考

1. 什么是计算机伦理?其主要内容是什么?
2. 构建计算机伦理的基本原则是什么?
3. 职业理想与职业道德有什么联系?
4. 计算机职业道德的基本要求是什么?
5. 我国网络信息安全法律主要有哪些?
6. 与计算机软件著作权保护有关的法规体系主要包括哪些文件?

15.4.2 课外讨论

1. 分析计算机伦理的重要性。

2. 列出《中国计算机学会职业伦理与行为守则》提出的一般伦理原则和职业伦理原则。

3. 合格的软件工程师需要具备哪些基本素质？最重要的是什么？

4. 分析软件著作权保护的主体与客体。

5. 如何理解信息技术的发展与成功并非完全取决于技术？

6. 从计算机伦理的角度，针对计算机犯罪、软件盗版、黑客、病毒和对隐私权的侵犯等信息社会现象，谈谈你的看法。

15.4.3 实践活动

通过查询资料和企业调查，了解软件著作权保护的实施状况。

在线作业

第16章 chapter 16

产业、职业与创业

信息技术的发展和应用孕育和催生了包括信息产业在内的许多新兴产业，它们已发展成世界范围内的朝阳产业和新的经济增长点。一个人的职业生涯是一个不断发展和成长的过程。在面对产业市场时，可以根据自己的兴趣、能力和目标，选择更具有挑战性和发展空间的职业与创业方式，实现自我价值和职业成长。

16.1 信息产业及其发展

信息产业作为战略性先导产业，具有科技创新含量高，知识、智力和技术密集，高投入、高风险和增长快、变动大的特点，对于国民经济的几乎所有部门都有高度的渗透性、带动性和增值性。信息产业已成为全球第一大产业。

16.1.1 信息产业

信息产业作为一个新兴的产业，其内涵和外延都随着产业的不断扩大和成熟而变化。信息产业通过它的活动使经济信息的传递更加及时、准确、全面，有利于各产业提高劳动生产率；信息产业加速了科学技术的传递速度，缩短了科学技术从创造到应用于生产领域的距离；信息产业的发展推动了技术密集型产业的发展，有利于国民经济结构上的调整。

1. 信息产业的概念

今天的信息产业的概念是在知识产业研究的基础上产生和发展起来的。最早提出与信息产业相类似概念的是美国经济学家、普林斯顿大学的弗里兹·马克卢普(F. Machlup)教授。他在1962年出版的《美国的知识生产和分配》一书中首次提出了完整的知识产业(Knowledge Industry)的概念，分析了知识生产和分配的经济特征及经济规律，阐明了知识产品对社会经济发展的重要作用。尽管马克卢普没有明确使用信息产业一词，并且在所界定的范围上与现行的信息产业有所出入，但不可否认它基本上反映了信息产业的主要特征。随后，1977年，美国斯坦福大学的经济学博士马克·波拉特(M. U. Porat)在马克卢普对信息产业研究的基础上出版了题为《信息经济：定义与测算》(*The*

Information Economy)的9卷本内部报告,把知识产业引申为信息产业,为信息产业结构方面的研究提供了一套可操作的方法。他把社会经济划分为农业、工业、服务业、信息业4大类。

根据研究的出发点不同,信息产业的划分主要存在两种观点,即狭义的信息产业和广义的信息产业。狭义信息产业的观点借鉴日本对信息产业结构的划分,认为信息产业是指从事信息技术研究、开发与应用,信息设备与器件的制造以及为经济发展和社会需求提供信息服务的综合性生产活动和基础结构,包括信息技术和设备制造业、信息服务业。广义信息产业的观点借鉴波拉特的观点,认为信息产业是指一切与信息生产、流通、利用有关的产业,包括信息服务和信息技术及科研、教育、出版、新闻、金融等部门。

对信息产业概念的理解虽然表达方式各有不同,但基本都以信息为产业活动的对象,并且都包含提供信息服务和信息产品的产业。细微的差别主要在于和传统的信息技术相关的产业是否应该包含在信息产业的定义中。

可以认为,信息产业是以网络技术和信息资源为基础,从事信息技术产品的生产以及信息的生产、加工、存储、流通与服务的产业群体。信息产业分为信息技术产业和信息服务业。信息技术产业是为信息服务业提供设备和技术的部门,在我国最能代表信息技术产业的是电子及通信设备制造业。信息服务业是从事信息资源开发和利用的重要产业部门,是从第三产业中分离出来的,是信息产业中的软产业部分。

2. 信息产业的特点

信息产业作为21世纪快速发展的战略性产业,具有许多与其他产业不同的特点,这些特点决定了信息产业具有的传统产业无法比拟的创新能力。

(1) 信息产业是一个以知识密集型为主的复合型的产业。信息产业的本质就是以收集、生产和经营信息为职能的产业,其特点是以脑力劳动为重点的大量知识、技术的开发,人才是信息技术企业最重要的资源。

(2) 信息产业是一个技术不断创新的产业。当前世界经济的增长与技术进步息息相关,据有关资料统计,发达国家70%~90%的经济增长是靠创新引发技术进步,进而促进经济增长,因而具有高度的创新性。信息产业市场变化快,技术更新快,竞争空前激烈,是一个颠覆性的行业,这已经成为不争的事实。以科技研发为先导、具有高创新性和高更新频率已经成为信息产业发展的重要特征。

(3) 信息产业具有较高的产业关联性。信息产业是一个综合性很强的产业,信息产品不仅同社会、经济、科技文化、教育、国防等各应用部门具有广泛的联系,而且涉及社会成员的工作、学习和生活。信息技术在制造业的运用可以提高劳动效率,提高产品质量,实现产品创新,即其他产业所生产的产品和提供的服务中包含着信息产业所创造的价值。信息产业与第三产业结合,产生了许多前所未有的经营模式,如电子货币、电子银行和虚拟商店等。信息产业的高速发展带动了其他行业的发展,成为推动国家经济发展的主导产业之一。

(4) 信息产业是一个高收益、高风险的产业。信息产业是集资本、技术、知识于一身的产业,随着资本的投入、技术的进步和知识的积累,信息产业的生产规模越来越大。产业规模的扩大不仅带来高产出，而且促使规模经济的形成，从而提高资源的利用率、提高劳动生产率、降低产品的生产成本，所以增值率就高。

信息产业的高收益性是建立在高风险性基础之上的。信息产业是高投入型产业，研究和开发信息产品需要巨额的资金，由于创造发明成功率的不确定性，巨额的投入有可能血本无归。信息产品的市场需求具有不确定性，信息产品是技术含量高的产品，生产这种产品的企业为了获得一定的利润，不得不制定较高的价格，无形中限制了产品的市场范围。产品的专用性也在一定程度上限制了产品的销量。

(5) 信息产业是一个人才流动大的产业。信息产业的频繁人才流动带有明显的行业发展特点。一方面，信息产业技术更新快，在这个行业就职的人才，其自身需要不断地充电，以补充新鲜技能和知识。所以，信息产业是年轻人的舞台，因为年轻人吸收新事物比较快，学习能力和适应性相对较强，特别是在信息技术行业国际化趋势推动下，没有很好的学习能力，就难以在此行业立足，年轻人恰好具备了这样的素质。另外，高薪的信息技术行业是众多年轻人的职业梦想，信息技术工程师在人们的眼里是一个光鲜的职业。另一方面，作为新兴发展行业，人才总量储备不足，人才数量总体上处在紧缺面，并且行业人才结构不合理，从而在根本上形成了不稳定的行业人才队伍。这也是信息产业人才流动长期处于高水平的主要原因。

16.1.2 我国信息产业的发展

随着信息化在全球的推进，信息产业已成为一个高速发展的新兴产业，在推动各国国民经济发展和社会进步中起着重要的作用，引起了世界各国的普遍关注。信息产业发达程度已成为一个国家信息经济发达程度、国际经济状况与竞争力强弱的综合反映。

1. 我国信息产业的发展现状

随着社会的发展和科技的进步，我国信息产业发展速度不断加快，得到了突破性的进展，比较优势和竞争能力发生了深刻变化。

(1) 增长势头强劲。我国信息产业持续保持了较高的增长势头。根据统计数据，行业增长率连续多年保持在两位数以上，对国内经济增长的贡献逐年增加。

(2) 产业结构不断优化。信息产业的产业结构不断优化，从过去的软件开发、系统集成等传统领域扩展到了包括云计算、大数据、人工智能、物联网等新兴领域。新技术和新业态的不断涌现推动了行业的创新和转型升级。

(3) 企业规模逐步扩大。信息产业中涌现出了一批具有国际竞争力的大型企业和领先企业。一些公司在国内外市场上取得了显著的成绩，并逐渐成为行业的领军企业。

(4) 技术创新持续推动发展。信息产业积极推动技术创新，加大研发投入，推动核心技术自主创新。在人工智能、云计算、大数据等领域取得了重要的研究成果，并在一些关键技术领域具备了自主掌握和应用能力。

(5) 对外开放合作不断深化。信息产业积极参与全球竞争和合作，企业与国际知名企业开展合作，加强技术交流与创新合作，推动了信息技术服务业的国际化发展。

(6) 政策支持力度加大。我国政府高度重视信息产业的发展，出台了一系列支持政策。政府鼓励企业加大技术研发投入,提升技术水平,支持企业拓展国内外市场,推动信息产业的创新和发展。

但也要看到,我国信息产业核心基础能力依然薄弱,核心芯片和基础软件对外依存度仍然很高,关键领域原始创新和协同创新能力急需提升。

2. 信息产业的发展形势

随着世界经济深刻调整和国内经济转型升级,我国信息产业的发展形势有了新的变化。

(1) 新一轮技术创新引领产业新变革。云计算、大数据、物联网、移动互联网、人工智能等新一代信息技术快速演进,硬件、软件、服务等核心技术体系加速重构,正在引发信息产业的新一轮变革。单点技术和单一产品的创新正加速向多技术融合互动的系统化、集成化创新转变,创新周期大幅缩短。信息技术与制造、材料、能源、生物等技术的交叉渗透日益深化,智能控制、智能材料、生物芯片等交叉融合创新方兴未艾,工业互联网、能源互联网等新业态加速突破,大规模个性化定制、网络化协同制造、共享经济等信息经济新模式快速涌现。互联网不断激发技术与商业模式创新的活力,开启以迭代创新、大众创新、微创新为突出特征的创新时代。

(2) 全球信息产业竞争加剧分工格局调整。发达国家依然占据信息产业价值制高点,在大力构建信息经济新优势的同时,积极以信息技术为手段推动再工业化进程,争取在未来全球高端产业发展主导权。跨国企业加快重组步伐,以期在工业互联网、人工智能、智能制造等领域形成新布局。一些信息产业新兴国家和地区积极参与全球产业再分工,承接资本及技术转移。我国已成为全球最大的信息产品消费市场和制造基地,在互联网、通信服务、设备与终端产品等领域形成了一批龙头企业,在全球产业分工体系中呈跃升态势,具备了跨越发展的条件。同时,也面临发达国家"高端回流"和发展中国家"中低端分流"的双向挤压,以及国内增长动力转换的严峻挑战,转型升级任务更加紧迫艰巨。

(3) 国家重大战略实施对信息产业发展提出新要求。从世界范围看,信息产业日益成为重塑经济发展模式的主导力量,创新融合、智能绿色、开放共享成为全球经济发展新特征。在我国,信息产业也日益成为实施创新驱动战略、推进供给侧结构性改革的关键力量。创新驱动、制造强国、网络强国、"互联网+"、军民融合等一系列国家重大战略的实施和居民消费升级,要求加快完善信息基础设施、强化信息核心技术能力、提升信息消费体验、加强信息安全保障、优化网络空间治理、繁荣信息产业生态,发挥更强有力的引领和支撑作用。

在新的形势下,我国信息产业必须把握产业发展新趋势、新热点,树立新思路,采取新举措,突破新技术,拓展新市场,提供新产品、新服务,加快产业发展方式转变,强化产业竞争力。

16.2 职业素养与职业规划

选择职业是全社会凡具有劳动能力的人都面临的最基本也是最重要的问题。认识自己的兴趣、气质、性格和能力，了解职业特点、职业环境、职业对人素质的要求，可有效地提高择业的针对性，减少盲目性。

16.2.1 职业素养

计算机学科的学习者首先要具备良好的思想道德素质，热爱祖国，具有科学的世界观、人生观和价值观；具有一定的文学和艺术修养；具有基本的人文社会科学知识和自然科学知识等。此外，学习者通过对专业知识的学习，获得相应的知识和技能，能够在计算机应用领域发挥专业特长，成为该领域的主要人力资源，并具有在该领域进一步做出创造性贡献的潜能。

计算机学科人才的基本素质特征是能将不同的技术集成到应用系统中，并使系统和所属组织机构的日常运作整合。为了能胜任这种综合性的任务，必须具备以下几个层面的能力和素养。

1. 基本能力

从事计算机领域工作需要的基本能力有：具有良好的信息素养，熟练运用计算机科学领域的核心技术和概念，能系统分析、确定和阐明用户的需求，能设计并实施高效、实用的信息技术解决方案，并善于将该解决方案和用户环境整合。

（1）具有良好的信息素养。信息素养是一种对信息社会的适应能力，包括信息意识、信息知识、信息能力与信息道德等。信息时代处处蕴藏着各种信息，能否很好地利用现有信息资料，是人们信息意识强不强的重要体现。身处信息时代，如果只是具有强烈的信息意识和丰富的信息知识，而不具备较高的信息能力，还是无法有效地利用各种信息工具去搜集、获取、传递、加工、处理有价值的信息，不能提高学习效率和质量，无法适应信息时代的要求。具有正确的信息伦理道德修养是非常重要的，其中包括对媒体信息进行判断和选择，自觉地选择对学习、生活有用的内容，自觉抵制不健康的内容，不利用计算机网络从事危害他人信息系统和网络安全、侵犯他人合法权益的活动等。

（2）熟练运用计算机科学领域的核心技术和概念。计算机科学的核心涉及信息技术基础、程序设计基础、计算机平台技术、系统管理和维护、网络应用及管理、Web技术、人机交互、集成编程技术、信息管理、信息安全、系统集成与体系结构、信息技术与社会环境等。对这些方面主要知识和技能的掌握是从事计算机领域工作的基础。

（3）能系统分析、确定和阐明用户的需求。作为用户和技术之间的桥梁，计算机科学专业人员首先要能帮助用户明确需求，将用户的需求用技术语言清晰地表达出来；要有良好的沟通和交流能力，熟谙科学、逻辑的思维方法，具有需求分析、抽象问题和建模的能力。由于计算机科学的专业人员所处的工作环境涉及面宽，所以还应具有迅速在适当的层面领会非本专业领域知识的能力。

(4) 能设计并实施高效、实用的信息技术解决方案。计算机科学专业人员必须具有系统架构设计能力、项目管理能力;与工程开发人员不同,信息技术专业人员需要特别关注解决方案和用户环境的关系,从用户的角度出发,进行方案的实施;要有良好的适应能力,适应用户的技术环境,不仅能紧跟技术发展,还能处理遗留的技术问题;能帮助建立有效的项目计划,能够利用成熟的信息技术和工具构建与管理满足需求的计算机应用系统,在各阶段都自觉地关注信息安全问题;具有创新精神、工程意识、管理和经济效益意识以及严谨务实的工作作风。

2. 专业综合素质

专业综合素质包括鉴别和评价流行的和新兴的技术,分析与判断技术对社会带来的影响,理解并运用成功的经验和标准,具有独立思考和解决问题的能力等。

(1) 鉴别和评价流行的和新兴的技术。计算机科学的发展是异常快速的,计算机专业人员要具有突出的信息获取能力,不但熟悉原有的技术,还要对新兴的技术做出快速的反应;不仅能够学习新技术,还需要能够应用基本原理和经验,针对用户需求和应用环境做出评估。

(2) 分析与判断技术对社会带来的影响。分析与判断技术对社会带来的影响,包括伦理、法律和政策等各方面问题。在信息社会中,计算机和社会环境的相互影响变得尤为显著和重要。计算机专业人员处于技术和社会关联的第一线,要对技术的社会影响有专业的判断力,同时要关心社会,对社会有高度的责任感,具有良好的职业操守。

(3) 理解并运用成功的经验和标准。任何科学领域内的标准和成功的经验都是前人劳动的结晶,学习标准和经验能够更快、更深地理解技术原理;反过来,对技术原理有深入理解,才能更好地理解标准和经验的内涵。并且,标准和经验对系统开发、运行和升级都有重要影响,因此计算机学科专业人才要能够充分借鉴标准和经验。

(4) 具有独立思考和解决问题的能力。具有独立思考和解决问题的能力是素质教育的共同要求,同时也是计算机学科的实践应用特性所必需的。计算机专业人员要能对实际问题形成自己的见解,并能实施解决,不仅掌握专业技术知识,同时要掌握专业原理,形成专业思想,适应环境的变化、技术的进步和新问题的出现。

3. 团队和社会交流能力

个人行动与团队合作相融合,进行有效的交流和沟通,具有终身学习的意识也是计算机领域工作人员所需具备的能力。

(1) 将个人行动与团队合作相融合。计算机应用的解决方案一般都由具有各种不同技术和知识背景的成员组成的团队开发,计算机专业人员需要能够在形形色色的团队中有效地工作,这就要求具有出众的团队协作能力,能够将个人行动与团队工作相融合,通过相互协作达到共同的目标。

(2) 进行有效的交流和沟通。能通过口头和书面的方式,运用恰当的专业词汇和客户、用户及同事进行有效的交流和沟通。为了具有出众的团队协作能力和人际交流能力，需要掌握各种有效的口头和书面表达技巧，以及倾听技巧。需要有在用户语言和技术语言之间相互转换的能力。要求能够正确评价不同组织机构的作用，了解它们的文化，能够尊重和欣赏别人的差异，对在处理问题中出现的各种不同观点、意见和建议能够倾听和正确评价。同时，为了适应国际化需要，还应具备良好的外语能力，能够进行国际交流。

（3）具有终身学习的意识。终身学习是时代的要求，更是计算机科学不断发展的要求。需要有终身学习的意识，同时掌握各种理论和实践的学习方法，具备良好的信息获取能力和自学能力。

16.2.2 计算机相关职业

随着现代经济的不断发展，新兴产业正在逐步形成，这就是“信息产业”或“知识产业”。信息产业的从业人员主要是脑力劳动者，运用的是不断更新的信息技术，输出的是智力资源，他们是知识经济的领跑者。

1. 计算机相关职业的特点

由于计算机相关职业体现了知识经济的特征，因此其具有不同于其他行业的职业特点。

（1）职业周期短。每个职业都有生命周期。随着技术的进步，那些原本“越老越吃香”的职业正在悄悄发生着变化，经验优势越来越不明显。取而代之的是，年轻人在新技术接受程度、知识更新程度等方面显得略胜一筹。

（2）专业分工细。科技发展使专业分工越来越细、越来越专，职业岗位对专业技术水平要求也越来越高。例如，云计算技术的出现引发出绿色计算革命，云计算平台可以依托绿色数据中心资源，面向各类用户提供方便、易用、节能、高效的信息技术基础设施服务及应用解决方案，其产品及服务涵盖云主机、云托管、云备份、云存储、云立方等。可以想象，其中涉及的专业技术包括数据通信、信息安全、数据库开发、数据挖掘、网络维护、系统建设、网站设计、软件开发等各方面，专业分工越来越细，可谓是“术业有专攻”。

（3）职业成为一种学习活动。知识经济时代，知识生产率已逐步替代劳动生产率，生产知识的经济与用知识生产的经济正在悄然改变着人们的就业方式。知识的时效性在快速缩短。摩尔定律告诉我们，芯片上可容纳的晶体管数目约每隔 18 个月增加一倍，性能也将提升一倍。可见，短短几十年，信息技术发展迅速，新技术、新产品层出不穷。对每个人来说，最直观的感受就是手中的手机和计算机，很短的时间就会更新换代。因此，信息领域的知识必然会以很快的速度发展，“活到老，学到老”是对这个行业知识学习的一个形象描述。

（4）职场环境无边界。信息技术的高速发展，特别是互联网的应用，使得人们的工作方式也发生了极大的变化。不同的时代劳动方式不同，狩猎是原始社会的劳动方式，农业时代的劳动方式以自由个体为主，是以家庭为单位的田园经济；工业社会的劳动方式以生产线为特征，工人的劳动时间和劳动效率在很大程度上受机器的支配；信息时代由于信息技术的发展和互联网的广泛使用，人们已经可以在不同的地点进行协作生产，地球变小,距离变短,甚至在家中也可以参与集体的项目。美国的软件可以拿到印度进行外包,异地的工程项目可以借助视频系统进行指导,世界同步、异地合作、远程管理已经是现代信息技术企业最常见的工作方式。

(5) 职业素质要求高。越是能够体现知识经济特点的工作方式,对企业的员工素质要求越高。这些素质要求不仅包括需要具备更高的责任心、守时观念、团队合作、协调能力等人们所熟知的职业素质,同时还需要借助一些专用的技术标准和质量保证体系完成。团队是由员工和管理层组成的一个共同体,它合理利用每个成员的知识和技能协同工作,解决问题,达到共同的目标。

2. 计算机职业素质模型

职业素质是劳动者对社会职业了解与适应能力的一种综合体现,其主要表现在职业兴趣、职业能力、职业个性及职业情况等方面。影响和制约职业素质的因素很多,主要包括受教育程度、实践经验、社会环境、工作经历以及自身的一些基本情况(如身体状况等)。一般来说,劳动者能否顺利就业并取得成就,很大程度上取决于本人的职业素质。职业素质越高的人,获得成功的机会就越多。

信息技术行业的从业人员可以按照岗位特征、职责和要求划分为 4 类,即管理类、销售类、技术支持类和研发类。信息技术职业素质包括信息技术行业职业核心素质和岗位核心素质两大部分(图 16-1)。

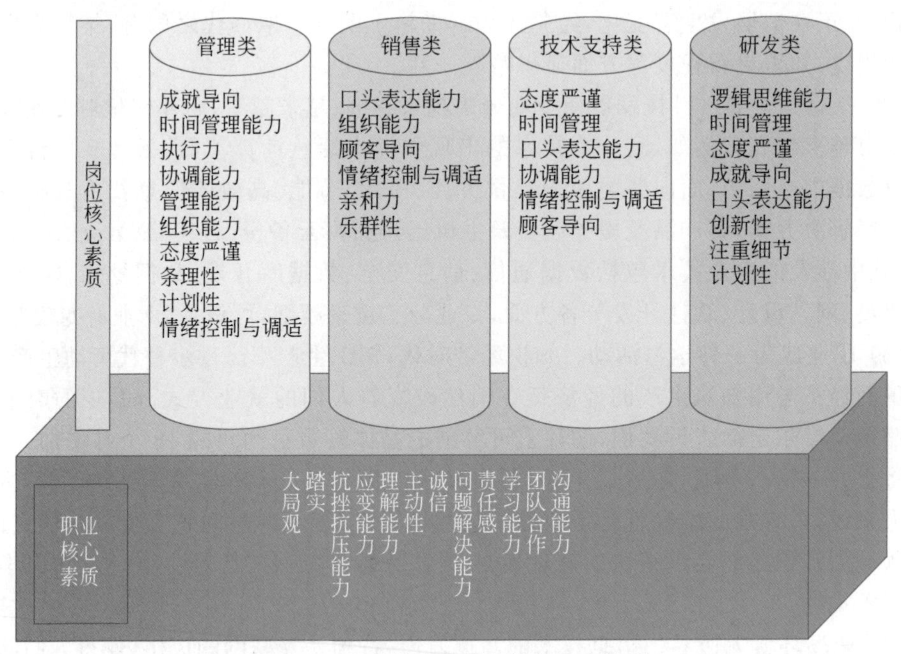

图 16-1 职业核心素质与岗位核心素质

有关资料显示,沟通能力、团队合作、学习能力、责任感、问题解决能力、诚信、主动性、理解能力、应变能力、抗挫抗压能力、踏实、大局观 12 种素质是 4 类岗位人员都应该具备的,但又各有侧重。例如,管理人员侧重于沟通能力、责任感、学习能力和团队合作;

销售人员侧重于沟通能力、问题解决能力、主动性和诚信；技术支持人员侧重于学习能力、责任感、团队合作和沟通能力；研发类人员侧重于团队合作、学习能力、责任感和问题解决能力。

除了最基本的职业核心素质外，4类岗位又分别有各自的岗位核心素质。例如，管理类人员的"成就导向""时间管理能力"和"执行力"；技术类人员的"态度严谨""时间管理"和"口头表达能力"；销售类人员的"口头表达""组织能力"和"顾客导向"；研发类人员的"逻辑思维能力""时间管理"和"态度严谨"等，相对于其他岗位有更高要求。

3. 计算机职业需求分析

计算机专业应用性广、交叉面多、渗透社会的各行各业，这也就决定了计算机专业的就业范围非常广泛，包括硬件类、软件类、网络类、通信类和信息安全类。其中，软件类人才需求量最大。

岗位分为研发类、市场类、技术支持类、生产类和管理类。通常，研发岗位包括架构师、分析师、项目经理、设计和实施（RD）、质量保证（QA）、配置管理、技术文员/助理等。一般来说，软件研发基本上就算产品的设计者和制造者；硬件研发只能算设计者，因为后面还有生产环节。市场类岗位有销售和市场。前者是简单的客户成交服务者，后者属于较高层级的销售人员，可以引导市场，引导客户，促成交易。原来并没有技术支持类职业，由研发人员兼任，随着分工的细化，才逐渐独立出来。技术支持类人员主要负责为客户提供技术服务，包括为客户提供一体化的系统集成架构设计。管理类岗位是通用的企业管理，不是只能从信息技术业产生，也不是只能管理信息技术业。以生产硬件产品为主的基本上都有生产部，包括生产、仓储、物流等岗位。

表16-1列出了软件类企业职位需求，以及各职位的岗位职责。

表16-1 软件类企业职位需求及岗位职责

职位分类	主要职责范围
系统架构师	确认和评估系统需求，设计系统构架，制定技术框架，给出开发规范，并澄清技术细节、扫清主要难点
系统分析师	调研项目需求，写出需求规格说明书及可行性评估，制订项目开发计划
系统管理师	组织项目团队，制订项目计划，协调项目实施，领导团队准时、优质地实现项目目标
开发工程师	软件开发，硬件开发，移动开发，数据库开发，网络开发，信息安全，通信，UI设计，多媒体开发，信息系统开发，游戏开发
质量保证	配置管理员，测试工程师，版本与发行工程师
技术支持	技术文员/助理，网络运营维护工程师，产品培训，客户服务，实施工程师
销售及市场	销售人员，销售经理，销售总监
企业管理	行政总裁，市场总监，技术总监，质量总监，研发总监，部门经理

16.2.3 职业生涯规划

职业生涯规划是指个人与组织相结合,在对一个人职业生涯的主客观条件进行测定、分析、总结的基础上,对自己的兴趣、爱好、能力、特点进行综合分析与权衡,结合时代特点,根据自己的职业倾向,确定最佳的职业奋斗目标,并为实现这一目标做出行之有效的安排。

1. 职业生涯设计的前提

职业生涯设计具有五大前提。

(1) 正确的职业理想,明确的职业目标。职业理想在人们职业生涯设计过程中起着调节和指南作用。一个人选择什么样的职业,以及为什么选择某种职业,通常都是以其职业理想为出发点的。任何人的职业理想必然要受到社会环境、社会现实的制约。社会发展的需要是职业理想的客观依据,凡是符合社会发展需要和人民利益的职业理想都是高尚的、正确的,并具有现实的可行性。大学生的职业理想更应把个人志向与国家利益和社会需要有机地结合起来。

(2) 正确进行自我分析和职业分析。首先,要通过科学认知的方法和手段对自己的职业兴趣、气质、性格、能力等进行全面认识,清楚自己的优势与特长、劣势与不足,避免设计中的盲目性,达到设计高度适宜。其次,现代职业具有自身的区域性、行业性、岗位性等特点。要对该职业所在的行业现状和发展前景有比较深入的了解,如人才供给情况、平均工资状况、行业的团体规范等;还要了解职业所需要的特殊能力。

(3) 构建合理的知识结构。知识的积累是成才的基础和必要条件,但单纯的知识数量并不足以表明一个人真正的知识水平,人不仅要具有相当数量的知识,还必须形成合理的知识结构,没有合理的知识结构,就不能发挥其创造的功能。合理的知识结构一般指宝塔型和网络型两种。

(4) 培养职业需要的实践能力。综合能力和知识面是用人单位选择人才的依据。一般来说,进入岗位的新人应重点培养满足社会需要的决策能力、创造能力、社交能力、实际操作能力、组织管理能力和自我发展的终身学习能力、心理调适能力、随机应变能力等。

(5) 参加有益的职业训练。职业训练包括职业技能的培训,对自我职业的适应性考核、职业意向的科学测定等。可以通过"青年志愿者"活动、毕业实习、校园创业及从事社会兼职、模拟性职业实践、职业意向测评等进行职业训练。

2. 计算机职业生涯规划

计算机职业生涯规划可分6步走。

(1) 自我评估。自我评估主要包括对个人的需求、能力、兴趣、性格、气质等的分析,以确定什么样的职业比较适合自己和自己具备哪些能力。

(2) 组织与社会环境分析。短期的规划比较注重组织环境的分析,长期的规划要更多地注重社会环境的分析。

(3) 生涯机会评估。生涯机会的评估包括对长期机会和短期机会的评估。通过对社会环境的分析,结合本人的具体情况,评估有哪些长期的发展机会;通过对组织环境的分析,评估组织内有哪些短期的发展机会。

(4) 生涯目标确定。职业生涯目标的确定包括人生目标、长期目标、中期目标与短期目标的确定,它们分别与人生规划、长期规划、中期规划和短期规划对应。首先要根据个人的专业、性格、气质和价值观以及社会的发展趋势确定自己的人生目标和长期目标,然后把人生目标和长期目标细化,根据个人的经历和所处的组织环境制定相应的中期目标和短期目标。

(5) 制定行动方案。把目标转化成具体的方案和措施。这一过程中比较重要的行动方案有职业生涯发展路线的选择、职业的选择、相应的教育和培训计划的制定。

(6) 评估与反馈。职业生涯规划的评估与反馈过程是个人对自己的不断认识过程,也是对社会的不断认识过程,是使职业生涯规划更加有效的有力手段。

16.3 创新与创业

职业与创业

创业是指发现、创造和利用适当的机会,借助有效的商业模式组合生产要素,创立新的事业,以获得新的商业成功的过程或活动。创业的基础是创新。以创新为基础的创业,创业者要走“需求拉动、创新驱动”之路,开展科技成果研发和转化。

16.3.1 创新与创新思维

在快速变化的时代里,创新被认为是推动社会和组织发展的关键能力。而创新思维作为创新的基石,成为掌握创新能力的重要一环。

1. 创新

创新是指以现有思维模式提出有别于常规或常人思路的见解为导向,利用现有的知识和物质,在特定的环境中,本着理想化需要或为满足社会需求,而改进或创造新的事物、方法、元素、路径、环境,并能获得一定有益效益的行为。简单来说,创新是指人类提供前所未有的事物的一种活动。

2. 创新思维

创新思维指以新颖独创的方法解决问题的思维过程,以求突破常规思维的界限,以超常规甚至反常规的方法、视角去思考问题,提出与众不同的解决方案,从而产生新颖的、独到的、有意义的思维成果。创新思维具有新颖性、灵活性、探索性、能动性和综合性等特点,是创新过程中最基本的手段。

深入理解创新思维,可以从创新思维的科学性、实践性,以及提高创新思维能力的方法与路径来认识。

(1) 科学性。依据实践的变化,分析问题,解决问题,进而推动人们的思维“按照人如何学会改变自然界而发展”,最终实现思维创新。提高创新思维能力,意味着保持对一切既有成果的怀疑,意味着对落后观念的否定,也意味着对迷信的打破和对陈规的超越,进而提出新思想、新理论和新论断。

(2) 实践性。创新思维的实践性体现为它所具有的重要价值意蕴。生活从不眷顾因循守旧、满足现状者,从不等待不思进取、坐享其成者,而是将更多机遇留给善于和勇于创新的人们。

(3) 提高创新思维能力。提高创新思维能力的方法与路径有:溯本创新法,从追寻事物本质中创新认识,善于透过现象看到本质,从根本上把握事物及其发展规律;全局创新法是从全局着眼,全方位、立体化和多角度地分析事物,从而得出对事物的科学认识;正反结合创新法是从历史的经验教训中谋划现实和未来。

3. 创新思维模式

创新性思维方式是从创新思维活动中总结、提炼、概括出来的具有方向性、程序性的思维模式。

(1) 发散思维。发散思维又称辐射思维、放射思维、扩散思维或求异思维,是指大脑在思维时呈现的一种扩散状态的思维模式,它表现为思维视野广阔,思维呈现出多维发散状。采用发散思维,可以尽可能多地提出解决问题的办法,最后再收敛,通过论证各种方案的可行性,最终得出理想方案。

发散思维的具体形式包括用途发散、功能发散、结构发散和因果发散等。

(2) 收敛思维。收敛思维是将各种信息从不同的角度和层面聚集在一起,尽可能利用已有的知识和经验,将各种信息重新进行组织、整合,实现从开放的自由状态向封闭的点进行思考,从不同的角度和层面,把众多的信息和解题的可能性逐步引导到条理化的逻辑序列中,以产生新的想法,寻求相同目标和结果的思维方法,形成一个合理的方案。

在收敛思维的过程中,要想准确地发现最佳的方法或方案,必须综合考察各种发散思维成果,并对其进行归纳、分析比较。

(3) 灵感思维。所谓灵感思维,即长期思考的问题,受到某些事物的启发,忽然得到解决的心理过程。灵感是人脑的机能,是人对客观现实的反映。灵感思维活动本质上就是一种潜意识与显意识之间相互作用、相互贯通的理性思维认识的整体性创造过程。

(4) 直觉思维。直觉思维是指不受某种固定的逻辑规则约束而直接领悟事物本质的一种思维形式。直觉思维有利于人们突破思维定势,对事物产生崭新的认识;有利于人们模糊估量研究前景,大胆提出假说和猜想;也有利于人们从整体上把握事物的本质和规律。

(5) 联想思维。联想思维是指在人脑内记忆表象系统中由于某种诱因使不同表象发生联系的一种思维活动。联想思维在两个以上的思维对象之间建立联系,为其他思维方法提供一定的基础。活化创新思维的活动空间,有利于信息的存储和检索。

(6) 逻辑思维。逻辑思维是人们在认识过程中借助于概念、判断、推理反映现实的过程。它用科学的抽象概念、范畴揭示事物的本质,表达认识现实的结果。逻辑思维是一种确定的,而不是模棱两可的;前后一贯的,而不是自相矛盾的;有条理、有根据的思维。

在逻辑思维中，要用到概念、判断、推理等思维形式和比较、分析、综合、抽象、概括等方法，而掌握和运用这些思维形式和方法的程度，也就是逻辑思维的能力。

16.3.2 创业与创业计划

创业是创业者根据社会的某种需求或问题，通过优化整合各种资源，设计制造一类专业的产品或服务，运用商业的方式去满足需求，解决问题，创造价值，成就一番事业的过程。

1. 创业的基本要素

人才、技术、资本与市场是构成创业的4大核心要素，其中又以人才最为重要。一个成功的创业家需要熟悉各种人才、市场、财务和法律，并通过取得人才，成功地经营所创立的事业。

(1) 人才。认识、发现并利用人才是创业者进行创业的关键环节。创业，不仅需要好的技术，更需要其他素质与能力。创业者及合作伙伴们的素质与能力是创业成功的第一要素。

(2) 技术。技术是将知识运用到实践中的手段、途径、工具或方法。社会需要的技术既有建立在科学基础上的技术，又必须是能够满足社会实际需要的技术。技术应考虑是否有独特性、创新性，是否有竞争力，是否能带来高利润，他人仿效的难易程度等。

(3) 资本。从创业的角度，创业资本是创业的关键要素。正如人云：不是有钱就有了一切，但是，没有钱什么事也做不成。无论有多么好的技术或多么好的创意，没有钱都只能是空想。

(4) 市场。企业的存在是因为能够满足市场的需要，如果没有市场需求，那么，新创的企业就没有生存的价值，自然也就不能生存。市场是要在创业之前明确认定并充分考证的，如市场的容量、相同产品之间的竞争力、潜在的市场生长力、市场的持续发展力。

2. 创业者

创业者是指创业活动的推动者，或者是活跃在企业创立和新创企业成长阶段的企业经营者。创业者并不等于企业家，因为多数创业者并不完全具备企业家必备的个人品格。创业者只有不断完善个人素质，带领企业获得商业上的成功，才可能逐步转变为真正的企业家。

创业者的基本素质包括创业意识、心理品质、创业能力和知识结构等要素。

3. 创业计划书

创业者在创业初期所编写的企业创立与运营的整体规划方案，用于说服别人、规范自己。

创业计划书要描述创办一个创业企业时所有相关的外部及内部要素，包括商业前景的展望、人员、资金、物质等各种资源的整合，以及经营思想、战略确定等，是为创业项目制定的一份完整、具体、深入的行动指南。

创业计划的主要特征包括预见性、可行性和灵活性。运用科学的方法对未来进行预测,应是计划的一个基本组成部分;创业计划又可称为创业行动计划,既指出了所要达到的目标,又指出了所要遵循的路线、通过的阶段和所使用的手段;涉及许多复杂的环境因素及其变化,因此应具有灵活性,能顺应人们认识的深化而调整。

创业计划主要包括如下内容。

(1) 总体叙述。就是将自己的创业构想扼要地用文字形式表达出来。总体叙述一般包括创业构想、获利预测和风险评估等内容。

(2) 组织机构。创业计划要说明企业的组织机构设置、职能范围以及完成这些职能的人员必须具备的条件和素质。合适的组织系统图和详细的职位说明书是组织计划的核心内容。

(3) 产品内容。初步确定了创业目标,实际上也就确定了创业的产品或服务的内容。创业计划应明确创业产品或服务项目的名称,直接成本及各种费用、税金、固定资产折旧等成本,生产制造或服务的有利条件和保证措施等。

(4) 市场预测。说明创业产品或服务内容的市场需求情况,销售或服务的地区,销售或服务的方式,产品或服务的价格定位,成长性、利润率情况以及产品或服务的市场竞争情况等。

(5) 生产规划。是对已确定的产品在生产过程中对厂房、设备、人员、技术、资金以及生产活动所需要的支持等方面的要求进行设计。要根据生产的规划制定详细的生产计划。生产计划主要是解决如何进行生产、如何保证产品质量的问题。

(6) 工作进度。创业计划要注明创建工作的时间进度安排,应详细说明工作内容、工作要求、执行时间、执行负责人等内容。最好是拟订一份创建工作进度安排表。创建工作进度安排表包括做好市场调查、确定创业的产品或服务的内容、进行产品和服务的设计及包装、选择厂址厂房、购置生产设备、招聘员工、制作广告及促销方案、领取营业执照、银行开户、税务登记、开业典礼等内容。执行时间可以交叉安排。

(7) 财务预算。创业计划要说明创业工作需要的财务总预算,要分项列出建设厂房的总造价、生产设备的总投资、为创办企业应缴的各种费用、创业产品的原材料价格、生产工人和管理人员的工资、生产流动资金等。

学习提高

16.4 思考与实践

16.4.1 问题思考

1. 信息产业有什么特点?
2. 我国信息产业的发展趋势是什么?
3. 计算机学科培养的基本能力有哪些要求?
4. 职业核心素质有哪些?
5. 你希望从事的信息技术职业是什么?
6. 创业的基本要素是什么?

16.4.2 课外讨论

1. 有人说，以高渗透、高带动性为特征的信息技术发展已成为促进产业经济发展的"发动机"。谈谈你的理解。

2. 根据你的了解，分析信息技术的职业需求。

3. 据说，员工之所以在一家企业里工作，取决于5个因素：公司前景与个人前景的吻合、企业文化、直接上级的管理能力、绩效考核的公平性、薪酬水平。这是否正确？

4. 个人职业生涯规划设计应遵守如下原则：尊重自己的兴趣，发挥自己的特长，适应社会的需求，考虑自己的利益。试谈谈自己的看法。

5. 分析创业的基础是创新。

6. 分析互联网时代年轻人创业的出路在哪里。

16.4.3 实践活动

简单制订自己职业发展的短期规划、中期规划和长期规划。

在线作业

附录A Appendix A

实　验

实验1　信息的获取与交流

熟悉浏览器的基本使用，掌握信息搜索、浏览及保存的方法，掌握电子邮件、文件下载、即时通信等网络工具的使用，以便在课堂学习、实验操作或未来的工作和学习中出现问题时，能够通过网络寻求并获取问题的答案与解决方案。

通过实验，达到如下要求。

（1）熟悉浏览器的基本设置。

（2）掌握信息浏览及保存的方法。

（3）掌握电子邮件的收发方法。

（4）了解常用的搜索引擎，掌握信息搜索的方法。

（5）掌握基于网页文件下载的一般方法。

（6）掌握FTP服务器文件下载的方法。

（7）掌握即时通信软件的使用。

实验2　Windows基本操作

熟悉Windows的操作界面，掌握其个性化设置方法；掌握窗口、对话框、菜单和工具栏的基本操作；了解“任务管理器”“命令提示符”的使用方法；熟悉“资源管理器”的相关功能及操作，了解系统的基本设置和管理。

通过实验，达到如下要求。

（1）了解Windows的桌面组成，掌握其外观和个性化设置。

（2）掌握任务栏和“开始”菜单的设置与使用；掌握窗口、对话框、菜单、工具栏的基本操作，区分窗口和对话框。

（3）了解使用“帮助和支持”的基本方法；了解“任务管理器”“命令提示符”的使用方法；熟悉“资源管理器”的使用。

（4）掌握文件和文件夹的相关操作、属性的设置及查看方式。

（5）理解回收站的概念，掌握回收站的使用。

(6) 熟悉控制面板的基本操作,掌握利用控制面板查看和更改系统设置的方法。

(7) 了解附件中常用小程序的使用。

实验3 文本编辑与排版

熟悉Word的基本操作,掌握文本的编辑和格式化方法,掌握页面设置、表格制作、图文混排等功能,具备应用Word完成指定格式文档编排的能力,实现文字、数字、图表、图形图像等信息的加工集成,可以制作出各种图文并茂的办公文档和商业文档。

通过实验,达到如下要求。

(1) 熟悉Word的操作界面。

(2) 掌握文档的建立、保存、关闭与打开方法。

(3) 掌握文本编辑的方法,包括插入、删除、改写、复制、移动、查找与替换等方法;拼写和语法检查、自动更正功能的使用方法。

(4) 掌握字符、段落、页面格式的设置方法,项目符号和编号、边框和底纹、页眉与页脚以及页码的设置方法,分栏、首字下沉的操作,文档打印预览和打印的方法。

(5) 掌握表格的编辑、表格格式的设置以及表格样式应用,表格数据的排序和函数应用以及图表制作;掌握规则、不规则表格的设计方法,文字与表格的相互转换。

(6) 掌握图片、形状、艺术字和文本框的插入方法和格式设置。

(7) 掌握样式建立、修改和应用的方法,模板文件的建立和利用模板建立文档的方法,公式编辑器的用法。

实验4 电子表格的应用

熟悉Excel的基本操作,理解工作簿、工作表和单元格的概念,熟练掌握数据的输入和编辑方法,掌握表格格式化方法,理解并掌握绝对地址、相对地址、混合地址以及公式和函数的应用,掌握数据分析处理技术,具备利用Excel进行数据管理和图表制作的能力。

通过实验,达到如下要求。

(1) 熟练掌握Excel的基本操作。

(2) 掌握单元格中数据的输入和编辑方法。

(3) 掌握快速填充数据的方法,格式化工作表的操作,自动套用格式、条件格式的使用。

(4) 掌握公式和函数的使用方法,熟悉公式的复制和填充,理解相对引用、绝对引用和混合引用的含义。

(5) 掌握数据的排序、筛选和分类汇总。

(6) 掌握图表的创建方法与格式化方法;了解组成图表的各图表元素、图表与数据源的关系。

(7) 掌握数据透视表的创建和编辑。

实验5 演示文稿的制作

熟悉PowerPoint的工作界面,理解并掌握主题、母版、版式和占位符等基本概念及其使用方法,掌握在幻灯片中插入和编辑各种对象、设置动画效果和切换方式的方法,了解幻灯片的放映方式,具备应用PowerPoint制作精美、生动的演示文稿的能力。

通过实验,达到如下要求。

(1) 掌握演示文稿和幻灯片的基本操作。

(2) 掌握在幻灯片中插入和编辑各种对象(如文本、图片、表格和图表等)的方法。

(3) 掌握多媒体对象的插入和设置方法,设置动画效果的方法,幻灯片切换方式的设置,幻灯片的放映技巧。

(4) 掌握模板、母版的使用方法。

实验6 网络设置及测试

熟悉TCP/IP标准,掌握网络参数的设置方法,学会使用常用的网络命令,掌握网络文件共享的基本步骤。

通过实验,达到如下要求。

(1) 理解IP地址、子网掩码、网关及DNS的概念和原理。

(2) 掌握Windows网络参数的设置方法。

(3) 熟悉常用的网络命令,能够使用网络命令检查网络情况。

(4) 掌握网络文件共享的基本步骤。

实验7 多媒体基础

掌握数字音频、图像文件的获取方法,了解不同的格式对声音、图像的质量及文件数据量的影响。

通过实验,达到如下要求。

(1) 掌握数字音频的获取方法。

(2) 了解采样频率、量化精度、声道数对音质及文件数据量的影响;了解不同编码算法对音质的影响。

(3) 了解数字图像的获取方法;掌握图像分辨率、颜色深度和图像文件格式与图像的显示效果、文件数据量的关系。

(4) 了解和掌握数字图像压缩的概念,观察不同的压缩比对图像的影响。

实验8 常用工具软件

了解工具软件的类别以及每个类别中最常用的代表性软件,学习和掌握常用工具软件的使用方法,提高计算机应用水平。

通过实验,达到如下要求。

(1) 了解常用工具软件的类别及代表性软件。

(2) 掌握压缩工具的使用。

(3) 掌握下载工具的使用。

(4) 掌握电子文档阅读工具的使用。

图书资源支持

感谢您一直以来对清华版图书的支持和爱护。为了配合本书的使用，本书提供配套的资源，有需求的读者请扫描下方的"书圈"微信公众号二维码，在图书专区下载，也可以拨打电话或发送电子邮件咨询。

如果您在使用本书的过程中遇到了什么问题，或者有相关图书出版计划，也请您发邮件告诉我们，以便我们更好地为您服务。

我们的联系方式：

清华大学出版社计算机与信息分社网站：https://www.shuimushuhui.com/

地　　址：北京市海淀区双清路学研大厦 A 座 714

邮　　编：100084

电　　话：010-83470236　010-83470237

客服邮箱：2301891038@qq.com

QQ：2301891038（请写明您的单位和姓名）

资源下载：关注公众号"书圈"下载配套资源。

资源下载、样书申请

书圈

图书案例

清华计算机学堂

观看课程直播